瑞安市第二次全国污染源普查成果汇编

杨书月 ○ 主编

天津出版传媒集团

天津科学技术出版社

图书在版编目（CIP）数据

瑞安市第二次全国污染源普查成果汇编 / 杨书月主

编 . -- 天津 : 天津科学技术出版社 , 2022.7

ISBN 978-7-5742-0243-6

Ⅰ . ①瑞… Ⅱ . ①杨… Ⅲ . ①污染源调查—成果—汇

编—瑞安 Ⅳ . ① X508.255.4

中国版本图书馆 CIP 数据核字（2022）第 111825 号

瑞安市第二次全国污染源普查成果汇编

RUIANSHI DIERCI QUANGUO WURANYUAN PUCHA CHENGGUO HUIBIAN

责任编辑：王　璐

出　　版：天津出版传媒集团
　　　　　天津科学技术出版社

地　　址：天津市西康路 35 号

邮　　编：300051

电　　话：（022）23332399

网　　址：www.tjkjcbs.com.cn

发　　行：新华书店经销

印　　刷：廊坊市海涛印刷有限公司

开本 889×1194　1/16　印张 38.5　字数 400 000

2022 年 7 月第 1 版第 1 次印刷

定价：128.00 元

编辑委员会

封 面 题 签　　洪亚雄

顾　　　问　　高永兴

编 委 会 主 任　　林增丰

编 委 会 副 主 任　　池志刚

编 委 会 成 员　　戴　泳　杨书月

执 行 主 编　　杨书月

执 行 副 主 编　　沈世总　唐庆蝉

编 写 组 成 员　　曹高乐　张　慧　张　雨　邰秀权　苏广智　林　杰

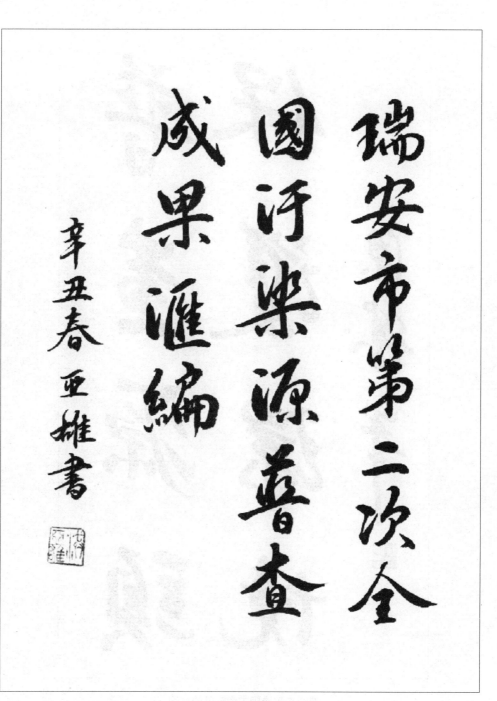

瑞安市第二次全
国污染源普查
成果汇编

辛丑春 亚雄书

生态环境部土壤与农业农村生态环境监管技术中心党委书记、主任洪亚雄题词

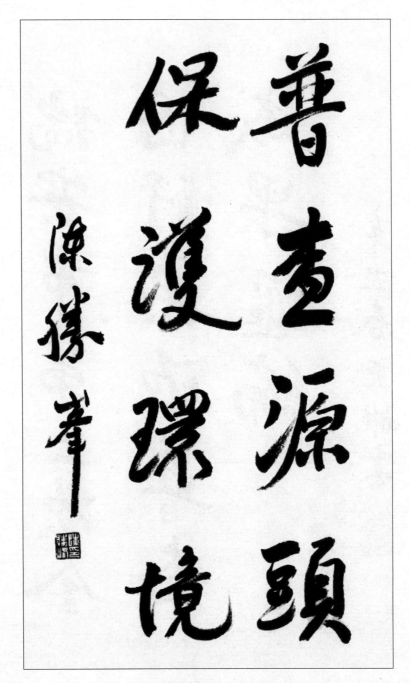

普查源头
保护環境

陈胜峰

温州市政协副主席陈胜峰题词

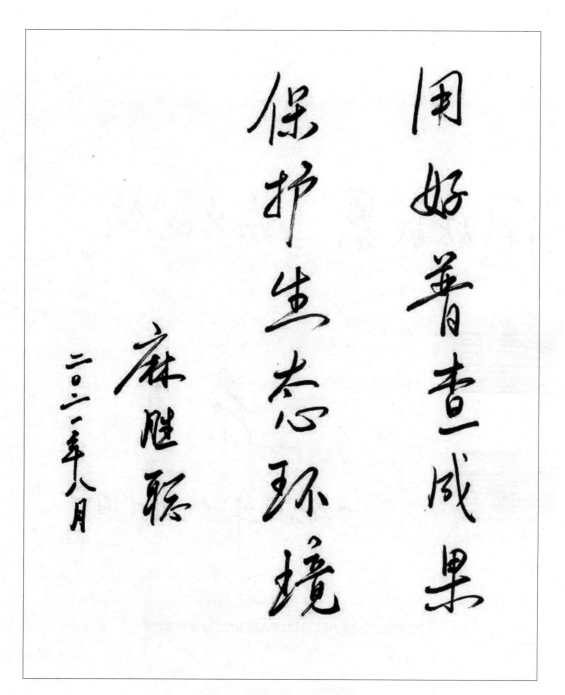

用好普查成果

保护生态环境

麻胜聪

二〇二二年八月

中共瑞安市委书记麻胜聪题词

用好成果，治出成效。

秦肖

二〇二一年八月十日

中共瑞安市委副书记、瑞安市人民政府市长秦肖题词

序

十年一次的全国污染源普查是重要的国情调查，也是环境保护的基础性工作，每次都需要全国上下协同实施。对各级政府而言，污染源普查是一项十分复杂而艰巨的工作，更是践行习近平总书记"两山"理论、打好污染防治攻坚战的先决条件。

瑞安地处浙江东南沿海，是浙江省重要的现代工贸城市，也是温州模式的重要发祥地，民营经济较为发达。2007年，第一次全国污染源普查全面铺开之前，瑞安就成为华东地区唯一的试点区域，并承办全省污染源普查现场会，瑞安经验得到广泛推广与应用。

2017年，第二次全国污染源普查工作启动后，瑞安继续发扬"一污普"时的拼搏与创新精神，在时任市委书记陈胜峰（现任温州市政协副主席）、市长麻胜聪（现任瑞安市委书记）的亲自过问下，按照"查得清、算得准"的原则，组建队伍、建章立制、全力推进，完成清查、普查和数据审核各项工作。与"一污普"相比，二污普的普查对象范围更广、分类更细、污染指标核算更贴切实际。在推进过程中，我市积极创新，为解决普查员与普查对象之间信息不对称、支撑材料收集口径不统一、普查进展与质量难把控等问题，先后自行设计开发信息推送与分区服务程序、支撑材料收集辅助APP、基本信息录入系统、质量审核销号程序等软件，高效解决系列问题，圆满完成9773个工业污染源、55个农业污染源、948个生活污染源、280套集中式污染治理设施、41个移动源及其他产排污染物设施的普查。

天道酬勤，瑞安的创新工作获得了较高评价。温州市生态环境局总工程师、温州市第二次全国污染源普查领导小组办公室主任高永兴在听取瑞安创新工作汇报后给予高度肯定，迅速在温州全市范围内推广辅助软件。2018年11月29日，生态环境部第二次全国污染源普查工作办公室主任洪亚雄亲临瑞安调研，专题听取辅助软件设计与使用情况汇报，对瑞安的创新成果给予充分肯定。《温州晚报》《温州日报》《中国环境报》都做了专题报道，特别是《中国环境报》刊出三篇有关瑞安普查创新内容的专题报道。

作为一名老环保人，我有幸两次参与污染源普查。"一污普"时，我担任永嘉县环境保护局总工程师，作为基层环保工作者直接参与，深感普查工作的复杂性与重要性。这次"二污普"，我担任瑞安市人民政府副市长，分管生态环境保护工作，作为全市污染源普查的总指挥参与，更加领会到普查成果应用的重要性。

为了让普查成果"用得上"、环境"治得好"，瑞安在普查工作结束后立即开展成果应用。比如，针对普查对象环保手续不全问题，在温州市的统一部署下施行改革行动，全面完善普查对象环保手续，推进污染防治设施措施到位。又比如，根据普查中掌握的污染物产生排放情况，对影响飞云江、温瑞塘河、瑞平塘河水质的主要污染物开展溯源研究。本次组织编写的成果汇编也是成果应用之一，主要是把污染源及污染物产排情况分镇街、行业、流域进行统计，更加有针对性地指导各区域、行业污染防治工作。希望它的出版发行，能为打好污染防治攻坚战，高水平打造"青春都市·幸福瑞安"，提供更有力更科学的基础支撑。

是为序。

瑞安市人民政府副市长

2021 年 8 月

根据《全国污染源普查条例》、《国务院关于开展第二次全国污染源普查的通知》（国发〔2016〕59号）精神，在国家、省、市统一部署下，2017年8月瑞安市启动第二次全国污染源普查（以下简称"二污普"）工作，在有关部门、单位的通力合作和广大普查对象的积极支持配合下，经过全体普查工作人员艰苦而细致的努力，于2020年全面完成普查各阶段工作任务。为扩大普查成果应用，组织对普查数据进行分类统计并编印成册，以满足各级党政领导决策需要，为相关单位与工作人员研究提供依据。

一、普查范围、内容和方法

根据《第二次全国污染源普查方案》，"二污普"范围包括：工业污染源，农业污染源，生活污染源，集中式污染治理设施，移动源及其他产生、排放污染物的设施。

其中，工业污染源普查对象主要为产生废水污染物、废气污染物及固体废物的工业行业产业活动单位；农业污染源普查范围包括种植业、畜禽养殖业和水产养殖业；生活污染源普查对象为除工业企业生产使用以外所有单位和居民生活使用的锅炉（以下统称生活污染源锅炉），市政入河（海）排污口，以及城乡居民能源使用情况，生活污水产生、排放情况；集中式污染治理设施普查对象为集中处理处置生活垃圾、危险废物和污水的单位；移动源普查对象为机动车和非道路移动污染源。

普查内容方面，工业污染源主要调查企业基本情况，原辅材料消耗、产品及产量、产污设施情况，以及12种水污染物、10种气污染物、一般工业固体废物、危险废物的产生、治理、排放和综合利用情况等。农业污染源主要调查种植业、畜禽养殖业、水产养殖业生产活动与产排污情况，秸秆产生、处置和资源化利用情况，化肥、农药和地膜使用情况等。生活污染源主要调查生活污染源锅炉基本情况、能源消耗情况、污染治理情况，城乡居民能源使用情况等。集中式污染治理设施主要调查单位基本情况，设施处理能力、污水或废物处理情况，次生污染物的产生、治理与排放情况等。移动源主要调查各类移动源保有量及产排污相关信息，挥发性有机物（船舶除外）、氮氧化物、颗粒物排放情况等。

工业污染源和集中式污染治理设施采取入户登记调查方式进行；农业污染源以已有统计数据为基础填写县级普查表，按比例开展抽样调查，规模以上畜禽养殖企业和养殖户实行入户登记调查；生活污染源锅炉入户登记调查，入河（海）排污口基本信息组织实地排查和水质监测，其他生活污染源以已有统计数据为基础填写普查表（包括村级普查表），按比例开展抽样调查；移动源以已有统计数据为基础填写普查表。

二、普查对象基本概况

普查对象原始名单由国务院第二次全国污染源普查领导小组办公室统一下发，各地组织进行初筛和清查，删除行业不符、规模不符的对象和 2017 年前已关闭或搬迁的对象，增加名单中未列入但符合普查对象筛选条件的对象。经清查后，最终确定全市"二污普"对象共计 11097 个，包括工业污染源 9773 个、农业污染源 55 个、生活污染源 948 个、集中式污染治理设施 280 套、移动源及其他产排污染物的设施 41 个。其中，工业污染源包括大型企业 5 家、中型企业 90 家、小型企业 1748 家、微型企业 7930 家组成；农业污染源为规模化畜禽养殖场；生活污染源包括行政村 908 个、非工业企业单位锅炉 28 台、入河 (海) 排污口 12 个；集中式污染治理设施包括污水处理设施 277 个、生活垃圾集中处理场 (厂)2 处、危险废物集中处置厂 1 家；移动源及其他产排污染物的设施包括储油库 2 个，加油站 38 家和油品运输企业 1 家。

三、主要污染物排放概况

全市化学需氧量排放量为 6962.07 吨，其中工业污染源 1006.07 吨、农业污染源 1083.24 吨、生活污染源 4869.03 吨、集中式污染治理设施 3.73 吨；氨氮排放量为 349.12 吨，其中工业污染源 34.39 吨、农业污染源 79.09 吨、生活污染源 235.59 吨、集中式污染治理设施 0.05 吨；总氮排放量为 2033.53 吨，其中工业污染源 136.33 吨、农业污染源 719.42 吨、生活污染源 1175.93 吨、集中式治理设 1.85 吨；总磷排放量为 189.45 吨，其中工业污染源 10.13 吨、农业污染源 117.95 吨、生活污染源 61.28 吨、集中式污染治理设施 0.09 吨。

全市二氧化硫排放量为 1681.34 吨，其中工业污染源 1673.83 吨、生活污染源 7.03 吨、集中式污染治理设施 0.48 吨；氮氧化物排放量为 1391.01 吨，其中工业污染源 1371.46 吨、生活污染源 16.32 吨、集中式污染治理设施 3.23 吨；颗粒物排放量为 6991.55 吨，其中工业污染源 6986.30 吨、生活污染源 5.04 吨、集中式污染治理设施 0.21 吨；挥发性有机物排放量为 8513.83 吨，其中工业污染源 8111.39 吨、农业污染源 34.48 吨、生活污染源 34.78 吨、移动源及其他产排污染物的设施 333.18 吨。

全市一般工业固废产生量为 279442.46 吨，综合利用量为 277191.39 吨，综合利用率为 99.19%；全市危险废物产生量为 27421.24 吨，处置利用量为 27403.73 吨，综合利用率为 99.93%，其中送持证单位率为 51.31%、自行处置率为 48.62%。

四、两次普查结果对比

通过与第一次全国污染源普查（以下简称"一污普"）结果比对，二污普的普查对象范围更广、分类更细、污染指标核算更贴切实际。全市废水及其污染物排放量较一污普有所减少，其中废水排放量减少主要与纺织、造纸等用水较大行业的企业数量减少有关，污染物排放量减少与城镇污水处理厂增加、企业治理水平提升及生活污染源核算口径变化有关。全市废气污染物排放量较一污普有所增长，主要是全市涉气企业数量增加，尤其电力、热力生产和供应业的企业数量增加有关。通过治理能力和治理效果比对发现，废水治理能力和废气治理能力较一污普均明显提高。此外，全市一般工业固废和危险废物的综合利用率较一污普更高、利用手段更加多样性。

五、本书编辑说明

全书包括三个部分，第一部分是"第二次全国污染源普查资料汇编"、第二部分是"第一次全国污染源普查资料汇编"、第三部分是"一、二污普比对资料汇编"。为使读者能够更好地使用本书，现将有关情况作如下说明：

1. 第一次全国污染源普查的标准时点为 2007 年 12 月 31 日，实时资料为 2007 年度。第二次全国污染源普查的标准时点为 2017 年 12 月 31 日，实时资料为 2017 年度。

2. 行业分类标准，第一次全国污染源普查的行业分类标准采用国民经济行业分类标准（GB-T4754-2002），第二次全国污染源普查的行业分类标准采用国民经济行业分类标准（GB-T4754-2017），两次普查的行业分类标准不同，数据对比时请注意。

3. 瑞安市第一次全国污染源普查镇街数据统计所使用的行政区划为经 2003 年调整后的行政区划，瑞安市第二次全国污染源普查镇街数据统计所使用的行政区划为经过 2015—2016 年调整后的行政区划，第三部分中，一、二污普比对资料汇编镇街数据统计所使用的行政区划为 2003 年调整后的行政区划。

4. 本资料不包含在瑞安市范围内的中国人民解放军和中国人民武装警察部队开办并向社会提供服务的全部一、二、三产业单位数据。

5. 本资料对部分数据由于计量单位取舍不同或四舍五入而产生的差数均未作调整。

6. 表格中"–"表示数据不足本表最小单位数，或表示该项统计指标数据不详或无该项数据。

7. 同一表头下出现续表 1、续表 2 时，表示主栏指标相同，宾栏指标不同；同一表头下出现（续表 1-1）、（续表 1-2）时，表示主栏指标不同，宾栏指标相同。

由于污染源普查工作涉及范围非常广，技术要求高，又是一项多层次、多工序、多环节共同组织的大型调查，在普查对象确定、基本内容调查、产排污环节核算等环节均有可能产生误差，但这类误差在普查表制度规定的控制标准之内，本书将不作人为改动，因此仍有可能会有些误差和偏离数据出现在汇总表中，请使用者加以注意。同时，两次普查各类源之间基层表式不一致，同类源的基层表式与汇总表式不一致，部分行业的产排污系数有所不同，个别指标的核算方法有所区别，请读者在分析与数据对比时应加以区分。

书中若有不妥之处，敬请指正。

编者

2021 年 8 月

序

综 述

第一部分 第二次全国污染源普查资料汇编

第一篇 综合篇

第二篇 工业源篇

第三篇 农业源篇

第三篇 其他源

第一篇 工业源数量比对

第二篇 工业源污染物产排情况对比

附件　第二次全国污染源普查表式和指标解释

第一部分

第二次全国污染源普查资料汇编

第一篇　综合篇

一、普查对象综合概况

表 1-1-1 瑞安市地区普查对象普查表式填报情况

指标名称	计量单位	代码	指标值
工业污染源（9773个）			
工业企业数（填报 G101-1 表）	个	01	9773
其中：大型企业	个	03	5
中型企业	个	04	90
小型企业	个	05	1757
微型企业	个	06	7921
其中：全年停产的	个	07	537
其中：发放新版排污许可证	个	08	84
其中：有伴生放射性矿企业	个	09	-
工业园区数	个	10	-
其中：国家级工业园区	个	11	-
省级工业园区	个	12	-
生活污染源（948个）			
重点区域生活源社区（行政村）填报数	个	13	948
行政村填报数	个	14	908
非工业企业单位锅炉数	个	15	28
其中：燃煤锅炉	个	16	2
燃油锅炉	个	17	21
燃气锅炉	个	18	3
燃生物质锅炉	个	19	2
入河（海）排污口数	个	20	12
其中：水质监测数	个	21	-
城市填报数	个	22	-
县域填报数	个	23	-

指标名称	计量单位	代码	指标值
农业污染源（55个）			
规模畜禽养殖场数	个	24	55
其中：生猪	个	25	28
奶牛	个	26	3
肉牛	个	27	1
蛋鸡	个	28	10
肉鸡	个	29	12
集中式污染治理设施（280个）			
集中式污水处理厂数	个	31	277
其中：城镇污水处理厂	个	32	6
工业污水集中处理厂	个	33	3
农村集中式污水处理设施	个	34	268
其他污水处理设施	个	35	–
生活垃圾集中处理场（厂）数	个	36	2
其中：生活垃圾处理厂	个	37	2
（单独）餐厨垃圾集中处理厂	个	38	–
危险废物集中处置厂数	个	39	1
其中：危险废物集中处置厂	个	40	1
（单独）医疗废物集中处置厂	个	41	–
其他企业协同处置	个	42	–
移动源（41个）			
储油库数	个	43	2
加油站数	个	44	38
油品运输企业数	个	45	1

表 1-1-2 地区废水污染物排放总量情况

指标名称	计量单位	指标值					
		总量	工业源	农业源	生活源	集中式治理设施	移动源
废水排放量	万立方米	3814.30	843.36	–	2957.01	13.93	–
化学需氧量产生量	吨	47433.06	10546.36	21074.92	14228.39	1583.39	–
化学需氧量排放量	吨	6962.07	1006.07	1083.24	4869.03	3.73	–
氨氮产生量	吨	1532.66	174.95	128.97	1099.04	129.70	–
氨氮排放量	吨	349.12	34.39	79.09	235.59	0.05	–
总氮产生量	吨	3481.28	636.27	973.51	1693.15	178.35	–
总氮排放量	吨	2033.53	136.33	719.42	1175.93	1.85	–
总磷产生量	吨	465.79	104.24	231.27	127.82	2.46	–
总磷排放量	吨	189.45	10.13	117.95	61.28	0.09	–
五日生化需氧量产生量	吨	6380.98	–	–	5859.39	521.59	–
五日生化需氧量排放量	吨	1403.42	–	–	1403.20	0.22	–
动植物油产生量	吨	344.41	–	–	344.41	–	–
动植物油排放量	吨	87.67	–	–	87.67	–	–
石油类产生量	吨	79.75	79.75	–	–	–	–
石油类排放量	吨	7.58	7.58	–	–	–	–
挥发酚产生量	千克	0.02	0.02	–	–	–	–
挥发酚排放量	千克	0.02	0.02	–	–	–	–
氰化物产生量	千克	50514.05	50514.05	–	–	–	–
氰化物排放量	千克	25.55	25.55	–	–	–	–
总砷产生量	千克	3.819	–	–	–	3.819	–
总砷排放量	千克	1.657	–	–	–	1.657	–
总铅产生量	千克	21.123	–	–	–	21.123	–
总铅排放量	千克	3.755	–	–	–	3.755	–
总镉产生量	千克	2.096	–	–	–	2.096	–
总镉排放量	千克	1.142	–	–	–	1.142	–
总铬产生量	千克	160753.436	160745.910	–	–	7.526	–
总铬排放量	千克	227.965	222.208	–	–	5.757	–
总汞产生量	千克	0.261	–	–	–	0.261	–
总汞排放量	千克	0.119	–	–	–	0.119	–

表 1-1-3 地区废气污染物排放总量情况

指标名称	计量单位	指标值					
		总量	工业源	农业源	生活源	集中式治理设施	移动源
工业废气排放量	亿立方米	1291.82	1291.50	–	–	0.32	–
二氧化硫产生量	吨	4133.18	4133.18	–	7.03	–	–
二氧化硫排放量	吨	1681.34	1673.83	–	7.03	0.48	–
氮氧化物产生量	吨	1409.30	1409.30	–	–	–	–
氮氧化物排放量	吨	1391.01	1371.46	–	16.32	3.23	–
颗粒物产生量	吨	31776.81	31776.81	–	–	–	–
颗粒物排放量	吨	6991.55	6986.30	–	5.04	0.21	–
挥发性有机物产生量	吨	9155.17	9155.17	–	–	–	–
挥发性有机物排放量	吨	8513.83	8111.39	34.48	34.78	–	333.18
氨排放量	吨	1473.73	54.43	1419.30	–	–	–
废气砷产生量	千克	893.764	893.760	–	–	0.004	–
废气砷排放量	千克	51.002	51.000	–	–	0.002	–
废气铅产生量	千克	3422.321	3422.300	–	–	0.021	–
废气铅排放量	千克	363.504	363.500	–	–	0.004	–
废气镉产生量	千克	79.702	79.700	–	–	0.002	–
废气镉排放量	千克	8.561	8.560	–	–	0.001	–
废气铬产生量	千克	2990.038	2990.03	–	–	0.008	–
废气铬排放量	千克	399.716	399.71	–	–	0.006	–
废气汞产生量	千克	48.8903	48.8900	–	–	0.0003	–
废气汞排放量	千克	20.6101	20.6100	–	–	0.0001	–

表 1-1-4 地区固体废物处理处置情况

指标名称		计量单位	指标值
工业源			
一般工业固体废物产生量		万吨	27.94
一般工业固体废物综合利用量		万吨	27.72
其中	自行综合利用量	吨	102.50
	综合利用往年贮存	吨	305.10
一般工业固体废物处置量		吨	3119.10
其中	自行处置量	吨	–
	处置往年贮存量	吨	949.25
一般工业固体废物贮存量		吨	359.82
一般工业固体废物倾倒丢弃量		吨	–
危险废物产生量		吨	27421.24
送持证单位量		吨	14071.22
接收外来危险废物量		吨	–
自行综合利用量		吨	–
自行处置量		吨	13332.51
本年末本单位实际贮存量		吨	3766.43
综合利用处置往年贮存量		吨	93.26
危险废物倾倒丢弃量		吨	–
农业源			
畜禽养殖粪便产生量		吨	81737.00
畜禽养殖粪便利用量		吨	81587.00
种植业地膜使用量		吨	229.00
种植业地膜残留量		吨	2.40
秸秆理论资源量		吨	90400.00
秸秆可收集资源量		吨	61200.00
秸秆利用量		吨	60400.00
干污泥产生量		吨	15315.00
污泥处置量		吨	14954.74
自行处置量		吨	2766.00
送外单位处置量		吨	12188.74
集中式治理设施			
炉渣产生量		吨	–
炉渣处置量		吨	–
炉渣综合利用量		吨	–
焚烧飞灰处置量		吨	–
焚烧飞灰综合利用量		吨	–
焚烧飞灰产生量		吨	–
焚烧残渣产生量		吨	72.00
焚烧残渣填埋处置量		吨	73.00
焚烧飞灰产生量		吨	7.00
焚烧飞灰安全填埋处置量		吨	7.00

二、各类源普查对象污染物产排概况

表 1-2-1 工业源污染物的产排情况

指标名称	计量单位	产生量	排放量	削减率
废水污染源				
工业废水	万立方米	–	843.36	–
化学需氧量	吨	10546.36	1006.07	90.46%
氨氮	吨	174.95	34.39	80.35%
总氮	吨	636.27	136.33	78.57%
总磷	吨	104.24	10.13	90.28%
石油类	吨	80.92	7.70	90.48%
挥发酚	千克	0.02	0.02	–
氰化物	千克	50514.05	25.55	99.95%
总砷	千克	–	–	–
总铅	千克	–	–	–
总镉	千克	–	–	–
总铬	千克	160745.91	222.21	99.86%
六价铬	千克	125603.19	56.38	99.96%
总汞	千克	–	–	–
废气污染源				
工业废气	亿立方米	–	1291.50	–
二氧化硫	吨	4133.18	1673.83	59.50%
氮氧化物	吨	1409.30	1371.46	26.49%
颗粒物	吨	31776.81	6986.30	78.01%
挥发性有机物	千克	9155173.14	8111393.71	11.40%
氨排放量	吨	–	54.43	–
废气砷	千克	893.76	51.00	94.29%
废气铅	千克	3422.41	363.50	87.22%
废气镉	千克	79.70	8.56	89.26%
废气铬	千克	2990.03	399.71	86.63%
废气汞	千克	48.89	20.61	57.84%

表 1-2-2 农业源污染物的产排情况

指标名称	计量单位	合计	畜禽养殖业	水产养殖业	种植业
化学需氧量产生量	吨	21074.92	20697.79	377.14	–
化学需氧量排放量	吨	1083.24	777.15	306.09	–
氨氮产生量	吨	128.97	124.43	4.54	–
氨氮排放量	吨	79.09	2.71	3.40	72.98
总氮产生量	吨	973.51	891.91	81.60	–
总氮排放量	吨	719.42	32.06	77.50	609.86
总磷产生量	吨	231.27	214.76	16.51	–
总磷排放量	吨	117.95	5.22	15.91	96.82
氨气排放量	吨	1419.30	416.48（畜禽养殖业 + 水产养殖业）		1002.82
挥发性有机物排放量	吨	34.48	–	–	34.48

表 1-2-3 生活源污染物的产排情况

指标名称	计量单位	合计	城镇生活污染源	行政村生活污染源	非工业企业单位锅炉污染源	入海排口污染源
生活污水排放量	万立方米	2957.00	1576.68	1380.32	–	–
化学需氧量产生量	吨	14228.39	4976.57	9251.82	–	–
化学需氧量排放量	吨	4869.03	1392.70	3476.33	–	–
五日生化需氧量产生量	吨	5859.39	1967.05	3892.34	–	–
五日生化需氧量排放量	吨	1403.20	140.81	1262.39	–	–
氨氮产生量	吨	1099.04	493.95	605.09	–	–
氨氮排放量	吨	235.59	18.93	216.66	–	–
总氮产生量	吨	1693.15	675.13	1018.02	–	–
总氮排放量	吨	1175.93	684.65	491.28	–	–
总磷产生量	吨	127.82	60.77	67.05	–	–
总磷排放量	吨	61.28	32.28	29.0	–	–
动植物油产生量	吨	344.41	74.71	269.70	–	–
动植物油排放量	吨	87.67	8.86	78.81	–	–
颗粒物产生量	吨	7.61	–	–	7.61	–
颗粒物排放量	吨	5.04	0.35	–	4.69	–
二氧化硫产生量	吨	7.03	–	–	7.03	–
二氧化硫排放量	吨	7.03	–	–	7.03	–
氮氧化物产生量	吨	6.31	–	–	6.31	–
氮氧化物排放量	吨	16.32	10.01	–	6.31	–
挥发性有机物产生量	吨	0.20	–	–	0.20	–
挥发性有机物排放量	吨	34.78	34.58	–	0.20	–

表 1-2-4 各集中式治理设施污染物的产排情况

指标名称	计量单位	合计	生活垃圾集中处置场（厂）	危险废物集中处置场（厂）	集中式污水处理设施
废水污染物					
废水排放量	万立方米	13.93	13.90	0.03	6698.00
化学需氧量产生量	吨	1583.39	1583.29	0.09	–
化学需氧量排放量	吨	3.73	3.72	0.01	15934.68
生化需氧量产生量	吨	521.59	521.59	–	–
生化需氧量排放量	吨	0.22	0.22	–	8037.71
动植物油产生量	吨	–	–	–	–
动植物油排放量	吨	–	–	–	130.08
总氮产生量	千克	178349.30	178340.00	9.30	–
总氮排放量	千克	1853.10	1850.00	3.10	1725110.00
氨氮产生量	千克	129699.30	129690.00	9.30	–
氨氮排放量	千克	40.10	40.00	0.10	1924830.00
总磷产生量	千克	2460.20	2460.00	0.20	–
总磷排放量	千克	90.20	90.00	0.20	281450.00
挥发酚产生量	千克	–	–	–	–
挥发酚排放量	千克	–	–	–	2149.47
氰化物产生量	千克	–	–	–	–
氰化物排放量	千克	–	–	–	220041.83
总砷产生量	千克	3.82	3.82	–	–
总砷排放量	千克	1.66	1.66	–	2333.40
总铅产生量	千克	21.12	21.12	–	–
总铅排放量	千克	3.75	3.75	–	1812.70
总镉产生量	千克	2.10	2.10	–	–
总镉排放量	千克	1.14	1.14	–	492.96
总铬产生量	千克	7.53	7.53	–	–
总铬排放量	千克	5.76	5.76	–	455740.22
总汞产生量	千克	0.26	0.26	–	–
总汞排放量	千克	0.12	0.12	–	2.06
废气污染物					
焚烧废气排放量	亿立方米	–	–	–	–
二氧化硫排放量	吨	0.48	–	0.48	–
氮氧化物排放量	吨	3.23	–	3.23	–
颗粒物排放量	吨	0.21	–	0.21	–
总砷排放量	千克	–	–	–	–
总铅排放量	千克	–	–	–	–
总镉排放量	千克	–	–	–	–
总铬排放量	千克	–	–	–	–
总汞排放量	千克	–	–	–	–

表 1-2-5 移动源及其他产生、排放污染物的设施污染物的排放情况

类型	代码	计量单位	二氧化硫	氮氧化物	颗粒物	挥发性有机物
甲	乙	丙	1	2	3	4
机动车	1	吨	–	–	–	–
非道路移动机械	2	吨	–	–	–	–
农业机械	3	吨	–	–	–	–
工程机械	4	吨	–	–	–	–
船舶	5	吨	–	–	–	–
铁路	6	吨	–	–	–	–
民航飞机	7	吨	–	–	–	–
油品储运销	8	吨	–	–	–	333.18
储油库	9	吨	–	–	–	18.41
加油站	10	吨	–	–	–	311.09
油品运输	11	吨	–	–	–	3.67
合计	12	吨	–	–	–	333.18

第二篇 工业源篇

一、工业源普查对象基本情况

表 2-1-1 按镇街及企业规模等级分组的普查对象

单位：个

乡镇	企业数量	企业规模			
		大型	中型	小型	微型
总 计	9773	5	90	1757	7921
塘下镇	3582	2	22	368	3190
莘塍街道	168	–	–	17	151
仙降街道	611	–	–	102	509
上望街道	385	–	2	78	305
南滨街道	724	–	15	190	519
汀田街道	524	–	–	82	442
飞云街道	455	–	5	93	357
潘岱街道	562	–	10	143	409
马屿镇	281	3	15	83	180
陶山镇	3	–	–	–	3
云周街道	337	–	4	69	264
东山街道	38	–	–	5	33
锦湖街道	725	–	12	263	450
桐浦镇	260	–	1	42	217
湖岭镇	242	–	1	23	218
林川镇	98	–	–	8	90
曹村镇	294	–	2	85	207
安阳街道	17	–	–	1	16
高楼镇	22	–	–	10	12
平阳坑镇	348	–	1	81	266
玉海街道	60	–	–	12	48
芳庄乡	36	–	–	2	34
北麂乡	1	–	–	–	1

表 2-1-2 按行业及企业规模等级分组的普查对象

单位：个

行业名称	企业数量	企业规模			
		大型	中型	小型	微型
总计	9773	5	90	1757	7921
汽车制造业	2010	3	17	292	1698
通用设备制造业	1656	–	8	223	1425
皮革、毛皮、羽毛及其制品和制鞋业	1286	–	22	442	822
金属制品业	903	–	4	145	754
橡胶和塑料制品业	890	–	10	186	694
专用设备制造业	748	–	1	118	629
纺织服装、服饰业	388	–	–	58	330
纺织业	246	–	4	55	187
造纸和纸制品业	239	–	–	35	204
电气机械和器材制造业	225	–	4	56	165
铁路、船舶、航空航天和其他运输设备制造业	177	–	1	30	146
文教、工美、体育和娱乐用品制造业	160	–	–	16	144
非金属矿物制品业	122	–	2	12	108
印刷和记录媒介复制业	116	–	3	15	98
农副食品加工业	103	–	2	10	91
家具制造业	88	–	–	6	82
食品制造业	78	–	–	8	70
有色金属冶炼和压延加工业	58	–	5	13	40
化学原料和化学制品制造业	51	1	4	10	36
木材加工和木、竹、藤、棕、草制品业	49	–	–	–	49
仪器仪表制造业	40	–	1	9	30

行业名称	企业数量	企业规模			
		大型	中型	小型	微型
黑色金属冶炼和压延加工业	39	–	–	4	35
计算机、通信和其他电子设备制造业	29	–	–	4	25
其他制造业	19	–	–	1	18
金属制品、机械和设备修理业	15	–	–	–	15
化学纤维制造业	11	1	2	–	8
酒、饮料和精制茶制造业	8	–	–	–	8
电力、热力生产和供应业	6	–	–	3	3
石油、煤炭及其他燃料加工业	4	–	–	–	4
水的生产和供应业	4	–	–	3	1
医药制造业	2	–	–	2	–
其他金融业	1	–	–	–	1
废弃资源综合利用业	1	–	–	1	–
燃气生产和供应业	1	–	–	–	1
煤炭开采和洗选业	–	–	–	–	–
石油和天然气开采业	–	–	–	–	–
黑色金属矿采选业	–	–	–	–	–
有色金属矿采选业	–	–	–	–	–
非金属矿采选业	–	–	–	–	–
开采专业及辅助性活动	–	–	–	–	–
其他采矿业	–	–	–	–	–

表 2-1-3 按镇街及注册类型分组的普查对象

单位：个

注册类型	总计	塘下镇	上望街道	安阳街道	潘岱街道	莘塍街道
小计	9773	3582	611	38	385	724
110 国有	–	–	–	–	–	–
120 集体	5	–	–	–	–	–
130 股份合作	106	4	1	2	9	21
141 国有联营	–	–	–	–	–	–
142 集体联营	1	–	–	1	–	–
143 国有与集体联营	–	–	–	–	–	–
149 其他联营	–	–	–	–	–	–
151 国有独资公司	–	–	–	–	–	–
159 其他有限责任公司	665	39	11	2	93	47
160 股份有限公司	34	4	–	–	4	3
171 私营独资	3746	1451	297	10	109	172
172 私营合伙	117	44	21	1	4	7
173 私营有限责任公司	5036	2020	279	22	164	472
174 私营股份有限公司	50	20	1	–	2	1
190 其他	3	–	1	–	–	–
210 与港澳台商合资经营	1	–	–	–	–	–
220 与港澳台商合作经营	1	–	–	–	–	–
230 港、澳、台商独资	1	–	–	–	–	–
240 港、澳、台商投资股份有限公司	–	–	–	–	–	–
290 其他港、澳、台商投资	1	–	–	–	–	–
310 中外合资经营	4	–	–	–	–	–
320 中外合作经营	–	–	–	–	–	–
330 外资企业	3	–	–	–	–	1
340 外商投资股份有限公司	–	–	–	–	–	–
390 其他外商投资	–	–	–	–	–	–

注册类型	总计	汀田街道	飞云街道	林川镇	桐浦镇	芳庄乡
小计	9773	524	455	98	242	3
110 国有	–	–	–	–	–	–
120 集体	5	–	1	–	–	–
130 股份合作	106	26	4	1	1	–
141 国有联营	–	–	–	–	–	–
142 集体联营	1	–	–	–	–	–
143 国有与集体联营	–	–	–	–	–	–
149 其他联营	–	–	–	–	–	–
151 国有独资公司	–	–	–	–	–	–
159 其他有限责任公司	665	54	47	17	18	–
160 股份有限公司	34	3	1	1	–	–
171 私营独资	3746	192	180	44	123	–
172 私营合伙	117	7	4	2	3	–
173 私营有限责任公司	5036	238	213	33	97	3
174 私营股份有限公司	50	4	4	–	–	–
190 其他	3	–	–	–	–	–
210 与港澳台商合资经营	1	–	1	–	–	–
220 与港澳台商合作经营	1	–	1	–	–	–
230 港、澳、台商独资	1	–	–	–	–	–
240 港、澳、台商投资股份有限公司	–	–	–	–	–	–
290 其他港、澳、台商投资	1	–	–	–	–	–
310 中外合资经营	4	–	–	–	–	–
320 中外合作经营	–	–	–	–	–	–
330 外资企业	3	–	–	–	–	–
340 外商投资股份有限公司	–	–	–	–	–	–
390 其他外商投资	–	–	–	–	–	–

注册类型	陶山镇	马屿镇	仙降街道	锦湖街道	东山街道
小计	337	348	725	260	281
110 国有	–	–	–	–	–
120 集体	–	–	–	2	1
130 股份合作	14	–	3	5	–
141 国有联营	–	–	–	–	–
142 集体联营	–	–	–	–	–
143 国有与集体联营	–	–	–	–	–
149 其他联营	–	–	–	–	–
151 国有独资公司	–	–	–	–	–
159 其他有限责任公司	71	5	57	50	9
160 股份有限公司	2	–	–	2	4
171 私营独资	143	143	279	101	81
172 私营合伙	2	4	1	4	3
173 私营有限责任公司	102	194	380	96	174
174 私营股份有限公司	–	2	2	–	7
190 其他	–	–	1	–	–
210 与港澳台商合资经营	–	–	–	–	–
220 与港澳台商合作经营	–	–	–	–	–
230 港、澳、台商独资	1	–	–	–	–
240 港、澳、台商投资股份有限公司	–	–	–	–	–
290 其他港、澳、台商投资	–	–	1	–	–
310 中外合资经营	1	–	1	–	1
320 中外合作经营	–	–	–	–	–
330 外资企业	1	–	–	–	1
340 外商投资股份有限公司	–	–	–	–	–
390 其他外商投资	–	–	–	–	–

注册类型	南滨街道	云周街道	玉海街道	平阳坑镇
小计	562	294	17	22
110 国有	–	–	–	–
120 集体	–	1	–	–
130 股份合作	7	1	–	–
141 国有联营	–	–	–	–
142 集体联营	–	–	–	–
143 国有与集体联营	–	–	–	–
149 其他联营	–	–	–	–
151 国有独资公司	–	–	–	–
159 其他有限责任公司	104	7	–	–
160 股份有限公司	8	1	–	–
171 私营独资	177	107	9	6
172 私营合伙	2	1	–	1
173 私营有限责任公司	259	175	8	15
174 私营股份有限公司	3	1	–	–
190 其他	1	–	–	–
210 与港澳台商合资经营	–	–	–	–
220 与港澳台商合作经营	–	–	–	–
230 港、澳、台商独资	–	–	–	–
240 港、澳、台商投资股份有限公司	–	–	–	–
290 其他港、澳、台商投资	–	–	–	–
310 中外合资经营	1	–	–	–
320 中外合作经营	–	–	–	–
330 外资企业	–	–	–	–
340 外商投资股份有限公司	–	–	–	–
390 其他外商投资	–	–	–	–

注册类型	湖岭镇	曹村镇	高楼镇	北麂乡
小计	168	60	36	1
110 国有	–	–	–	–
120 集体	–	–	–	–
130 股份合作	6	1	–	–
141 国有联营	–	–	–	–
142 集体联营	–	–	–	–
143 国有与集体联营	–	–	–	–
149 其他联营	–	–	–	–
151 国有独资公司	–	–	–	–
159 其他有限责任公司	34	–	–	–
160 股份有限公司	1	–	–	–
171 私营独资	75	25	21	1
172 私营合伙	2	4	–	–
173 私营有限责任公司	47	30	15	–
174 私营股份有限公司	3	–	–	–
190 其他	–	–	–	–
210 与港澳台商合资经营	–	–	–	–
220 与港澳台商合作经营	–	–	–	–
230 港、澳、台商独资	–	–	–	–
240 港、澳、台商投资股份有限公司	–	–	–	–
290 其他港、澳、台商投资	–	–	–	–
310 中外合资经营	–	–	–	–
320 中外合作经营	–	–	–	–
330 外资企业	–	–	–	–
340 外商投资股份有限公司	–	–	–	–
390 其他外商投资	–	–	–	–

表 2-1-4 按行业及注册类型分组的普查对象

单位：个

行业名称	合计	集体企业	股份合作企业	集体联营企业	其他有限责任公司
小计	9773	5	106	1	665
汽车制造业	2010	–	7	–	83
通用设备制造业	1656	–	31	–	122
皮革、毛皮、羽毛及其制品和制鞋业	1286	–	1	–	106
金属制品业	903	2	15	–	61
橡胶和塑料制品业	890	–	13	–	52
专用设备制造业	748	1	8	1	55
纺织服装、服饰业	388	–	–	–	29
纺织业	246	–	4	–	20
造纸和纸制品业	239	–	–	–	12
电气机械和器材制造业	225	1	3	–	36
铁路、船舶、航空航天和其他运输设备制造业	177	–	2	–	7
文教、工美、体育和娱乐用品制造业	160	–	2	–	21
非金属矿物制品业	122	–	2	–	6
印刷和记录媒介复制业	116	1	5	–	6
农副食品加工业	103	–	2	–	9
家具制造业	88	–	–	–	6
食品制造业	78	–	2	–	9
有色金属冶炼和压延加工业	58	–	5	–	2
化学原料和化学制品制造业	51	–	1	–	4
木材加工和木、竹、藤、棕、草制品业	49	–	1	–	1
仪器仪表制造业	40	–	2	–	4
黑色金属冶炼和压延加工业	39	–	–	–	2
计算机、通信和其他电子设备制造业	29	–	–	–	2
其他制造业	19	–	–	–	2

行业名称	合计	集体企业	股份合作企业	集体联营企业	其他有限责任公司
小计	9773	5	106	1	665
金属制品、机械和设备修理业	15	–	1	–	1
化学纤维制造业	11	–	–	–	1
酒、饮料和精制茶制造业	8	–	–	–	1
电力、热力生产和供应业	6	–	–	–	1
石油、煤炭及其他燃料加工业	4	–	–	–	–
水的生产和供应业	4	–	–	–	4
医药制造业	2	–	–	–	–
其他金融业	1	–	–	–	–
废弃资源综合利用业	1	–	–	–	–
燃气生产和供应业	1	–	–	–	–
煤炭开采和洗选业	–	–	–	–	–
石油和天然气开采业	–	–	–	–	–
黑色金属矿采选业	–	–	–	–	–
有色金属矿采选业	–	–	–	–	–
非金属矿采选业	–	–	–	–	–
开采专业及辅助性活动	–	–	–	–	–
其他采矿业	–	–	–	–	–

行业名称	合计	股份有限公司	私营独资企业	私营合伙企业	私营有限责任公司
小计	9773	34	3746	117	5036
汽车制造业	2010	6	637	26	1235
通用设备制造业	1656	4	687	22	779
皮革、毛皮、羽毛及其制品和制鞋业	1286	1	415	3	756
金属制品业	903	2	389	11	418
橡胶和塑料制品业	890	6	398	9	406
专用设备制造业	748	–	292	16	375
纺织服装、服饰业	388	–	210	4	143
纺织业	246	2	96	3	117
造纸和纸制品业	239	–	103	4	120
电气机械和器材制造业	225	3	50	1	131
铁路、船舶、航空航天和其他运输设备制造业	177	–	62	2	102
文教、工美、体育和娱乐用品制造业	160	1	67	2	65
非金属矿物制品业	122	2	68	1	43
印刷和记录媒介复制业	116	1	31	2	70
农副食品加工业	103	1	35	3	50
家具制造业	88	–	51	–	31
食品制造业	78	–	35	–	31
有色金属冶炼和压延加工业	58	1	14	–	33
化学原料和化学制品制造业	51	2	14	1	28
木材加工和木、竹、藤、棕、草制品业	49	–	30	1	17
仪器仪表制造业	40	–	15	1	18
黑色金属冶炼和压延加工业	39	–	19	1	16
计算机、通信和其他电子设备制造业	29	–	8	–	18
其他制造业	19	–	7	1	9

行业名称	合计	股份有限公司	私营独资企业	私营合伙企业	私营有限责任公司
小计	9773	34	3746	117	5036
金属制品、机械和设备修理业	15	–	8	2	3
化学纤维制造业	11	2	1	1	5
酒、饮料和精制茶制造业	8	–	3	–	4
电力、热力生产和供应业	6	–	–	–	5
石油、煤炭及其他燃料加工业	4	–	1	–	3
水的生产和供应业	4	–	–	–	–
医药制造业	2	–	–	–	2
其他金融业	1	–	–	–	1
废弃资源综合利用业	1	–	–	–	1
燃气生产和供应业	1	–	–	–	1
煤炭开采和洗选业	–	–	–	–	–
石油和天然气开采业	–	–	–	–	–
黑色金属矿采选业	–	–	–	–	–
有色金属矿采选业	–	–	–	–	–
非金属矿采选业	–	–	–	–	–
开采专业及辅助性活动	–	–	–	–	–
其他采矿业	–	–	–	–	–

行业名称	合计	私营股份有限公司	其他企业	合资经营企业（港或澳、台资）	港、澳、台商独资企业
小计	9773	50	3	1	1
汽车制造业	2010	15	–	–	–
通用设备制造业	1656	11	–	–	–
皮革、毛皮、羽毛及其制品和制鞋业	1286	2	–	1	–
金属制品业	903	4	–	–	–
橡胶和塑料制品业	890	3	1	–	–
专用设备制造业	748	–	–	–	–
纺织服装、服饰业	388	1	–	–	1
纺织业	246	2	–	–	–
造纸和纸制品业	239	–	–	–	–
电气机械和器材制造业	225	–	–	–	–
铁路、船舶、航空航天和其他运输设备制造业	177	2	–	–	–
文教、工美、体育和娱乐用品制造业	160	2	–	–	–
非金属矿物制品业	122	–	–	–	–
印刷和记录媒介复制业	116	–	–	–	–
农副食品加工业	103	1	2	–	–
家具制造业	88	–	–	–	–
食品制造业	78	1	–	–	–
有色金属冶炼和压延加工业	58	3	–	–	–
化学原料和化学制品制造业	51	–	–	–	–
木材加工和木、竹、藤、棕、草制品业	49	–	–	–	–
仪器仪表制造业	40	–	–	–	–
黑色金属冶炼和压延加工业	39	1	–	–	–
计算机、通信和其他电子设备制造业	29	1	–	–	–
其他制造业	19	–	–	–	–

行业名称	合计	私营股份有限公司	其他企业	合资经营企业（港或澳、台资）	港、澳、台商独资企业
小计	9773	50	3	1	1
金属制品、机械和设备修理业	15	–	–	–	–
化学纤维制造业	11	1	–	–	–
酒、饮料和精制茶制造业	8	–	–	–	–
电力、热力生产和供应业	6	–	–	–	–
石油、煤炭及其他燃料加工业	4	–	–	–	–
水的生产和供应业	4	–	–	–	–
医药制造业	2	–	–	–	–
其他金融业	1	–	–	–	–
废弃资源综合利用业	1	–	–	–	–
燃气生产和供应业	1	–	–	–	–
煤炭开采和洗选业	–	–	–	–	–
石油和天然气开采业	–	–	–	–	–
黑色金属矿采选业	–	–	–	–	–
有色金属矿采选业	–	–	–	–	–
非金属矿采选业	–	–	–	–	–
开采专业及辅助性活动	–	–	–	–	–
其他采矿业	–	–	–	–	–

行业名称	合计	其他港、澳、台商投资企业	中外合资经营企业	外资企业
小计	9773	1	4	3
汽车制造业	2010	–	1	–
通用设备制造业	1656	–	–	–
皮革、毛皮、羽毛及其制品和制鞋业	1286	–	1	–
金属制品业	903	–	1	–
橡胶和塑料制品业	890	1	1	–
专用设备制造业	748	–	–	–
纺织服装、服饰业	388	–	–	–
纺织业	246	–	–	2
造纸和纸制品业	239	–	–	–
电气机械和器材制造业	225	–	–	–
铁路、船舶、航空航天和其他运输设备制造业	177	–	–	–
文教、工美、体育和娱乐用品制造业	160	–	–	–
非金属矿物制品业	122	–	–	–
印刷和记录媒介复制业	116	–	–	–
农副食品加工业	103	–	–	–
家具制造业	88	–	–	–
食品制造业	78	–	–	–
有色金属冶炼和压延加工业	58	–	–	–
化学原料和化学制品制造业	51	–	–	1
木材加工和木、竹、藤、棕、草制品业	49	–	–	–
仪器仪表制造业	40	–	–	–
黑色金属冶炼和压延加工业	39	–	–	–
计算机、通信和其他电子设备制造业	29	–	–	–
其他制造业	19	–	–	–

行业名称	合计	其他港、澳、台商投资企业	中外合资经营企业	外资企业
小计	9773	1	4	3
金属制品、机械和设备修理业	15	–	–	–
化学纤维制造业	11	–	–	–
酒、饮料和精制茶制造业	8	–	–	–
电力、热力生产和供应业	6	–	–	–
石油、煤炭及其他燃料加工业	4	–	–	–
水的生产和供应业	4	–	–	–
医药制造业	2	–	–	–
其他金融业	1	–	–	–
废弃资源综合利用业	1	–	–	–
燃气生产和供应业	1	–	–	–
煤炭开采和洗选业	–	–	–	–
石油和天然气开采业	–	–	–	–
黑色金属矿采选业	–	–	–	–
有色金属矿采选业	–	–	–	–
非金属矿采选业	–	–	–	–
开采专业及辅助性活动	–	–	–	–
其他采矿业	–	–	–	–

表 2-1-5 按镇街及行业类型分组的普查对象

单位：个

行业名称	合计	塘下镇	林川镇	桐浦镇	芳庄乡	陶山镇
小计	9773	3582	98	242	3	337
汽车制造业	2010	1541	4	20	–	19
通用设备制造业	1656	660	3	45	1	38
皮革、毛皮、羽毛及其制品和制鞋业	1286	73	3	24	–	32
金属制品业	903	398	2	39	–	52
橡胶和塑料制品业	890	220	14	28	–	33
专用设备制造业	748	95	–	17	–	29
纺织服装、服饰业	388	18	–	6	–	27
纺织业	246	26	2	10	–	34
造纸和纸制品业	239	106	4	8	–	7
电气机械和器材制造业	225	62	1	9	–	2
铁路、船舶、航空航天和其他运输设备制造业	177	150	–	–	–	1
文教、工美、体育和娱乐用品制造业	160	25	55	2	1	7
非金属矿物制品业	122	25	2	7	–	12
印刷和记录媒介复制业	116	28	2	1	–	2
农副食品加工业	103	3	1	4	–	5
家具制造业	88	7	1	13	–	17
食品制造业	78	2	2	2	–	2
有色金属冶炼和压延加工业	58	40	–	–	–	–
化学原料和化学制品制造业	51	13	–	1	–	3
木材加工和木、竹、藤、棕、草制品业	49	13	–	4	–	6
仪器仪表制造业	40	21	–	–	–	1
黑色金属冶炼和压延加工业	39	28	–	–	–	–
计算机、通信和其他电子设备制造业	29	16	–	–	–	–
其他制造业	19	5	–	–	–	2

行业名称	合计	塘下镇	林川镇	桐浦镇	芳庄乡	陶山镇
小计	9773	3582	98	242	3	337
金属制品、机械和设备修理业	15	4	–	–	–	4
化学纤维制造业	11	–	–	–	–	–
酒、饮料和精制茶制造业	8	1	1	1	–	–
电力、热力生产和供应业	6	–	–	–	1	–
石油、煤炭及其他燃料加工业	4	1	–	–	–	–
水的生产和供应业	4	1	–	–	–	1
医药制造业	2	–	–	1	–	–
其他金融业	1	–	–	–	–	–
废弃资源综合利用业	1	–	–	–	–	1
燃气生产和供应业	1	–	1	–	–	–
煤炭开采和洗选业	–	–	–	–	–	–
石油和天然气开采业	–	–	–	–	–	–
黑色金属矿采选业	–	–	–	–	–	–
有色金属矿采选业	–	–	–	–	–	–
非金属矿采选业	–	–	–	–	–	–
开采专业及辅助性活动	–	–	–	–	–	–
其他采矿业	–	–	–	–	–	–

行业名称	合计	马屿镇	上望街道	安阳街道	潘岱街道	莘塍街道
小计	9773	348	611	38	385	724
汽车制造业	2010	16	48	1	87	64
通用设备制造业	1656	37	182	10	130	65
皮革、毛皮、羽毛及其制品和制鞋业	1286	15	40	4	5	284
金属制品业	903	31	105	2	32	39
橡胶和塑料制品业	890	28	28	4	29	69
专用设备制造业	748	167	59	7	26	54
纺织服装、服饰业	388	–	39	5	5	55
纺织业	246	4	29	–	8	24
造纸和纸制品业	239	10	11	–	4	13
电气机械和器材制造业	225	9	3	–	14	4
铁路、船舶、航空航天和其他运输设备制造业	177	–	7	–	3	2
文教、工美、体育和娱乐用品制造业	160	1	3	–	4	10
非金属矿物制品业	122	7	9	–	9	6
印刷和记录媒介复制业	116	2	10	1	8	15
农副食品加工业	103	3	14	–	2	4
家具制造业	88	7	–	2	7	4
食品制造业	78	1	4	–	2	3
有色金属冶炼和压延加工业	58	1	–	–	2	3
化学原料和化学制品制造业	51	2	2	–	5	1
木材加工和木、竹、藤、棕、草制品业	49	1	5	–	–	–
仪器仪表制造业	40	2	–	–	1	–
黑色金属冶炼和压延加工业	39	2	3	–	–	1
计算机、通信和其他电子设备制造业	29	–	2	–	–	–
其他制造业	19	1	3	2	–	–

行业名称	合计	马屿镇	上望街道	安阳街道	潘岱街道	莘塍街道
小计	9773	348	611	38	385	724
金属制品、机械和设备修理业	15	–	–	–	–	–
化学纤维制造业	11	–	1	–	1	4
酒、饮料和精制茶制造业	8	1	–	–	1	
电力、热力生产和供应业	6	–	2	–	–	–
石油、煤炭及其他燃料加工业	4	–	1	–	–	–
水的生产和供应业	4	–	–	–	–	–
医药制造业	2	–	–	–	–	–
其他金融业	1	–	1	–	–	–
废弃资源综合利用业	1	–	–	–	–	–
燃气生产和供应业	1	–	–	–	–	–
煤炭开采和洗选业	–	–	–	–	–	–
石油和天然气开采业	–	–	–	–	–	–
黑色金属矿采选业	–	–	–	–	–	–
有色金属矿采选业	–	–	–	–	–	–
非金属矿采选业	–	–	–	–	–	–
开采专业及辅助性活动	–	–	–	–	–	–
其他采矿业	–	–	–	–	–	–

行业名称	合计	汀田街道	飞云街道	仙降街道	锦湖街道	东山街道
小计	9773	524	455	725	260	281
汽车制造业	2010	82	11	–	21	36
通用设备制造业	1656	85	87	8	82	60
皮革、毛皮、羽毛及其制品和制鞋业	1286	30	49	487	–	15
金属制品业	903	73	19	27	17	12
橡胶和塑料制品业	890	92	32	136	13	10
专用设备制造业	748	41	50	5	48	52
纺织服装、服饰业	388	20	125	6	3	14
纺织业	246	17	9	5	1	12
造纸和纸制品业	239	14	8	19	1	7
电气机械和器材制造业	225	8	9	4	49	7
铁路、船舶、航空航天和其他运输设备制造业	177	7	2	–	–	4
文教、工美、体育和娱乐用品制造业	160	2	3	2	1	–
非金属矿物制品业	122	6	4	3	4	6
印刷和记录媒介复制业	116	7	9	8	6	5
农副食品加工业	103	5	8	6	3	18
家具制造业	88	2	10	2	1	2
食品制造业	78	1	11	1	2	5
有色金属冶炼和压延加工业	58	7	–	2	–	2
化学原料和化学制品制造业	51	5	3	1	1	7
木材加工和木、竹、藤、棕、草制品业	49	4	1	1	2	2
仪器仪表制造业	40	6	2	–	2	3
黑色金属冶炼和压延加工业	39	4	–	–	–	–
计算机、通信和其他电子设备制造业	29	1	–	1		
其他制造业	19	2	–	–	–	–

行业名称	合计	汀田街道	飞云街道	仙降街道	锦湖街道	东山街道
小计	9773	524	455	725	260	281
金属制品、机械和设备修理业	15	1	2	1	2	–
化学纤维制造业	11	1	–	–	–	1
酒、饮料和精制茶制造业	8	1	–	–	–	–
电力、热力生产和供应业	6	–	–	–	–	–
石油、煤炭及其他燃料加工业	4	–	–	–	–	–
水的生产和供应业	4	–	1	–	1	–
医药制造业	2	–	–	–	–	1
其他金融业	1	–	–	–	–	–
废弃资源综合利用业	1	–	–	–	–	–
燃气生产和供应业	1	–	–	–	–	–
煤炭开采和洗选业	–	–	–	–	–	–
石油和天然气开采业	–	–	–	–	–	–
黑色金属矿采选业	–	–	–	–	–	–
有色金属矿采选业	–	–	–	–	–	–
非金属矿采选业	–	–	–	–	–	–
开采专业及辅助性活动	–	–	–	–	–	–
其他采矿业	–	–	–	–	–	–

行业名称	合计	南滨街道	云周街道	玉海街道	平阳坑镇
小计	9773	562	294	17	22
汽车制造业	2010	49	1	−	1
通用设备制造业	1656	126	7	2	−
皮革、毛皮、羽毛及其制品和制鞋业	1286	18	187	−	3
金属制品业	903	33	8	−	1
橡胶和塑料制品业	890	85	37	−	12
专用设备制造业	748	46	13	4	−
纺织服装、服饰业	388	48	5	5	−
纺织业	246	46	11	1	−
造纸和纸制品业	239	9	14	1	1
电气机械和器材制造业	225	39	−	−	−
铁路、船舶、航空航天和其他运输设备制造业	177	1	−	−	−
文教、工美、体育和娱乐用品制造业	160	7	−	1	1
非金属矿物制品业	122	6	1	−	1
印刷和记录媒介复制业	116	5	4	3	−
农副食品加工业	103	7	−	−	−
家具制造业	88	5	1	−	−
食品制造业	78	7	−	−	−
有色金属冶炼和压延加工业	58	1	−	−	−
化学原料和化学制品制造业	51	3	4	−	−
木材加工和木、竹、藤、棕、草制品业	49	1	1	−	−
仪器仪表制造业	40	2	−	−	−
黑色金属冶炼和压延加工业	39	−	−	−	1
计算机、通信和其他电子设备制造业	29	8	−	−	−
其他制造业	19	2	−	−	−

行业名称	合计	南滨街道	云周街道	玉海街道	平阳坑镇
小计	9773	562	294	17	22
金属制品、机械和设备修理业	15	–	–	1	–
化学纤维制造业	11	–	–	–	3
酒、饮料和精制茶制造业	8	–	–	–	–
电力、热力生产和供应业	6	–	–	–	3
石油、煤炭及其他燃料加工业	4	–	–	–	2
水的生产和供应业	4	–	–	–	–
医药制造业	2	–	–	–	–
其他金融业	1	–	–	–	–
废弃资源综合利用业	1	–	–	–	–
燃气生产和供应业	1	–	–	–	–
煤炭开采和洗选业	–	–	–	–	–
石油和天然气开采业	–	–	–	–	–
黑色金属矿采选业	–	–	–	–	–
有色金属矿采选业	–	–	–	–	–
非金属矿采选业	–	–	–	–	–
开采专业及辅助性活动	–	–	–	–	–
其他采矿业	–	–	–	–	–

行业名称	合计	湖岭镇	曹村镇	高楼镇	北麂乡
小计	9773	168	60	36	1
汽车制造业	2010	4	2	3	–
通用设备制造业	1656	9	18	1	–
皮革、毛皮、羽毛及其制品和制鞋业	1286	15	2	–	–
金属制品业	903	10	2	1	–
橡胶和塑料制品业	890	11	5	4	–
专用设备制造业	748	7	26	2	–
纺织服装、服饰业	388	4	–	3	–
纺织业	246	6	–	1	–
造纸和纸制品业	239	2	–	–	–
电气机械和器材制造业	225	2	2	1	–
铁路、船舶、航空航天和其他运输设备制造业	177	–	–	–	–
文教、工美、体育和娱乐用品制造业	160	33	1	1	–
非金属矿物制品业	122	4	2	8	–
印刷和记录媒介复制业	116	–	–	–	–
农副食品加工业	103	14	–	5	1
家具制造业	88	6	–	1	–
食品制造业	78	32	–	1	–
有色金属冶炼和压延加工业	58	–	–	–	–
化学原料和化学制品制造业	51	–	–	–	–
木材加工和木、竹、藤、棕、草制品业	49	6	–	2	–
仪器仪表制造业	40	–	–	–	–
黑色金属冶炼和压延加工业	39	–	–	–	–
计算机、通信和其他电子设备制造业	29	1	–	–	–
其他制造业	19	1	–	1	–

行业名称	合计	湖岭镇	曹村镇	高楼镇	北麂乡
小计	9773	168	60	36	1
金属制品、机械和设备修理业	15	–	–	–	–
化学纤维制造业	11	–	–	–	–
酒、饮料和精制茶制造业	8	1	–	1	–
电力、热力生产和供应业	6	–	–	–	–
石油、煤炭及其他燃料加工业	4	–	–	–	–
水的生产和供应业	4	–	–	–	–
医药制造业	2	–	–	–	–
其他金融业	1	–	–	–	–
废弃资源综合利用业	1	–	–	–	–
燃气生产和供应业	1	–	–	–	–
煤炭开采和洗选业	–	–	–	–	–
石油和天然气开采业	–	–	–	–	–
黑色金属矿采选业	–	–	–	–	–
有色金属矿采选业	–	–	–	–	–
非金属矿采选业	–	–	–	–	–
开采专业及辅助性活动	–	–	–	–	–
其他采矿业	–	–	–	–	–

表 2-1-6 按镇街及企业运行情况分组的普查对象

单位：个

乡（镇、街道）	合计	企业运行状态			
		运行	全年停产	关闭	其他
小计	9773	8894	537	7	335
塘下镇	3582	3429	1	–	152
莘塍街道	724	632	72	3	17
仙降街道	725	644	58	–	23
上望街道	611	593	–	–	18
南滨街道	562	466	59	1	36
汀田街道	524	437	60	–	27
飞云街道	455	387	63	–	5
潘岱街道	385	329	55	–	1
马屿镇	348	335	–	–	13
陶山镇	337	289	39	2	7
云周街道	294	263	25	–	6
东山街道	281	279	–	–	2
锦湖街道	260	240	11	1	8
桐浦镇	242	200	40	–	2
湖岭镇	168	126	38	–	4
林川镇	98	82	14	–	2
曹村镇	60	58	–	–	2
安阳街道	38	32	1	–	5
高楼镇	36	36	–	–	–
平阳坑镇	22	21	–	–	1
玉海街道	17	12	1	–	4
芳庄乡	3	3	–	–	–
北麂乡	1	1	–	–	–

表 2-1-7 按行业及企业运行情况分组的普查对象

单位：个

行业名称	合计	企业运行状态			
		运行	全年停产	关闭	其他
小计	9773	8894	537	7	335
汽车制造业	2010	1897	39	–	74
通用设备制造业	1656	1529	71	–	56
皮革、毛皮、羽毛及其制品和制鞋业	1286	1112	135	3	36
金属制品业	903	841	31	–	31
橡胶和塑料制品业	890	831	41	–	18
专用设备制造业	748	697	31	1	19
纺织服装、服饰业	388	333	43	1	11
纺织业	246	201	26	1	18
造纸和纸制品业	239	225	8	–	6
电气机械和器材制造业	225	208	10	–	7
铁路、船舶、航空航天和其他运输设备制造业	177	174	1	–	2
文教、工美、体育和娱乐用品制造业	160	137	18	–	5
非金属矿物制品业	122	103	14	–	5
印刷和记录媒介复制业	116	103	9	1	3
农副食品加工业	103	88	11	–	4
家具制造业	88	69	15	–	4
食品制造业	78	63	11	–	4
有色金属冶炼和压延加工业	58	53	2	–	3
化学原料和化学制品制造业	51	42	3	–	6
木材加工和木、竹、藤、棕、草制品业	49	44	4	–	1
仪器仪表制造业	40	36	2	–	2
黑色金属冶炼和压延加工业	39	35	2	–	2
计算机、通信和其他电子设备制造业	29	26	2	–	1
其他制造业	19	9	3	–	7

行业名称	合计	企业运行状态			
		运行	全年停产	关闭	其他
小计	9773	8894	537	7	335
金属制品、机械和设备修理业	15	13	2	–	–
化学纤维制造业	11	7	1	–	3
酒、饮料和精制茶制造业	8	6	1	–	1
电力、热力生产和供应业	6	6	–	–	–
石油、煤炭及其他燃料加工业	4	–	–	–	4
水的生产和供应业	4	3	1	–	–
医药制造业	2	2	–	–	–
其他金融业	1	–	–	–	1
废弃资源综合利用业	1	1	–	–	–
燃气生产和供应业	1	–	–	–	1
煤炭开采和洗选业	–	–	–	–	–
石油和天然气开采业	–	–	–	–	–
黑色金属矿采选业	–	–	–	–	–
有色金属矿采选业	–	–	–	–	–
非金属矿采选业	–	–	–	–	–
开采专业及辅助性活动	–	–	–	–	–
其他采矿业	–	–	–	–	–

表 2-1-8 按镇街及涉重金属企业分组的普查对象 [①]

单位：个

乡镇	重金属指标			类重金属指标	
	总铅	总镉	总铬	总汞	总砷
合计	–	–	70	–	–
塘下镇	–	–	11	–	–
莘塍街道	–	–	1	–	–
上望街道	–	–	56	–	–
东山街道	–	–	1	–	–
湖岭镇	–	–	1	–	–

① 除以上镇街外，其他镇街不涉及重金属产排的工业企业。

表 2-1-9 按行业及涉重金属企业分组的普查对象[②]

单位：个

行业名称	重金属指标			类重金属指标	
	总铅	总镉	总铬	总砷	总汞
全市合计	–	–	70	–	–
汽车制造业	–	–	3	–	–
通用设备制造业	–	–	1	–	–
皮革、毛皮、羽毛及其制品和制鞋业	–	–	1	–	–
金属制品业	–	–	64	–	–
电气机械和器材制造业	–	–	1	–	–

---

② 除以上行业外，其他行业不涉及重金属产排的工业企业。

表 2-1-10 按镇街及其他指标分组的普查对象

单位：个

乡镇	其他指标			
	石化企业	有机液体储罐	挥发性有机原辅料	工业固体物料堆存
总计	–	–	499	126
塘下镇	–	–	162	23
莘塍街道	–	–	77	9
仙降街道	–	–	83	19
上望街道	–	–	27	5
南滨街道	–	–	14	7
汀田街道	–	–	13	8
飞云街道	–	–	22	4
潘岱街道	–	–	6	6
马屿镇	–	–	13	4
陶山镇	–	–	11	10
云周街道	–	–	39	12
东山街道	–	–	19	13
锦湖街道	–	–	2	–
桐浦镇	–	–	6	2
湖岭镇	–	–	1	3
林川镇	–	–	3	1
曹村镇	–	–	–	–
安阳街道	–	–	1	–
高楼镇	–	–	–	–
平阳坑镇	–	–	–	–
玉海街道	–	–	–	–
芳庄乡	–	–	–	–
北麂乡	–	–	–	–

表 2-1-11 按镇街及特种设备（锅炉、炉窑）分组的普查对象

单位：个

乡镇	企业数量	
	锅炉 - 燃气轮机	工业炉窑
合计	396	359
塘下镇	31	148
莘塍街道	35	15
仙降街道	85	2
上望街道	8	5
南滨街道	32	11
汀田街道	12	24
飞云街道	29	3
潘岱街道	11	83
马屿镇	11	8
陶山镇	29	30
云周街道	52	1
东山街道	15	5
锦湖街道	1	2
桐浦镇	5	19
湖岭镇	27	1
林川镇	7	–
曹村镇	1	1
安阳街道	–	–
高楼镇	2	1
平阳坑镇	2	–
玉海街道	–	–
芳庄乡	–	–
北麂乡	1	–

表 2-1-12 按行业及特种设备（锅炉、炉窑）分组的普查对象

单位：个

行业名称	企业数量	
	锅炉－燃气轮机	工业炉窑
全市合计	396	359
汽车制造业	6	84
通用设备制造业	10	87
皮革、毛皮、羽毛及其制品和制鞋业	112	–
金属制品业	20	101
橡胶和塑料制品业	71	–
专用设备制造业	1	9
纺织服装、服饰业	59	–
纺织业	23	1
造纸和纸制品业	11	–
电气机械和器材制造业	2	–
铁路、船舶、航空航天和其他运输设备制造业	–	7
文教、工美、体育和娱乐用品制造业	1	–
非金属矿物制品业	5	11
印刷和记录媒介复制业	6	–
农副食品加工业	16	–
家具制造业	–	–
食品制造业	28	–
有色金属冶炼和压延加工业	4	50
化学原料和化学制品制造业	11	1
木材加工和木、竹、藤、棕、草制品业	–	1
仪器仪表制造业	–	–
黑色金属冶炼和压延加工业	1	5
计算机、通信和其他电子设备制造业		1

行业名称	企业数量	
	锅炉－燃气轮机	工业炉窑
全市合计	396	359
其他制造业	－	－
金属制品、机械和设备修理业	－	－
化学纤维制造业	3	－
酒、饮料和精制茶制造业	1	－
电力、热力生产和供应业	4	－
石油、煤炭及其他燃料加工业	－	－
水的生产和供应业	－	－
医药制造业	1	－
其他金融业	－	－
废弃资源综合利用业	－	1
燃气生产和供应业	－	－
煤炭开采和洗选业	－	－
石油和天然气开采业	－	－
黑色金属矿采选业	－	－
有色金属矿采选业	－	－
非金属矿采选业	－	－
开采专业及辅助性活动	－	－
其他采矿业	－	－

表 2-1-13 按镇街分组的厂内移动源信息

单位：个

乡镇	柴油消耗量（吨）	厂内移动源保有量（单位：台）				
		挖掘机	推土机	装载机	柴油叉车	其他柴油机械
合计	1360.8	1	10	16	558	10
塘下镇	308.64	–	–	2	87	–
莘塍街道	58.98	–	–	1	40	2
仙降街道	11.63	–	–	–	10	1
上望街道	32.88	–	–	–	32	–
南滨街道	25.908	–	–	1	50	–
汀田街道	18.954	–	–	–	18	1
飞云街道	22.76	–	2	2	29	–
潘岱街道	72.095	–	2	3	48	–
马屿镇	92.335	–	2	–	19	2
陶山镇	28.44	1	3	4	33	2
云周街道	23.23	–	–	–	21	1
东山街道	583.445	–	1	2	122	–
锦湖街道	6.037	–	–	–	7	–
桐浦镇	22.761	–	–	–	21	1
湖岭镇	16.245	–	–	–	13	–
林川镇	2.76	–	–	–	4	–
曹村镇	2	–	–	–	1	–
安阳街道	–	–	–	–	–	–
高楼镇	30	–	–	1	1	–
平阳坑镇	1.7	–	–	–	2	–
玉海街道	–	–	–	–	–	–
芳庄乡	–	–	–	–	–	–
北麂乡	–	–	–	–	–	–

表 2-1-14 按镇街及突发环境事件风险信息分组的普查对象

单位：个

乡镇	编制突发环境事件应急预案	进行突发环境事件应急预案备案	企业环境风险等级		
			一般	较大	重大
合计	428	416	40	211	165
塘下镇	49	49	5	43	1
莘塍街道	11	9	–	9	–
仙降街道	2	2	2	–	–
上望街道	276	276	5	123	148
南滨街道	23	21	18	1	2
汀田街道	3	2	1	1	–
飞云街道	5	1	1	–	–
潘岱街道	17	17	–	17	–
马屿镇	1	1	1	–	–
陶山镇	8	5	4	1	–
云周街道	5	5	2	–	3
东山街道	27	27	–	16	11
锦湖街道	–	–	–	–	–
桐浦镇	–	–	–	–	–
湖岭镇	1	1	1	–	–
林川镇	–	–	–	–	–
曹村镇	–	–	–	–	–
安阳街道	–	–	–	–	–
高楼镇	–	–	–	–	–
平阳坑镇	–	–	–	–	–
玉海街道	–	–	–	–	–
芳庄乡	–	–	–	–	–
北麂乡	–	–	–	–	–

表 2-1-15 按行业及突发环境事件风险信息分组的普查对象 [①]

单位：个

行业名称	编制突发环境事件应急预案	进行突发环境事件应急预案备案	企业环境风险等级		
			一般	较大	重大
合计	428	416	40	211	165
汽车制造业	9	9	–	9	–
通用设备制造业	7	7	1	6	–
皮革、毛皮、羽毛及其制品和制鞋业	4	1	1	–	–
金属制品业	309	307	10	149	148
橡胶和塑料制品业	4	1	–	1	–
化学纤维制造业	7	7	–	7	–
电力、热力生产和供应业	5	5	1	4	–
纺织业	25	24	22	–	2
造纸和纸制品业	3	2	2	–	–
电气机械和器材制造业	5	5	–	5	–
医药制造业	6	6	–	6	–
印刷和记录媒介复制业	1	–	–	–	–
农副食品加工业	2	2	–	1	1
食品制造业	1	–	–	–	–
有色金属冶炼和压延加工业	5	5	–	4	1
化学原料和化学制品制造业	35	35	3	19	13

① 除以上行业外，其他行业工业企业不涉及突发环境事件风险信息。

表 2-1-16 地区突发环境事件风险物质信息

风险物质名称	风险物质 CAS 号	计量单位	存在量	
			使用	生产
合 计	–	吨	5211.21	17609.64
N,N- 二甲基甲酰胺	68-12-2	吨	–	10000.00
氨气	7664-41-7	吨	31.60	100.00
氨水（浓度 20% 或更高）	1336-21-6	吨	15.42	–
苯	71-43-2	吨	1.00	–
苯胺	62-53-3	吨	23.00	–
苯乙烯	100-42-5	吨	8.00	–
丙酮	67-64-1	吨	–	–
丙烯腈	107-13-1	吨	9.00	–
次氯酸钠	7681-52-9	吨	3.25	–
醋酸乙烯	108-05-4	吨	2.00	–
丁醇	71-36-3	吨	81.40	–
丁酮	78-93-3	吨	–	200.00
多聚甲醛	30525-89-4	吨	3.00	–
二苯基亚甲基二异氰酸酯（MDI）	26447-40-5	吨	645.00	4805.00
二甲苯	1330-20-7	吨	2.31	–
铬及其化合物（以铬计）	–	吨	–	0.20
铬酸	7738-94-5	吨	12.00	–
硅烷	7803-62-5	吨	0.50	–
甲苯	108-88-3	吨	1.00	200.00
甲苯 -2,4- 二异氰酸酯（TDI）	584-84-9	吨	–	170.00
甲醇	67-56-1	吨	5.00	–
甲醛	50-00-0	吨	16.40	–
甲酸	64-18-6	吨	–	5.00
连二亚硫酸钠	7775-14-6	吨	1.70	0.20

风险物质名称	风险物质 CAS 号	计量 单位	存在量	
			使用	生产
合 计	–	吨	5211.21	17609.64
邻苯二甲酸二丁酯	84-74-2	吨	–	500.00
邻苯二甲酸二辛酯	117-84-0	吨	150.00	–
磷酸	7664-38-2	吨	4.41	–
硫	63705-05-5	吨	–	0.50
硫酸	7664-93-9	吨	243.95	592.94
硫酸镍	7786-81-4	吨	25.99	–
氯化镍	7718-54-9	吨	10.43	–
氯化亚砜	7719-09-7	吨	0.40	–
氯酸钠	7775-09-9	吨	–	250.10
哌啶	110-89-4	吨	0.20	–
氢氟酸	7664-39-3	吨	4.48	–
氰化钾	151-50-8	吨	0.55	–
氰化钠	143-33-9	吨	24.67	–
铜及其化合物（以铜离子计）	–	吨	0.01	–
硝酸	7697-37-2	吨	33.02	196.12
盐酸（浓度37%或更高）	7647-01-0	吨	233.35	108.50
乙醇	64-17-5	吨	3.33	–
乙二胺	107-15-3	吨	3444.60	–
乙炔	74-86-2	吨	0.11	–
乙酸	64-19-7	吨	20.26	29.85
乙酸甲酯	79-20-9	吨	–	1.00
乙酸乙酯	141-78-6	吨	–	450.00
油类物质（矿物油类，如石油、汽油、柴油等；生物柴油等）	–	吨	149.89	0.23

表 2-1-17 按行业分组地区工业企业能源消耗情况

行业名称	生物燃料	煤制品	一般烟煤	润滑油	无烟煤	液化石油气
	吨标准煤	吨	吨	吨	吨	吨
合计	77484.94	15.00	266530.56	5.20	27307.30	789.02
非金属矿物制品业	4651.00	–	1130.00	–	–	8.00
纺织服装、服饰业	2728.77	15.00	833.15	–	–	–
皮革、毛皮、羽毛及其制品和制鞋业	36102.67	–	8798.54	–	600.00	–
橡胶和塑料制品业	15504.24	–	17848.50	–	4586.63	–
电力、热力生产和供应业		–	53495.22			
造纸和纸制品业	2937.17	–	11778.34	–	393.00	–
纺织业	737.12	–	24905.59	–	8200.00	–
金属制品业	3980.24	–	2400.00	–	812.19	374.60
食品制造业	2250.95	–	600.00	–	–	220.65
化学原料和化学制品制造业	1301.35	–	50906.38	–	565.00	–
有色金属冶炼和压延加工业	1051.00	–	685.00	–	3228.00	–
印刷和记录媒介复制业	660.16	–	1500.00	–	1052.00	–
电气机械和器材制造业	786.00	–	–	–	–	–
化学纤维制造业	60.00	–	84349.00	–	–	–
汽车制造业	1464.25	–	308.00	5.20	–	–
专用设备制造业	178.40	–	–	–	–	–
农副食品加工业	430.22	–	10.00	–	1468.48	–
通用设备制造业	2473.40	–	702.00	–	6402.00	170.17
黑色金属冶炼和压延加工业	14.00	–	–	–	–	15.60
文教、工美、体育和娱乐用品制造业	124.00	–	–	–	–	–
酒、饮料和精制茶制造业	–	–	50.00	–	–	–
废弃资源综合利用业	–	–	2000.00	–	–	–
木材加工和木、竹、藤、棕、草制品业	50.00	–	–	–	–	–
医药制造业	–	–	4230.84	–	–	–

行业名称	柴油	液化天然气	天然气	原煤	城市生活垃圾（用于燃料）	燃料油
计量单位	吨	吨	万立方米	吨	吨	吨
合计	4365.48	549.50	1813.71	137.50	345887.50	14.44
非金属矿物制品业	673.50	–	6.00	–	–	–
纺织服装、服饰业	13.63	–	–	–	–	–
皮革、毛皮、羽毛及其制品和制鞋业	248.67	–	–	–	–	–
橡胶和塑料制品业	10.00	–	–	–	–	–
电力、热力生产和供应业	–	–	–	–	345887.50	14.44
造纸和纸制品业	–	–	–	–	–	–
纺织业	–	–	–	–	–	–
金属制品业		548.00	14.00	137.50	–	–
食品制造业	300.00	–	–	–	–	–
化学原料和化学制品制造业	2666.00	–	–	–	–	–
有色金属冶炼和压延加工业	179.38	–	280.00	–	–	–
印刷和记录媒介复制业						
电气机械和器材制造业	–	–	–	–	–	–
化学纤维制造业						
汽车制造业	229.30	–	1513.71			
专用设备制造业	–	–	–	–	–	–
农副食品加工业	–	–	–	–	–	–
通用设备制造业	45.00	1.50				
黑色金属冶炼和压延加工业	–	–	–	–	–	–
文教、工美、体育和娱乐用品制造业	–	–	–	–	–	–
酒、饮料和精制茶制造业	–	–	–	–	–	–
废弃资源综合利用业	–	–	–	–	–	–
木材加工和木、竹、藤、棕、草制品业	–	–	–	–	–	–
医药制造业	–	–	–	–	–	–

二、废水及其污染物的产排情况

表 2-2-1 按镇街及企业规模等级分组的涉水企业数量

单位：个

乡镇	企业数量	企业规模			
		大型	中型	小型	微型
合计	856	5	54	404	393
塘下镇	132	2	11	46	73
莘塍街道	52	–	7	22	23
仙降街道	93	–	10	65	18
上望街道	76	–	–	53	23
南滨街道	86	–	5	47	34
汀田街道	31	–	–	15	16
飞云街道	53	–	3	18	32
潘岱街道	29	–	1	9	19
马屿镇	54	–	–	27	27
陶山镇	55	–	4	27	24
云周街道	52	–	2	36	14
东山街道	46	3	10	17	16
锦湖街道	19	–	1	6	12
桐浦镇	13	–	–	5	8
湖岭镇	43	–	–	7	36
林川镇	9	–	–	–	9
曹村镇	2	–	–	1	1
安阳街道	–	–	–	–	–
高楼镇	8	–	–	1	7
平阳坑镇	2	–	–	2	–
玉海街道	–	–	–	–	–
芳庄乡	–	–	–	–	–
北麂乡	1	–	–	–	1

表 2-2-2 按行业及企业规模等级分组的涉水企业数量

单位：个

行业名称	企业数量	企业规模			
		大型	中型	小型	微型
合计	856	5	54	404	393
汽车制造业	79	3	11	37	28
通用设备制造业	85	–	3	41	41
皮革、毛皮、羽毛及其制品和制鞋业	110	–	13	91	6
金属制品业	107	–	2	72	33
橡胶和塑料制品业	70	–	6	30	34
专用设备制造业	63	–	–	29	34
纺织服装、服饰业	59	–	–	23	36
纺织业	37	–	4	24	9
造纸和纸制品业	11	–	–	6	5
电气机械和器材制造业	7	–	2	2	3
铁路、船舶、航空航天和其他运输设备制造业	4	–	–	2	2
文教、工美、体育和娱乐用品制造业	3	–	–	–	3
非金属矿物制品业	41	–	–	4	37
印刷和记录媒介复制业	6	–	3	3	–
农副食品加工业	71	–	2	10	59
家具制造业	–	–	–	–	–
食品制造业	48	–	–	8	40
有色金属冶炼和压延加工业	13	–	2	4	7
化学原料和化学制品制造业	18	1	3	8	6
木材加工和木、竹、藤、棕、草制品业	–	–	–	–	–
仪器仪表制造业	1	–	1	–	–
黑色金属冶炼和压延加工业	7	–	–	1	6
计算机、通信和其他电子设备制造业	1	–	–	1	–

行业名称	企业数量	企业规模			
		大型	中型	小型	微型
合计	856	5	54	404	393
其他制造业	–	–	–	–	–
金属制品、机械和设备修理业	–	–	–	–	–
化学纤维制造业	5	1	2	–	2
酒、饮料和精制茶制造业	2	–	–	–	2
电力、热力生产和供应业	3	–	–	3	–
石油、煤炭及其他燃料加工业	–	–	–	–	–
水的生产和供应业	3	–	–	3	–
医药制造业	2	–	–	2	–
其他金融业	–	–	–	–	–
废弃资源综合利用业	–	–	–	–	–
燃气生产和供应业	–	–	–	–	–
煤炭开采和洗选业	–	–	–	–	–
石油和天然气开采业	–	–	–	–	–
黑色金属矿采选业	–	–	–	–	–
有色金属矿采选业	–	–	–	–	–
非金属矿采选业	–	–	–	–	–
开采专业及辅助性活动	–	–	–	–	–
其他采矿业	–	–	–	–	–

表 2-2-3 按镇街分组的各类规模等级企业取水量

单位：万立方米

乡镇	合计	各规模企业取水量			
		大型	中型	小型	微型
小 计	9188.79	167.67	273.06	8667.50	80.56
塘下镇	2281.10	2.02	72.21	2183.58	23.28
莘塍街道	37.00	–	26.46	5.05	5.49
仙降街道	54.72	–	9.63	39.18	5.92
上望街道	227.18	–	–	205.68	21.50
南滨街道	357.96	–	40.87	312.81	4.28
汀田街道	24.24	–	–	23.45	0.79
飞云街道	1150.82	–	6.77	1141.62	2.43
潘岱街道	54.90	–	29.40	24.18	1.33
马屿镇	6.95	–	–	5.22	1.73
陶山镇	51.35	–	38.72	9.98	2.64
云周街道	81.48	–	2.15	77.66	1.68
东山街道	258.42	165.64	46.23	43.72	2.83
锦湖街道	4580.54	–	0.62	4579.45	0.47
桐浦镇	1.40	–	–	0.21	1.20
湖岭镇	18.13	–	–	14.91	3.22
林川镇	0.34	–	–	–	0.34
曹村镇	0.77	–	–	0.45	0.32
安阳街道	–	–	–	–	–
高楼镇	0.53	–	–	0.14	0.40
平阳坑镇	0.24	–	–	0.24	–
玉海街道	–	–	–	–	–
芳庄乡	–	–	–	–	–
北麂乡	0.71	–	–	–	0.71

表 2-2-4 按行业分组的各类规模等级企业取水量

单位：万立方米

行业名称	合计	各规模企业取水量			
		大型	中型	小型	微型
小计	9188.79	167.67	273.06	8667.50	80.56
汽车制造业	88.93	74.02	10.43	4.00	0.47
通用设备制造业	24.33	–	14.79	5.95	3.58
皮革、毛皮、羽毛及其制品和制鞋业	67.61	–	17.88	47.66	2.07
金属制品业	211.07	–	0.42	181.70	28.94
橡胶和塑料制品业	74.95	–	35.36	33.18	6.41
专用设备制造业	2.10	–	–	0.72	1.39
纺织服装、服饰业	3.76	–	–	2.28	1.48
纺织业	434.14	–	82.81	349.88	1.45
造纸和纸制品业	64.15	–	–	63.56	0.59
电气机械和器材制造业	8.90	–	1.42	3.96	3.51
铁路、船舶、航空航天和其他运输设备制造业	0.06	–	–	–	0.06
文教、工美、体育和娱乐用品制造业	0.16	–	–	–	0.16
非金属矿物制品业	13.21	–	–	0.78	12.43
印刷和记录媒介复制业	13.97	–	13.25	0.72	–
农副食品加工业	45.10	–	17.31	18.08	9.71
家具制造业	–	–	–	–	–
食品制造业	14.88	–	–	11.97	2.91
有色金属冶炼和压延加工业	21.67	–	16.93	2.33	2.41
化学原料和化学制品制造业	114.60	22.25	51.80	40.01	0.53
木材加工和木、竹、藤、棕、草制品业	–	–	–	–	–
仪器仪表制造业	0.41	–	0.41	–	–
黑色金属冶炼和压延加工业	0.30	–	–	0.10	0.20

行业名称	合计	各规模企业取水量			
		大型	中型	小型	微型
小 计	9188.79	167.67	273.06	8667.50	80.56
计算机、通信和其他电子设备制造业	0.65	–	–	0.65	–
其他制造业	–	–	–	–	–
金属制品、机械和设备修理业	–	–	–	–	–
化学纤维制造业	83.78	71.39	10.26	–	2.13
酒、饮料和精制茶制造业	0.10	–	–	–	0.10
电力、热力生产和供应业	93.69	–	–	93.69	–
石油、煤炭及其他燃料加工业	–	–	–	–	–
水的生产和供应业	7787.77	–	–	7787.77	–
医药制造业	18.52	–	–	18.52	–
其他金融业	–	–	–	–	–
废弃资源综合利用业	–	–	–	–	–
燃气生产和供应业	–	–	–	–	–
煤炭开采和洗选业	–	–	–	–	–
石油和天然气开采业	–	–	–	–	–
黑色金属矿采选业	–	–	–	–	–
有色金属矿采选业	–	–	–	–	–
非金属矿采选业	–	–	–	–	–
开采专业及辅助性活动	–	–	–	–	–
其他采矿业	–	–	–	–	–

表 2-2-5 地区工业企业废水治理情况

乡镇	废水治理设施数 （套）	设施处理能力 （立方米－日）	年实际处理水量 （立方米－年）
合 计	273	38334	5174746
塘下镇	78	5814	868188
莘塍街道	12	1073	96939
仙降街道	9	3033	874838
上望街道	11	203	93245
南滨街道	18	2266	268522
汀田街道	9	2186	173310
飞云街道	14	4751	533831
潘岱街道	9	1727	267835
马屿镇	25	503	52687
陶山镇	23	1545	293155
云周街道	4	5103	805483
东山街道	37	4207	539553
锦湖街道	7	571	158194
桐浦镇	4	92	4682
湖岭镇	9	5235	138218
林川镇	1	10	300
曹村镇	－	－	－
安阳街道	－	－	－
高楼镇	2	5	90
平阳坑镇	－	－	－
玉海街道	－	－	－
芳庄乡	－	－	－
北麂乡	1	10	5676

表 2-2-6 各类污染物产排情况

污染物指标	计量单位	产生量	排放量	去除率
废水	万立方米	–	843.36	–
化学需氧量	吨	10546.36	1006.07	90.46%
氨氮	吨	174.95	34.39	80.35%
总氮	吨	636.27	136.33	78.57%
总磷	吨	104.24	10.13	90.28%
石油类	吨	80.92	7.70	90.48%
挥发酚	千克	0.02	0.02	–
氰化物	千克	50514.05	25.55	99.95%
总砷	千克	–	–	–
总铅	千克	–	–	–
总镉	千克	–	–	–
总铬	千克	160745.91	222.21	99.86%
六价铬	千克	125603.19	56.38	99.96%
总汞	千克	–	–	–

表 2-2-7 按镇街分组的地区污染物产排情况

单位：千克

乡镇	废水排放量（万立方米）	化学需氧量（吨）		氨氮（吨）		总氮（吨）	
		产生量	排放量	产生量	排放量	产生量	排放量
合计	843.36	10546.36	1006.07	174.95	34.39	636.27	136.33
塘下镇	104.45	621.47	22.68	21.75	0.28	46.73	10.33
莘塍街道	8.76	70.26	30.71	3.39	1.06	5.23	2.50
仙降街道	7.66	760.05	44.54	2.46	1.22	11.64	3.98
上望街道	133.47	416.46	113.69	27.62	10.13	54.06	23.88
南滨街道	239.97	3442.99	156.87	24.31	2.73	154.28	30.71
汀田街道	16.02	132.00	5.87	4.13	0.06	5.82	1.87
飞云街道	122.32	826.08	94.22	9.94	2.91	42.34	13.34
潘岱街道	37.43	1282.51	33.12	20.64	1.30	96.08	7.83
马屿镇	6.11	71.24	10.54	0.97	0.08	2.21	0.38
陶山镇	21.80	147.34	29.02	3.70	0.45	10.32	3.05
云周街道	50.25	438.99	21.55	3.54	0.33	13.11	5.23
东山街道	76.78	2138.62	340.42	43.46	11.81	180.67	26.80
锦湖街道	1.34	6.55	5.54	0.07	0.06	0.25	0.23
桐浦镇	0.55	13.49	10.76	0.17	0.15	0.50	0.44
湖岭镇	15.15	165.08	79.41	8.62	1.72	12.18	5.22
林川镇	0.05	0.54	0.44	0.02	0.02	0.04	0.04
曹村镇	0.27	0.19	0.19	–	–	–	–
安阳街道	–	–	–	–	–	–	–
高楼镇	0.43	6.31	2.61	0.05	0.01	0.14	0.04
平阳坑镇	–	–	–	–	–	–	–
玉海街道	–	–	–	–	–	–	–
芳庄乡	–	–	–	–	–	–	–
北麂乡	0.57	6.20	3.88	0.11	0.07	0.66	0.47

乡镇	总磷（吨）		石油类（吨）		挥发酚（千克）		氰化物（千克）	
	产生量	排放量	产生量	排放量	产生量	排放量	产生量	排放量
合计	104.24	10.13	80.92	7.70	0.02	0.02	50514.05	25.55
塘下镇	38.99	0.53	14.13	0.42	－	－	9645.95	16.00
莘塍街道	1.75	0.41	0.54	0.11	－	－	－	－
仙降街道	2.66	1.33	3.00	0.76	－	－	－	－
上望街道	3.77	0.91	16.37	0.47	－	－	40868.10	9.55
南滨街道	30.36	0.70	20.99	0.44	－	－	－	－
汀田街道	0.26	0.09	1.95	0.22	－	－	－	－
飞云街道	5.25	0.88	10.42	0.32	－	－	－	－
潘岱街道	0.19	0.13	1.14	0.58	－	－	－	－
马屿镇	5.32	0.01	2.45	0.60	－	－	－	－
陶山镇	0.74	0.17	6.89	2.87	－	－	－	－
云周街道	1.51	0.18	0.01	0.01	－	－	－	－
东山街道	12.14	3.65	1.43	0.41	－	－	－	－
锦湖街道	0.06	0.06	0.03	0.01	－	－	－	－
桐浦镇	0.07	0.06	0.20	0.08	0.02	0.02	－	－
湖岭镇	0.92	0.84	1.38	0.39	－	－	－	－
林川镇	0.01	－	－	－	－	－	－	－
曹村镇	－	－	0.02	0.02	－	－	－	－
安阳街道	－	－	－	－	－	－	－	－
高楼镇	0.02	0.02	0.01	0.01	－	－	－	－
平阳坑镇	－	－	－	－	－	－	－	－
玉海街道	－	－	－	－	－	－	－	－
芳庄乡	－	－	－	－	－	－	－	－
北麂乡	0.21	0.15	－	－	－	－	－	－

乡镇	总铬		六价铬		总砷		总铅		总镉	
	产生量	排放量	产生量	排放量	产生量	排放量	产生量	排放量	产生量	排放量
合 计	160745.91	222.21	125603.19	56.38	–	–	–	–	–	–
塘下镇	80500.29	108.59	73038.46	8.60	–	–	–	–	–	–
莘塍街道	1.15	1.15	–	–	–	–	–	–	–	–
仙降街道	–	–	–	–	–	–	–	–	–	–
上望街道	79990.26	104.46	52558.64	47.50	–	–	–	–	–	–
南滨街道	–	–	–	–	–	–	–	–	–	–
汀田街道	–	–	–	–	–	–	–	–	–	–
飞云街道	–	–	–	–	–	–	–	–	–	–
潘岱街道	–	–	–	–	–	–	–	–	–	–
马屿镇	–	–	–	–	–	–	–	–	–	–
陶山镇	–	–	–	–	–	–	–	–	–	–
云周街道	–	–	–	–	–	–	–	–	–	–
东山街道	14.21	–	4.47	–	–	–	–	–	–	–
锦湖街道	–	–	–	–	–	–	–	–	–	–
桐浦镇	–	–	–	–	–	–	–	–	–	–
湖岭镇	240.00	8.00	1.63	0.27	–	–	–	–	–	–
林川镇	–	–	–	–	–	–	–	–	–	–
曹村镇	–	–	–	–	–	–	–	–	–	–
安阳街道	–	–	–	–	–	–	–	–	–	–
高楼镇	–	–	–	–	–	–	–	–	–	–
平阳坑镇	–	–	–	–	–	–	–	–	–	–
玉海街道	–	–	–	–	–	–	–	–	–	–
芳庄乡	–	–	–	–	–	–	–	–	–	–
北麂乡	–	–	–	–	–	–	–	–	–	–

表 2-2-8 按规模分组的地区污染物产排情况

指标名称	计量单位	合计	企业规模			
			大型	中型	小型	微型
废水排放量	万立方米	843.36	40.36	145.48	603.51	54.01
化学需氧量产生量	吨	10546.36	772.79	2654.14	6610.17	509.26
化学需氧量排放量	吨	1006.07	9.60	49.82	679.50	267.14
氨氮产生量	吨	174.95	11.71	53.05	95.77	14.42
氨氮排放量	吨	34.39	0.05	1.52	25.85	6.97
总氮产生量	吨	636.27	112.83	141.38	347.41	34.64
总氮排放量	吨	136.33	1.85	19.80	95.63	19.04
总磷产生量	吨	104.24	2.39	12.14	73.19	16.52
总磷排放量	吨	10.13	0.20	0.53	6.98	2.42
石油类产生量	吨	80.92	2.34	25.58	45.48	7.52
石油类排放量	吨	7.70	0.40	0.41	4.90	1.99
挥发酚产生量	千克	0.02	–	–	–	0.02
挥发酚排放量	千克	0.02	–	–	–	0.02
氰化物产生量	千克	50514.05	–	–	45067.66	5446.39
氰化物排放量	千克	25.55	–	–	21.71	3.83
总砷产生量	千克	–	–	–	–	–
总砷排放量	千克	–	–	–	–	–
总铅产生量	千克	–	–	–	–	–
总铅排放量	千克	–	–	–	–	–
总镉产生量	千克	–	–	–	–	–
总镉排放量	千克	–	–	–	–	–
总铬产生量	千克	160745.91	38.54	260.24	129423.41	31023.72
总铬排放量	千克	222.21	1.86	12.64	170.24	37.48
六价铬产生量	千克	125603.19	12.11	106.32	101260.03	24224.73
六价铬排放量	千克	56.38	0.01	5.62	45.14	5.61
总汞产生量	千克	–	–	–	–	–
总汞排放量	千克	–	–	–	–	–

表 2-2-9 按行业分组的地区污染物产排情况

行业名称	废水排放量（万 m^3）	化学需氧量（吨）		氨氮（吨）		总氮（吨）	
		产生量	排放量	产生量	排放量	产生量	排放量
合计	843.36	10546.36	1006.07	174.95	34.39	636.27	136.33
汽车制造业	32.66	203.33	8.13	0.51	–	1.10	0.20
通用设备制造业	11.29	100.10	13.94	2.69	0.02	5.79	1.00
皮革、毛皮、羽毛及其制品和制鞋业	12.73	79.38	5.52	7.20	0.43	8.77	2.12
金属制品业	169.42	474.73	86.71	36.24	9.81	74.49	26.67
橡胶和塑料制品业	29.79	672.34	29.94	12.97	0.74	27.78	5.76
专用设备制造业	1.66	7.03	2.07	–	–	–	–
纺织服装、服饰业	0.11	0.12	0.12	–	–	–	–
纺织业	317.22	4037.80	171.02	30.77	2.94	174.16	38.45
造纸和纸制品业	53.69	1163.39	17.68	3.51	0.24	28.86	3.35
电气机械和器材制造业	7.59	9.02	2.10	0.45	0.02	1.25	0.72
铁路、船舶、航空航天和其他运输设备制造业	0.05	0.29	0.01	–	–	–	–
文教、工美、体育和娱乐用品制造业	0.01	0.01	0.01	–	–	–	–
非金属矿物制品业	9.93	6.35	5.12	–	–	–	–
印刷和记录媒介复制业	0.39	0.50	0.31	0.03	0.02	0.03	0.02
农副食品加工业	34.18	1288.66	518.69	29.99	15.89	52.28	34.47
家具制造业	–	–	–	–	–	–	–
食品制造业	8.93	156.56	94.88	6.47	2.21	13.65	5.84
有色金属冶炼和压延加工业	14.91	13.05	4.13	3.20	0.06	4.75	1.64
化学原料和化学制品制造业	57.67	1702.30	27.57	29.65	1.34	133.69	10.19
木材加工和木、竹、藤、棕、草制品业	–	–	–	–	–	–	–
仪器仪表制造业	0.38	0.02	0.02	–	–	–	–
黑色金属冶炼和压延加工业	0.24	0.17	0.16	0.02	0.02	0.03	0.03
计算机、通信和其他电子设备制造业	0.62	2.63	0.18	0.06	–	0.18	0.08

行业名称	废水排放量（万 m³）	化学需氧量（吨）		氨氮（吨）		总氮（吨）	
		产生量	排放量	产生量	排放量	产生量	排放量
合计	843.36	10546.36	1006.07	174.95	34.39	636.27	136.33
其他制造业	–	–	–	–	–	–	–
金属制品、机械和设备修理业	–	–	–	–	–	–	–
化学纤维制造业	11.91	585.03	4.01	10.73	0.29	104.04	1.50
酒、饮料和精制茶制造业	0.08	0.16	0.12	–	–	0.01	0.01
电力、热力生产和供应业	2.52	31.12	1.62	0.15	0.02	1.39	0.26
石油、煤炭及其他燃料加工业	–	–	–	–	–	–	–
水的生产和供应业	65.11	11.87	11.87	0.31	0.31	4.02	4.02
医药制造业	0.26	0.43	0.11	–	–	–	–
其他金融业	–	–	–	–	–	–	–
废弃资源综合利用业	–	–	–	–	–	–	–
燃气生产和供应业	–	–	–	–	–	–	–
煤炭开采和洗选业	–	–	–	–	–	–	–
石油和天然气开采业	–	–	–	–	–	–	–
黑色金属矿采选业	–	–	–	–	–	–	–
有色金属矿采选业	–	–	–	–	–	–	–
非金属矿采选业	–	–	–	–	–	–	–
开采专业及辅助性活动	–	–	–	–	–	–	–
其他采矿业	–	–	–	–	–	–	–

行业名称	总磷（吨）		石油类（吨）		挥发酚（千克）		氰化物（千克）	
	产生量	排放量	产生量	排放量	产生量	排放量	产生量	排放量
合计	104.24	10.13	80.92	7.70	0.02	0.02	50514.05	25.55
汽车制造业	1.91	0.16	9.52	0.66	–	–	–	–
通用设备制造业	21.96	0.05	12.61	3.23	–	–	–	–
皮革、毛皮、羽毛及其制品和制鞋业	0.05	0.01	0.64	0.01	–	–	–	–
金属制品业	20.37	2.02	23.44	2.09	–	–	50514.05	25.55
橡胶和塑料制品业	5.06	0.39	28.62	0.56	–	–	–	–
专用设备制造业	–	–	2.19	0.58	–	–	–	–
纺织服装、服饰业	–	–	–	–	–	–	–	–
纺织业	31.80	1.08	–	–	–	–	–	–
造纸和纸制品业	1.84	0.07	0.11	0.02	–	–	–	–
电气机械和器材制造业	5.44	0.04	0.32	0.06	–	–	–	–
铁路、船舶、航空航天和其他运输设备制造业	–	–	0.10		–	–	–	–
文教、工美、体育和娱乐用品制造业	–	–	–	–	–	–	–	–
非金属矿物制品业	–	–	0.05	0.04	–	–	–	–
印刷和记录媒介复制业	–	–	0.02	0.01	–	–	–	–
农副食品加工业	11.68	4.81	0.03	0.03	–	–	–	–
家具制造业	–	–	–	–	–	–	–	–
食品制造业	1.53	1.03	0.24	0.22	–	–	–	–
有色金属冶炼和压延加工业	0.18	0.05	2.89	0.14	–	–	–	–
化学原料和化学制品制造业	0.40	0.11	–	–	0.02	0.02	–	–
木材加工和木、竹、藤、棕、草制品业	–	–	–	–	–	–	–	–
仪器仪表制造业	–	–	–	–	–	–	–	–
黑色金属冶炼和压延加工业	–	–	–	–	–	–	–	–

行业名称	总磷（吨）		石油类（吨）		挥发酚（千克）		氰化物（千克）	
	产生量	排放量	产生量	排放量	产生量	排放量	产生量	排放量
合计	104.24	10.13	80.92	7.70	0.02	0.02	50514.05	25.55
计算机、通信和其他电子设备制造业	0.06	–	–	–	–	–	–	–
其他制造业	–	–	–	–	–	–	–	–
金属制品、机械和设备修理业	–	–	–	–	–	–	–	–
化学纤维制造业	1.44	0.07	0.13	0.04	–	–	–	–
酒、饮料和精制茶制造业	–	–	–	–	–	–	–	–
电力、热力生产和供应业	0.28	0.01	–	–	–	–	–	–
石油、煤炭及其他燃料加工业	–	–	–	–	–	–	–	–
水的生产和供应业	0.24	0.24	–	–	–	–	–	–
医药制造业	–	–	–	–	–	–	–	–
其他金融业	–	–	–	–	–	–	–	–
废弃资源综合利用业	–	–	–	–	–	–	–	–
燃气生产和供应业	–	–	–	–	–	–	–	–
煤炭开采和洗选业	–	–	–	–	–	–	–	–
石油和天然气开采业	–	–	–	–	–	–	–	–
黑色金属矿采选业	–	–	–	–	–	–	–	–
有色金属矿采选业	–	–	–	–	–	–	–	–
非金属矿采选业	–	–	–	–	–	–	–	–
开采专业及辅助性活动	–	–	–	–	–	–	–	–
其他采矿业	–	–	–	–	–	–	–	–

行业名称	总铬		六价铬		总砷		总铅		总镉		总汞	
	产生量	排放量	产生量	排放量	产生量	排放量	产生量	排放量	产生量	排放量	产生量	排放量
合计	160745.90	222.21	125603.20	56.38	–	–	–	–	–	–	–	–
汽车制造业	1279.78	3.31	1181.74	0.06	–	–	–	–	–	–	–	–
通用设备制造业	260.24	12.64	106.32	5.62	–	–	–	–	–	–	–	–
皮革、毛皮、羽毛及其制品和制鞋业	240.00	8.00	1.63	0.27	–	–	–	–	–	–	–	–
金属制品业	158964.70	197.10	124313.50	50.43	–	–	–	–	–	–	–	–
橡胶和塑料制品业	–	–	–	–	–	–	–	–	–	–	–	–
专用设备制造业	–	–	–	–	–	–	–	–	–	–	–	–
纺织服装、服饰业	–	–	–	–	–	–	–	–	–	–	–	–
纺织业	–	–	–	–	–	–	–	–	–	–	–	–
造纸和纸制品业	–	–	–	–	–	–	–	–	–	–	–	–
电气机械和器材制造业	1.15	1.15	–	–	–	–	–	–	–	–	–	–
铁路、船舶、航空航天和其他运输设备制造业	–	–	–	–	–	–	–	–	–	–	–	–
文教、工美、体育和娱乐用品制造业	–	–	–	–	–	–	–	–	–	–	–	–
非金属矿物制品业	–	–	–	–	–	–	–	–	–	–	–	–
印刷和记录媒介复制业	–	–	–	–	–	–	–	–	–	–	–	–
农副食品加工业	–	–	–	–	–	–	–	–	–	–	–	–
家具制造业	–	–	–	–	–	–	–	–	–	–	–	–
食品制造业	–	–	–	–	–	–	–	–	–	–	–	–
有色金属冶炼和压延加工业	–	–	–	–	–	–	–	–	–	–	–	–
化学原料和化学制品制造业	–	–	–	–	–	–	–	–	–	–	–	–
木材加工和木、竹、藤、棕、草制品业	–	–	–	–	–	–	–	–	–	–	–	–
仪器仪表制造业	–	–	–	–	–	–	–	–	–	–	–	–

表 2-2-10 按行业及镇街分组化学需氧量产排情况

单位：吨

行业名称	莘塍街道		仙降街道		上望街道		南滨街道		汀田街道	
	产生量	排放量	产生量	排放量	产生量	排放量	产生量	排放量	产生量	排放量
橡胶和塑料制品业	0.45	0.37	64.82	19.86	0.02	0.01	350.64	6.51	0.11	0.11
专用设备制造业	–	–	–	–	–	–	–	–	–	–
纺织服装、服饰业	0.02	0.02	–	–	–	–	0.06	0.06	–	–
金属制品业	2.67	1.06	9.80	3.54	345.90	70.07	0.31	0.03	0.02	0.02
纺织业	–	–	–	–	–	–	3026.10	134.6	126.13	2.56
汽车制造业	1.16	0.62	–	–	–	–	9.31	0.06	0.47	0.47
皮革、毛皮、羽毛及其制品和制鞋业	–	–	1.11	1.11	–	–	–	–	–	–
文教、工美、体育和娱乐用品制造业	–	–	–	–	–	–	–	–	–	–
通用设备制造业	–	–	–	–	–	–	0.68	0.39	0.52	0.27
有色金属冶炼和压延加工业	–	–	0.29	0.03	–	–	8.82	3.11	0.94	0.34
农副食品加工业	30.37	24.29	24.17	19.78	66.77	40.36	8.62	8.62	1.32	1.31
食品制造业	0.39	0.39	–	–	0.15	0.15	2.84	1.18	–	–
印刷和记录媒介复制业	0.17	0.08	0.25	0.15	–	–	–	–	–	–
非金属矿物制品业	–	–	0.04	0.02	2.76	2.76	0.05	–	–	–
黑色金属冶炼和压延加工业	–	–	–	–	–	–	–	–	–	–
化学原料和化学制品制造业	1.03	0.11	0.01	0.01	0.12	0.07	0.02	0.02	–	–
电气机械和器材制造业	4.84	0.47	–	–	–	–	2.52	0.71	–	–
计算机、通信和其他电子设备制造业	–	–	–	–	–	–	2.63	0.18	–	–
酒、饮料和精制茶制造业	–	–	–	–	–	–	–	–	–	–
造纸和纸制品业	14.87	1.30	659.6	0.04	–	–	–	–	2.49	0.79
电力、热力生产和供应业	–	–	–	–	0.74	0.28	30.37	1.34	–	–
化学纤维制造业	14.29	1.99	–	–	–	–	–	–	–	–
医药制造业	–	–	–	–	–	–	–	–	–	–
水的生产和供应业	–	–	–	–	–	–	–	–	–	–
仪器仪表制造业	–	–	–	–	–	–	–	–	–	–
铁路、船舶、航空航天和其他运输设备制造业	–	–	–	–	–	–	–	–	–	–

行业名称	飞云街道		潘岱街道		云周街道		东山街道		锦湖街道	
	产生量	排放量	产生量	排放量	产生量	排放量	产生量	排放量	产生量	排放量
橡胶和塑料制品业	229.66	1.98	0.04	0.04	0.20	0.20	0.06	0.01	–	–
专用设备制造业	–	–	–	–	–	–	0.01	0.01	–	–
纺织服装、服饰业	0.01	0.01	–	–	–	–	–	–	–	–
金属制品业	–	–	–	–	–	–	–	–	0.07	0.04
纺织业	22.36	0.11	–	–	435.81	20.9	–	–	–	–
汽车制造业	0.75	0.11	–	–	–	–	159.40	5.75	0.06	0.02
皮革、毛皮、羽毛及其制品和制鞋业	–	–	–	–	0.33	0.33	–	–	–	–
文教、工美、体育和娱乐用品制造业	–	–	–	–	–	–	–	–	–	–
通用设备制造业	–	–	3.79	2.27	–	–	7.14	0.02	–	–
有色金属冶炼和压延加工业	–	–	–	–	–	–	–	–	–	–
农副食品加工业	10.91	9.74	0.69	0.69	–	–	983.36	328.07	5.93	5.17
食品制造业	57.17	54.50	7.40	7.40	–	–	20.31	0.19	–	–
印刷和记录媒介复制业	0.07	0.07	–	–	–	–	0.01	–	–	–
非金属矿物制品业	0.32	0.32	0.14	0.10	0.01	0.01	0.55	0.55	0.22	0.10
黑色金属冶炼和压延加工业	–	–	–	–	–	–	–	–	–	–
化学原料和化学制品制造业	6.58	–	1269.83	22.14	2.59	0.06	396.64	3.74	0.16	0.10
电气机械和器材制造业	–	–	0.62	0.48	–	–	–	–	0.11	0.11
计算机、通信和其他电子设备制造业	–	–	–	–	–	–	–	–	–	–
酒、饮料和精制茶制造业	–	–	–	–	–	–	–	–	–	–
造纸和纸制品业	486.36	15.50	–	–	0.05	0.05	0.03	–	–	–
电力、热力生产和供应业	–	–	–	–	–	–	–	–	–	–
化学纤维制造业	–	–	–	–	–	–	570.73	2.02	–	–
医药制造业	–	–	–	–	–	–	0.38	0.06	–	–
水的生产和供应业	11.87	11.80	–	–	–	–	–	–	–	–
仪器仪表制造业	0.02	0.02	–	–	–	–	–	–	–	–
铁路、船舶、航空航天和其他运输设备制造业	–	–	–	–	–	–	–	–	–	–

行业名称	平阳坑镇		玉海街道		安阳街道		塘下镇		马屿镇	
	产生量	排放量	产生量	排放量	产生量	排放量	产生量	排放量	产生量	排放量
橡胶和塑料制品业	–	–	–	–	–	–	0.05	0.03	0.02	0.02
专用设备制造业	–	–	–	–	–	–	0.01	–	6.43	1.87
纺织服装、服饰业	–	–	–	–	–	–	–	–	–	–
金属制品业	–	–	–	–	–	–	109.01	8.32	1.40	0.51
纺织业	–	–	–	–	–	–	378.04	8.98	–	–
汽车制造业	–	–	–	–	–	–	32.13	1.07	–	–
皮革、毛皮、羽毛及其制品和制鞋业	–	–	–	–	–	–	–	–	0.04	0.04
文教、工美、体育和娱乐用品制造业	–	–	–	–	–	–	–	–	–	–
通用设备制造业	–	–	–	–	–	–	72.96	2.11	–	–
有色金属冶炼和压延加工业	–	–	–	–	–	–	3.01	0.65	–	–
农副食品加工业	–	–	–	–	–	–	–	–	62.39	7.74
食品制造业	–	–	–	–	–	–	0.07	0.07	–	–
印刷和记录媒介复制业	–	–	–	–	–	–	0.01	0.01	–	–
非金属矿物制品业	–	–	–	–	–	–	0.62	0.17	0.02	0.01
黑色金属冶炼和压延加工业	–	–	–	–	–	–	0.17	0.15	–	–
化学原料和化学制品制造业	–	–	–	–	–	–	25.10	1.10	–	–
电气机械和器材制造业	–	–	–	–	–	–	–	–	0.93	0.34
计算机、通信和其他电子设备制造业	–	–	–	–	–	–	–	–	–	–
酒、饮料和精制茶制造业	–	–	–	–	–	–	–	–	–	–
造纸和纸制品业	–	–	–	–	–	–	0.02	0.01	–	–
电力、热力生产和供应业	–	–	–	–	–	–	–	–	–	–
化学纤维制造业	–	–	–	–	–	–	–	–	–	–
医药制造业	–	–	–	–	–	–	–	–	–	–
水的生产和供应业	–	–	–	–	–	–	–	–	–	–
仪器仪表制造业	–	–	–	–	–	–	–	–	–	–
铁路、船舶、航空航天和其他运输设备制造业	–	–	–	–	–	–	0.29	0.01	–	–

行业名称	陶山镇		桐浦镇		湖岭镇		林川镇	
	产生量	排放量	产生量	排放量	产生量	排放量	产生量	排放量
橡胶和塑料制品业	26.25	0.77	–	–	–	–	0.01	0.01
专用设备制造业	0.57	0.19	–	–	–	–	–	–
纺织服装、服饰业	0.02	0.02	0.01	0.01	–	–	–	–
金属制品业	5.54	3.12	0.01	0.01	–	–	–	–
纺织业	49.34	3.82	0.02	0.02	–	–	–	–
汽车制造业	–	–	0.04	0.02	–	–	–	–
皮革、毛皮、羽毛及其制品和制鞋业	–	–	–	–	77.89	4.04	–	–
文教、工美、体育和娱乐用品制造业	–	–	–	–	–	–	–	–
通用设备制造业	12.26	7.33	0.59	0.24	2.16	1.30	–	–
有色金属冶炼和压延加工业	–	–	–	–	–	–	–	–
农副食品加工业	14.21	11.89	11.76	9.79	57.05	46.20	0.52	0.42
食品制造业	38.46	1.22	0.36	0.36	27.83	27.83	0.01	0.01
印刷和记录媒介复制业	–	–	–	–	–	–	–	–
非金属矿物制品业	0.69	0.64	0.44	0.04	0.13	0.04	–	–
黑色金属冶炼和压延加工业	–	–	–	–	–	–	–	–
化学原料和化学制品制造业	–	–	0.22	0.22	–	–	–	–
电气机械和器材制造业	–	–	–	–	–	–	–	–
计算机、通信和其他电子设备制造业	–	–	–	–	–	–	–	–
酒、饮料和精制茶制造业	–	–	–	–	–	–	–	–
造纸和纸制品业	–	–	–	–	–	–	–	–
电力、热力生产和供应业	–	–	–	–	–	–	–	–
化学纤维制造业	–	–	–	–	–	–	–	–
医药制造业	–	–	0.05	0.05	–	–	–	–
水的生产和供应业	–	–	–	–	–	–	–	–
仪器仪表制造业	–	–	–	–	–	–	–	–
铁路、船舶、航空航天和其他运输设备制造业	–	–	–	–	–	–	–	–

行业名称	曹村镇		高楼镇		芳庄乡		北麂乡	
	产生量	排放量	产生量	排放量	产生量	排放量	产生量	排放量
橡胶和塑料制品业	–	–	–	–	–	–	–	–
专用设备制造业	–	–	–	–	–	–	–	–
纺织服装、服饰业	–	–	–	–	–	–	–	–
金属制品业	–	–	–	–	–	–	–	–
纺织业	–	–	–	–	–	–	–	–
皮革、毛皮、羽毛及其制品和制鞋业	–	–	–	–	–	–	–	–
文教、工美、体育和娱乐用品制造业	–	–	–	–	–	–	–	–
通用设备制造业	–	–	–	–	–	–	–	–
有色金属冶炼和压延加工业	–	–	–	–	–	–	–	–
农副食品加工业	–	–	4.40	0.73	–	–	6.20	3.88
食品制造业	–	–	1.58	1.58	–	–	–	–
印刷和记录媒介复制业	–	–	–	–	–	–	–	–
非金属矿物制品业	0.19	0.19	0.17	0.17	–	–	–	–
黑色金属冶炼和压延加工业	–	–	–	–	–	–	–	–
化学原料和化学制品制造业	–	–	–	–	–	–	–	–
电气机械和器材制造业	–	–	–	–	–	–	–	–
计算机、通信和其他电子设备制造业	–	–	–	–	–	–	–	–
酒、饮料和精制茶制造业	–	–	0.16	0.12	–	–	–	–
造纸和纸制品业	–	–	–	–	–	–	–	–
电力、热力生产和供应业	–	–	–	–	–	–	–	–
化学纤维制造业	–	–	–	–	–	–	–	–
医药制造业	–	–	–	–	–	–	–	–
水的生产和供应业	–	–	–	–	–	–	–	–
仪器仪表制造业	–	–	–	–	–	–	–	–
铁路、船舶、航空航天和其他运输设备制造业	–	–	–	–	–	–	–	–

表 2-2-11 按行业及镇街分组氨氮产排情况

单位：千克

行业名称	莘塍街道		仙降街道		上望街道		南滨街道	
	产生量	排放量	产生量	排放量	产生量	排放量	产生量	排放量
橡胶和塑料制品业	0.11	0.11	1128.81	570.05	–	–	7197.58	112.52
专用设备制造业	–	–	–	–	–	–	–	–
纺织服装、服饰业	–	–	–	–	–	–	–	–
金属制品业	–	–	–	–	26752.70	9720.00	–	–
纺织业	–	–	–	–	–	–	14538.20	2412.90
汽车制造业	–	–	–	–	–	–	–	–
皮革、毛皮、羽毛及其制品和制鞋业	–	–	–	–	–	–	–	–
文教、工美、体育和娱乐用品制造业	–	–	–	–	–	–	–	–
通用设备制造业	–	–	–	–	–	–	–	–
有色金属冶炼和压延加工业	–	–	–	–	–	–	2210.72	53.77
农副食品加工业	869.60	782.64	685.06	620.02	841.51	410.74	102.53	102.53
食品制造业	0.93	0.93	–	–	0.37	0.37	43.73	4.86
印刷和记录媒介复制业	–	–	26.00	8.84	–	–	–	–
非金属矿物制品业	–	–	–	–	–	–	–	–
黑色金属冶炼和压延加工业	0.02	0.02	–	–	–	–	–	–
化学原料和化学制品制造业	–	–	0.01	0.01	22.36	0.83	0.03	0.03
电气机械和器材制造业	398.28	5.72	–	–	–	–	12.24	12.24
计算机、通信和其他电子设备制造业	–	–	–	–	–	–	60.12	3.18
酒、饮料和精制茶制造业	–	–	–	–	–	–	–	–
造纸和纸制品业	57.50	9.72	618.88	17.70	–	–	–	–
电力、热力生产和供应业	–	–	–	–	–	–	145.06	24.08
化学纤维制造业	2058.70	261.65	–	–	–	–	–	–
医药制造业	–	–	–	–	–	–	–	–
水的生产和供应业	–	–	–	–	–	–	–	–
仪器仪表制造业	–	–	–	–	–	–	–	–
铁路、船舶、航空航天和其他运输设备制造业	–	–	–	–	–	–	–	–

行业名称	汀田街道		飞云街道		潘岱街道		云周街道	
	产生量	排放量	产生量	排放量	产生量	排放量	产生量	排放量
橡胶和塑料制品业	–	–	4292.96	38.60	–	–	2.75	2.75
专用设备制造业	–	–	–	–	–	–	–	–
纺织服装、服饰业	–	–	–	–	–	–	–	–
金属制品业	–	–	–	–	–	–	–	–
纺织业	3314.27	31.18	93.17	1.47	–	–	3528.91	317.32
汽车制造业	–	–	–	–	–	–	–	–
皮革、毛皮、羽毛及其制品和制鞋业	–	–	–	–	–	–	–	–
文教、工美、体育和娱乐用品制造业	–	–	–	–	–	–	–	–
通用设备制造业	–	–	–	–	–	–	–	–
有色金属冶炼和压延加工业	778.90	4.18	–	–	–	–	–	–
农副食品加工业	15.96	15.92	307.98	281.29	4.77	4.77	–	–
食品制造业	–	–	2129.85	2078.12	17.76	17.76	–	–
印刷和记录媒介复制业	–	–	7.28	7.28	–	–	–	–
非金属矿物制品业	–	–	–	–	–	–	–	–
黑色金属冶炼和压延加工业	–	–	–	–	–	–	–	–
化学原料和化学制品制造业	–	–	–	–	20610.74	1278.90	6.02	0.63
电气机械和器材制造业	–	–	–	–	3.03	2.28	–	–
计算机、通信和其他电子设备制造业	–	–	–	–	–	–	–	–
酒、饮料和精制茶制造业	–	–	–	–	–	–	–	–
造纸和纸制品业	19.70	9.63	2806.32	196.50	–	–	5.20	5.20
电力、热力生产和供应业	–	–	–	–	–	–	–	–
化学纤维制造业	–	–	–	–	–	–	–	–
医药制造业	–	–	–	–	–	–	–	–
水的生产和供应业	–	–	305.62	305.62	–	–	–	–
仪器仪表制造业	–	–	0.11	0.11	–	–	–	–
铁路、船舶、航空航天和其他运输设备制造业	–	–	–	–	–	–	–	–

行业名称	东山街道		锦湖街道		平阳坑镇		玉海街道		安阳街道	
	产生量	排放量	产生量	排放量	产生量	排放量	产生量	排放量	产生量	排放量
橡胶和塑料制品业	–	–	–	–	–	–	–	–	–	–
专用设备制造业	–	–	–	–	–	–	–	–	–	–
纺织服装、服饰业	–	–	–	–	–	–	–	–	–	–
金属制品业	–	–	–	–	–	–	–	–	–	–
纺织业	–	–	–	–	–	–	–	–	–	–
汽车制造业	11.79	0.07	–	–	–	–	–	–	–	–
皮革、毛皮、羽毛及其制品和制鞋业	–	–	–	–	–	–	–	–	–	–
文教、工美、体育和娱乐用品制造业	–	–	–	–	–	–	–	–	–	–
通用设备制造业	–	–	–	–	–	–	–	–	–	–
有色金属冶炼和压延加工业	–	–	–	–	–	–	–	–	–	–
农副食品加工业	24093.2	11736.0	69.14	64.3	–	–	–	–	–	–
食品制造业	2025.00	2.32	–	–	–	–	–	–	–	–
印刷和记录媒介复制业	–	–	–	–	–	–	–	–	–	–
非金属矿物制品业	–	–	–	–	–	–	–	–	–	–
黑色金属冶炼和压延加工业	–	–	–	–	–	–	–	–	–	–
化学原料和化学制品制造业	8658.94	45.60	0.36	0.22	–	–	–	–	–	–
电气机械和器材制造业	–	–	0.42	0.42	–	–	–	–	–	–
计算机、通信和其他电子设备制造业	–	–	–	–	–	–	–	–	–	–
酒、饮料和精制茶制造业	–	–	–	–	–	–	–	–	–	–
造纸和纸制品业	–	–	–	–	–	–	–	–	–	–
电力、热力生产和供应业	–	–	–	–	–	–	–	–	–	–
化学纤维制造业	8675.81	24.67	–	–	–	–	–	–	–	–
医药制造业	–	–	–	–	–	–	–	–	–	–
水的生产和供应业	–	–	–	–	–	–	–	–	–	–
仪器仪表制造业	–	–	–	–	–	–	–	–	–	–
铁路、船舶、航空航天和其他运输设备制造业	–	–	–	–	–	–	–	–	–	–

行业名称	塘下镇		马屿镇		陶山镇		桐浦镇		湖岭镇	
	产生量	排放量	产生量	排放量	产生量	排放量	产生量	排放量	产生量	排放量
橡胶和塑料制品业	–	–	–	–	349.89	12.60	–	–	–	–
专用设备制造业	–	–	–	–	–	–	–	–	–	–
纺织服装、服饰业	–	–	–	–	–	–	–	–	–	–
金属制品业	9416.20	92.97	–	–	71.53	1.85	–	–	–	–
纺织业	8559.00	109.40	–	–	732.28	70.66	–	–	–	–
汽车制造业	499.47	4.24	–	–	–	–	–	–	–	–
皮革、毛皮、羽毛及其制品和制鞋业	–	–	–	–	–	–	–	–	7200.50	427.11
文教、工美、体育和娱乐用品制造业	–	–	–	–	–	–	–	–	–	–
通用设备制造业	2685.7	23.43	–	–	–	–	–	–	–	–
有色金属冶炼和压延加工业	213.30	7.02	–	–	–	–	–	–	–	–
农副食品加工业	–	–	942.00	74.1	388.61	353.60	158.80	137.20	1337.80	1207.60
食品制造业	1.70	1.70	–	–	2153.70	6.40	9.00	9.00	81.15	81.15
印刷和记录媒介复制业	–	–	–	–	–	–	–	–	–	–
非金属矿物制品业	0.63	0.02	–	–	1.56	1.56	–	–	–	–
黑色金属冶炼和压延加工业	24.38	24.38	–	–	–	–	–	–	–	–
化学原料和化学制品制造业	350.05	13.43	–	–	–	–	2.55	2.55	–	–
电气机械和器材制造业	–	–	31.49	4.19	–	–	–	–	–	–
计算机、通信和其他电子设备制造业	–	–	–	–	–	–	–	–	–	–
酒、饮料和精制茶制造业	–	–	–	–	–	–	–	–	–	–
造纸和纸制品业	–	–	–	–	–	–	–	–	–	–
电力、热力生产和供应业	–	–	–	–	–	–	–	–	–	–
化学纤维制造业	–	–	–	–	–	–	–	–	–	–
医药制造业	–	–	–	–	–	–	2.84	2.84	–	–
水的生产和供应业	–	–	–	–	–	–	–	–	–	–
仪器仪表制造业	–	–	–	–	–	–	–	–	–	–
铁路、船舶、航空航天和其他运输设备制造业	–	–	–	–	–	–	–	–	–	–

行业名称	林川镇（千克）		曹村镇（千克）		高楼镇（千克）		芳庄乡（千克）		北麂乡（千克）	
	产生量	排放量	产生量	排放量	产生量	排放量	产生量	排放量	产生量	排放量
橡胶和塑料制品业	–	–	–	–	–	–	–	–	–	–
专用设备制造业	–	–	–	–	–	–	–	–	–	–
纺织服装、服饰业	–	–	–	–	–	–	–	–	–	–
金属制品业	–	–	–	–	–	–	–	–	–	–
纺织业	–	–	–	–	–	–	–	–	–	–
汽车制造业	–	–	–	–	–	–	–	–	–	–
皮革、毛皮、羽毛及其制品和制鞋业	–	–	–	–	–	–	–	–	–	–
文教、工美、体育和娱乐用品制造业	0.38	0.38	–	–	–	–	–	–	–	–
通用设备制造业	–	–	–	–	–	–	–	–	–	–
有色金属冶炼和压延加工业	–	–	–	–	–	–	–	–	–	–
农副食品加工业	23.72	21.35	–	–	44.74	7.05	–	–	105.20	74.10
食品制造业	–	–	–	–	3.84	3.84	–	–	–	–
印刷和记录媒介复制业	–	–	–	–	–	–	–	–	–	–
非金属矿物制品业	–	–	–	–	–	–	–	–	–	–
黑色金属冶炼和压延加工业	–	–	–	–	–	–	–	–	–	–
化学原料和化学制品制造业	–	–	–	–	–	–	–	–	–	–
电气机械和器材制造业	–	–	–	–	–	–	–	–	–	–
计算机、通信和其他电子设备制造业	–	–	–	–	–	–	–	–	–	–
酒、饮料和精制茶制造业	–	–	–	–	1.90	1.52	–	–	–	–
造纸和纸制品业	–	–	–	–	–	–	–	–	–	–
电力、热力生产和供应业	–	–	–	–	–	–	–	–	–	–
化学纤维制造业	–	–	–	–	–	–	–	–	–	–
医药制造业	–	–	–	–	–	–	–	–	–	–
水的生产和供应业	–	–	–	–	–	–	–	–	–	–
仪器仪表制造业	–	–	–	–	–	–	–	–	–	–
铁路、船舶、航空航天和其他运输设备制造业	–	–	–	–	–	–	–	–	–	–

表 2-2-12 按行业及镇街分组总氮产排情况

单位：千克

行业名称	莘塍街道		仙降街道		上望街道		南滨街道	
	产生量	排放量	产生量	排放量	产生量	排放量	产生量	排放量
橡胶和塑料制品业	0.44	0.44	2758.30	2072.80	–	–	9600.92	2815.15
专用设备制造业	–	–	–	–	–	–	–	–
纺织服装、服饰业	–	–	–	–	–	–	–	–
金属制品业	151.50	100.05	186.85	126.76	50958.30	22421.11	–	–
纺织业	–	–	–	–	–	–	138893.82	25629.46
汽车制造业	–	–	–	–	–	–	–	–
皮革、毛皮、羽毛及其制品和制鞋业	–	–	–	–	–	–	–	–
文教、工美、体育和娱乐用品制造业	–	–	–	–	–	–	–	–
通用设备制造业	–	–	–	–	–	–	–	–
有色金属冶炼和压延加工业	–	–	–	–	–	–	3595.03	1345.20
农副食品加工业	1816.80	1635.12	1736.90	1570.00	3065.26	1428.22	268.85	268.85
食品制造业	4.41	4.41	0.02	0.02	1.16	1.16	48.16	9.29
印刷和记录媒介复制业	–	–	26.00	8.84	–	–	–	–
非金属矿物制品业	–	–	–	–	–	–	–	–
黑色金属冶炼和压延加工业	0.07	0.05	–	–	–	–	–	–
化学原料和化学制品制造业	–	–	0.05	0.05	35.89	33.61	0.13	0.13
电气机械和器材制造业	742.86	232.53	–	–	–	–	306.24	306.24
计算机、通信和其他电子设备制造业	–	–	–	–	–	–	183.67	79.65
酒、饮料和精制茶制造业	–	–	–	–	–	–	–	–
造纸和纸制品业	107.10	22.99	6930.10	198.20	–	–	–	–
电力、热力生产和供应业	–	–	–	–	–	–	1385.82	255.72
化学纤维制造业	2403.83	501.10	–	–	–	–	–	–
医药制造业	–	–	–	–	–	–	–	–
水的生产和供应业	–	–	–	–	–	–	–	–
仪器仪表制造业	–	–	–	–	–	–	–	–
铁路、船舶、航空航天和其他运输设备制造业	–	–	–	–	–	–	–	–

行业名称	汀田街道		飞云街道		潘岱街道		云周街道	
	产生量	排放量	产生量	排放量	产生量	排放量	产生量	排放量
橡胶和塑料制品业	–	–	10156.40	593.79	–	–	10.53	10.53
专用设备制造业	–	–	–	–	–	–	–	–
纺织服装、服饰业	–	–	–	–	–	–	–	–
金属制品业	–	–	–	–	–	–	–	–
纺织业	4557.44	1268.67	686.61	36.75	–	–	13091.27	5215.30
汽车制造业	–	–	–	–	–	–	–	–
皮革、毛皮、羽毛及其制品和制鞋业	–	–	–	–	–	–	–	–
文教、工美、体育和娱乐用品制造业	–	–	–	–	–	–	–	–
通用设备制造业	–	–	–	–	–	–	–	–
有色金属冶炼和压延加工业	778.90	169.92	–	–	–	–	–	–
农副食品加工业	41.06	40.91	582.75	537.71	11.37	11.37	–	–
食品制造业	–	–	5500.81	5404.06	57.35	57.35	–	–
印刷和记录媒介复制业	–	–	7.28	7.28	–	–	–	–
非金属矿物制品业	–	–	–	–	–	–	–	–
黑色金属冶炼和压延加工业	–	–	–	–	–	–	–	–
化学原料和化学制品制造业	–	–	–	–	95999.97	7749.79	6.02	0.63
电气机械和器材制造业	–	–	–	–	10.26	7.75	–	–
计算机、通信和其他电子设备制造业	–	–	–	–	–	–	–	–
酒、饮料和精制茶制造业	–	–	–	–	–	–	–	–
造纸和纸制品业	441.00	391.85	21385.92	2736.50	–	–	–	–
电力、热力生产和供应业	–	–	–	–	–	–	–	–
化学纤维制造业	–	–	–	–	–	–	–	–
医药制造业	–	–	–	–	–	–	–	–
水的生产和供应业	–	–	4022.36	4022.36	–	–	–	–
仪器仪表制造业	–	–	0.36	0.36	–	–	–	–
铁路、船舶、航空航天和其他运输设备制造业	–	–	–	–	–	–	–	–

行业名称	东山街道		锦湖街道		平阳坑镇		玉海街道		安阳街道	
	产生量	排放量	产生量	排放量	产生量	排放量	产生量	排放量	产生量	排放量
橡胶和塑料制品业	–	–	–	–	–	–	–	–	–	–
专用设备制造业	–	–	–	–	–	–	–	–	–	–
纺织服装、服饰业	–	–	–	–	–	–	–	–	–	–
金属制品业	–	–	–	–	–	–	–	–	–	–
纺织业	–	–	–	–	–	–	–	–	–	–
汽车制造业	72.00	0.98	–	–	–	–	–	–	–	–
皮革、毛皮、羽毛及其制品和制鞋业	–	–	–	–	–	–	–	–	–	–
文教、工美、体育和娱乐用品制造业	–	–	–	–	–	–	–	–	–	–
通用设备制造业	–	–	–	–	–	–	–	–	–	–
有色金属冶炼和压延加工业	–	–	–	–	–	–	–	–	–	–
农副食品加工业	37042.66	23847.60	245.20	226.50	–	–	–	–	–	–
食品制造业	5625.00	94.40	–	–	–	–	–	–	–	–
印刷和记录媒介复制业	–	–	–	–	–	–	–	–	–	–
非金属矿物制品业	–	–	–	–	–	–	–	–	–	–
黑色金属冶炼和压延加工业	–	–	–	–	–	–	–	–	–	–
化学原料和化学制品制造业	36300.23	1855.31	0.45	0.27	–	–	–	–	–	–
电气机械和器材制造业	–	–	1.47	1.47	–	–	–	–	–	–
计算机、通信和其他电子设备制造业	–	–	–	–	–	–	–	–	–	–
酒、饮料和精制茶制造业	–	–	–	–	–	–	–	–	–	–
造纸和纸制品业	–	–	–	–	–	–	–	–	–	–
电力、热力生产和供应业	–	–	–	–	–	–	–	–	–	–
化学纤维制造业	101634.10	1003.67	–	–	–	–	–	–	–	–
医药制造业	–	–	–	–	–	–	–	–	–	–
水的生产和供应业	–	–	–	–	–	–	–	–	–	–
仪器仪表制造业	–	–	–	–	–	–	–	–	–	–
铁路、船舶、航空航天和其他运输设备制造业	–	–	–	–	–	–	–	–	–	–

行业名称	塘下镇		马屿镇		陶山镇		桐浦镇		湖岭镇	
	产生量	排放量	产生量	排放量	产生量	排放量	产生量	排放量	产生量	排放量
橡胶和塑料制品业	–	–		–	5248.80	262.4	–	–	–	–
专用设备制造业	–	–	–	–	–	–	–	–	–	–
纺织服装、服饰业	–	–	–	–	–	–	–	–	–	–
金属制品业	23090.20	3974.00	5.70	–	95.16	49.14	–	–	–	–
纺织业	15082.20	4450.70	–	–	1846.80	1846.80	–	–	–	–
汽车制造业	1023.88	201.91	–	–	–	–	–	–	–	–
皮革、毛皮、羽毛及其制品和制鞋业	–	–	–	–	–	–	–	–	8773.00	2117.40
文教、工美、体育和娱乐用品制造业	–	–	–	–	–	–	–	–	–	–
通用设备制造业	5791.84	1002.80	–	–	–	–	–	–	–	–
有色金属冶炼和压延加工业	373.60	125.69	–	–	–	–	–	–	–	–
农副食品加工业	–	–	2022.10	210.60	974.31	885.31	476.40	410.30	3176.30	2872.2
食品制造业	3.23	3.23	–	–	2153.70	6.40	17.10	17.10	229.37	229.37
印刷和记录媒介复制业	–	–	–	–	–	–	–	–	–	–
非金属矿物制品业	0.91	0.48	–	–	2.35	2.35	–	–	–	–
黑色金属冶炼和压延加工业	25.55	25.55	–	–	–	–	–	–	–	–
化学原料和化学制品制造业	1342.79	546.38	–	–	–	–	3.41	3.41	–	–
电气机械和器材制造业	–	–	186.62	170.60	–	–	–	–	–	–
计算机、通信和其他电子设备制造业	–	–	–	–	–	–	–	–	–	–
酒、饮料和精制茶制造业	–	–	–	–	–	–	–	–	0.01	0.01
造纸和纸制品业	–	–	–	–	–	–	–	–	–	–
电力、热力生产和供应业	–	–	–	–	–	–	–	–	–	–
化学纤维制造业	–	–	–	–	–	–	–	–	–	–
医药制造业	–	–	–	–	–	–	4.90	4.90	–	–
水的生产和供应业	–	–	–	–	–	–	–	–	–	–
仪器仪表制造业	–	–	–	–	–	–	–	–	–	–
铁路、船舶、航空航天和其他运输设备制造业	–	–	–	–	–	–	–	–	–	–

行业名称	林川镇		曹村镇		高楼镇		芳庄乡		北麂乡	
	产生量	排放量	产生量	排放量	产生量	排放量	产生量	排放量	产生量	排放量
橡胶和塑料制品业	–	–	–	–	–	–	–	–	–	–
专用设备制造业	–	–	–	–	–	–	–	–	–	–
纺织服装、服饰业	–	–	–	–	–	–	–	–	–	–
金属制品业	–	–	–	–	–	–	–	–	–	–
纺织业	–	–	–	–	–	–	–	–	–	–
汽车制造业	–	–	–	–	–	–	–	–	–	–
皮革、毛皮、羽毛及其制品和制鞋业	–	–	–	–	–	–	–	–	–	–
文教、工美、体育和娱乐用品制造业	1.13	1.13	–	–	–	–	–	–	–	–
通用设备制造业	–	–	–	–	–	–	–	–	–	–
有色金属冶炼和压延加工业	–	–	–	–	–	–	–	–	–	–
农副食品加工业	40.04	36.04	–	–	122.14	25.86	–	–	660.83	465.45
食品制造业	0.05	0.05	–	–	12.17	12.17	–	–	–	–
印刷和记录媒介复制业	–	–	–	–	–	–	–	–	–	–
非金属矿物制品业	–	–	–	–	–	–	–	–	–	–
黑色金属冶炼和压延加工业	–	–	–	–	–	–	–	–	–	–
化学原料和化学制品制造业	–	–	–	–	–	–	–	–	–	–
电气机械和器材制造业	–	–	–	–	–	–	–	–	–	–
计算机、通信和其他电子设备制造业	–	–	–	–	–	–	–	–	–	–
酒、饮料和精制茶制造业	–	–	–	–	7.60	6.08	–	–	–	–
造纸和纸制品业	–	–	–	–	–	–	–	–	–	–
电力、热力生产和供应业	–	–	–	–	–	–	–	–	–	–
化学纤维制造业	–	–	–	–	–	–	–	–	–	–
医药制造业	–	–	–	–	–	–	–	–	–	–
水的生产和供应业	–	–	–	–	–	–	–	–	–	–
仪器仪表制造业	–	–	–	–	–	–	–	–	–	–
铁路、船舶、航空航天和其他运输设备制造业	–	–	–	–	–	–	–	–	–	–

表 2-2-13 按行业及镇街分组总磷产排情况

单位：千克

行业名称	莘塍街道		仙降街道		上望街道		南滨街道	
	产生量	排放量	产生量	排放量	产生量	排放量	产生量	排放量
橡胶和塑料制品业	0.02	0.02	718.18	288.52	–	–	1497.93	70.60
专用设备制造业	–	–	–	–	–	–	–	–
纺织服装、服饰业	–	–	–	–	–	–	–	–
金属制品业	1212	120.061	1526.42	826.97	3312.85	853.55	–	–
纺织业	–	–	–	–	–	–	28346.50	567.74
汽车制造业	2.55	0.556	–	–	–	–	6.76	0.189
皮革、毛皮、羽毛及其制品和制鞋业	–	–	–	–	–	–	–	–
文教、工美、体育和娱乐用品制造业	–	–	–	–	–	–	–	–
通用设备制造业	–	–	–	–	–	–	–	–
有色金属冶炼和压延加工业	–	–	–	–	–	–	74.90	33.74
农副食品加工业	285.60	257.04	230.51	207.15	446.54	48.21	11.42	11.42
食品制造业	4.62	4.62	0.01	0.01	2.17	2.17	21.74	2.22
印刷和记录媒介复制业	–	–	–	–	–	–	–	–
非金属矿物制品业	–	–	–	–	–	–	–	–
黑色金属冶炼和压延加工业	–	–	–	–	–	–	–	–
化学原料和化学制品制造业	–	–	–	–	9.22	1.71	0.02	0.02
电气机械和器材制造业	61.29	11.82	–	–	–	–	59.54	7.68
计算机、通信和其他电子设备制造业	–	–	–	–	–	–	60.08	2.00
酒、饮料和精制茶制造业	–	–	–	–	–	–	–	–
造纸和纸制品业	3.50	1.01	181.82	5.20	–	–	–	–
电力、热力生产和供应业	–	–	–	–	–	–	282.83	5.67
化学纤维制造业	182.66	15.56	–	–	–	–	–	–
医药制造业	–	–	–	–	–	–	–	–
水的生产和供应业	–	–	–	–	–	–	–	–
仪器仪表制造业	–	–	–	–	–	–	–	–
铁路、船舶、航空航天和其他运输设备制造业	–	–	–	–	–	–	–	–

行业名称	汀田街道		飞云街道		潘岱街道		云周街道	
	产生量	排放量	产生量	排放量	产生量	排放量	产生量	排放量
橡胶和塑料制品业	–	–	2581.08	16.13	–	–	0.46	0.46
专用设备制造业	–	–	–	–	–	–	–	–
纺织服装、服饰业	–	–	–	–	–	–	–	–
金属制品业	–	–	–	–	–	–	–	–
纺织业	165.10	64.51	206.36	0.92	–	–	1514.22	178.99
汽车制造业	–	–	–	–	–	–	–	–
皮革、毛皮、羽毛及其制品和制鞋业	–	–	–	–	–	–	–	–
文教、工美、体育和娱乐用品制造业	–	–	–	–	–	–	–	–
通用设备制造业	–	–	–	–	3.83	0.57	–	–
有色金属冶炼和压延加工业	73.44	8.64	–	–	–	–	–	–
农副食品加工业	1.82	1.79	85.69	79.75	1.67	1.67	–	–
食品制造业	–	–	509.63	498.78	104.18	104.18	–	–
印刷和记录媒介复制业	–	–	–	–	–	–	–	–
非金属矿物制品业	–	–	–	–	–	–	–	–
黑色金属冶炼和压延加工业	–	–	–	–	–	–	–	–
化学原料和化学制品制造业	–	–	–	–	71.00	19.50	–	–
电气机械和器材制造业	–	–	–	–	12.50	9.06	–	–
计算机、通信和其他电子设备制造业	–	–	–	–	–	–	–	–
酒、饮料和精制茶制造业	–	–	–	–	–	–	–	–
造纸和纸制品业	23.50	19.93	1627.70	48.50	–	–	–	–
电力、热力生产和供应业	–	–	–	–	–	–	–	–
化学纤维制造业	–	–	–	–	–	–	–	–
医药制造业	–	–	–	–	–	–	–	–
水的生产和供应业	–	–	236.30	236.30	–	–	–	–
仪器仪表制造业	–	–	0.50	0.50	–	–	–	–
铁路、船舶、航空航天和其他运输设备制造业	–	–	–	–	–	–	–	–

行业名称	东山街道（千克）		锦湖街道（千克）		平阳坑镇（千克）		玉海街道（千克）		安阳街道（千克）	
	产生量	排放量	产生量	排放量	产生量	排放量	产生量	排放量	产生量	排放量
橡胶和塑料制品业	-	-	-	-	-	-	-	-	-	-
专用设备制造业	-	-	-	-	-	-	-	-	-	-
纺织服装、服饰业	-	-	-	-	-	-	-	-	-	-
金属制品业	-	-	0.51	0.08						
纺织业	-	-	-	-	-	-	-	-	-	-
汽车制造业	397.60	142.83	-	-	-	-	-	-	-	-
皮革、毛皮、羽毛及其制品和制鞋业	-	-	-	-	-	-	-	-	-	-
文教、工美、体育和娱乐用品制造业	-	-	-	-	-	-	-	-	-	-
通用设备制造业	51	0.432	-	-	-	-	-	-	-	-
有色金属冶炼和压延加工业	-	-	-	-	-	-	-	-	-	-
农副食品加工业	9667.80	3386.48	61.40	55.26	-	-	-	-	-	-
食品制造业	472.50	4.80	-	-	-	-	-	-	-	-
印刷和记录媒介复制业	-	-	-	-	-	-	-	-	-	-
非金属矿物制品业	-	-	-	-	-	-	-	-	-	-
黑色金属冶炼和压延加工业	-	-	-	-	-	-	-	-	-	-
化学原料和化学制品制造业	294.01	61.24	0.05	0.03	-	-	-	-	-	-
电气机械和器材制造业	-	-	0.82	0.82	-	-	-	-	-	-
计算机、通信和其他电子设备制造业	-	-	-	-	-	-	-	-	-	-
酒、饮料和精制茶制造业	-	-	-	-	-	-	-	-	-	-
造纸和纸制品业	-	-	-	-	-	-	-	-	-	-
电力、热力生产和供应业	-	-	-	-	-	-	-	-	-	-
化学纤维制造业	1254.40	51.03	-	-	-	-	-	-	-	-
医药制造业	-	-	-	-	-	-	-	-	-	-
水的生产和供应业	-	-	-	-	-	-	-	-	-	-
仪器仪表制造业	-	-	-	-	-	-	-	-	-	-
铁路、船舶、航空航天和其他运输设备制造业	-	-	-	-	-	-	-	-	-	-

行业名称	塘下镇		马屿镇		陶山镇		桐浦镇		湖岭镇	
	产生量	排放量	产生量	排放量	产生量	排放量	产生量	排放量	产生量	排放量
橡胶和塑料制品业	–	–	–	–	262.39	17.50	–	–	–	–
专用设备制造业	–	–	2.55	0.18	–	–	–	–	–	–
纺织服装、服饰业	–	–	–	–	–	–	–	–	–	–
金属制品业	14294.80	205.07	9.63	2.04	14.04	7.44	–	–	–	–
纺织业	1222.74	226.31	–	–	342.05	38.54	–	–	–	–
汽车制造业	1504.18	13.68	–	–	–	–	–	–	–	–
皮革、毛皮、羽毛及其制品和制鞋业	–	–	–	–	–	–	–	–	54.67	10.35
文教、工美、体育和娱乐用品制造业	–	–	–	–	–	–	–	–	–	–
通用设备制造业	21909.1	51.76	–	–	–	–	–	–	–	–
有色金属冶炼和压延加工业	28.57	6.74	–	–	–	–	–	–	–	–
农副食品加工业	–	–	–	–	120.00	108.00	69.60	56.38	482.58	438.80
食品制造业	0.51	0.51	–	–	–	–	2.70	2.70	386.48	386.48
印刷和记录媒介复制业	–	–	–	–	–	–	–	–	–	–
非金属矿物制品业	–	–	–	–	–	–	–	–	–	–
黑色金属冶炼和压延加工业	–	–	–	–	–	–	–	–	–	–
化学原料和化学制品制造业	27.78	27.78	–	–	–	–	0.27	0.27	–	–
电气机械和器材制造业	–	–	5303.5	8.67	–	–	–	–	–	–
计算机、通信和其他电子设备制造业	–	–	–	–	–	–	–	–	–	–
酒、饮料和精制茶制造业	–	–	–	–	–	–	–	–	–	–
造纸和纸制品业	–	–	–	–	–	–	–	–	–	–
电力、热力生产和供应业	–	–	–	–	–	–	–	–	–	–
化学纤维制造业	–	–	–	–	–	–	–	–	–	–
医药制造业	–	–	–	–	–	–	1.19	1.19	–	–
水的生产和供应业	–	–	–	–	–	–	–	–	–	–
仪器仪表制造业	–	–	–	–	–	–	–	–	–	–
铁路、船舶、航空航天和其他运输设备制造业	–	–	–	–	–	–	–	–	–	–

行业名称	林川镇		曹村镇		高楼镇		芳庄乡		北麂乡	
	产生量	排放量	产生量	排放量	产生量	排放量	产生量	排放量	产生量	排放量
橡胶和塑料制品业	–	–	–	–	–	–	–	–	–	–
专用设备制造业	–	–	–	–	–	–	–	–	–	–
纺织服装、服饰业	–	–	–	–	–	–	–	–	–	–
金属制品业	–	–	–	–	–	–	–	–	–	–
纺织业	–	–	–	–	–	–	–	–	–	–
汽车制造业	–	–	–	–	–	–	–	–	–	–
皮革、毛皮、羽毛及其制品和制鞋业	–	–	–	–	–	–	–	–	–	–
文教、工美、体育和娱乐用品制造业	–	–	–	–	–	–	–	–	0.09	0.09
通用设备制造业	–	–	–	–	–	–	–	–	–	–
有色金属冶炼和压延加工业	–	–	–	–	–	–	–	–	–	–
农副食品加工业	–	–	–	–	–	–	213.00	150.00	5.28	4.75
食品制造业	–	–	22.70	22.74	–	–	–	–	0.01	0.01
印刷和记录媒介复制业	–	–	–	–	–	–	–	–	–	–
非金属矿物制品业	–	–	–	–	–	–	–	–	–	–
黑色金属冶炼和压延加工业	–	–	–	–	–	–	–	–	–	–
化学原料和化学制品制造业	–	–	–	–	–	–	–	–	–	–
电气机械和器材制造业	–	–	–	–	–	–	–	–	–	–
计算机、通信和其他电子设备制造业	–	–	–	–	–	–	–	–	–	–
酒、饮料和精制茶制造业	–	–	1.52	1.22	–	–	–	–	–	–
造纸和纸制品业	–	–	–	–	–	–	–	–	–	–
电力、热力生产和供应业	–	–	–	–	–	–	–	–	–	–
化学纤维制造业	–	–	–	–	–	–	–	–	–	–
医药制造业	–	–	–	–	–	–	–	–	–	–
水的生产和供应业	–	–	–	–	–	–	–	–	–	–
仪器仪表制造业	–	–	–	–	–	–	–	–	–	–
铁路、船舶、航空航天和其他运输设备制造业	–	–	–	–	–	–	–	–	–	–

表 2-2-14 按行业及镇街分组石油类产排情况

单位：千克

行业名称	莘塍街道		仙降街道		上望街道		南滨街道	
	产生量	排放量	产生量	排放量	产生量	排放量	产生量	排放量
橡胶和塑料制品业	0.17	0.17	1623.39	181.75	–	–	17126.16	307.50
专用设备制造业	–	–	–	–	–	–	–	–
纺织服装、服饰业	–	–	–	–	–	–	–	–
金属制品业	–	–	1291.20	550.74	16363.38	455.88	15.60	1.08
纺织业	–	–	–	–	–	–	–	–
汽车制造业	220.50	71.48	–	–	–	–	2857.05	2.12
皮革、毛皮、羽毛及其制品和制鞋业	–	–	–	–	–	–	–	–
文教、工美、体育和娱乐用品制造业	–	–	–	–	–	–	–	–
通用设备制造业	–	–	–	–	–	–	56.55	23.44
有色金属冶炼和压延加工业	–	–	72.00	18.00	–	–	909.48	102.26
农副食品加工业	–	–	–	–	–	0.74	–	–
食品制造业	–	–	–	–	–	–	22.98	3.75
印刷和记录媒介复制业	–	–	15.00	8.85	–	–	–	–
非金属矿物制品业	–	–	0.25	0.18	10.52	10.52	0.12	–
黑色金属冶炼和压延加工业	0.46	0.35	–	–	–	–	–	–
化学原料和化学制品制造业	–	–	–	–	–	–	0.01	0.01
电气机械和器材制造业	291.88	28.97	–	–	–	–	–	–
计算机、通信和其他电子设备制造业	–	–	–	–	–	–	1.58	0.39
酒、饮料和精制茶制造业	–	–	–	–	–	–	–	–
造纸和纸制品业	–	–	–	–	–	–	–	–
电力、热力生产和供应业	–	–	–	–	–	–	–	–
化学纤维制造业	24.20	4.87	–	–	–	–	–	–
医药制造业	–	–	–	–	–	–	–	–
水的生产和供应业	–	–	–	–	–	–	–	–
仪器仪表制造业	–	–	–	–	–	–	–	–
铁路、船舶、航空航天和其他运输设备制造业	–	–	–	–	–	–	–	–

行业名称	汀田街道		飞云街道		潘岱街道		云周街道	
	产生量	排放量	产生量	排放量	产生量	排放量	产生量	排放量
橡胶和塑料制品业	–	–	9870.26	66.36	–	–	4.12	4.12
专用设备制造业	–	–	–	–	–	–	–	–
纺织服装、服饰业	–	–	–	–	–	–	–	–
金属制品业	–	–	–	–	5.13	5.13	–	–
纺织业	–	–	–	–	–	–	–	–
汽车制造业	156.00	156.00	206.80	7.77	–	–	–	–
皮革、毛皮、羽毛及其制品和制鞋业	–	–	–	–	–	–	–	–
文教、工美、体育和娱乐用品制造业	–	–	–	–	–	–	–	–
通用设备制造业	95.68	44.61	–	–	1121.26	561.01	–	–
有色金属冶炼和压延加工业	1695.81	21.17	–	–	–	–	–	–
农副食品加工业	–	–	29.26	29.26	–	–	–	–
食品制造业	–	–	200.97	200.97	0.38	0.38	–	–
印刷和记录媒介复制业	–	–	4.20	4.20	–	–	–	–
非金属矿物制品业	–	–	0.72	0.72	0.30	0.21	–	–
黑色金属冶炼和压延加工业	–	–	–	–	–	–	–	–
化学原料和化学制品制造业	–	–	–	–	–	–	1.42	0.10
电气机械和器材制造业	–	–	–	–	10.73	10.73	–	–
计算机、通信和其他电子设备制造业	–	–	–	–	–	–	–	–
酒、饮料和精制茶制造业	–	–	–	–	–	–	–	–
造纸和纸制品业	–	–	103.68	13.69	–	–	3.00	3.00
电力、热力生产和供应业	–	–	–	–	–	–	–	–
化学纤维制造业	–	–	–	–	–	–	–	–
医药制造业	–	–	–	–	–	–	–	–
水的生产和供应业	–	–	–	–	–	–	–	–
仪器仪表制造业	–	–	–	–	–	–	–	–
铁路、船舶、航空航天和其他运输设备制造业	–	–	–	–	–	–	–	–

行业名称	塘下镇		马屿镇		陶山镇		桐浦镇		湖岭镇	
	产生量	排放量	产生量	排放量	产生量	排放量	产生量	排放量	产生量	排放量
橡胶和塑料制品业	–	–	–	–	–	–	–	–	–	–
专用设备制造业	3.90	0.19	2029.13	554.90	156.00	23.40	–	–	–	–
纺织服装、服饰业	–	–	–	–	–	–	–	–	–	–
金属制品业	2566.63	241.74	405.30	29.40	2792.4	800.63	–	–	–	–
纺织业	–	–	–	–	–	–	–	–	–	–
汽车制造业	5266.67	50.37								
皮革、毛皮、羽毛及其制品和制鞋业								–	640.00	12.00
文教、工美、体育和娱乐用品制造业	–									
通用设备制造业	5969.94	121.28	–	–	3939.00	2046.90	195.00	75.08	721.50	360.75
有色金属冶炼和压延加工业	213.58	2.94	–	–	–	–	–	–	–	–
农副食品加工业	–	–	–	–	–	–	–	–	0.42	0.42
食品制造业	–	–	–	–	–	–	–	–	13.88	13.88
印刷和记录媒介复制业	–	–							–	
非金属矿物制品业	8.81	5.80	1.68	0.78	0.99	0.88	0.99	0.10	0.29	0.08
黑色金属冶炼和压延加工业	–								–	
化学原料和化学制品制造业	0.06	0.02	–	–	–	–	2.49	2.49	–	–
电气机械和器材制造业	–	–	11.18	10.76	–	–	–	–	–	–
计算机、通信和其他电子设备制造业	–								–	
酒、饮料和精制茶制造业	–								–	
造纸和纸制品业	–								–	
电力、热力生产和供应业	–								–	
化学纤维制造业	–								–	
医药制造业	–								–	
水的生产和供应业	–								–	
仪器仪表制造业	–								–	
铁路、船舶、航空航天和其他运输设备制造业	97.50	0.74	–	–	–	–	–	–	–	–

行业名称	东山街道		锦湖街道		曹村镇		高楼镇	
	产生量	排放量	产生量	排放量	产生量	排放量	产生量	排放量
橡胶和塑料制品业	–	–	–	–	–	–	–	–
专用设备制造业	3.90	0.35	–	–	–	–	–	–
纺织服装、服饰业	–	–	–	–	–	–	–	–
金属制品业	–	–	5.10	2.55	–	–	–	–
纺织业	–	–	–	–	–	–	–	–
汽车制造业	804.69	368.52	10.74	3.22	–	–	–	–
皮革、毛皮、羽毛及其制品和制鞋业	–	–	–	–	–	–	–	–
文教、工美、体育和娱乐用品制造业	–	–	–	–	–	–	–	–
通用设备制造业	510.00	1.06	–	–	–	–	–	–
有色金属冶炼和压延加工业	–	–	–	–	–	–	–	–
农副食品加工业	–	–	–	–	–	–	–	–
食品制造业	–	–	–	–	–	–	–	–
印刷和记录媒介复制业	–	–	–	–	–	–	–	–
非金属矿物制品业	2.54	2.54	0.61	0.27	15.00	15.00	5.15	5.15
黑色金属冶炼和压延加工业	–	–	–	–	–	–	–	–
化学原料和化学制品制造业	–	–	0.63	0.38	–	–	–	–
电气机械和器材制造业	0.01	0.01	8.05	8.05	–	–	–	–
计算机、通信和其他电子设备制造业	–	–	–	–	–	–	–	–
酒、饮料和精制茶制造业	–	–	–	–	–	–	–	–
造纸和纸制品业	–	–	–	–	–	–	–	–
电力、热力生产和供应业	–	–	–	–	–	–	–	–
化学纤维制造业	105.93	37.07	–	–	–	–	–	–
医药制造业	–	–	–	–	–	–	–	–
水的生产和供应业	–	–	–	–	–	–	–	–
仪器仪表制造业	–	–	–	–	–	–	–	–
铁路、船舶、航空航天和其他运输设备制造业	–	–	–	–	–	–	–	–

表 2-2-15 按涉及行业及镇街分组挥发酚产排情况 2

单位：千克

行业名称	桐浦镇		南滨街道	
	产生量	排放量	产生量	排放量
橡胶和塑料制品业	–	–	–	–
专用设备制造业	–	–	–	–
纺织服装、服饰业	–	–	–	–
金属制品业	–	–	–	–
纺织业	–	–	–	–
汽车制造业	–	–	–	–
皮革、毛皮、羽毛及其制品和制鞋业	–	–	–	–
文教、工美、体育和娱乐用品制造业	–	–	–	–
通用设备制造业	–	–	–	–
有色金属冶炼和压延加工业	–	–	–	–
农副食品加工业	–	–	–	–
食品制造业	–	–	–	–
印刷和记录媒介复制业	–	–	–	–
非金属矿物制品业	–	–	–	–
黑色金属冶炼和压延加工业	–	–	–	–
化学原料和化学制品制造业	0.02	0.02	0.001	0.001
电气机械和器材制造业	–	–	–	–
计算机、通信和其他电子设备制造业	–	–	–	–
酒、饮料和精制茶制造业	–	–	–	–
造纸和纸制品业	–	–	–	–
电力、热力生产和供应业	–	–	–	–
化学纤维制造业	–	–	–	–
医药制造业	–	–	–	–
水的生产和供应业	–	–	–	–
仪器仪表制造业	–	–	–	–
铁路、船舶、航空航天和其他运输设备制造业	–	–	–	–

表 2-2-16 按行业及镇街分组氰化物产排情况 1

单位：千克

行业名称	塘下镇		上望街道	
	产生量	排放量	产生量	排放量
橡胶和塑料制品业	–	–	–	–
专用设备制造业	–	–	–	–
纺织服装、服饰业	–	–	–	–
金属制品业	9645.95	16.00	40868.10	9.55
纺织业	–	–	–	–
汽车制造业	–	–	–	–
皮革、毛皮、羽毛及其制品和制鞋业	–	–	–	–
文教、工美、体育和娱乐用品制造业	–	–	–	–
通用设备制造业	–	–	–	–
有色金属冶炼和压延加工业	–	–	–	–
农副食品加工业	–	–	–	–
食品制造业	–	–	–	–
印刷和记录媒介复制业	–	–	–	–
非金属矿物制品业	–	–	–	–
黑色金属冶炼和压延加工业	–	–	–	–
化学原料和化学制品制造业	–	–	–	–
电气机械和器材制造业	–	–	–	–
计算机、通信和其他电子设备制造业	–	–	–	–
酒、饮料和精制茶制造业	–	–	–	–
造纸和纸制品业	–	–	–	–
电力、热力生产和供应业	–	–	–	–
化学纤维制造业	–	–	–	–
医药制造业	–	–	–	–
水的生产和供应业	–	–	–	–
仪器仪表制造业	–	–	–	–
铁路、船舶、航空航天和其他运输设备制造业	–	–	–	–

表 2-2-17 按行业及镇街分组重金属铬产排情况 1

单位：千克

行业名称	莘塍街道		上望街道		东山街道		塘下镇		湖岭镇	
	产生量	排放量	产生量	排放量	产生量	排放量	产生量	排放量	产生量	排放量
橡胶和塑料制品业	–	–	–	–	–	–	–	–	–	–
专用设备制造业	–	–	–	–	–	–	–	–	–	–
纺织服装、服饰业	–	–	–	–	–	–	–	–	–	–
金属制品业	–	–	79990.30	104.46	–	–	78974.5	92.64	–	–
纺织业	–	–	–	–	–	–	–	–	–	–
汽车制造业	–	–	–	–	14.21	–	1265.57	3.31	–	–
皮革、毛皮、羽毛及其制品和制鞋业	–	–	–	–	–	–	–	–	240.00	8.00
文教、工美、体育和娱乐用品制造业	–	–	–	–	–	–	–	–	–	–
通用设备制造业	–	–	–	–	–	–	260.24	12.64	–	–
有色金属冶炼和压延加工业	–	–	–	–	–	–	–	–	–	–
农副食品加工业	–	–	–	–	–	–	–	–	–	–
食品制造业	–	–	–	–	–	–	–	–	–	–
印刷和记录媒介复制业	–	–	–	–	–	–	–	–	–	–
非金属矿物制品业	–	–	–	–	–	–	–	–	–	–
黑色金属冶炼和压延加工业	–	–	–	–	–	–	–	–	–	–
化学原料和化学制品制造业	–	–	–	–	–	–	–	–	–	–
电气机械和器材制造业	1.15	1.15	–	–	–	–	–	–	–	–
计算机、通信和其他电子设备制造业	–	–	–	–	–	–	–	–	–	–
酒、饮料和精制茶制造业	–	–	–	–	–	–	–	–	–	–
造纸和纸制品业	–	–	–	–	–	–	–	–	–	–
电力、热力生产和供应业	–	–	–	–	–	–	–	–	–	–
化学纤维制造业	–	–	–	–	–	–	–	–	–	–
医药制造业	–	–	–	–	–	–	–	–	–	–
水的生产和供应业	–	–	–	–	–	–	–	–	–	–
仪器仪表制造业	–	–	–	–	–	–	–	–	–	–
铁路、船舶、航空航天和其他运输设备制造业	–	–	–	–	–	–	–	–	–	–

三、废气及其污染物的产排情况

表 2-3-1 按镇街分组的各类规模等级涉气企业数量

单位：个

乡镇	企业数量	企业规模			
		大型	中型	小型	微型
总计	6759	5	87	1533	5137
塘下镇	2341	2	2	321	1998
莘塍街道	52	–	15	172	333
仙降街道	6	–	12	25	338
上望街道	452	–	–	8	372
南滨街道	397	–	9	123	265
汀田街道	335	–	–	66	269
飞云街道	254	–	5	74	175
潘岱街道	276	–	2	67	27
马屿镇	299	–	1	77	221
陶山镇	213	–	4	57	152
云周街道	241	–	2	82	157
东山街道	23	3	15	63	125
锦湖街道	215	–	1	38	176
桐浦镇	147	–	1	19	127
湖岭镇	94	–	–	12	82
林川镇	63	–	–	7	56
曹村镇	5	–	–	11	39
安阳街道	18	–	–	3	15
高楼镇	19	–	–	1	18
平阳坑镇	18	–	–	9	9
玉海街道	2	–	–	1	1
芳庄乡	1	–	–	–	1
北麂乡	1	–	–	–	1

表 2-3-2 按行业分组的各类规模等级涉气企业数量

单位：千克

行业名称	合计	企业规模			
		大型	中型	小型	微型
小计	6762	5	87	1533	5137
农副食品加工业	20	–	2	4	14
食品制造业	28	–	–	8	20
酒、饮料和精制茶制造业	2	–	–	–	2
纺织业	49	–	4	21	24
纺织服装、服饰业	60	–	–	23	37
皮革、毛皮、羽毛及其制品和制鞋业	1017	–	22	414	581
木材加工和木、竹、藤、棕、草制品业	43	–	–	–	43
家具制造业	67	–	–	6	61
造纸和纸制品业	175	–	–	32	143
印刷和记录媒介复制业	100	–	3	14	83
文教、工美、体育和娱乐用品制造业	86	–	–	10	76
石油、煤炭及其他燃料加工业	1	–	–	–	1
化学原料和化学制品制造业	35	1	4	9	21
医药制造业	2	–	–	2	–
化学纤维制造业	7	1	2	–	4
橡胶和塑料制品业	829	–	10	184	635
非金属矿物制品业	83	–	2	9	72
黑色金属冶炼和压延加工业	26	–	–	3	23

行业名称	合计	企业规模			
		大型	中型	小型	微型
通用设备制造业	1118	–	7	196	915
专用设备制造业	631	–	1	111	519
汽车制造业	1300	3	16	242	1039
铁路、船舶、航空航天和其他运输设备制造业	125	–	–	27	98
电气机械和器材制造业	188	–	4	53	131
计算机、通信和其他电子设备制造业	25	–	–	4	21
仪器仪表制造业	35	–	1	9	25
其他制造业	1	–	–	–	1
废弃资源综合利用业	1	–	–	1	–
金属制品、机械和设备修理业	9	–	–	–	9
电力、热力生产和供应业	4	–	–	3	1
有色金属冶炼和压延加工业	52	–	5	13	34
金属制品业	643	–	4	135	504

表 2-3-3 地区各类污染物产排情况

指标名称	计量单位	全厂合计	电站锅炉	工业锅炉	工业炉窑	钢铁重点工序
设施－设备－装置数	个	－	3	460	400	－
工业废气排放量	亿立方米	1291.05	38.58	34.91	27.14	－
二氧化硫产生量	吨	4080.00	380.00	3600.00	100.00	
二氧化硫排放量	吨	1720.00	320.00	1300.00	100.00	－
氮氧化物产生量	吨	1330.00	330.00	900.00	100.00	
氮氧化物排放量	吨	1300.00	300.00	900.00	100.00	
颗粒物产生量	吨	20580.00	11280.00	7100.00	2200.00	
颗粒物排放量	吨	1330.00	30.00	900.00	400.00	
挥发性有机物产生量	千克	4390.00	－	4040.00	350.00	－
挥发性有机物排放量	千克	4390.00	－	4040.00	350.00	
氨排放量	千克	960.00	－	－	960.00	
废气砷产生量	千克	890.00	－	880.00	10.00	
废气砷排放量	千克	50.00	－	50.00	－	
废气铅产生量	千克	3420.00	－	3390.00	30.00	－
废气铅排放量	千克	440.00	－	430.00	10.00	
废气镉产生量	千克	80.00	－	80.00	－	
废气镉排放量	千克	10.00	－	10.00	－	
废气铬产生量	千克	2200.00	－	2180.00	20.00	－
废气铬排放量	千克	300.00	－	300.00	－	
废气汞产生量	千克	50.00	－	50.00	－	
废气汞排放量	千克	20.00	－	20.00	－	

指标名称	熟料生产	石化重点工序	储罐装载	含挥发性有机物原辅材料使用	固体物料堆存	其他废气
设施－设备－装置数	–	–	–	–	157	–
工业废气排放量	–	–	–	–	–	1190.43
二氧化硫产生量	–	–	–	–	–	–
二氧化硫排放量	–	–	–	–	–	–
氮氧化物产生量	–	–	–	–	–	0.01
氮氧化物排放量	–	–	–	–	–	0.01
颗粒物产生量	–	–	–	–	0.08	1.04
颗粒物排放量	–	–	–	–	–	0.56
挥发性有机物产生量	–	–	–	–	0:17	9149.34
挥发性有机物排放量	–	–	–	–	0.17	8105.56
氨排放量	–	–	–	–	–	25.26
废气砷产生量	–	–	–	–	–	–
废气砷排放量	–	–	–	–	–	–
废气铅产生量	–	–	–	–	–	–
废气铅排放量	–	–	–	–	–	–
废气镉产生量	–	–	–	–	–	–
废气镉排放量	–	–	–	–	–	–
废气铬产生量	–	–	–	–	–	0.79
废气铬排放量	–	–	–	–	–	0.09
废气汞产生量	–	–	–	–	–	–
废气汞排放量	–	–	–	–	–	–

表 2-3-4 地区工业企业锅炉 – 燃气轮机废气治理情况

指标名称	计量单位	数量
电站锅炉数	个	3
其中：20 蒸吨以下	个	–
20 蒸吨（含）–35 蒸吨的	个	3
35 蒸吨（含）–65 蒸吨的	个	–
65 蒸吨（含）以上	个	–
电站锅炉发电量	万千瓦时	12703.23
电站锅炉供热量	万吉焦	–
电站锅炉排放口数	个	1
其中：45 米以下的	个	–
45 米（含）–120 米的	个	1
120 米（含）以上的	个	–
电站锅炉脱硫设施数	个	123
电站锅炉脱硝设施数	个	6
电站锅炉除尘设施数	个	292
电站锅炉工业废气排放量	万立方米	385749.84
电站锅炉二氧化硫产生量	吨	380.00
电站锅炉二氧化硫排放量	吨	320.00
电站锅炉氮氧化物产生量	吨	330.00
电站锅炉氮氧化物排放量	吨	300.00
电站锅炉颗粒物产生量	吨	11280.00
电站锅炉颗粒物排放量	吨	30.00
电站锅炉挥发性有机物产生量	千克	–
电站锅炉挥发性有机物排放量	千克	–

指标名称	计量单位	数量
电站锅炉氨排放量	千克	–
电站锅炉废气砷产生量	千克	–
电站锅炉废气砷排放量	千克	–
电站锅炉废气铅产生量	千克	–
电站锅炉废气铅排放量	千克	–
电站锅炉废气镉产生量	千克	–
电站锅炉废气镉排放量	千克	–
电站锅炉废气铬产生量	千克	–
电站锅炉废气铬排放量	千克	–
电站锅炉废气汞产生量	千克	–
电站锅炉废气汞排放量	千克	–

指标名称	计量单位	数量
工业锅炉数	个	460
其中：10 蒸吨以下	个	417
10（含）–20 蒸吨的	个	31
20 蒸吨（含）–35 蒸吨的	个	11
35 蒸吨（含）–65 蒸吨的	个	1
65 蒸吨以上	个	–
工业锅炉排放口数	个	425
其中：15 米以下的	个	30
15 米（含）–30 米的	个	354
30 米（含）–45 米的	个	22
45 米（含）–120 米的	个	19
120 米（含）以上的	个	–
工业锅炉脱硫设施数	个	123
工业锅炉脱硝设施数	个	6
工业锅炉除尘设施数	个	292
工业锅炉工业废气排放量	万立方米	349040.97
工业锅炉二氧化硫产生量	吨	3600.00
工业锅炉二氧化硫排放量	吨	1300.00
工业锅炉氮氧化物产生量	吨	900.00
工业锅炉氮氧化物排放量	吨	900.00
工业锅炉颗粒物产生量	吨	7100.00
工业锅炉颗粒物排放量	吨	900.00
工业锅炉挥发性有机物产生量	千克	4040.00
工业锅炉挥发性有机物排放量	千克	4040.00

指标名称	计量单位	数量
工业锅炉氨排放量	千克	–
工业锅炉废气砷产生量	千克	880.00
工业锅炉废气砷排放量	千克	50.00
工业锅炉废气铅产生量	千克	3390.00
工业锅炉废气铅排放量	千克	430.00
工业锅炉废气镉产生量	千克	80.00
工业锅炉废气镉排放量	千克	10.00
工业锅炉废气铬产生量	千克	2180.00
工业锅炉废气铬排放量	千克	300.00
工业锅炉废气汞产生量	千克	50.00
工业锅炉废气汞排放量	千克	20.00

表 2-3-5 地区工业企业炉窑废气治理情况

指标名称	计量单位	指标值
工业企业数	个	359
工业炉窑数	个	400
煤炭燃料消耗量	万吨	0.84
焦炭和其他焦炭产品燃料消耗量	万吨	–
煤气燃料消耗量	亿立方米	–
天然气燃料消耗量	亿立方米	0.18
液化天然气燃料消耗量	万吨	–
燃油燃料消耗量	万吨	0.03
脱硫设施数	个	11.00
脱硝设施数	个	–
除尘设施数	个	100.00
工业废气排放量	亿立方米	27.14
二氧化硫产生量	吨	100.00
二氧化硫排放量	吨	100.00
氮氧化物产生量	吨	100.00
氮氧化物排放量	吨	100.00
颗粒物产生量	吨	2200.00
颗粒物排放量	吨	400.00
挥发性有机物产生量	千克	350.00
挥发性有机物排放量	千克	350.00
氨排放量	千克	960.00
废气砷产生量	千克	10.00
废气砷排放量	千克	–
废气铅产生量	千克	30.00
废气铅排放量	千克	10.00
废气镉产生量	千克	–
废气镉排放量	千克	–
废气铬产生量	千克	20.00
废气铬排放量	千克	–
废气汞产生量	千克	–
废气汞排放量	千克	–

表 2-3-6 地区有机液体储罐、装载情况

指标名称	计量单位	指标值
填报企业数	个	—
储罐个数	个	—
其中：固定顶罐	个	—
内浮顶罐	个	—
外浮顶罐	个	—
储罐容积	立方米	—
储罐物料年周转量	吨	—
有机液体年装载量	吨－年	—
其中：汽车－火车装载量	吨－年	—
船舶装载量	吨－年	—
挥发性有机物产生量	吨	—
挥发性有机物排放量	吨	—

表 2-3-7 地区含挥发性有机物原辅材料使用情况

指标名称	填报企业数	含挥发性有机物的原辅材料使用量	挥发性有机物产生量	挥发性有机物排放量
计量单位	个	吨	吨	吨
涂料	427	4094.25	1171.95	1097.09
油墨	1821	34587.29	18245.54	17221.12
胶黏剂	3716	45860.91	10206.28	9500.87
稀释剂	881	14474.16	14025.75	12679.23
清洗剂	495	1053.02	1032.34	941.01
溶剂	400	13848.32	13744.51	10750.12
其他有机溶剂	86	1609.98	1379.96	674.68

表 2-3-8 地区工业固体物料堆存情况

指标名称	计量单位	指标值
填报企业数	个	127
堆场数	个	157
敞开式堆放	个	20
粉尘产生量	吨	0.03
粉尘排放量	吨	–
挥发性有机物产生量	千克	0.17
挥发性有机物排放量	千克	0.17
密闭式堆放	个	13.00
粉尘产生量	吨	0.01
粉尘排放量	吨	–
挥发性有机物产生量	千克	–
挥发性有机物排放量	千克	–
半敞开式堆放	个	124.00
粉尘产生量	吨	0.04
粉尘排放量	吨	–
挥发性有机物产生量	千克	–
挥发性有机物排放量	千克	–
其他	个	–
粉尘产生量	吨	–
粉尘排放量	吨	–
挥发性有机物产生量	千克	–
挥发性有机物排放量	千克	–
粉尘产生量	万吨	0.08
粉尘排放量	万吨	–
挥发性有机物产生量	吨	0.17
挥发性有机物排放量	吨	0.17

表 2-3-9 地区工业其他废气治理与排放情况

指标名称	计量单位	指标值
填报企业数	个	6537.00
厂内移动源情况	–	–
挖掘机保有量	台	1.00
推土机保有量	台	10.00
装载机保有量	台	16.00
柴油叉车保有量	台	558.00
其他柴油机械保有量	台	10.00
柴油消耗量	吨	1360.80
厂内其他工业废气情况	–	–
脱硫设施数	套	19.00
脱硝设施数	套	–
除尘设施数	套	259.00
挥发性有机物处理设施数	套	89.00
氨治理设施数	套	3.00
厂内移动源和厂内其他工业废气合计	–	–
工业废气排放量（不含移动源）	万立方米	11904310.35
二氧化硫产生量	万吨	–
二氧化硫排放量	万吨	–
氮氧化物产生量	万吨	0.01
氮氧化物排放量	万吨	0.01
颗粒物产生量	万吨	1.04
颗粒物排放量	万吨	0.56

指标名称	计量单位	指标值
挥发性有机物产生量	吨	9149.34
挥发性有机物排放量	吨	8105.56
氨产生量	吨	58.07
氨排放量	吨	25.26
废气砷产生量	吨	–
废气砷排放量	吨	–
废气铅产生量	吨	–
废气铅排放量	吨	–
废气镉产生量	吨	–
废气镉排放量	吨	–
废气铬产生量	吨	0.79
废气铬排放量	吨	0.09
废气汞产生量	吨	–
废气汞排放量	吨	–

表 2-3-10 按镇街分组的地区污染物产排情况

单位：吨

乡镇	二氧化硫排放量		氮氧化物		颗粒物		氨气	
	产生量	排放量	产生量	排放量	产生量	排放量	产生量	排放量
小计	4133.18	1673.83	1409.30	1371.46	31776.81	6986.30	–	27.21
塘下镇	448.71	183.54	152.72	148.97	4002.09	1445.33	–	0.57
莘塍街道	232.04	77.39	60.89	60.89	1600.28	830.88	–	–
仙降街道	179.56	85.18	70.75	70.75	2314.76	1194.92	–	3.38
上望街道	501.61	419.15	363.72	329.63	11886.61	285.00	–	–
南滨街道	639.7	289.94	160.37	160.37	2934.38	230.02	–	14.52
汀田街道	103.97	68.57	34.66	34.66	582.80	195.09	–	–
飞云街道	79.82	19.82	31.31	31.31	671.60	196.03	–	8.35
潘岱街道	108.89	50.53	40.59	40.59	1360.66	336.41	–	–
马屿镇	44.26	40.50	14.88	14.88	219.88	126.17	–	0.39
陶山镇	141.39	92.76	46.27	46.27	715.99	210.37	–	–
云周街道	167.37	74.49	56.18	56.18	1071.62	501.95	–	–
东山街道	1447.26	240.75	356.64	356.64	3518.93	937.65	–	–
锦湖街道	–	–	0.74	0.74	34.38	18.71	–	–
桐浦镇	9.58	6.43	6.36	6.36	311.23	192.38	–	–
湖岭镇	11.58	7.33	5.01	5.01	42.85	23.03	–	–
林川镇	1.41	1.41	0.99	0.99	4.03	2.25	–	–
曹村镇	0.02	0.02	0.12	0.12	65.47	65.47	–	–
安阳街道	–	–	–	–	13.18	13.18	–	–
高楼镇	12.16	12.16	6.03	6.03	401.36	164.51	–	–
平阳坑镇	0.01	0.01	0.27	0.27	15.94	15.93	–	–
玉海街道	–	–	–	–	–	–	–	–
芳庄乡	–	–	–	–	–	–	–	–
北麂乡	3.84	3.84	0.81	0.81	8.81	1.05	–	–

乡镇	挥发性有机物		废气砷		废气铅	
	产生量	排放量	产生量	排放量	产生量	排放量
小计	9155173.14	8111393.71	893.76	51.00	3422.30	363.50
塘下镇	970855.03	901688.47	105.64	3.33	376.23	26.27
莘塍街道	1359183.46	1158837.38	46.58	3.01	166.30	27.78
仙降街道	2665259.16	2624121.38	40.25	0.99	146.80	18.15
上望街道	366768.84	328111.16	29.44	8.12	104.84	43.85
南滨街道	394341.83	356569.17	158.38	1.89	799.52	10.39
汀田街道	205272.24	204205.49	18.02	4.71	64.18	21.58
飞云街道	463756.82	446610.30	18.26	0.55	65.04	6.36
潘岱街道	371991.48	124762.68	30.20	0.48	107.55	2.00
马屿镇	154618.71	135761.96	10.13	0.34	36.07	9.84
陶山镇	354736.11	354235.21	32.41	3.08	115.42	28.55
云周街道	995653.96	993375.15	46.07	1.76	164.07	23.06
东山街道	705621.42	337870.58	350.54	21.22	1248.38	134.69
锦湖街道	11115.12	11113.65	–	–	–	–
桐浦镇	70065.57	70065.57	1.19	0.30	4.25	2.15
湖岭镇	11549.02	10630.08	2.73	0.92	9.71	4.07
林川镇	17730.14	17730.14	0.32	0.17	1.14	0.93
曹村镇	3500.19	2802.18	–	–	–	–
安阳街道	15721.35	15721.35	–	–	–	–
高楼镇	1166.61	1103.61	2.66	0.10	9.46	2.83
平阳坑镇	16259.59	16071.67	–	–	–	–
玉海街道	6.50	6.50	–	–	–	–
芳庄乡	–	–	–	–	–	–
北麂乡	–	–	0.94	0.03	3.34	1.00

乡镇	废气镉		废气铬		废气汞	
	产生量	排放量	产生量	排放量	产生量	排放量
小计	79.70	8.56	2990.03	399.71	48.89	20.61
塘下镇	8.62	0.83	378.20	46.03	5.65	2.55
莘塍街道	3.80	0.53	98.54	19.99	2.48	1.22
仙降街道	3.36	0.34	88.71	16.32	2.14	0.95
上望街道	2.40	0.96	699.21	117.69	1.57	1.23
南滨街道	19.6	0.38	639.05	20.27	9.21	2.02
汀田街道	1.47	0.47	38.12	14.06	1.50	0.64
飞云街道	1.49	0.12	38.63	3.80	0.97	0.38
潘岱街道	2.47	0.26	63.89	12.93	1.61	0.81
马屿镇	0.83	0.19	21.43	10.05	0.54	0.43
陶山镇	2.65	0.57	68.57	24.18	1.72	1.11
云周街道	3.76	0.45	97.47	18.29	2.11	1.05
东山街道	28.62	3.23	741.64	87.49	18.99	7.9
锦湖街道	–	–	–	–	–	–
桐浦镇	0.10	0.04	2.53	1.53	0.06	0.06
湖岭镇	0.22	0.09	5.77	2.69	0.14	0.10
林川镇	0.03	0.02	0.67	0.46	0.02	0.02
曹村镇	–	–	–	–	–	–
安阳街道	–	–	–	–	–	–
高楼镇	0.22	0.05	5.62	2.91	0.14	0.12
平阳坑镇	–	–	–	–	–	–
玉海街道	–	–	–	–	–	–
芳庄乡	–	–	–	–	–	–
北麂乡	0.08	0.02	1.98	1.03	0.05	0.04

表 2-3-11 按行业分组的地区污染物产排情况

单位：吨

行业名称	二氧化硫量		氮氧化物		颗粒物		氨气	
	产生量	排放量	产生量	排放量	产生量	排放量	产生量	排放量
电力、热力生产和供应业	1047.38	680.30	481.90	448.31	13891.95	113.36	–	–
电气机械和器材制造业	0.40	0.40	1.78	1.78	32.62	28.38	–	–
纺织服装、服饰业	12.28	12.28	5.40	5.40	18.12	5.07	–	–
纺织业	398.00	208.08	97.10	93.34	760.62	140.11	–	–
非金属矿物制品业	20.97	19.42	21.57	21.57	1196.07	483.55	–	–
废弃资源综合利用业	25.60	4.74	7.41	7.41	56.02	20.07	–	–
黑色金属冶炼和压延加工业	0.47	0.47	2.03	2.03	0.20	0.20	–	–
化学纤维制造业	1079.70	85.45	252.40	252.40	1669.24	377.41	–	–
化学原料和化学制品制造业	653.88	246.47	171.12	171.12	2123.65	180.13	–	–
计算机、通信和其他电子设备制造业	–	–	–	–	0.27	0.27	–	–
家具制造业	–	–	0.74	0.74	220.67	212.35	–	–
金属制品、机械和设备修理业	–	–	–	–	0.05	0.05	–	–
金属制品业	45.17	29.82	26.39	26.39	715.90	320.27	–	–
酒、饮料和精制茶制造业	0.64	0.64	0.16	0.16	2.88	0.37	–	–
木材加工和木、竹、藤、棕、草制品业	0.03	0.03	0.30	0.30	44.95	29.15	–	–
农副食品加工业	19.14	10.08	4.68	4.68	45.84	5.94	–	–
皮革、毛皮、羽毛及其制品和制鞋业	139.17	80.68	70.38	70.38	4775.33	2982.79	–	–
其他制造业	–	–	–	–	–	–	–	–
汽车制造业	11.58	8.43	45.83	45.83	2032.44	701.01	–	–
石油、煤炭及其他燃料加工业	–	–	–	–	0.02	0.02	–	–
食品制造业	10.03	3.77	5.53	5.53	13.25	2.05	–	–
铁路、船舶、航空航天和其他运输设备制造业	–	–	0.12	0.12	30.69	29.77	–	–
通用设备制造业	92.29	24.69	32.38	32.38	1106.14	559.12	–	–
文教、工美、体育和娱乐用品制造业	0.06	0.06	0.37	0.37	0.10	0.10	–	–
橡胶和塑料制品业	295.09	166.35	89.74	89.74	1377.39	503.72	–	26.26
医药制造业	53.48	9.89	12.28	12.28	82.80	10.29	–	–
仪器仪表制造业	–	–	0.12	0.12	3.53	1.33	–	–
印刷和记录媒介复制业	33.00	17.76	10.01	10.01	63.00	7.77	–	–
有色金属冶炼和压延加工业	37.44	13.52	24.49	24.49	1083.03	154.94	–	–
造纸和纸制品业	157.29	50.41	41.63	41.63	282.01	31.01	–	–
专用设备制造业	0.09	0.09	3.74	3.74	148.07	85.73	–	–

行业类型	废气砷		废气铅		挥发性有机物	
	产生量	排放量	产生量	排放量	产生量	排放量
电力、热力生产和供应业	165.79	9.27	825.91	49.27	828.43	828.43
电气机械和器材制造业	–	–	–	–	26026.71	18852.26
纺织服装、服饰业	2.64	0.82	9.40	5.40	63.02	63.02
纺织业	103.48	9.68	368.52	68.78	6523.17	3851.03
非金属矿物制品业	3.13	0.72	11.13	4.89	1036.25	1036.25
废弃资源综合利用业	6.25	0.05	22.26	1.44	260.32	260.32
黑色金属冶炼和压延加工业	–	–	–	–	25.73	25.73
化学纤维制造业	257.04	19.07	915.38	132.48	192433.08	37394.93
化学原料和化学制品制造业	160.89	3.28	572.97	73.68	609616.75	163222.59
计算机、通信和其他电子设备制造业	–	–	–	–	35153.87	35153.87
家具制造业	–	–	–	–	52401.87	50658.79
金属制品、机械和设备修理业	–	–	–	–	212.67	212.67
金属制品业	5.98	0.60	21.30	3.65	72994.19	65965.28
酒、饮料和精制茶制造业	0.16	0.01	0.56	0.17	33.65	33.65
木材加工和木、竹、藤、棕、草制品业	–	–	–	–	6144.35	6144.35
农副食品加工业	4.62	0.12	16.46	2.73	191.00	191.00
皮革、毛皮、羽毛及其制品和制鞋业	29.62	1.03	108.99	13.91	5725479.17	5628119.5
其他制造业	–	–	–	–	247.00	247.00
汽车制造业	–	–	–	–	375889.49	169970.20
石油、煤炭及其他燃料加工业	–	–	–	–	–	–
食品制造业	1.88	0.01	6.68	0.43	82.50	82.50
铁路、船舶、航空航天和其他运输设备制造业	–	–	–	–	3563.39	3361.61
通用设备制造业	20.94	0.85	74.57	7.79	29809.90	28977.62
文教、工美、体育和娱乐用品制造业	–	–	–	–	25084.30	24791.88
橡胶和塑料制品业	70.13	4.72	249.84	50.01	1579632.88	1472838.70
医药制造业	13.06	0.09	46.51	3.00	26.87	26.87
仪器仪表制造业	–	–	–	–	97.27	97.27
印刷和记录媒介复制业	7.98	0.16	28.41	4.68	181083.06	170096.26
有色金属冶炼和压延加工业	2.14	0.03	7.63	0.69	110.05	110.05
造纸和纸制品业	38.05	0.49	135.49	13.87	200183.37	199561.59
专用设备制造业	–	–	0.42	0.42	29939.88	29219.50

行业名称	废气镉		废气铬		废气汞	
	产生量	排放量	产生量	排放量	产生量	排放量
电力、热力生产和供应业	20.20	1.21	654.72	49.70	9.60	2.92
电气机械和器材制造业	–	–	–	–	–	–
纺织服装、服饰业	0.22	0.11	5.59	3.47	0.14	0.13
纺织业	8.45	1.41	218.92	52.57	5.51	2.84
非金属矿物制品业	0.26	0.10	6.61	4.07	0.19	0.17
废弃资源综合利用业	0.51	0.02	13.23	0.96	0.33	0.12
黑色金属冶炼和压延加工业	–	–	–	–	–	–
化学纤维制造业	20.98	2.39	543.78	48.31	13.68	5.31
化学原料和化学制品制造业	13.13	1.37	340.37	63.93	8.56	4.17
计算机、通信和其他电子设备制造业	–	–	–	–	–	–
家具制造业	–	–	–	–	–	–
金属制品、机械和设备修理业	–	–	–	–	–	–
金属制品业	0.49	0.07	793.84	96.21	0.32	0.14
酒、饮料和精制茶制造业	0.01		0.33	0.17	0.01	0.01
木材加工和木、竹、藤、棕、草制品业	–	–	–	–	–	–
农副食品加工业	0.38	0.05	9.78	2.54	0.25	0.14
皮革、毛皮、羽毛及其制品和制鞋业	2.49	0.27	66.15	12.73	1.57	0.68
其他制造业	–	–	–	–	–	–
汽车制造业	–	–	10.48	0.73	–	–
石油、煤炭及其他燃料加工业	–	–	–	–	–	–
食品制造业	0.15	0.01	3.97	0.29	0.10	0.04
铁路、船舶、航空航天和其他运输设备制造业	–	–	–	–	–	–
通用设备制造业	1.71	0.15	44.30	4.73	1.11	0.44
文教、工美、体育和娱乐用品制造业	–	–	–	–	–	–
橡胶和塑料制品业	5.73	0.98	148.44	40.56	3.73	2.01
医药制造业	1.07	0.05	27.63	2.01	0.69	0.25
仪器仪表制造业	–	–	–	–	–	–
印刷和记录媒介复制业	0.65	0.09	16.88	4.44	0.42	0.24
有色金属冶炼和压延加工业	0.17	0.01	4.53	0.74	0.65	0.12
造纸和纸制品业	3.11	0.25	80.49	11.56	2.02	0.89
专用设备制造业	–	–	–	–	–	–

表 2-3-12 按行业及镇街分组二氧化硫产排情况

单位：吨

乡镇	合计	
	产生量	排放量
小计	4133.18	1673.83
塘下镇	448.71	183.54
莘塍街道	232.04	77.39
仙降街道	179.56	85.18
上望街道	501.61	419.15
南滨街道	639.70	289.94
汀田街道	103.97	68.57
飞云街道	79.82	19.82
潘岱街道	108.89	50.53
马屿镇	44.26	40.50
陶山镇	141.39	92.76
云周街道	167.37	74.49
东山街道	1447.26	240.75
锦湖街道	–	–
桐浦镇	9.58	6.43
湖岭镇	11.58	7.33
林川镇	1.41	1.41
曹村镇	0.02	0.02
安阳街道	–	–
高楼镇	12.16	12.16
平阳坑镇	0.01	0.01
玉海街道	–	–
芳庄乡	–	–
北麂乡	3.84	3.84

乡镇	电力、热力生产和供应业		电气机械和器材制造业		纺织服装、服饰业		纺织业	
	产生量	排放量	产生量	排放量	产生量	排放量	产生量	排放量
小计	1047.38	680.30	0.40	0.40	12.28	12.28	398.00	208.08
塘下镇	–	–	–	–	–	–	186.71	76.83
莘塍街道	–	–	0.38	0.38	1.09	1.09	0.12	0.12
仙降街道	–	–	–	–	0.01	0.01	–	–
上望街道	486.37	412.94	–	–	–	–	–	–
南滨街道	561.01	267.35	–	–	7.36	7.36	–	–
汀田街道	–	–	–	–	–	–	47.85	46.30
飞云街道	–	–	–	–	0.34	0.34	3.09	3.09
潘岱街道	–	–	–	–	0.02	0.02	–	–
马屿镇	–	–	0.02	0.02	–	–	–	–
陶山镇	–	–	–	–	2.18	2.18	37.77	32.21
云周街道	–	–	–	–	–	–	119.21	46.28
东山街道	–	–	–	–	–	–	–	–
锦湖街道	–	–	–	–	–	–	–	–
桐浦镇	–	–	–	–	1.29	1.29	3.23	3.23
湖岭镇	–	–	–	–	–	–	0.03	0.03
林川镇	–	–	–	–	–	–	–	–
曹村镇	–	–	–	–	–	–	–	–
安阳街道	–	–	–	–	–	–	–	–
高楼镇	–	–	–	–	–	–	–	–
平阳坑镇	–	–	–	–	–	–	–	–
玉海街道	–	–	–	–	–	–	–	–
芳庄乡	–	–	–	–	–	–	–	–
北麂乡	–	–	–	–	–	–	–	–

乡镇	非金属矿物制品业		废弃资源综合利用业		黑色金属冶炼和压延加工业		化学纤维制造业	
	产生量	排放量	产生量	排放量	产生量	排放量	产生量	排放量
小计	20.97	19.42	25.60	4.74	0.47	0.47	1079.70	85.45
塘下镇	3.60	3.60	–	–	0.35	0.35	–	–
莘塍街道	0.02	0.02	–	–	0.11	0.11	108.43	8.16
仙降街道	–	–	–	–	–	–	–	–
上望街道	–	–	–	–	–	–	–	–
南滨街道	–	–	–	–	–	–	–	–
汀田街道	0.15	0.15	–	–	0.01	0.01	–	–
飞云街道	2.20	0.66	–	–	–	–	–	–
潘岱街道	0.77	0.77	–	–	–	–	–	–
马屿镇	–	–	–	–	–	–	–	–
陶山镇	–	–	25.60	4.74	–	–	–	–
云周街道	0.14	0.14			–	–	–	–
东山街道	–	–	–	–	–	–	971.26	77.29
锦湖街道	–	–	–	–	–	–	–	–
桐浦镇	–	–	–	–	–	–	–	–
湖岭镇	2.56	2.56	–	–	–	–	–	–
林川镇	–	–	–	–	–	–	–	–
曹村镇	–	–	–	–	–	–	–	–
安阳街道	–	–	–	–	–	–	–	–
高楼镇	11.52	11.52	–	–	–	–	–	–
平阳坑镇	–	–	–	–	–	–	–	–
玉海街道	–	–	–	–	–	–	–	–
芳庄乡	–	–	–	–	–	–	–	–
北麂乡	–	–	–	–	–	–	–	–

乡镇	化学原料和化学制品制造业		金属制品业		酒、饮料和精制茶制造业		木材加工和木、竹、藤、棕、草制品业	
	产生量	排放量	产生量	排放量	产生量	排放量	产生量	排放量
小计	653.88	246.47	45.17	29.82	0.64	0.64	0.03	0.03
塘下镇	151.49	62.84	10.20	10.20	–	–	–	–
莘塍街道	–	–	7.74	2.62	–	–	–	–
仙降街道	–	–	0.10	0.10	–	–	–	–
上望街道	7.41	1.52	0.03	0.03	–	–	–	–
南滨街道	–	–	–	–	–	–	–	–
汀田街道	–	–	5.49	5.49	–	–	–	–
飞云街道	–	–	–	–	–	–	–	–
潘岱街道	99.90	41.54	0.02	0.02	–	–	–	–
马屿镇	0.34	0.34	1.40	1.40	–	–	–	–
陶山镇	0.08	0.08	19.75	9.53	–	–	0.03	0.03
云周街道	8.45	1.56	–	–	–	–	–	–
东山街道	386.20	138.60	0.05	0.05	–	–	–	–
锦湖街道	–	–	–	–	–	–	–	–
桐浦镇	–	–	0.38	0.38	–	–	–	–
湖岭镇	–	–	–	–	–	–	–	–
林川镇	–	–	–	–	–	–	–	–
曹村镇	–	–	–	–	–	–	–	–
安阳街道	–	–	–	–	–	–	–	–
高楼镇	–	–	–	–	0.64	0.64	–	–
平阳坑镇	–	–	–	–	–	–	–	–
玉海街道	–	–	–	–	–	–	–	–
芳庄乡	–	–	–	–	–	–	–	–
北麂乡	–	–	–	–	–	–	–	–

乡镇	农副食品加工业		皮革、毛皮、羽毛及其制品和制鞋业		汽车制造业		食品制造业	
	产生量	排放量	产生量	排放量	产生量	排放量	产生量	排放量
小计	19.14	10.08	139.17	80.68	11.58	8.43	10.03	3.77
塘下镇	–	–	–	–	7.10	7.10	–	–
莘塍街道	–	–	–	–	–	–	–	–
仙降街道	0.13	0.13	92.24	51.06	–	–	–	–
上望街道	0.06	0.06	–	–	–	–	–	–
南滨街道	0.01	0.01	–	–	–	–	0.21	0.21
汀田街道	–	–	–	–	0.01	0.01	–	–
飞云街道	0.01	0.01	0.02	0.02	–	–	7.86	1.60
潘岱街道	–	–	–	–	–	–	0.17	0.17
马屿镇	0.02	0.02	7.79	7.79	–	–	–	–
陶山镇	–	–	–	–	0.10	0.10	0.47	0.47
云周街道			30.51	17.45	–	–	–	–
东山街道	15.00	5.94	–	–	0.02	0.02	1.14	1.14
锦湖街道	–	–	–	–	–	–	–	–
桐浦镇			–	–	4.33	1.17	–	–
湖岭镇	0.07	0.07	8.60	4.35	–	–	0.19	0.19
林川镇	0.01	0.01	–	–	–	–	–	–
曹村镇	–	–	–	–	0.02	0.02	–	–
安阳街道	–	–	–	–	–	–	–	–
高楼镇	–	–	–	–	–	–	–	–
平阳坑镇	–	–	0.01	0.01	–	–	–	–
玉海街道	–	–	–	–	–	–	–	–
芳庄乡	–	–	–	–	–	–	–	–
北麂乡	3.84	3.84	–	–	–	–	–	–

乡镇	通用设备制造业		文教、工美、体育和娱乐用品制造业		橡胶和塑料制品业		医药制造业	
	产生量	排放量	产生量	排放量	产生量	排放量	产生量	排放量
小计	92.29	24.69	0.06	0.06	295.09	166.35	53.48	9.89
塘下镇	82.32	15.70	–	–	5.25	5.25	–	–
莘塍街道	6.30	5.32	–	–	77.29	42.24	–	–
仙降街道	–	–	–	–	7.29	2.08	–	–
上望街道	–	–	–	–	7.73	4.60	–	–
南滨街道	0.12	0.12	–	–	69.88	13.78	–	–
汀田街道	2.68	2.68	–	–	5.84	2.60	–	–
飞云街道	–	–	–	–	2.19	2.19	–	–
潘岱街道	0.14	0.14	–	–	7.69	7.69	–	–
马屿镇	–	–	–	–	33.87	30.12	–	–
陶山镇	0.48	0.48	–	–	54.89	42.91	–	–
云周街道	–	–	–	–	9.00	9.00	–	–
东山街道	–	–	–	–	12.62	2.33	53.48	9.89
锦湖街道	–	–	–	–	–	–	–	–
桐浦镇	0.26	0.26	–	–	0.09	0.09	–	–
湖岭镇	–	–	0.06	0.06	0.07	0.07	–	–
林川镇	–	–	–	–	1.40	1.40	–	–
曹村镇	–	–	–	–	–	–	–	–
安阳街道	–	–	–	–	–	–	–	–
高楼镇	–	–	–	–	–	–	–	–
平阳坑镇	–	–	–	–	–	–	–	–
玉海街道	–	–	–	–	–	–	–	–
芳庄乡	–	–	–	–	–	–	–	–
北麂乡	–	–	–	–	–	–	–	–

乡镇	印刷和记录媒介复制业		有色金属冶炼和压延加工业		造纸和纸制品业		专用设备制造业	
	产生量	排放量	产生量	排放量	产生量	排放量	产生量	排放量
小计	33.00	17.76	37.44	13.52	157.29	50.41	0.09	0.09
塘下镇	0.14	0.14	1.11	1.11	0.42	0.42	–	–
莘塍街道	30.21	16.97	0.26	0.26	0.08	0.08	0.02	0.02
仙降街道	0.14	0.14	1.15	1.15	78.49	30.51	–	–
上望街道	–	–	–	–	–	–	–	–
南滨街道	–	–	1.12	1.12	–	–	–	–
汀田街道	–	–	33.61	9.69	8.34	1.64	–	–
飞云街道	0.05	0.05	–	–	64.05	11.85	0.02	0.02
潘岱街道	–	–	0.19	0.19	–	–	–	–
马屿镇	–	–	–	–	0.83	0.83	–	–
陶山镇	–	–	–	–	–	–	0.05	0.05
云周街道	–	–	–	–	0.05	0.05	–	–
东山街道	2.46	0.45	–	–	5.03	5.03	–	–
锦湖街道	–	–	–	–	–	–	–	–
桐浦镇	–	–	–	–	–	–	–	–
湖岭镇	–	–	–	–	–	–	–	–
林川镇	–	–	–	–	–	–	–	–
曹村镇	–	–	–	–	–	–	–	–
安阳街道	–	–	–	–	–	–	–	–
高楼镇	–	–	–	–	–	–	–	–
平阳坑镇	–	–	–	–	–	–	–	–
玉海街道	–	–	–	–	–	–	–	–
芳庄乡	–	–	–	–	–	–	–	–
北麂乡	–	–	–	–	–	–	–	–

表 2-3-13 按行业及镇街分组氮氧化物产排情况

单位：吨

乡镇	合计	
	产生量	排放量
小计	1409.30	1371.46
塘下镇	152.72	148.97
莘塍街道	60.89	60.89
仙降街道	70.75	70.75
上望街道	363.72	329.63
南滨街道	160.37	160.37
汀田街道	34.66	34.66
飞云街道	31.31	31.31
潘岱街道	40.59	40.59
马屿镇	14.88	14.88
陶山镇	46.27	46.27
云周街道	56.18	56.18
东山街道	356.64	356.64
锦湖街道	0.74	0.74
桐浦镇	6.36	6.36
湖岭镇	5.01	5.01
林川镇	0.99	0.99
曹村镇	0.12	0.12
安阳街道	–	–
高楼镇	6.03	6.03
平阳坑镇	0.27	0.27
玉海街道	–	–
芳庄乡	–	–
北麂乡	0.81	0.81

乡镇	电力、热力生产和供应业		电气机械和器材制造业		纺织服装、服饰业		纺织业	
	产生量	排放量	产生量	排放量	产生量	排放量	产生量	排放量
小计	481.90	448.31	1.78	1.78	5.40	5.40	97.10	93.34
塘下镇	–	–	–	–	–	–	41.04	37.29
莘塍街道	–	–	0.89	0.89	0.84	0.84	0.23	0.23
仙降街道	–	–	–	–	0.01	0.01	–	–
上望街道	354.30	320.71	–	–	–	–	–	–
南滨街道	127.60	127.60	–	–	2.76	2.76	0.25	0.25
汀田街道	–	–	0.12	0.12	–	–	11.11	11.11
飞云街道	–	–	–	–	0.76	0.76	0.92	0.92
潘岱街道	–	–	0.12	0.12	0.03	0.03	–	–
马屿镇	–	–	0.16	0.16	–	–	–	–
陶山镇	–	–	0.25	0.25	0.69	0.69	8.82	8.82
云周街道	–	–	–	–	–	–	33.92	33.92
东山街道	–	–	–	–	–	–	–	–
锦湖街道	–	–	0.25	0.25	–	–	–	–
桐浦镇	–	–	–	–	0.31	0.31	0.74	0.74
湖岭镇	–	–	–	–	–	–	0.07	0.07
林川镇	–	–	–	–	–	–	–	–
曹村镇	–	–	–	–	–	–	–	–
安阳街道	–	–	–	–	–	–	–	–
高楼镇	–	–	–	–	–	–	–	–
平阳坑镇	–	–	–	–	–	–	–	–
玉海街道	–	–	–	–	–	–	–	–
芳庄乡	–	–	–	–	–	–	–	–
北麂乡	–	–	–	–	–	–	–	–

乡镇	非金属矿物制品业		废弃资源综合利用业		黑色金属冶炼和压延加工业		化学纤维制造业	
	产生量	排放量	产生量	排放量	产生量	排放量	产生量	排放量
小计	21.57	21.57	7.41	7.41	2.03	2.03	252.40	252.40
塘下镇	3.92	3.92	–	–	1.08	1.08	–	–
莘塍街道	0.02	0.02	–	–	0.93	0.93	26.29	26.29
仙降街道	–	–	–	–	–	–	–	–
上望街道	0.68	0.68	–	–	–	–	–	–
南滨街道	0.84	0.84	–	–	–	–	–	–
汀田街道	0.66	0.66	–	–	0.02	0.02	–	–
飞云街道	3.64	3.64	–	–	–	–	–	–
潘岱街道	3.73	3.73	–	–	–	–	–	–
马屿镇	–	–	–	–	–	–	–	–
陶山镇	0.96	0.96	7.41	7.41	–	–	–	–
云周街道	0.29	0.29	–	–	–	–	–	–
东山街道	–	–	–	–	–	–	226.11	226.11
锦湖街道	0.12	0.12	–	–	–	–	–	–
桐浦镇	0.12	0.12	–	–	–	–	–	–
湖岭镇	0.59	0.59	–	–	–	–	–	–
林川镇	–	–	–	–	–	–	–	–
曹村镇	0.12	0.12	–	–	–	–	–	–
安阳街道	–	–	–	–	–	–	–	–
高楼镇	5.88	5.88	–	–	–	–	–	–
平阳坑镇	–	–	–	–	–	–	–	–
玉海街道	–	–	–	–	–	–	–	–
芳庄乡	–	–	–	–	–	–	–	–
北麂乡	–	–	–	–	–	–	–	–

乡镇	化学原料和化学制品制造业		家具制造业		金属制品业		酒、饮料和精制茶制造业	
	产生量	排放量	产生量	排放量	产生量	排放量	产生量	排放量
小计	170.96	170.96	0.74	0.74	26.39	26.39	0.16	0.16
塘下镇	34.92	34.92	–	–	6.75	6.75	–	–
莘塍街道	0.15	0.15	–	–	0.66	0.66	–	–
仙降街道	–	–	–	–	0.20	0.20	–	–
上望街道	2.01	2.01	–	–	4.11	4.11	–	–
南滨街道	–	–	–	–	0.28	0.28	–	–
汀田街道	–	–	–	–	1.64	1.64	–	–
飞云街道	–	–	0.12	0.12	–	–	–	–
潘岱街道	28.71	28.71	0.12	0.12	0.60	0.60	–	–
马屿镇	0.16	0.16	–	–	1.89	1.89	–	–
陶山镇	–	–	–	–	9.33	9.33	–	–
云周街道	2.31	2.31	–	–	–	–	–	–
东山街道	102.70	102.70	–	–	0.22	0.22	–	–
锦湖街道	–	–	–	–	0.12	0.12	–	–
桐浦镇	–	–	0.37	0.37	0.46	0.46	–	–
湖岭镇	–	–	0.12	0.12	0.12	0.12	–	–
林川镇	–	–	–	–	–	–	–	–
曹村镇	–	–	–	–	–	–	–	–
安阳街道	–	–	–	–	–	–	–	–
高楼镇	–	–	–	–	–	–	0.16	0.16
平阳坑镇	–	–	–	–	–	–	–	–
玉海街道	–	–	–	–	–	–	–	–
芳庄乡	–	–	–	–	–	–	–	–
北麂乡	–	–	–	–	–	–	–	–

乡镇	木材加工和木、竹、藤、棕、草制品业		农副食品加工业		皮革、毛皮、羽毛及其制品和制鞋业		汽车制造业	
	产生量	排放量	产生量	排放量	产生量	排放量	产生量	排放量
小计	0.30	0.30	4.68	4.68	70.38	70.38	45.80	45.80
塘下镇	–	–	–	–	–	–	34.22	34.22
莘塍街道	–	–	–	–	1.47	1.47	0.12	0.12
仙降街道	–	–	0.03	0.03	47.94	47.94	–	–
上望街道	–	–	0.12	0.12	–	–	–	–
南滨街道	–	–	0.01	0.01	–	–	1.72	1.72
汀田街道	–	–	–	–	–	–	0.39	0.39
飞云街道	–	–	0.02	0.02	0.28	0.28	0.13	0.13
潘岱街道	–	–	–	–	–	–	1.72	1.72
马屿镇	–	–	0.04	0.04	1.96	1.96	–	–
陶山镇	0.05	0.05	–	–	0.12	0.12	0.33	0.33
云周街道	0.12	0.12	–	–	15.50	15.50	–	–
东山街道	–	–	3.37	3.37	0.25	0.25	4.26	4.26
锦湖街道	–	–	–	–	–	–	0.12	0.12
桐浦镇	0.12	0.12	–	–	0.12	0.12	2.67	2.67
湖岭镇	–	–	0.25	0.25	2.47	2.47	0.12	0.12
林川镇	–	–	0.02	0.02	–	–	–	–
曹村镇	–	–	–	–	–	–	–	–
安阳街道	–	–	–	–	–	–	–	–
高楼镇	–	–	–	–	–	–	–	–
平阳坑镇	–	–	–	–	0.27	0.27	–	–
玉海街道	–	–	–	–	–	–	–	–
芳庄乡	–	–	–	–	–	–	–	–
北麂乡	–	–	0.81	0.81	–	–	–	–

乡镇	食品制造业		铁路、船舶、航空航天和其他运输设备制造业		通用设备制造业	
	产生量	排放量	产生量	排放量	产生量	排放量
小计	5.53	5.53	0.12	0.12	32.38	32.38
塘下镇	–	–	0.12	0.12	19.83	19.83
莘塍街道	–	–	–	–	1.57	1.57
仙降街道	–	–	–	–	–	–
上望街道	–	–	–	–	–	–
南滨街道	0.41	0.41	–	–	2.20	2.20
汀田街道			–	–	1.40	1.40
飞云街道	2.55	2.55	–	–	0.74	0.74
潘岱街道	0.34	0.34	–	–	2.52	2.52
马屿镇	–	–	–	–		
陶山镇	0.93	0.93	–	–	2.37	2.37
云周街道	–	–	–	–		
东山街道	0.91	0.91	–	–	0.61	0.61
锦湖街道	–	–	–	–		
桐浦镇	–	–	–	–	0.77	0.77
湖岭镇	0.39	0.39	–	–	0.37	0.37
林川镇					–	–
曹村镇	–	–				
安阳街道	–	–			–	–
高楼镇	–	–			–	–
平阳坑镇	–	–	–	–	–	–
玉海街道	–	–	–	–	–	–
芳庄乡	–	–	–	–	–	–
北麂乡	–	–	–	–	–	–

乡镇	橡胶和塑料制品业		医药制造业		仪器仪表制造业		印刷和记录媒介复制业	
	产生量	排放量	产生量	排放量	产生量	排放量	产生量	排放量
小计	89.74	89.74	12.28	12.28	0.12	0.12	10.01	10.01
塘下镇	3.00	3.00	—	—	—	—	0.53	0.53
莘塍街道	18.92	18.92	—	—	—	—	7.47	7.47
仙降街道	3.12	3.12	—	—	—	—	0.65	0.65
上望街道	2.50	2.50	—	—	—	—	—	—
南滨街道	19.25	19.25	—	—	—	—	0.12	0.12
汀田街道	4.20	4.20	—	—	—	—	—	—
飞云街道	5.95	5.95	—	—	0.12	0.12	0.47	0.47
潘岱街道	2.02	2.02	—	—	—	—	—	—
马屿镇	8.03	8.03	—	—	—	—	—	—
陶山镇	14.79	14.79	—	—	—	—	—	—
云周街道	3.44	3.44	—	—	—	—	0.12	0.12
东山街道	3.11	3.11	12.28	12.28	—	—	0.52	0.52
锦湖街道			—	—	—	—	—	—
桐浦镇	0.31	0.31	—	—	—	—	0.12	0.12
湖岭镇	0.38	0.38	—	—	—	—	—	—
林川镇	0.73	0.73	—	—	—	—	—	—
曹村镇	—	—	—	—	—	—	—	—
安阳街道	—	—	—	—	—	—	—	—
高楼镇	—	—	—	—	—	—	—	—
平阳坑镇	—	—	—	—	—	—	—	—
玉海街道	—	—	—	—	—	—	—	—
芳庄乡	—	—	—	—	—	—	—	—
北麂乡	—	—	—	—	—	—	—	—

乡镇	有色金属冶炼和压延加工业		造纸和纸制品业		专用设备制造业		文教、工美、体育和娱乐用品制造业	
	产生量	排放量	产生量	排放量	产生量	排放量	产生量	排放量
小计	24.49	24.49	41.51	41.51	3.74	3.74	0.37	0.37
塘下镇	5.97	5.97	1.09	1.09	0.25	0.25	–	–
莘塍街道	0.76	0.76	0.28	0.28	0.29	0.29	–	–
仙降街道	0.39	0.39	18.40	18.40	–	–	–	–
上望街道	–	–	–	–	–	–	–	–
南滨街道	4.44	4.44	0.12	0.12	0.37	0.37	–	–
汀田街道	12.37	12.37	2.50	2.50	0.25	0.25	–	
飞云街道	–	–	14.96	14.96	0.65	0.65	–	–
潘岱街道	0.55	0.55	–	–	0.12	0.12	–	–
马屿镇	–	–	2.02	2.02	0.61	0.61	–	–
陶山镇	–	–	0.12	0.12	0.10	0.10	–	–
云周街道	–	–	0.35	0.35	0.12	0.12	–	–
东山街道	0.01	0.01	1.55	1.55	0.74	0.74	–	–
锦湖街道	–	–	–	–	0.12	0.12	–	–
桐浦镇	–	–	0.12	0.12	0.12	0.12	–	–
湖岭镇	–	–	–	–	–	–	0.13	0.13
林川镇	–	–	–	–	–	–	0.25	0.25
曹村镇	–	–	–	–	–	–	–	–
安阳街道	–	–	–	–	–	–	–	–
高楼镇	–	–	–	–	–	–	–	–
平阳坑镇	–	–	–	–	–	–	–	–
玉海街道	–	–	–	–	–	–	–	–
芳庄乡	–	–	–	–	–	–	–	–
北麂乡	–	–	–	–	–	–	–	–

表 2-3-14 按行业及镇街分组氨产排情况 1

单位：吨

乡镇	合计		金属制品业		橡胶和塑料制品业	
	产生量	排放量	产生量	排放量	产生量	排放量
小计	–	27.21	–	0.96	–	26.26
塘下镇	–	0.57	–	0.57	–	–
莘塍街道	–	–	–	–	–	–
仙降街道	–	3.38	–	–	–	3.38
上望街道	–	–	–	–	–	–
南滨街道	–	14.52	–	–	–	14.52
汀田街道	–	–	–	–	–	–
飞云街道	–	8.35	–	–	–	8.35
潘岱街道	–	–	–	–	–	–
马屿镇	–	0.39	–	0.39	–	–
陶山镇	–	–	–	–	–	–
云周街道	–	–	–	–	–	–
东山街道	–	–	–	–	–	–
锦湖街道	–	–	–	–	–	–
桐浦镇	–	–	–	–	–	–
湖岭镇	–	–	–	–	–	–
林川镇	–	–	–	–	–	–
曹村镇	–	–	–	–	–	–
安阳街道	–	–	–	–	–	–
高楼镇	–	–	–	–	–	–
平阳坑镇	–	–	–	–	–	–
玉海街道	–	–	–	–	–	–
芳庄乡	–	–	–	–	–	–
北麂乡	–	–	–	–	–	–

表 2-3-15 按行业及镇街分组挥发性有机物产排情况

单位：千克

乡镇	合计	
	产生量	排放量
小计	9155173.14	8111393.71
塘下镇	970855.03	901688.47
莘塍街道	1359183.46	1158837.38
仙降街道	2665259.16	2624121.38
上望街道	366768.84	328111.16
南滨街道	394341.83	356569.17
汀田街道	205272.24	204205.49
飞云街道	463756.82	446610.30
潘岱街道	371991.48	124762.68
马屿镇	154618.71	135761.96
陶山镇	354736.11	354235.21
云周街道	995653.96	993375.15
东山街道	705621.42	337870.58
锦湖街道	11115.12	11113.65
桐浦镇	70065.57	70065.57
湖岭镇	11549.02	10630.08
林川镇	17730.14	17730.14
曹村镇	3500.19	2802.18
安阳街道	15721.35	15721.35
高楼镇	1166.61	1103.61
平阳坑镇	16259.59	16071.67
玉海街道	6.50	6.50
芳庄乡	-	-
北麂乡	-	-

乡镇	电力、热力生产和供应业		电气机械和器材制造业		纺织服装、服饰业		纺织业	
	产生量	排放量	产生量	排放量	产生量	排放量	产生量	排放量
小计	828.43	828.43	26026.71	18852.26	63.02	63.02	6523.17	3851.03
塘下镇	–	–	237.65	237.65	–	–	3470.89	1917.12
莘塍街道	–	–	3118.37	3118.37	13.34	13.34	252.62	252.62
仙降街道	–	–	107.71	107.71	0.24	0.24	14.93	14.93
上望街道	52.54	52.54	55.87	55.87	–	–	1.43	1.43
南滨街道	775.90	775.90	11837.97	4665.00	23.93	23.93	632.54	420.67
汀田街道	–	–	301.38	301.38	–	–	943.40	56.65
飞云街道	–	–	1123.91	1123.91	18.35	18.35	869.63	869.63
潘岱街道	–	–	15.59	15.59	0.56	0.56	6.47	6.47
马屿镇	–	–	73.14	73.14	–	–	–	–
陶山镇	–	–	32.64	32.64	3.83	3.83	40.20	20.45
云周街道	–	–	–	–	–	–	268.69	268.69
东山街道	–	–	8949.18	8949.18	–	–	–	–
锦湖街道	–	–	121.32	119.85	–	–	–	–
桐浦镇	–	–	45.13	45.13	2.77	2.77	1.44	1.44
湖岭镇	–	–	4.97	4.97	–	–	1.19	1.19
林川镇	–	–	–	–	–	–	19.73	19.73
曹村镇	–	–	1.86	1.86	–	–	–	–
安阳街道	–	–	–	–	–	–	–	–
高楼镇	–	–	–	–	–	–	–	–
平阳坑镇	–	–	–	–	–	–	–	–
玉海街道	–	–	–	–	–	–	–	–
芳庄乡	–	–	–	–	–	–	–	–
北麂乡	–	–	–	–	–	–	–	–

乡镇	非金属矿物制品业		废弃资源综合利用业		黑色金属冶炼和压延加工业		化学纤维制造业	
	产生量	排放量	产生量	排放量	产生量	排放量	产生量	排放量
小计	1036.25	1036.25	260.32	260.32	25.73	25.73	192433.08	37394.93
塘下镇	152.04	152.04	–	–	23.68	23.68	–	–
莘塍街道	–	–	–	–	2.04	2.04	180922.23	29309.42
仙降街道	–	–	–	–	–	–	–	–
上望街道	–	–	–	–	–	–	0.13	0.13
南滨街道	70.81	70.81	–	–	–	–	–	–
汀田街道	2.88	2.88	–	–	–	–	97.20	97.20
飞云街道	283.19	283.19	–	–	–	–	–	–
潘岱街道	244.21	244.21	–	–	–	–	–	–
马屿镇	–	–	–	–	–	–	–	–
陶山镇	114.29	114.29	260.32	260.32	–	–	–	–
云周街道	5.21	5.21	–	–	–	–	–	–
东山街道	4.50	4.50	–	–	–	–	11413.52	7988.18
锦湖街道	11.09	11.09	–	–	–	–	–	–
桐浦镇	7.81	7.81	–	–	–	–	–	–
湖岭镇	7.20	7.20	–	–	–	–	–	–
林川镇	–	–	–	–	–	–	–	–
曹村镇	7.81	7.81	–	–	–	–	–	–
安阳街道	–	–	–	–	–	–	–	–
高楼镇	125.24	125.24	–	–	–	–	–	–
平阳坑镇	–	–	–	–	–	–	–	–
玉海街道	–	–	–	–	–	–	–	–
芳庄乡	–	–	–	–	–	–	–	–
北麂乡	–	–	–	–	–	–	–	–

乡镇	化学原料和化学制品制造业		计算机、通信和其他电子设备制造业		家具制造业	
	产生量	排放量	产生量	排放量	产生量	排放量
小计	609616.75	163222.59	35153.87	35153.87	52401.87	50658.79
塘下镇	11996.83	6276.83	33373.07	33373.07	3.85	3.85
莘塍街道	−	−	−	−	5045.02	5045.02
仙降街道	5.60	5.60	0.35	0.35	61.10	61.10
上望街道	107408.37	75208.21	71.78	71.78	−	−
南滨街道	59.20	59.20	1708.68	1708.68	577.70	577.70
汀田街道	46.40	46.40	−	−	−	−
飞云街道	16.15	16.15	−	−	25732.27	23989.19
潘岱街道	317160.80	69932.00	−	−	9108.91	9108.91
马屿镇	55.50	55.50	−	−	1.84	1.84
陶山镇	2.86	2.86	−	−	9240.42	9240.42
云周街道	2058.39	2058.39	−	−	10.62	10.62
东山街道	170806.65	9561.44	−	−	33.84	33.84
锦湖街道	−	−	−	−	−	−
桐浦镇	−	−	−	−	2391.23	2391.23
湖岭镇	−	−	−	−	36.66	36.66
林川镇	−	−	−	−	−	−
曹村镇	−	−	−	−	−	−
安阳街道	−	−	−	−	158.40	158.40
高楼镇	−	−	−	−	−	−
平阳坑镇	−	−	−	−	−	−
玉海街道	−	−	−	−	−	−
芳庄乡	−	−	−	−	−	−
北麂乡	−	−	−	−	−	−

乡镇	金属制品、机械和设备修理业		金属制品业		酒、饮料和精制茶制造业		木材加工和木、竹、藤、棕、草制品业	
	产生量	排放量	产生量	排放量	产生量	排放量	产生量	排放量
小计	212.67	212.67	72962.96	65934.05	33.65	33.65	6144.35	6144.35
塘下镇	2.68	2.68	29892.26	25648.94	–	–	29.56	29.56
莘塍街道	–	–	117.66	117.66	–	–	–	–
仙降街道	–	–	6673.22	6538.22	–	–	–	–
上望街道	–	–	18318.15	16148.70	–	–	–	–
南滨街道	–	–	1107.74	1107.74	–	–	–	–
汀田街道	–	–	40.14	40.14	–	–	174.19	174.19
飞云街道	203.16	203.16	21.90	21.90	–	–	–	–
潘岱街道	–	–	292.68	292.68	–	–	–	–
马屿镇	–	–	245.44	245.44	–	–	0.74	0.74
陶山镇	0.62	0.62	12437.97	11956.83	–	–	4106.83	4106.83
云周街道	–	–	14.40	14.40	–	–	7.81	7.81
东山街道	–	–	270.40	270.40	–	–	42.55	42.55
锦湖街道	–	–	12.17	12.17	–	–	24.95	24.95
桐浦镇	–	–	3541.65	3541.65	–	–	8.57	8.57
湖岭镇	–	–	8.41	8.41	–	–	1749.16	1749.16
林川镇	–	–	–	–	32.40	32.40	–	–
曹村镇	–	–	–	–	–	–	–	–
安阳街道	–	–	–	–	–	–	–	–
高楼镇	–	–	–	–	1.25	1.25	–	–
平阳坑镇	6.21	6.21	–	–	–	–	–	–
玉海街道	–	–	–	–	–	–	–	–
芳庄乡	–	–	–	–	–	–	–	–
北麂乡	–	–	–	–	–	–	–	–

乡镇	皮革、毛皮、羽毛及其制品和制鞋业		铁路、船舶、航空航天和其他运输设备制造业		汽车制造业	
	产生量	排放量	产生量	排放量	产生量	排放量
小计	5725479.17	5628119.51	3563.39	3361.61	375889.49	169970.20
塘下镇	415625.12	379500.55	2147.71	2125.93	97413.24	93107.64
莘塍街道	898349.45	884308.37	–	–	4078.07	4078.07
仙降街道	2448603.01	2409633.41	–	–	–	–
上望街道	121323.94	121323.94	–	–	75.00	73.27
南滨街道	132042.16	132042.16	–	–	11745.43	10571.87
汀田街道	145576.26	145576.26	1031.68	851.68	864.41	864.41
飞云街道	253445.41	250307.46	384.00	384.00	11.30	11.30
潘岱街道	16600.00	16600.00	–	–	487.26	487.26
马屿镇	47654.41	45439.36	–	–	151.20	151.20
陶山镇	60871.16	60871.16	–	–	256.74	256.74
云周街道	968208.37	966924.59	–	–	–	–
东山街道	143535.58	142646.47	–	–	258307.53	57869.14
锦湖街道	–	–	–	–	1031.96	1031.96
桐浦镇	50465.81	50465.81	–	–	1402.44	1402.44
湖岭镇	1834.46	1833.62	–	–	43.81	43.81
林川镇	5756.10	5756.10	–	–	20.55	20.55
曹村镇	872.10	174.42	–	–	0.56	0.56
安阳街道	14699.40	14699.40	–	–	–	–
高楼镇	–	–	–	–	–	–
平阳坑镇	16.43	16.43	–	–	–	–
玉海街道	–	–	–	–	–	–
芳庄乡	–	–	–	–	–	–
北麂乡	–	–	–	–	–	–

乡镇	农副食品加工业		食品制造业		通用设备制造业	
	产生量	排放量	产生量	排放量	产生量	排放量
小计	189.97	189.97	82.50	82.50	29809.90	28977.62
塘下镇	–	–	–	–	1837.01	1837.01
莘塍街道	–	–	–	–	35.72	35.72
仙降街道	0.06	0.06	–	–	2.68	2.68
上望街道	2.23	2.23	–	–	690.55	690.55
南滨街道	0.22	0.22	7.15	7.15	16871.79	16040.55
汀田街道	0.06	0.06	–	–	1575.39	1575.39
飞云街道	0.39	0.39	12.46	12.46	2051.28	2051.28
潘岱街道	–	–	6.25	6.25	1161.55	1161.55
马屿镇	0.74	0.74	–	–	200.00	200.00
陶山镇	–	–	17.04	17.04	3017.30	3017.30
云周街道	–	–	–	–	–	–
东山街道	13.47	13.47	32.70	32.70	1119.65	1118.93
锦湖街道	0.03	0.03	–	–	113.28	113.28
桐浦镇	–	–	–	–	746.91	746.91
湖岭镇	172.50	172.50	6.90	6.90	26.81	26.81
林川镇	0.28	0.28	–	–	–	–
曹村镇	–	–	–	–	360.00	359.68
安阳街道	–	–	–	–	–	–
高楼镇	–	–	–	–	–	–
平阳坑镇	–	–	–	–	–	–
玉海街道	–	–	–	–	–	–
芳庄乡	–	–	–	–	–	–
北麂乡	–	–	–	–	–	–

乡镇	其他制造业		橡胶和塑料制品业		仪器仪表制造业	
	产生量	排放量	产生量	排放量	产生量	排放量
小计	247.00	247.00	1579632.88	1472838.72	97.27	97.27
塘下镇	–	–	253029.14	236235.10	14.34	14.34
莘塍街道	–	–	259689.17	224996.98	–	–
仙降街道	–	–	144511.19	142628.02	–	–
上望街道	–	–	103055.71	98970.91	–	–
南滨街道	–	–	181897.91	162905.75	6.10	6.10
汀田街道	–	–	50576.00	50576.00	17.50	17.50
飞云街道	–	–	128199.20	115933.70	27.16	27.16
潘岱街道	–	–	26171.81	26171.81	–	–
马屿镇	247.00	247.00	87033.42	71114.10	2.77	2.77
陶山镇	–	–	248612.94	248612.94	0.43	0.43
云周街道	–	–	23160.94	22217.10	–	–
东山街道	–	–	34775.95	34725.73	1.24	1.24
锦湖街道	–	–	1339.50	1339.50	27.72	27.72
桐浦镇	–	–	9208.88	9208.88	–	–
湖岭镇	–	–	6702.75	5784.75	–	–
林川镇	–	–	3101.09	3101.09	–	–
曹村镇	–	–	463.86	463.86	–	–
安阳街道	–	–	863.55	863.55	–	–
高楼镇	–	–	1002.93	939.93	–	–
平阳坑镇	–	–	16236.95	16049.03	–	–
玉海街道	–	–	–	–	–	–
芳庄乡	–	–	–	–	–	–
北麂乡	–	–	–	–	–	–

乡镇	印刷和记录媒介复制业		有色金属冶炼和压延加工业		造纸和纸制品业	
	产生量	排放量	产生量	排放量	产生量	排放量
小计	181083.06	170096.26	110.05	110.05	200183.37	199561.59
塘下镇	33117.23	33117.23	29.87	29.87	76813.75	76702.69
莘塍街道	4353.11	4353.11	15.61	15.61	2791.35	2791.35
仙降街道	17945.54	17945.54	8.32	8.32	47151.22	47001.22
上望街道	3973.20	3973.20	–	–	9944.05	9742.50
南滨街道	31216.31	21825.51	38.51	38.51	43.17	43.12
汀田街道	1164.80	1164.80	17.73	17.73	2749.16	2749.16
飞云街道	23692.34	23692.34	–	–	25664.76	25664.76
潘岱街道	190.80	190.80	–	–	74.76	74.76
马屿镇	266.30	266.30	–	–	5316.25	5314.25
陶山镇	34.60	34.60	–	–	13372.41	13372.41
云周街道	118.31	118.31	–	–	1226.82	1175.63
东山街道	60683.96	59087.96	–	–	14951.07	14845.23
锦湖街道	4264.16	4264.16	–	–	–	–
桐浦镇	33.81	33.81	–	–	39.79	39.79
湖岭镇	–	–	–	–	1.95	1.85
林川镇	22.10	22.10	–	–	42.90	42.90
曹村镇	–	–	–	–	–	–
安阳街道	–	–	–	–	–	–
高楼镇	–	–	–	–	–	–
平阳坑镇	–	–	–	–	–	–
玉海街道	6.50	6.50	–	–	–	–
芳庄乡	–	–	–	–	–	–
北麂乡	–	–	–	–	–	–

乡镇	专用设备制造业		文教、工美、体育和娱乐用品制造业		医药制造业	
	产生量	排放量	产生量	排放量	产生量	排放量
小计	29939.88	29219.50	25084.30	24791.88	26.87	26.87
塘下镇	359.57	359.57	11285.55	10993.13	–	–
莘塍街道	398.61	398.61	1.07	1.07	–	–
仙降街道	174.00	174.00	–	–	–	–
上望街道	1328.00	1328.00	467.90	467.90	–	–
南滨街道	2561.54	2561.54	1117.07	1117.07	–	–
汀田街道	93.68	93.68	–	–	–	–
飞云街道	1945.98	1945.98	54.00	54.00	–	–
潘岱街道	469.84	469.84	–	–	–	–
马屿镇	13351.41	12631.03	18.56	18.56	–	–
陶山镇	2313.10	2313.10	0.41	0.41	–	–
云周街道	574.41	574.41	–	–	–	–
东山街道	652.76	652.76	–	–	26.87	26.87
锦湖街道	4168.95	4168.95	–	–	–	–
桐浦镇	1510.85	1510.85	658.50	658.50	–	–
湖岭镇	–	–	952.26	952.26	–	–
林川镇	–	–	8734.99	8734.99	–	–
曹村镇	–	–	1794.00	1794.00	–	–
安阳街道	–	–	–	–	–	–
高楼镇	37.20	37.20	–	–	–	–
平阳坑镇	–	–	–	–	–	–
玉海街道	–	–	–	–	–	–
芳庄乡	–	–	–	–	–	–
北麂乡	–	–	–	–	–	–

表 2-3-16 按行业及镇街分组颗粒物产排情况

单位：吨

乡镇	合计	
	产生量	排放量
小计	31776.81	6986.30
塘下镇	4002.09	1445.33
莘塍街道	1600.28	830.88
仙降街道	2314.76	1194.92
上望街道	11886.61	285.00
南滨街道	2934.38	230.02
汀田街道	582.80	195.09
飞云街道	671.60	196.03
潘岱街道	1360.66	336.41
马屿镇	219.88	126.17
陶山镇	715.99	210.37
云周街道	1071.62	501.95
东山街道	3518.93	937.65
锦湖街道	34.38	18.71
桐浦镇	311.23	192.38
湖岭镇	42.85	23.03
林川镇	4.03	2.25
曹村镇	65.47	65.47
安阳街道	13.18	13.18
高楼镇	401.36	164.51
平阳坑镇	15.94	15.93
玉海街道	-	-
芳庄乡	-	-
北麂乡	8.81	1.05

乡镇	电力、热力生产和供应业		电气机械和器材制造业		纺织服装、服饰业		纺织业	
	产生量	排放量	产生量	排放量	产生量	排放量	产生量	排放量
小计	13891.95	113.36	32.62	28.38	18.12	5.07	760.62	140.11
塘下镇	–	–	0.09	0.09	–	–	358.40	63.35
莘塍街道	–	–	21.60	21.59	1.18	0.45	0.11	0.11
仙降街道	–	–	–	–	0.01	0.01	–	–
上望街道	11655.97	98.07	–	–	–	–	–	–
南滨街道	2235.98	15.29	4.87	1.38	10.94	2.95	8.56	8.21
汀田街道	–	–	0.08	0.08			88.84	26.74
飞云街道	–	–	0.01	0.01	0.34	0.30	5.07	1.35
潘岱街道	–	–	0.26	0.26	0.02	0.02	–	–
马屿镇	–	–	0.07	0.07	–	–	–	–
陶山镇	–	–	0.37	0.37	3.40	0.77	37.48	11.36
云周街道	–	–	–	–	–	–	256.81	28.32
东山街道	–	–	1.92	1.92	–	–	0.02	0.02
锦湖街道	–	–	3.32	2.57	–	–	–	–
桐浦镇	–	–	0.01	0.01	2.23	0.58	5.30	0.62
湖岭镇	–	–	0.01	0.01	–	–	0.03	0.01
林川镇	–	–	–	–	–	–	–	–
曹村镇	–	–	–	–	–	–	–	–
安阳街道	–	–	–	–	–	–	–	–
高楼镇	–	–	–	–	–	–	–	–
平阳坑镇	–	–	–	–	–	–	–	–
玉海街道	–	–	–	–	–	–	–	–
芳庄乡	–	–	–	–	–	–	–	–
北麂乡	–	–	–	–	–	–	–	–

乡镇	非金属矿物制品业		废弃资源综合利用业		黑色金属冶炼和压延加工业		化学纤维制造业	
	产生量	排放量	产生量	排放量	产生量	排放量	产生量	排放量
小计	1196.07	483.55	56.02	20.07	0.20	0.20	1669.24	377.41
塘下镇	158.43	137.50	–	–	0.09	0.09	–	–
莘塍街道	0.61	0.61	–	–	–	–	192.70	22.14
仙降街道	0.84	0.84	–	–	–	–	–	–
上望街道	5.29	5.29	–	–	0.03	0.03	–	–
南滨街道	1.51	1.51	–	–	–	–	–	–
汀田街道	1.59	1.59	–	–	0.05	0.05	–	–
飞云街道	134.32	4.66	–	–	–	–	–	–
潘岱街道	315.07	3.97	–	–	–	–	–	–
马屿镇	8.59	8.28	–	–	–	–	–	–
陶山镇	1.12	1.12	56.02	20.07	–	–	–	–
云周街道	5.55	5.43	–	–	–	–	–	–
东山街道	81.57	81.57	–	–	–	–	1476.54	355.27
锦湖街道	15.59	0.67	–	–	–	–	–	–
桐浦镇	4.44	4.44	–	–	–	–	–	–
湖岭镇	5.33	4.18	–	–	–	–	–	–
林川镇	–	–	–	–	–	–	–	–
曹村镇	62.49	62.49	–	–	–	–	–	–
安阳街道	–	–	–	–	–	–	–	–
高楼镇	393.71	159.36	–	–	–	–	–	–
平阳坑镇	–	–	–	–	0.02	0.02	–	–
玉海街道	–	–	–	–	–	–	–	–
芳庄乡	–	–	–	–	–	–	–	–
北麂乡	–	–	–	–	–	–	–	–

乡镇	化学原料和化学制品制造业		计算机、通信和其他电子设备制造业		家具制造业		金属制品、机械和设备修理业	
	产生量	排放量	产生量	排放量	产生量	排放量	产生量	排放量
小计	2123.65	180.13	0.27	0.27	220.67	212.35	0.05	0.05
塘下镇	240.22	29.32	0.25	0.25	29.62	22.49	–	–
莘塍街道	2.73	1.91	–	–	2.11	2.11	–	–
仙降街道	–	–	–	–	26.00	26.00	–	–
上望街道	33.22	5.31	–	–	–	–	–	–
南滨街道	0.03	0.03	0.02	0.02	0.33	0.33	–	–
汀田街道	0.43	0.43	0.01	0.01	4.34	4.34	–	–
飞云街道	–	–	–	–	48.82	48.82	0.05	0.05
潘岱街道	415.47	31.45	–	–	4.99	4.99	–	–
马屿镇	1.82	1.82	–	–	22.37	21.19	–	–
陶山镇	18.08	18.08	–	–	4.46	4.46	–	–
云周街道	17.55	1.71	–	–	4.52	4.52	–	–
东山街道	1394.10	90.07	–	–	14.40	14.40	–	–
锦湖街道	–	–	–	–	–	–	–	–
桐浦镇	–	–	–	–	46.25	46.25	–	–
湖岭镇	–	–	–	–	12.23	12.23	–	–
林川镇	–	–	–	–	0.14	0.14	–	–
曹村镇	–	–	–	–	–	–	–	–
安阳街道	–	–	–	–	0.03	0.03	–	–
高楼镇	–	–	–	–	0.05	0.05	–	–
平阳坑镇	–	–	–	–	–	–	–	–
玉海街道	–	–	–	–	–	–	–	–
芳庄乡	–	–	–	–	–	–	–	–
北麂乡	–	–	–	–	–	–	–	–

乡镇	金属制品业		酒、饮料和 精制茶制造业		木材加工和木、竹、藤、 棕、草制品业		农副食品 加工业	
	产生量	排放量	产生量	排放量	产生量	排放量	产生量	排放量
小计	715.88	320.25	2.88	0.37	44.95	29.15	45.84	5.94
塘下镇	144.15	106.77	–	–	2.36	2.36	–	–
莘塍街道	41.24	15.81	–	–	–	–	–	–
仙降街道	5.47	5.38	–	–	0.02	0.02	0.19	0.19
上望街道	10.30	10.29	–	–	0.68	0.68	0.06	0.06
南滨街道	68.02	16.64	–	–	0.02	0.02	0.01	0.01
汀田街道	55.74	23.54	–	–	0.22	0.22	–	–
飞云街道	0.99	0.99	–	–	0.07	0.07	0.01	0.01
潘岱街道	27.60	21.31	–	–	–	–	–	–
马屿镇	18.29	18.23	–	–	17.10	17.10	0.02	–
陶山镇	277.57	40.05	–	–	3.57	3.57	–	–
云周街道	0.33	0.33	–	–	0.01	0.01	–	–
东山街道	28.42	28.42	–	–	0.79	0.79	36.37	4.26
锦湖街道	2.70	2.70	–	–	0.06	0.06	–	–
桐浦镇	34.88	29.60	–	–	18.40	2.60	–	–
湖岭镇	0.01	0.01	–	–	1.42	1.42	0.36	0.34
林川镇	–	–	–	–	–	–	0.01	0.01
曹村镇	0.09	0.09	–	–	–	–	–	–
安阳街道	–	–	–	–	–	–	–	–
高楼镇	0.11	0.11	2.88	0.37	0.23	0.23	–	–
平阳坑镇	–	–	–	–	–	–	–	–
玉海街道	–	–	–	–	–	–	–	–
芳庄乡	–	–	–	–	–	–	–	–
北麂乡	–	–	–	–	–	–	8.81	1.05

乡镇	皮革、毛皮、羽毛及其制品和制鞋业		汽车制造业		石油、煤炭及其他燃料加工业		食品制造业	
	产生量	排放量	产生量	排放量	产生量	排放量	产生量	排放量
小计	4775.33	2982.79	2032.43	701.00	0.02	0.02	13.25	2.05
塘下镇	298.14	280.66	1322.67	288.88	-	-	-	-
莘塍街道	1040.07	685.43	6.33	5.84	-	-	-	-
仙降街道	2019.17	1114.58	-	-	-	-	-	-
上望街道	76.09	76.09	1.96	1.96	0.02	0.02	-	-
南滨街道	89.20	80.92	119.87	30.80	-	-	0.20	0.05
汀田街道	95.34	47.88	15.12	9.00	-	-	-	-
飞云街道	216.37	107.04	0.01	0.01	-	-	12.16	1.51
潘岱街道	10.90	1.09	215.82	112.17	-	-	0.17	0.17
马屿镇	33.28	12.05	1.25	1.25	-	-	-	-
陶山镇	20.74	17.09	15.00	5.94	-	-	0.46	0.06
云周街道	704.86	412.63	-	-	-	-	-	-
东山街道	97.35	97.35	214.93	200.63	-	-	0.08	0.08
锦湖街道	-	-	6.81	6.81	-	-	-	-
桐浦镇	37.00	31.78	112.60	37.63	-	-	-	-
湖岭镇	22.95	4.35	-	-	-	-	0.19	0.19
林川镇	1.38	1.38	0.08	0.08	-	-	-	-
曹村镇	-	-	-	-	-	-	-	-
安阳街道	12.47	12.47	0.02	0.02	-	-	-	-
高楼镇	-	-	-	-	-	-	-	-
平阳坑镇	0.02	0.01	-	-	-	-	-	-
玉海街道	-	-	-	-	-	-	-	-
芳庄乡	-	-	-	-	-	-	-	-
北麂乡	-	-	-	-	-	-	-	-

乡镇	铁路、船舶、航空航天和其他运输设备制造业		通用设备制造业		文教、工美、体育和娱乐用品制造业		橡胶和塑料制品业	
	产生量	排放量	产生量	排放量	产生量	排放量	产生量	排放量
小计	30.69	29.77	1106.14	559.12	0.10	0.10	1377.39	503.72
塘下镇	16.86	16.85	399.33	232.89	–	–	309.66	165.17
莘塍街道	0.04	0.04	13.98	12.75	–	–	155.33	47.45
仙降街道	–	–	0.34	0.34	–	–	133.79	28.54
上望街道	9.88	9.88	15.68	12.59	–	–	74.02	61.32
南滨街道	–	–	62.25	21.15	–	–	208.75	25.51
汀田街道	–	–	39.30	24.81	–	–	37.59	29.25
飞云街道	0.13	0.13	3.26	3.25	–	–	106.70	10.80
潘岱街道	3.78	2.87	340.25	142.35	–	–	14.78	4.20
马屿镇	–	–	0.27	0.27	–	–	94.88	25.37
陶山镇	–	–	177.08	65.55	0.03	0.03	99.71	20.93
云周街道	–	–	0.55	0.55	–	–	81.07	48.08
东山街道	–	–	13.07	13.07	–	–	33.33	11.12
锦湖街道	–	–	0.76	0.76	–	–	0.15	0.15
桐浦镇	–	–	37.21	25.97	–	–	4.74	4.74
湖岭镇	–	–	0.02	0.02	0.06	0.06	0.22	0.18
林川镇	–	–	–	–	0.01	0.01	2.41	0.63
曹村镇	–	–	2.33	2.33	–	–	–	–
安阳街道	–	–	0.47	0.47	–	–	–	–
高楼镇	–	–	–	–	–	–	4.37	4.37
平阳坑镇	–	–	–	–	–	–	15.90	15.90
玉海街道	–	–	–	–	–	–	–	–
芳庄乡	–	–	–	–	–	–	–	–
北麂乡	–	–	–	–	–	–	–	–

乡镇	医药制造业		仪器仪表制造业		印刷和记录媒介复制业		有色金属冶炼和压延加工业	
	产生量	排放量	产生量	排放量	产生量	排放量	产生量	排放量
小计	82.80	10.29	3.53	1.33	63.00	7.77	1083.03	154.94
塘下镇	–	–	0.38	0.38	0.15	0.15	714.10	91.33
莘塍街道	–	–	–	–	57.06	6.71	59.66	2.39
仙降街道	–	–	–	–	0.15	0.15	8.82	3.36
上望街道	–	–	–	–	–	–	–	–
南滨街道	–	–	–	–	–	–	113.23	21.41
汀田街道	–	–	0.43	0.43	–	–	162.35	11.58
飞云街道	–	–	2.57	0.36	0.06	0.06	–	–
潘岱街道	–	–	0.01	0.01	–	–	11.49	11.49
马屿镇	–	–	0.14	0.14	–	–	–	–
陶山镇	–	–	–	–	–	–	–	–
云周街道	–	–	–	–	–	–	–	–
东山街道	82.70	10.19	–	–	5.56	0.67	13.38	13.38
锦湖街道	–	–	–	–	–	–	–	–
桐浦镇	0.10	0.10	–	–	–	–	–	–
湖岭镇	–	–	–	–	–	–	–	–
林川镇	–	–	–	–	–	–	–	–
曹村镇	–	–	–	–	–	–	–	–
安阳街道	–	–	–	–	–	–	–	–
高楼镇	–	–	–	–	–	–	–	–
平阳坑镇	–	–	–	–	–	–	–	–
玉海街道	–	–	–	–	–	–	–	–
芳庄乡	–	–	–	–	–	–	–	–
北麂乡	–	–	–	–	–	–	–	–

乡镇	造纸和纸制品业		专用设备制造业	
	产生量	排放量	产生量	排放量
小计	282.01	31.01	148.07	85.73
塘下镇	0.42	0.01	6.76	6.76
莘塍街道	0.08	0.08	5.45	5.45
仙降街道	119.92	15.47	0.04	0.04
上望街道	–	–	3.40	3.40
南滨街道	–	–	10.59	3.79
汀田街道	12.99	1.60	68.39	13.55
飞云街道	136.31	12.26	4.36	4.35
潘岱街道	–	–	0.06	0.06
马屿镇	0.82	0.11	20.97	20.28
陶山镇	–	–	0.90	0.90
云周街道	0.06	0.06	0.30	0.30
东山街道	11.37	1.40	13.02	13.02
锦湖街道	–	–	4.98	4.98
桐浦镇	–	–	8.08	8.08
湖岭镇	–	–	0.01	0.01
林川镇	–	–	–	–
曹村镇	–	–	0.56	0.56
安阳街道	–	–	0.19	0.19
高楼镇	–	–	–	–
平阳坑镇	–	–	–	–
玉海街道	–	–	–	–
芳庄乡	–	–	–	–
北麂乡	–	–	–	–

表 2-3-17 按行业及镇街分组重金属镉产排情况

单位：千克

乡镇	合计	
	产生量	排放量
小计	79.70	8.56
塘下镇	8.62	0.83
莘塍街道	3.80	0.53
仙降街道	3.36	0.34
上望街道	2.40	0.96
南滨街道	19.60	0.38
汀田街道	1.47	0.47
飞云街道	1.49	0.12
潘岱街道	2.47	0.26
马屿镇	0.83	0.19
陶山镇	2.65	0.57
云周街道	3.76	0.45
东山街道	28.62	3.23
锦湖街道	–	–
桐浦镇	0.10	0.04
湖岭镇	0.22	0.09
林川镇	0.03	0.02
曹村镇	–	–
安阳街道	–	–
高楼镇	0.22	0.05
平阳坑镇	–	–
玉海街道	–	–
芳庄乡	–	–
北麂乡	0.08	0.02

乡镇	电力、热力生产和供应业		纺织服装、服饰业		纺织业		非金属矿物制品业	
	产生量	排放量	产生量	排放量	产生量	排放量	产生量	排放量
小计	20.20	1.21	0.22	0.11	8.45	1.41	0.26	0.10
塘下镇	–	–	–	–	3.72	0.40	–	–
莘塍街道	–	–	0.01	0.01	–	–	–	–
仙降街道	–	–	–	–	–	–	–	–
上望街道	2.11	0.91	–	–	–	–	–	–
南滨街道	18.09	0.30	0.13	0.06	–	–	–	–
汀田街道	–	–	–	–	0.95	0.36	–	–
飞云街道	–	–	–	–	0.06	0.05	–	–
潘岱街道	–	–	–	–	–	–	–	–
马屿镇	–	–	–	–	–	–	–	–
陶山镇	–	–	0.04	0.02	0.75	0.29	–	–
云周街道	–	–	–	–	2.90	0.29	–	–
东山街道	–	–	–	–	–	–	–	–
锦湖街道	–	–	–	–	–	–	–	–
桐浦镇	–	–	0.03	0.02	0.06	0.02	–	–
湖岭镇	–	–	–	–	–	–	0.05	0.05
林川镇	–	–	–	–	–	–	–	–
曹村镇	–	–	–	–	–	–	–	–
安阳街道	–	–	–	–	–	–	–	–
高楼镇	–	–	–	–	–	–	0.20	0.05
平阳坑镇	–	–	–	–	–	–	–	–
玉海街道	–	–	–	–	–	–	–	–
芳庄乡	–	–	–	–	–	–	–	–
北麂乡	–	–	–	–	–	–	–	–

乡镇	废弃资源 综合利用业		化学纤维 制造业		化学原料和化学制品 制造业		金属制品业	
	产生量	排放量	产生量	排放量	产生量	排放量	产生量	排放量
小计	0.51	0.02	20.98	2.39	13.13	1.37	0.49	0.07
塘下镇	–	–	–	–	3.02	0.32	0.16	–
莘塍街道	–	–	1.62	0.08	–	–	–	–
仙降街道	–	–	–	–	–	–	–	–
上望街道	–	–	–	–	0.14	0.02	–	–
南滨街道	–	–	–	–	–	–	–	–
汀田街道	–	–	–	–	–	–	0.07	0.05
飞云街道	–	–	–	–	–	–	–	–
潘岱街道	–	–	–	–	2.31	0.23	–	–
马屿镇	–	–	–	–	–	–	–	–
陶山镇	0.51	0.02	–	–	–	–	0.25	0.01
云周街道	–	–	–	–	0.17	0.01	–	–
东山街道	–	–	19.36	2.31	7.49	0.79	–	–
锦湖街道	–	–	–	–	–	–	–	–
桐浦镇	–	–	–	–	–	–	0.01	0.01
湖岭镇	–	–	–	–	–	–	–	–
林川镇	–	–	–	–	–	–	–	–
曹村镇	–	–	–	–	–	–	–	–
安阳街道	–	–	–	–	–	–	–	–
高楼镇	–	–	–	–	–	–	–	–
平阳坑镇	–	–	–	–	–	–	–	–
玉海街道	–	–	–	–	–	–	–	–
芳庄乡	–	–	–	–	–	–	–	–
北麂乡	–	–	–	–	–	–	–	–

乡镇	酒、饮料和精制茶制造业		农副食品加工业		皮革、毛皮、羽毛及其制品和制鞋业		食品制造业	
	产生量	排放量	产生量	排放量	产生量	排放量	产生量	排放量
小计	0.01	–	0.38	0.05	2.49	0.27	0.15	0.01
塘下镇	–	–	–	–	–	–	–	–
莘塍街道	–	–	–	–	–	–	–	–
仙降街道	–	–	–	–	1.63	0.17	–	–
上望街道	–	–	–	–	–	–	–	–
南滨街道	–	–	–	–	–	–	–	–
汀田街道	–	–	–	–	–	–	–	–
飞云街道	–	–	–	–	–	–	0.15	0.01
潘岱街道	–	–	–	–	–	–	–	–
马屿镇	–	–	–	–	0.15	0.04	–	–
陶山镇	–	–	–	–	–	–	–	–
云周街道	–	–	–	–	0.53	0.03	–	–
东山街道	–	–	0.30	0.03	–	–	–	–
锦湖街道	–	–	–	–	–	–	–	–
桐浦镇	–	–	–	–	–	–	–	–
湖岭镇	–	–	–	–	0.17	0.04	–	–
林川镇	–	–	–	–	–	–	–	–
曹村镇	–	–	–	–	–	–	–	–
安阳街道	–	–	–	–	–	–	–	–
高楼镇	0.01	–	–	–	–	–	–	–
平阳坑镇	–	–	–	–	–	–	–	–
玉海街道	–	–	–	–	–	–	–	–
芳庄乡	–	–	–	–	–	–	–	–
北麂乡	–	–	0.08	0.02	–	–	–	–

乡镇	通用设备制造业		橡胶和塑料制品业		医药制造业		印刷和记录媒介复制业	
	产生量	排放量	产生量	排放量	产生量	排放量	产生量	排放量
小计	1.71	0.15	5.73	0.98	1.07	0.05	0.65	0.09
塘下镇	1.63	0.08	0.09	0.03	–	–	–	–
莘塍街道	0.03	0.03	1.54	0.34	–	–	0.60	0.09
仙降街道	–	–	0.13	0.01	–	–	–	–
上望街道	–	–	0.15	0.02	–	–	–	–
南滨街道	–	–	1.37	0.02	–	–	–	–
汀田街道	0.05	0.04	0.08	–	–	–	–	–
飞云街道	–	–	–	–	–	–	–	–
潘岱街道	–	–	0.15	0.04	–	–	–	–
马屿镇	–	–	0.67	0.15	–	–	–	–
陶山镇	–	–	1.09	0.22	–	–	–	–
云周街道	–	–	0.17	0.13	–	–	–	–
东山街道	–	–	0.25	0.01	1.07	0.05	0.05	–
锦湖街道	–	–	–	–	–	–	–	–
桐浦镇	–	–	–	–	–	–	–	–
湖岭镇	–	–	–	–	–	–	–	–
林川镇	–	–	0.03	0.02	–	–	–	–
曹村镇	–	–	–	–	–	–	–	–
安阳街道	–	–	–	–	–	–	–	–
高楼镇	–	–	–	–	–	–	–	–
平阳坑镇	–	–	–	–	–	–	–	–
玉海街道	–	–	–	–	–	–	–	–
芳庄乡	–	–	–	–	–	–	–	–
北麂乡	–	–	–	–	–	–	–	–

乡镇	有色金属冶炼和压延加工业		造纸和纸制品业	
	产生量	排放量	产生量	排放量
小计	0.17	0.01	3.11	0.25
塘下镇	–	–	–	–
莘塍街道	–	–	–	–
仙降街道	0.02	0.01	1.56	0.16
上望街道	–	–	–	–
南滨街道	–	–	–	–
汀田街道	0.15	0.01	0.16	0.01
飞云街道	–	–	1.28	0.06
潘岱街道	–	–	–	–
马屿镇	–	–	–	–
陶山镇	–	–	–	–
云周街道	–	–	–	–
东山街道	–	–	0.10	0.03
锦湖街道	–	–	–	–
桐浦镇	–	–	–	–
湖岭镇	–	–	–	–
林川镇	–	–	–	–
曹村镇	–	–	–	–
安阳街道	–	–	–	
高楼镇	–	–	–	–
平阳坑镇	–	–	–	–
玉海街道	–	–	–	–
芳庄乡	–	–	–	–
北麂乡	–	–	–	–

表 2-3-18 按行业及镇街分组重金属铬产排情况

单位：千克

乡镇	合计	
	产生量	排放量
小计	2990.03	399.71
塘下镇	378.20	46.03
莘塍街道	98.54	19.99
仙降街道	88.71	16.32
上望街道	699.21	117.69
南滨街道	639.05	20.27
汀田街道	38.12	14.06
飞云街道	38.63	3.80
潘岱街道	63.89	12.93
马屿镇	21.43	10.05
陶山镇	68.57	24.18
云周街道	97.47	18.29
东山街道	741.64	87.49
锦湖街道	-	-
桐浦镇	2.53	1.53
湖岭镇	5.77	2.69
林川镇	0.67	0.46
曹村镇	-	-
安阳街道	-	-
高楼镇	5.62	2.91
平阳坑镇	-	-
玉海街道	-	-
芳庄乡	-	-
北麂乡	1.98	1.03

乡镇	电力、热力生产和供应业		纺织服装、服饰业		纺织业		非金属矿物制品业	
	产生量	排放量	产生量	排放量	产生量	排放量	产生量	排放量
小计	654.72	49.70	5.59	3.47	218.92	52.57	6.61	4.07
塘下镇	–	–	–	–	96.46	15.11	–	–
莘塍街道	–	–	0.37	0.21	–	–	–	–
仙降街道	–	–	–	–	–	–	–	–
上望街道	54.71	32.20	–	–	–	–	–	–
南滨街道	600.02	17.51	3.47	2.13	–	–	–	–
汀田街道	–	–	–	–	24.72	11.04	–	–
飞云街道	–	–	0.01	0.01	1.57	1.10	–	–
潘岱街道	–	–	–	–	–	–	–	–
马屿镇	–	–	–	–	–	–	–	–
陶山镇	–	–	1.07	0.65	19.47	10.72	–	–
云周街道	–	–	–	–	75.04	13.75	–	–
东山街道	–	–	–	–	–	–	–	–
锦湖街道	–	–	–	–	–	–	–	–
桐浦镇	–	–	0.66	0.46	1.67	0.86	–	–
湖岭镇	–	–	–	–	–	–	1.32	1.32
林川镇	–	–	–	–	–	–	–	–
曹村镇	–	–	–	–	–	–	–	–
安阳街道	–	–	–	–	–	–	–	–
高楼镇	–	–	–	–	–	–	5.29	2.74
平阳坑镇	–	–	–	–	–	–	–	–
玉海街道	–	–	–	–	–	–	–	–
芳庄乡	–	–	–	–	–	–	–	–
北麂乡	–	–	–	–	–	–	–	–

乡镇	废弃资源综合利用业		化学纤维制造业		化学原料和化学制品制造业		金属制品业	
	产生量	排放量	产生量	排放量	产生量	排放量	产生量	排放量
小计	13.23	0.96	543.78	48.31	340.37	63.93	793.84	96.21
塘下镇	–	–	–	–	78.27	15.52	148.51	10.31
莘塍街道	–	–	42.00	3.05	–	–	–	–
仙降街道	–	–	–	–	–	–	–	–
上望街道	–	–	–	–	3.74	0.37	636.93	84.03
南滨街道	–	–	–	–	–	–	–	–
汀田街道	–	–	–	–	–	–	1.72	1.20
飞云街道	–	–	–	–	–	–	–	–
潘岱街道	–	–	–	–	59.92	10.87	–	–
马屿镇	–	–	–	–	–	–	–	–
陶山镇	13.23	0.96	–	–	–	–	6.48	0.47
云周街道	–	–	–	–	4.36	0.32	–	–
东山街道	–	–	501.78	45.26	194.08	36.86	–	–
锦湖街道	–	–	–	–	–	–	–	–
桐浦镇	–	–	–	–	–	–	0.20	0.20
湖岭镇	–	–	–	–	–	–	–	–
林川镇	–	–	–	–	–	–	–	–
曹村镇	–	–	–	–	–	–	–	–
安阳街道	–	–	–	–	–	–	–	–
高楼镇	–	–	–	–	–	–	–	–
平阳坑镇	–	–	–	–	–	–	–	–
玉海街道	–	–	–	–	–	–	–	–
芳庄乡	–	–	–	–	–	–	–	–
北麂乡	–	–	–	–	–	–	–	–

乡镇	酒、饮料和精制茶制造业		农副食品加工业		皮革、毛皮、羽毛及其制品和制鞋业		汽车制造业	
	产生量	排放量	产生量	排放量	产生量	排放量	产生量	排放量
小计	0.33	0.17	9.78	2.54	66.15	12.73	10.48	0.73
塘下镇	–	–	–	–	–	–	10.44	0.73
莘塍街道	–	–	–	–	–	–	–	–
仙降街道	–	–	0.07	0.07	44.07	8.12	–	–
上望街道	–	–	–	–	–	–	–	–
南滨街道	–	–	–	–	–	–	–	–
汀田街道	–	–	–	–	–	–	–	–
飞云街道	–	–	–	–	–	–	–	–
潘岱街道	–	–	–	–	–	–	–	–
马屿镇	–	–	–	–	3.97	2.06	–	–
陶山镇	–	–	–	–	–	–	–	–
云周街道	–	–	–	–	13.67	1.18	–	–
东山街道	–	–	7.73	1.45	–	–	0.04	–
锦湖街道	–	–	–	–	–	–	–	–
桐浦镇	–	–	–	–	–	–	–	–
湖岭镇	–	–	–	–	4.44	1.37	–	–
林川镇	–	–	–	–	–	–	–	–
曹村镇	–	–	–	–	–	–	–	–
安阳街道	–	–	–	–	–	–	–	–
高楼镇	0.33	0.17	–	–	–	–	–	–
平阳坑镇	–	–	–	–	–	–	–	–
玉海街道	–	–	–	–	–	–	–	–
芳庄乡	–	–	–	–	–	–	–	–
北麂乡	–	–	1.98	1.03	–	–	–	–

乡镇	食品制造业		通用设备制造业		橡胶和塑料制品业		医药制造业	
	产生量	排放量	产生量	排放量	产生量	排放量	产生量	排放量
小计	3.97	0.29	44.30	4.73	148.44	40.56	27.63	2.01
塘下镇	–	–	42.24	3.07	2.28	1.30	–	–
莘塍街道	–	–	0.74	0.74	39.82	11.64	–	–
仙降街道	–	–	–	–	3.43	0.33	–	–
上望街道	–	–	–	–	3.84	1.10	–	–
南滨街道	–	–	–	–	35.56	0.63	–	–
汀田街道	–	–	1.32	0.93	2.18	0.16	–	–
飞云街道	3.97	0.29	–	–	–	–	–	–
潘岱街道	–	–	–	–	3.97	2.06	–	–
马屿镇	–	–	–	–	17.46	7.99	–	–
陶山镇	–	–	–	–	28.32	11.38	–	–
云周街道	–	–	–	–	4.40	3.04	–	–
东山街道	–	–	–	–	6.52	0.47	27.63	2.01
锦湖街道	–	–	–	–	–	–	–	–
桐浦镇	–	–	–	–	–	–	–	–
湖岭镇	–	–	–	–	–	–	–	–
林川镇	–	–	–	–	0.67	0.46	–	–
曹村镇	–	–	–	–	–	–	–	–
安阳街道	–	–	–	–	–	–	–	–
高楼镇	–	–	–	–	–	–	–	–
平阳坑镇	–	–	–	–	–	–	–	–
玉海街道	–	–	–	–	–	–	–	–
芳庄乡	–	–	–	–	–	–	–	–
北麂乡	–	–	–	–	–	–	–	–

乡镇	印刷和记录媒介复制业		有色金属冶炼和压延加工业		造纸和纸制品业	
	产生量	排放量	产生量	排放量	产生量	排放量
小计	16.88	4.44	4.53	0.74	80.49	11.56
塘下镇	–	–	–	–	–	–
莘塍街道	15.61	4.35	–	–	–	–
仙降街道	–	–	0.60	0.31	40.55	7.50
上望街道	–	–	–	–	–	–
南滨街道	–	–	–	–	–	–
汀田街道	–	–	3.93	0.43	4.25	0.31
飞云街道	–	–	–	–	33.09	2.40
潘岱街道	–	–	–	–	–	–
马屿镇	–	–	–	–	–	–
陶山镇	–	–	–	–	–	–
云周街道	–	–	–	–	–	–
东山街道	1.27	0.09	–	–	2.60	1.35
锦湖街道	–	–	–	–	–	–
桐浦镇	–	–	–	–	–	–
湖岭镇	–	–	–	–	–	–
林川镇	–	–	–	–	–	–
曹村镇	–	–	–	–	–	–
安阳街道	–	–	–	–	–	–
高楼镇	–	–	–	–	–	–
平阳坑镇	–	–	–	–	–	–
玉海街道	–	–	–	–	–	–
芳庄乡	–	–	–	–	–	–
北麂乡	–	–	–	–	–	–

表 2-3-19 按行业及镇街分组重金属铅产排情况

单位：千克

乡镇	合计	
	产生量	排放量
小计	3422.30	363.50
塘下镇	376.23	26.27
莘塍街道	166.30	27.78
仙降街道	146.80	18.15
上望街道	104.84	43.85
南滨街道	799.52	10.39
汀田街道	64.18	21.58
飞云街道	65.04	6.36
潘岱街道	107.55	2.00
马屿镇	36.07	9.84
陶山镇	115.42	28.55
云周街道	164.07	23.06
东山街道	1248.38	134.69
锦湖街道	–	–
桐浦镇	4.25	2.15
湖岭镇	9.71	4.07
林川镇	1.14	0.93
曹村镇	–	–
安阳街道	–	–
高楼镇	9.46	2.83
平阳坑镇	–	–
玉海街道	–	–
芳庄乡	–	–
北麂乡	3.34	1.00

续表 1

乡镇	电力、热力生产和供应业		电气机械和器材制造业		纺织服装、服饰业		纺织业	
	产生量	排放量	产生量	排放量	产生量	排放量	产生量	排放量
小计	825.91	49.27	–	–	9.40	5.40	368.52	68.78
塘下镇	–	–	–	–	–	–	162.38	20.18
莘塍街道	–	–	–	–	0.63	0.26	–	–
仙降街道	–	–	–	–	–	–	–	–
上望街道	92.10	42.70	–	–	–	–	–	–
南滨街道	733.81	6.57	–	–	5.84	3.08	–	–
汀田街道	–	–	–	–	–	–	41.61	16.01
飞云街道	–	–	–	–	0.01	0.01	2.64	2.32
潘岱街道	–	–	–	–	–	–	–	–
马屿镇	–	–	–	–	–	–	–	–
陶山镇	–	–	–	–	1.80	1.07	32.78	13.89
云周街道	–	–	–	–	–	–	126.31	15.55
东山街道	–	–	–	–	–	–	–	–
锦湖街道	–	–	–	–	–	–	–	–
桐浦镇	–	–	–	–	1.11	0.98	2.81	0.84
湖岭镇	–	–	–	–	–	–	–	–
林川镇	–	–	–	–	–	–	–	–
曹村镇	–	–	–	–	–	–	–	–
安阳街道	–	–	–	–	–	–	–	–
高楼镇	–	–	–	–	–	–	–	–
平阳坑镇	–	–	–	–	–	–	–	–
玉海街道	–	–	–	–	–	–	–	–
芳庄乡	–	–	–	–	–	–	–	–
北麂乡	–	–	–	–	–	–	–	–

乡镇	非金属矿物制品业		废弃资源综合利用业		化学纤维制造业		化学原料和化学制品制造业	
	产生量	排放量	产生量	排放量	产生量	排放量	产生量	排放量
小计	11.13	4.89	22.26	1.44	915.38	132.48	572.97	73.68
塘下镇	–	–	–	–	–	–	131.75	17.21
莘塍街道	–	–	–	–	70.71	4.56	–	–
仙降街道	–	–	–	–	–	–	–	–
上望街道	–	–	–	–	–	–	6.29	1.19
南滨街道	–	–	–	–	–	–	–	–
汀田街道	–	–	–	–	–	–	–	–
飞云街道	–	–	–	–	–	–	–	–
潘岱街道	–	–	–	–	–	–	100.87	12.28
马屿镇	–	–	–	–	–	–	–	–
陶山镇	–	–	22.26	1.44	–	–	–	–
云周街道	–	–	–	–	–	–	7.35	0.47
东山街道	–	–	–	–	844.68	127.92	326.71	42.53
锦湖街道	–	–	–	–	–	–	–	–
桐浦镇	–	–	–	–	–	–	–	–
湖岭镇	2.23	2.23	–	–	–	–	–	–
林川镇	–	–	–	–	–	–	–	–
曹村镇	–	–	–	–	–	–	–	–
安阳街道	–	–	–	–	–	–	–	–
高楼镇	8.91	2.66	–	–	–	–	–	–
平阳坑镇	–	–	–	–	–	–	–	–
玉海街道	–	–	–	–	–	–	–	–
芳庄乡	–	–	–	–	–	–	–	–
北麂乡	–	–	–	–	–	–	–	–

乡镇	计算机、通信和其他电子设备制造业		金属制品、机械和设备修理业		金属制品业		酒、饮料和精制茶制造业	
	产生量	排放量	产生量	排放量	产生量	排放量	产生量	排放量
小计	–	–	–	–	21.30	3.65	0.56	0.17
塘下镇	–	–	–	–	7.16	0.07	–	–
莘塍街道	–	–	–	–	–	–	–	–
仙降街道	–	–	–	–	–	–	–	–
上望街道	–	–	–	–	–	–	–	–
南滨街道	–	–	–	–	–	–	–	–
汀田街道	–	–	–	–	2.89	2.54	–	–
飞云街道	–	–	–	–	–	–	–	–
潘岱街道	–	–	–	–	–	–	–	–
马屿镇	–	–	–	–	–	–	–	–
陶山镇	–	–	–	–	10.91	0.70	–	–
云周街道	–	–	–	–	–	–	–	–
东山街道	–	–	–	–	–	–	–	–
锦湖街道	–	–	–	–	–	–	–	–
桐浦镇	–	–	–	–	0.33	0.33	–	–
湖岭镇	–	–	–	–	–	–	–	–
林川镇	–	–	–	–	–	–	–	–
曹村镇	–	–	–	–	–	–	–	–
安阳街道	–	–	–	–	–	–	–	–
高楼镇	–	–	–	–	–	–	0.56	0.17
平阳坑镇	–	–	–	–	–	–	–	–
玉海街道	–	–	–	–	–	–	–	–
芳庄乡	–	–	–	–	–	–	–	–
北麂乡	–	–	–	–	–	–	–	–

乡镇	农副食品加工业		皮革、毛皮、羽毛及其制品和制鞋业		食品制造业		通用设备制造业	
	产生量	排放量	产生量	排放量	产生量	排放量	产生量	排放量
小计	16.35	2.62	108.99	13.91	6.68	0.43	74.57	7.79
塘下镇	–	–	–	–	–	–	71.10	4.59
莘塍街道	–	–	–	–	–	–	1.25	1.25
仙降街道	–	–	71.82	8.85	–	–	–	–
上望街道	–	–	–	–	–	–	–	–
南滨街道	–	–	–	–	–	–	–	–
汀田街道	–	–	–	–	–	–	2.23	1.96
飞云街道	–	–	–	–	6.68	0.43	–	–
潘岱街道	–	–	–	–	–	–	–	–
马屿镇	–	–	6.68	2.00	–	–	–	–
陶山镇	–	–	–	–	–	–	–	–
云周街道	–	–	23.01	1.22	–	–	–	–
东山街道	13.01	1.62	–	–	–	–	–	–
锦湖街道	–	–	–	–	–	–	–	–
桐浦镇	–	–	–	–	–	–	–	–
湖岭镇	–	–	7.48	1.84	–	–	–	–
林川镇	–	–	–	–	–	–	–	–
曹村镇	–	–	–	–	–	–	–	–
安阳街道	–	–	–	–	–	–	–	–
高楼镇	–	–	–	–	–	–	–	–
平阳坑镇	–	–	–	–	–	–	–	–
玉海街道	–	–	–	–	–	–	–	–
芳庄乡	–	–	–	–	–	–	–	–
北麂乡	3.34	1.00	–	–	–	–	–	–

乡镇	橡胶和塑料制品业		医药制造业		仪器仪表制造业		印刷和记录媒介复制业	
	产生量	排放量	产生量	排放量	产生量	排放量	产生量	排放量
小计	249.84	50.01	46.51	3.00	–	–	28.41	4.68
塘下镇	3.84	1.43	–	–	–	–	–	–
莘塍街道	67.03	16.75	–	–	–	–	26.27	4.54
仙降街道	5.73	0.50	–	–	–	–	–	–
上望街道	6.46	1.15	–	–	–	–	–	–
南滨街道	59.87	0.74	–	–	–	–	–	–
汀田街道	3.67	0.22	–	–	–	–	–	–
飞云街道	–	–	–	–	–	–	–	–
潘岱街道	6.68	2.00	–	–	–	–	–	–
马屿镇	29.39	7.85	–	–	–	–	–	–
陶山镇	47.67	11.46	–	–	–	–	–	–
云周街道	7.40	6.28	–	–	–	–	–	–
东山街道	10.97	0.71	46.51	3.00	–	–	2.14	0.14
锦湖街道	–	–	–	–	–	–	–	–
桐浦镇	–	–	–	–	–	–	–	–
湖岭镇	–	–	–	–	–	–	–	–
林川镇	1.14	0.93	–	–	–	–	–	–
曹村镇	–	–	–	–	–	–	–	–
安阳街道	–	–	–	–	–	–	–	–
高楼镇	–	–	–	–	–	–	–	–
平阳坑镇	–	–	–	–	–	–	–	–
玉海街道	–	–	–	–	–	–	–	–
芳庄乡	–	–	–	–	–	–	–	–
北麂乡	–	–	–	–	–	–	–	–

乡镇	有色金属冶炼和压延加工业		造纸和纸制品业		专用设备制造业	
	产生量	排放量	产生量	排放量	产生量	排放量
小计	7.63	0.69	135.49	13.87	0.42	0.42
塘下镇	–	–	–	–	–	–
莘塍街道	–	–	–	–	0.42	0.42
仙降街道	1.00	0.30	68.26	8.50	–	–
上望街道	–	–	–	–	–	–
南滨街道	–	–	–	–	–	–
汀田街道	6.62	0.39	7.15	0.46	–	–
飞云街道	–	–	55.70	3.59	–	–
潘岱街道	–	–	–	–	–	–
马屿镇	–	–	–	–	–	–
陶山镇	–	–	–	–	–	–
云周街道	–	–	–	–	–	–
东山街道	–	–	4.37	1.31	–	–
锦湖街道	–	–	–	–	–	–
桐浦镇	–	–	–	–	–	–
湖岭镇	–	–	–	–	–	–
林川镇	–	–	–	–	–	–
曹村镇	–	–	–	–	–	–
安阳街道	–	–	–	–	–	–
高楼镇	–	–	–	–	–	–
平阳坑镇	–	–	–	–	–	–
玉海街道	–	–	–	–	–	–
芳庄乡	–	–	–	–	–	–
北麂乡	–	–	–	–	–	–

表 2-3-20 按行业及镇街分组类重金属汞产排情况

单位：千克

乡镇	合计	
	产生量	排放量
小计	48.89	20.61
塘下镇	5.65	2.55
莘塍街道	2.48	1.22
仙降街道	2.14	0.95
上望街道	1.57	1.23
南滨街道	9.21	2.02
汀田街道	1.50	0.64
飞云街道	0.97	0.38
潘岱街道	1.61	0.81
马屿镇	0.54	0.43
陶山镇	1.72	1.11
云周街道	2.11	1.05
东山街道	18.99	7.90
锦湖街道	–	–
桐浦镇	0.06	0.06
湖岭镇	0.14	0.10
林川镇	0.02	0.02
曹村镇	–	–
安阳街道	–	–
高楼镇	0.14	0.12
平阳坑镇	–	–
玉海街道	–	–
芳庄乡	–	–
北麂乡	0.05	0.04

乡镇	电力、热力生产和供应业		电气机械和器材制造业		纺织服装、服饰业		纺织业	
	产生量	排放量	产生量	排放量	产生量	排放量	产生量	排放量
小计	9.60	2.92	–	–	0.14	0.13	5.51	2.84
塘下镇	–	–	–	–	–	–	2.43	1.06
莘塍街道	–	–	–	–	0.01	0.01	–	–
仙降街道	–	–	–	–	–	–	–	–
上望街道	1.38	1.13	–	–	–	–	–	–
南滨街道	8.22	1.79	–	–	0.09	0.08	–	–
汀田街道	–	–	–	–	–	–	0.62	0.40
飞云街道	–	–	–	–	–	–	0.04	0.04
潘岱街道	–	–	–	–	–	–	–	–
马屿镇	–	–	–	–	–	–	–	–
陶山镇	–	–	–	–	0.03	0.02	0.49	0.39
云周街道	–	–	–	–	–	–	1.89	0.91
东山街道	–	–	–	–	–	–	–	–
锦湖街道	–	–	–	–	–	–	–	–
桐浦镇	–	–	–	–	0.02	0.02	0.04	0.04
湖岭镇	–	–	–	–	–	–	–	–
林川镇	–	–	–	–	–	–	–	–
曹村镇	–	–	–	–	–	–	–	–
安阳街道	–	–	–	–	–	–	–	–
高楼镇	–	–	–	–	–	–	–	–
平阳坑镇	–	–	–	–	–	–	–	–
玉海街道	–	–	–	–	–	–	–	–
芳庄乡	–	–	–	–	–	–	–	–
北麂乡	–	–	–	–	–	–	–	–

乡镇	非金属矿物制品业		废弃资源综合利用业		化学纤维制造业		化学原料和化学制品制造业	
	产生量	排放量	产生量	排放量	产生量	排放量	产生量	排放量
小计	0.19	0.17	0.33	0.12	13.68	5.31	8.56	4.17
塘下镇	0.03	0.03	–	–	–	–	1.97	0.98
莘塍街道	–	–	–	–	1.06	0.38	–	–
仙降街道	–	–	–	–	–	–	–	–
上望街道	–	–	–	–	–	–	0.09	0.04
南滨街道	–	–	–	–	–	–	–	–
汀田街道	–	–	–	–	–	–	–	–
飞云街道	–	–	–	–	–	–	–	–
潘岱街道	–	–	–	–	–	–	1.51	0.73
马屿镇	–	–	–	–	–	–	–	–
陶山镇	–	–	0.33	0.12	–	–	–	–
云周街道	–	–	–	–	–	–	0.11	0.04
东山街道	–	–	–	–	12.62	4.92	4.88	2.38
锦湖街道	–	–	–	–	–	–	–	–
桐浦镇	–	–	–	–	–	–	–	–
湖岭镇	0.03	0.03	–	–	–	–	–	–
林川镇	–	–	–	–	–	–	–	–
曹村镇	–	–	–	–	–	–	–	–
安阳街道	–	–	–	–	–	–	–	–
高楼镇	0.13	0.11	–	–	–	–	–	–
平阳坑镇	–	–	–	–	–	–	–	–
玉海街道	–	–	–	–	–	–	–	–
芳庄乡	–	–	–	–	–	–	–	–
北麂乡	–	–	–	–	–	–	–	–

乡镇	金属制品业		酒、饮料和精制茶制造业		木材加工和木、竹、藤、棕、草制品业		农副食品加工业	
	产生量	排放量	产生量	排放量	产生量	排放量	产生量	排放量
小计	0.32	0.14	0.01	0.01	-	-	0.25	0.14
塘下镇	0.11	0.04	-	-	-	-	-	-
莘塍街道	-	-	-	-	-	-	-	-
仙降街道	-	-	-	-	-	-	-	-
上望街道	-	-	-	-	-	-	-	-
南滨街道	-	-	-	-	-	-	-	-
汀田街道	0.04	0.04	-	-	-	-	-	-
飞云街道	-	-	-	-	-	-	-	-
潘岱街道	-	-	-	-	-	-	-	-
马屿镇	-	-	-	-	-	-	-	-
陶山镇	0.16	0.06	-	-	-	-	-	-
云周街道	-	-	-	-	-	-	-	-
东山街道	-	-	-	-	-	-	0.19	0.09
锦湖街道	-	-	-	-	-	-	-	-
桐浦镇	-	-	-	-	-	-	-	-
湖岭镇	-	-	-	-	-	-	-	-
林川镇	-	-	-	-	-	-	-	-
曹村镇	-	-	-	-	-	-	-	-
安阳街道	-	-	-	-	-	-	-	-
高楼镇	-	-	0.01	0.01	-	-	-	-
平阳坑镇	-	-	-	-	-	-	-	-
玉海街道	-	-	-	-	-	-	-	-
芳庄乡	-	-	-	-	-	-	-	-
北麂乡	-	-	-	-	-	-	0.05	0.04

乡镇	皮革、毛皮、羽毛及其制品和制鞋业		食品制造业		铁路、船舶、航空航天和其他运输设备制造业	
	产生量	排放量	产生量	排放量	产生量	排放量
小计	1.57	0.68	0.10	0.04	–	–
塘下镇	–	–	–	–	–	–
莘塍街道	–	–	–	–	–	–
仙降街道	1.02	0.41	–	–	–	–
上望街道	–	–	–	–	–	–
南滨街道	–	–	–	–	–	–
汀田街道	–	–	–	–	–	–
飞云街道	–	–	0.10	0.04	–	–
潘岱街道	–	–	–	–	–	–
马屿镇	0.10	0.08	–	–	–	–
陶山镇	–	–	–	–	–	–
云周街道	–	–	–	–	–	–
东山街道	0.34	0.12	–	–	–	–
锦湖街道	–	–	–	–	–	–
桐浦镇	–	–	–	–	–	–
湖岭镇	0.11	0.06	–	–	–	–
林川镇	–	–	–	–	–	–
曹村镇	–	–	–	–	–	–
安阳街道	–	–	–	–	–	–
高楼镇	–	–	–	–	–	–
平阳坑镇	–	–	–	–	–	–
玉海街道	–	–	–	–	–	–
芳庄乡	–	–	–	–	–	–
北麂乡	–	–	–	–	–	–

乡镇	通用设备制造业		橡胶和塑料制品业		医药制造业	
	产生量	排放量	产生量	排放量	产生量	排放量
小计	1.11	0.44	3.73	2.01	0.69	0.25
塘下镇	1.06	0.39	0.06	0.05	–	–
莘塍街道	0.02	0.02	1.00	0.58	–	–
仙降街道	–	–	0.08	0.03	–	–
上望街道	–	–	0.10	0.06	–	–
南滨街道	–	–	0.89	0.16	–	–
汀田街道	0.03	0.03	0.05	0.02	–	–
飞云街道	–	–	–	–	–	–
潘岱街道	–	–	0.10	0.08	–	–
马屿镇	–	–	0.44	0.34	–	–
陶山镇	–	–	0.71	0.51	–	–
云周街道	–	–	0.11	0.10	–	–
东山街道	–	–	0.16	0.06	0.69	0.25
锦湖街道	–	–	–	–	–	–
桐浦镇	–	–	–	–	–	–
湖岭镇	–	–	–	–	–	–
林川镇	–	–	0.02	0.02	–	–
曹村镇	–	–	–	–	–	–
安阳街道	–	–	–	–	–	–
高楼镇	–	–	–	–	–	–
平阳坑镇	–	–	–	–	–	–
玉海街道	–	–	–	–	–	–
芳庄乡	–	–	–	–	–	–
北麂乡	–	–	–	–	–	–

乡镇	印刷和记录媒介复制业		有色金属冶炼和压延加工业		造纸和纸制品业	
	产生量	排放量	产生量	排放量	产生量	排放量
小计	0.42	0.24	0.65	0.12	2.02	0.89
塘下镇	–	–	–	–	–	–
莘塍街道	0.39	0.23	–	–	–	–
仙降街道	–	–	0.01	0.01	1.02	0.49
上望街道	–	–	–	–	–	–
南滨街道	–	–	–	–	–	–
汀田街道	–	–	0.64	0.11	0.11	0.04
飞云街道	–	–	–	–	0.83	0.30
潘岱街道	–	–	–	–	–	–
马屿镇	–	–	–	–	–	–
陶山镇	–	–	–	–	–	–
云周街道	–	–	–	–	–	–
东山街道	0.03	0.01	–	–	0.07	0.06
锦湖街道	–	–	–	–	–	–
桐浦镇	–	–	–	–	–	–
湖岭镇	–	–	–	–	–	–
林川镇	–	–	–	–	–	–
曹村镇	–	–	–	–	–	–
安阳街道	–	–	–	–	–	–
高楼镇	–	–	–	–	–	–
平阳坑镇	–	–	–	–	–	–
玉海街道	–	–	–	–	–	–
芳庄乡	–	–	–	–	–	–
北麂乡	–	–	–	–	–	–

表 2-3-21 按行业及镇街分组类重金属砷产排情况

单位：千克

乡镇	合计	
	产生量	排放量
小计	893.76	51.00
塘下镇	105.64	3.33
莘塍街道	46.58	3.01
仙降街道	40.25	0.99
上望街道	29.44	8.12
南滨街道	158.38	1.89
汀田街道	18.02	4.71
飞云街道	18.26	0.55
潘岱街道	30.20	0.48
马屿镇	10.13	0.34
陶山镇	32.41	3.08
云周街道	46.07	1.76
东山街道	350.54	21.22
锦湖街道	-	-
桐浦镇	1.19	0.30
湖岭镇	2.73	0.92
林川镇	0.32	0.17
曹村镇	-	-
安阳街道	-	-
高楼镇	2.66	0.10
平阳坑镇	-	-
玉海街道	-	-
芳庄乡	-	-
北麂乡	0.94	0.03

乡镇	电力、热力生产和供应业		纺织服装、服饰业		纺织业		非金属矿物制品业	
	产生量	排放量	产生量	排放量	产生量	排放量	产生量	排放量
小计	165.79	9.27	2.64	0.82	103.48	9.68	3.13	0.72
塘下镇	–	–	–	–	45.60	2.44	–	–
莘塍街道	–	–	0.18	0.03	–	–	–	–
仙降街道	–	–	–	–	–	–	–	–
上望街道	25.86	7.88	–	–	–	–	–	–
南滨街道	139.93	1.39	1.64	0.45	–	–	–	–
汀田街道	–	–			11.68	3.85	–	–
飞云街道	–	–	–	–	0.74	0.42	–	–
潘岱街道	–	–	–	–	–	–	–	–
马屿镇	–	–	–	–	–	–	–	–
陶山镇	–	–	0.51	0.16	9.20	2.39	–	–
云周街道	–	–	–	–	35.47	0.55	–	–
东山街道	–	–	–	–	–	–	–	–
锦湖街道	–	–	–	–	–	–	–	–
桐浦镇	–	–	0.31	0.18	0.79	0.03	–	–
湖岭镇	–	–	–	–	–	–	0.63	0.63
林川镇	–	–	–	–	–	–	–	–
曹村镇	–	–	–	–	–	–	–	–
安阳街道	–	–	–	–	–	–	–	–
高楼镇	–	–	–	–	–	–	2.50	0.09
平阳坑镇	–	–	–	–	–	–	–	–
玉海街道	–	–	–	–	–	–	–	–
芳庄乡	–	–	–	–	–	–	–	–
北麂乡	–	–	–	–	–	–	–	–

乡镇	废弃资源综合利用业		化学纤维制造业		化学原料和化学制品制造业		金属制品业	
	产生量	排放量	产生量	排放量	产生量	排放量	产生量	排放量
小计	6.25	0.05	257.04	19.07	160.89	3.28	5.98	0.60
塘下镇	–	–	–	–	37.00	0.58	2.01	0.02
莘塍街道	–	–	19.85	0.14	–	–	–	–
仙降街道	–	–	–	–	–	–	–	–
上望街道	–	–	–	–	1.77	0.20	–	–
南滨街道	–	–	–	–	–	–	–	–
汀田街道	–	–	–	–	–	–	0.81	0.46
飞云街道	–	–	–	–	–	–	–	–
潘岱街道	–	–	–	–	28.33	0.41	–	–
马屿镇	–	–	–	–	–	–	–	–
陶山镇	6.25	0.05	–	–	–	–	3.06	0.02
云周街道	–	–	–	–	2.06	0.01	–	–
东山街道	–	–	237.18	18.93	91.74	2.07	–	–
锦湖街道	–	–	–	–	–	–	–	–
桐浦镇	–	–	–	–	–	–	0.09	0.09
湖岭镇	–	–	–	–	–	–	–	–
林川镇	–	–	–	–	–	–	–	–
曹村镇	–	–	–	–	–	–	–	–
安阳街道	–	–	–	–	–	–	–	–
高楼镇	–	–	–	–	–	–	–	–
平阳坑镇	–	–	–	–	–	–	–	–
玉海街道	–	–	–	–	–	–	–	–
芳庄乡	–	–	–	–	–	–	–	–
北麂乡	–	–	–	–	–	–	–	–

乡镇	酒、饮料和精制茶制造业		农副食品加工业		皮革、毛皮、羽毛及其制品和制鞋业		食品制造业	
	产生量	排放量	产生量	排放量	产生量	排放量	产生量	排放量
小计	0.16	0.01	4.62	0.12	29.62	1.03	1.88	0.01
塘下镇	–	–	–	–	–	–	–	–
莘塍街道	–	–	–	–	–	–	–	–
仙降街道	–	–	0.03	0.03	19.18	0.60	–	–
上望街道	–	–	–	–	–	–	–	–
南滨街道	–	–	–	–	–	–	–	–
汀田街道	–	–	–	–	–	–	–	–
飞云街道	–	–	–	–	–	–	1.88	0.01
潘岱街道	–	–	–	–	–	–	–	–
马屿镇	–	–	–	–	1.88	0.07	–	–
陶山镇	–	–	–	–	–	–	–	–
云周街道	–	–	–	–	6.46	0.06	–	–
东山街道	–	–	3.65	0.05	–	–	–	–
锦湖街道	–	–	–	–	–	–	–	–
桐浦镇	–	–	–	–	–	–	–	–
湖岭镇	–	–	–	–	2.10	0.30	–	–
林川镇	–	–	–	–	–	–	–	–
曹村镇	–	–	–	–	–	–	–	–
安阳街道	–	–	–	–	–	–	–	–
高楼镇	0.16	0.01	–	–	–	–	–	–
平阳坑镇	–	–	–	–	–	–	–	–
玉海街道	–	–	–	–	–	–	–	–
芳庄乡	–	–	–	–	–	–	–	–
北麂乡	–	–	0.94	0.03	–	–	–	–

乡镇	通用设备制造业		橡胶和塑料制品业		医药制造业		印刷和记录媒介复制业	
	产生量	排放量	产生量	排放量	产生量	排放量	产生量	排放量
小计	20.94	0.85	70.13	4.72	13.06	0.09	7.98	0.16
塘下镇	19.96	0.14	1.08	0.15	–	–	–	–
莘塍街道	0.35	0.35	18.82	2.33	–	–	7.38	0.15
仙降街道	–	–	1.59	0.02	–	–	–	–
上望街道	–	–	1.81	0.04	–	–	–	–
南滨街道	–	–	16.81	0.05	–	–	–	–
汀田街道	0.63	0.36	1.03	0.01	–	–	–	–
飞云街道	–	–	–	–	–	–	–	–
潘岱街道	–	–	1.88	0.07	–	–	–	–
马屿镇	–	–	8.25	0.27	–	–	–	–
陶山镇	–	–	13.38	0.47	–	–	–	–
云周街道	–	–	2.08	1.13	–	–	–	–
东山街道	–	–	3.08	0.02	13.06	0.09	0.60	–
锦湖街道	–	–	–	–	–	–	–	–
桐浦镇	–	–	–	–	–	–	–	–
湖岭镇	–	–	–	–	–	–	–	–
林川镇	–	–	0.32	0.17	–	–	–	–
曹村镇	–	–	–	–	–	–	–	–
安阳街道	–	–	–	–	–	–	–	–
高楼镇	–	–	–	–	–	–	–	–
平阳坑镇	–	–	–	–	–	–	–	–
玉海街道	–	–	–	–	–	–	–	–
芳庄乡	–	–	–	–	–	–	–	–
北麂乡	–	–	–	–	–	–	–	–

乡镇	有色金属冶炼和压延加工业		造纸和纸制品业	
	产生量	排放量	产生量	排放量
小计	2.14	0.03	38.05	0.49
塘下镇	–	–	–	–
莘塍街道	–	–	–	–
仙降街道	0.28	0.01	19.17	0.32
上望街道	–	–	–	–
南滨街道	–	–	–	–
汀田街道	1.86	0.02	2.01	0.01
飞云街道	–	–	15.64	0.11
潘岱街道	–	–	–	–
马屿镇	–	–	–	–
陶山镇	–	–	–	–
云周街道	–	–	–	–
东山街道	–	–	1.23	0.05
锦湖街道	–	–	–	–
桐浦镇	–	–	–	–
湖岭镇	–	–	–	–
林川镇	–	–	–	–
曹村镇	–	–	–	–
安阳街道	–	–	–	–
高楼镇	–	–	–	–
平阳坑镇	–	–	–	–
玉海街道	–	–	–	–
芳庄乡	–	–	–	–
北麂乡	–	–	–	–

四、固体废物的产生与处理利用情况

表 2-4-1 按镇街及企业规模分组涉及一般固废企业数量

单位：个

乡镇	合计	微型	小型	中型	大型
小计	8827	7072	1665	85	5
塘下镇	3414	3030	361	21	2
莘塍街道	635	433	187	15	–
仙降街道	644	377	255	12	–
上望街道	539	488	51	–	–
南滨街道	468	323	136	9	–
汀田街道	437	361	76	–	–
飞云街道	386	289	92	5	–
潘岱街道	327	251	76	–	–
马屿镇	334	253	80	1	–
陶山镇	291	218	69	4	–
云周街道	264	178	84	2	–
东山街道	276	177	82	14	3
锦湖街道	241	198	42	1	–
桐浦镇	200	178	21	1	–
湖岭镇	126	110	16	–	–
林川镇	82	75	7	–	–
曹村镇	58	46	12	–	–
安阳街道	32	27	5	–	–
高楼镇	36	34	2	–	–
平阳坑镇	21	11	10	–	–
玉海街道	12	11	1	–	–
芳庄乡	3	3	–	–	–
北麂乡	1	1	–	–	–

表 2-4-2 按行业分组涉及一般固废企业数量

单位：个

行业名称	一般固废数量汇总
电力、热力生产和供应业	6
电气机械和器材制造业	207
纺织服装、服饰业	334
纺织业	202
非金属矿物制品业	103
废弃资源综合利用业	1
黑色金属冶炼和压延加工业	35
化学纤维制造业	7
化学原料和化学制品制造业	40
计算机、通信和其他电子设备制造业	26
家具制造业	69
金属制品、机械和设备修理业	13
金属制品业	778
酒、饮料和精制茶制造业	6
木材加工和木、竹、藤、棕、草制品业	44
农副食品加工业	88
皮革、毛皮、羽毛及其制品和制鞋业	1115
其他制造业	9
汽车制造业	1895
石油、煤炭及其他燃料加工业	2
食品制造业	61
水的生产和供应业	2
铁路、船舶、航空航天和其他运输设备制造业	174
通用设备制造业	1528
文教、工美、体育和娱乐用品制造业	137
橡胶和塑料制品业	831
医药制造业	2
仪器仪表制造业	36
印刷和记录媒介复制业	104
有色金属冶炼和压延加工业	50
造纸和纸制品业	226
专用设备制造业	698

表 2-4-3 一般固废产生与处理利用情况

单位：个

指标名称	计量单位	指标值
填报企业数	个	8827
一般工业固体废物产生量	万吨	27.94
一般工业固体废物综合利用量	万吨	27.72
其中：自行综合利用量	吨	102.50
其中：综合利用往年贮存量	吨	305.10
一般工业固体废物处置量	吨	3119.10
其中：自行处置量	吨	–
其中：处置往年贮存量	吨	949.25
一般工业固体废物贮存量	吨	359.82
一般工业固体废物倾倒丢弃量	吨	–

表 2-4-4 按镇街分组一般固废产生与处理利用情况

● 粉煤灰

单位：吨

乡镇	一般工业固体废物产生量	一般工业固体废物综合利用量	一般工业固体废物处置量	一般工业固体废物贮存量	一般工业固体废物倾倒丢弃量
小计	23391.37	23391.37	20.72	–	–
塘下镇	334.69	334.69	–	–	–
莘塍街道	235.20	235.20	–	–	–
仙降街道	265.57	265.57	–	–	–
上望街道	11356.16	11356.16	–	–	–
南滨街道	2249.53	2249.53	–	–	–
汀田街道	203.51	203.51	–	–	–
飞云街道	126.56	126.56	–	–	–
潘岱街道	135.65	135.65	20.72	–	–
马屿镇	62.88	62.88	–	–	–
陶山镇	140.13	140.13	–	–	–
云周街道	226.27	226.27	–	–	–
东山街道	8026.94	8026.94	–	–	–
锦湖街道	–	–	–	–	–
桐浦镇	5.42	5.42	–	–	–
湖岭镇	11.04	11.04	–	–	–
林川镇	1.38	1.38	–	–	–
曹村镇	–	–	–	–	–
安阳街道	–	–	–	–	–
高楼镇	3.38	3.38	–	–	–
平阳坑镇	0.01	0.01	–	–	–
玉海街道	–	–	–	–	–
芳庄乡	–	–	–	–	–
北麂乡	7.05	7.05	–	–	–

● 炉渣

乡镇	一般工业固体废物产生量	一般工业固体废物综合利用量	一般工业固体废物处置量	一般工业固体废物贮存量	一般工业固体废物倾倒丢弃量
小计	100144.07	99136.64	1453.68	26.80	–
塘下镇	4539.99	4353.19	160.00	26.80	–
莘塍街道	2028.30	2001.30	30.00	–	–
仙降街道	2882.46	2882.46	–	–	–
上望街道	63676.56	63676.56	–	–	–
南滨街道	8288.02	7955.54	573.48	–	–
汀田街道	1260.41	1262.51	–	–	–
飞云街道	855.54	855.54	–	–	–
潘岱街道	1104.37	943.12	161.25	–	–
马屿镇	478.43	478.43	–	–	–
陶山镇	2000.19	1698.19	302.00	–	–
云周街道	2387.67	2387.67	226.95	–	–
东山街道	10097.00	10097.00	–	–	–
锦湖街道	0.08	0.08	–	–	–
桐浦镇	77.40	77.40	–	–	–
湖岭镇	93.94	93.94	–	–	–
林川镇	23.47	23.47	–	–	–
曹村镇	1.50	1.50	–	–	–
安阳街道	–	–	–	–	–
高楼镇	302.50	302.50	–	–	–
平阳坑镇	1.25	1.25	–	–	–
玉海街道	–	–	–	–	–
芳庄乡	–	–	–	–	–
北麂乡	45.00	45.00	–	–	–

● 其它废物   单位：吨

乡镇	一般工业固体废物产生量	一般工业固体废物综合利用量	一般工业固体废物处置量	一般工业固体废物贮存量	一般工业固体废物倾倒丢弃量
小计	145263.47	145218.55	306.50	324.42	–
塘下镇	43169.80	43147.80	2.00	22.00	–
莘塍街道	7347.79	7345.79	–	–	–
仙降街道	9502.08	9502.08	–	–	–
上望街道	3315.26	3315.26	–	–	–
南滨街道	8637.43	8634.43	289.00	–	–
汀田街道	4611.49	4611.49	–	–	–
飞云街道	5077.83	5077.83	–	–	–
潘岱街道	14050.37	14047.37	3.00	–	–
马屿镇	3711.03	3711.03	–	–	–
陶山镇	6844.92	6832.42	12.50	–	–
云周街道	2279.87	2279.87	–	–	–
东山街道	30407.02	30437.02	–	270.00	–
锦湖街道	1514.54	1514.54	–	–	–
桐浦镇	2107.75	2107.75	–	–	–
湖岭镇	1569.10	1536.67	–	32.42	–
林川镇	173.78	173.78	–	–	–
曹村镇	245.53	245.53	–	–	–
安阳街道	181.51	181.51	–	–	–
高楼镇	340.70	340.70	–	–	–
平阳坑镇	158.60	158.60	–	–	–
玉海街道	7.64	7.64	–	–	–
芳庄乡	5.45	5.45	–	–	–
北麂乡	4.00	4.00	–	–	–

● 污泥   单位：吨

乡镇	一般工业固体废物产生量	一般工业固体废物综合利用量	一般工业固体废物处置量	一般工业固体废物贮存量	一般工业固体废物倾倒丢弃量
小计	9459.56	8314.06	1338.20	2.60	–
塘下镇	3066.20	2763.60	300.00	2.60	–
莘塍街道	–	–	–	–	–
仙降街道	–	–	–	–	–
上望街道	–	–	–	–	–
南滨街道	201.00	201.00	191.00	–	–
汀田街道	919.90	77.00	847.20	–	–
飞云街道	804.76	804.76	–	–	–
潘岱街道	289.00	289.00	–	–	–
马屿镇	–	–	–	–	–
陶山镇	20.00	20.00	–	–	–
云周街道	1009.50	1009.50	–	–	–
东山街道	73.00	73.00	–	–	–
锦湖街道	3022.70	3022.70	–	–	–
桐浦镇	–	–	–	–	–
湖岭镇	53.50	53.50	–	–	–
林川镇	–	–	–	–	–
曹村镇	–	–	–	–	–
安阳街道	–	–	–	–	–
高楼镇	–	–	–	–	–
平阳坑镇	–	–	–	–	–
玉海街道	–	–	–	–	–
芳庄乡	–	–	–	–	–
北麂乡	–	–	–	–	–

● 脱硫石膏   单位：吨

乡镇	一般工业固体废物产生量	一般工业固体废物综合利用量	一般工业固体废物处置量	一般工业固体废物贮存量	一般工业固体废物倾倒丢弃量
小计	540.00	540.00	-	-	-
塘下镇	-	-	-	-	-
莘塍街道	-	-	-	-	-
仙降街道	-	-	-	-	-
上望街道	-	-	-	-	-
南滨街道	540.00	540.00	-	-	-
汀田街道	-	-	-	-	-
飞云街道	-	-	-	-	-
潘岱街道	-	-	-	-	-
马屿镇	-	-	-	-	-
陶山镇	-	-	-	-	-
云周街道	-	-	-	-	-
东山街道	-	-	-	-	-
锦湖街道	-	-	-	-	-
桐浦镇	-	-	-	-	-
湖岭镇	-	-	-	-	-
林川镇	-	-	-	-	-
曹村镇	-	-	-	-	-
安阳街道	-	-	-	-	-
高楼镇	-	-	-	-	-
平阳坑镇	-	-	-	-	-
玉海街道	-	-	-	-	-
芳庄乡	-	-	-	-	-
北麂乡	-	-	-	-	-

● 冶炼废渣   单位：吨

乡 镇	一般工业固体废物产生量	一般工业固体废物综合利用量	一般工业固体废物处置量	一般工业固体废物贮存量	一般工业固体废物倾倒丢弃量
小计	486.80	486.80	–	–	–
塘下镇	–	–	–	–	–
莘塍街道	–	–	–	–	–
仙降街道	–	–	–	–	–
上望街道	–	–	–	–	–
南滨街道	486.80	486.80	–	–	–
汀田街道	–	–	–	–	–
飞云街道	–	–	–	–	–
潘岱街道	–	–	–	–	–
马屿镇	–	–	–	–	–
陶山镇	–	–	–	–	–
云周街道	–	–	–	–	–
东山街道	–	–	–	–	–
锦湖街道	–	–	–	–	–
桐浦镇	–	–	–	–	–
湖岭镇	–	–	–	–	–
林川镇	–	–	–	–	–
曹村镇	–	–	–	–	–
安阳街道	–	–	–	–	–
高楼镇	–	–	–	–	–
平阳坑镇	–	–	–	–	–
玉海街道	–	–	–	–	–
芳庄乡	–	–	–	–	–
北麂乡	–	–	–	–	–

● 磷石膏   单位：吨

乡镇	一般工业固体废物产生量	一般工业固体废物综合利用量	一般工业固体废物处置量	一般工业固体废物贮存量	一般工业固体废物倾倒丢弃量
小计	2.00	2.00	–	–	–
塘下镇	0.50	0.50	–	–	–
莘塍街道	–	–	–	–	–
仙降街道	–	–	–	–	–
上望街道	1.50	1.50	–	–	–
南滨街道	–	–	–	–	–
汀田街道	–	–	–	–	–
飞云街道	–	–	–	–	–
潘岱街道	–	–	–	–	–
马屿镇	–	–	–	–	–
陶山镇	–	–	–	–	–
云周街道	–	–	–	–	–
东山街道	–	–	–	–	–
锦湖街道	–	–	–	–	–
桐浦镇	–	–	–	–	–
湖岭镇	–	–	–	–	–
林川镇	–	–	–	–	–
曹村镇	–	–	–	–	–
安阳街道	–	–	–	–	–
高楼镇	–	–	–	–	–
平阳坑镇	–	–	–	–	–
玉海街道	–	–	–	–	–
芳庄乡	–	–	–	–	–
北麂乡	–	–	–	–	–

● 磷石膏　　　　　　　　　　　　　　　　　　　　　　　　　　　　　　单位：吨

乡镇	一般工业固体废物产生量	一般工业固体废物综合利用量	一般工业固体废物处置量	一般工业固体废物贮存量	一般工业固体废物倾倒丢弃量
小计	3.00	3.00	–	–	–
塘下镇	3.00	3.00	–	–	–
莘塍街道	–	–	–	–	–
仙降街道	–	–	–	–	–
上望街道	–	–	–	–	–
南滨街道	–	–	–	–	–
汀田街道	–	–	–	–	–
飞云街道	–	–	–	–	–
潘岱街道	–	–	–	–	–
马屿镇	–	–	–	–	–
陶山镇	–	–	–	–	–
云周街道	–	–	–	–	–
东山街道	–	–	–	–	–
锦湖街道	–	–	–	–	–
桐浦镇	–	–	–	–	–
湖岭镇	–	–	–	–	–
林川镇	–	–	–	–	–
曹村镇	–	–	–	–	–
安阳街道	–	–	–	–	–
高楼镇	–	–	–	–	–
平阳坑镇	–	–	–	–	–
玉海街道	–	–	–	–	–
芳庄乡	–	–	–	–	–
北麂乡	–	–	–	–	–

表 2-4-5 按行业分组一般固废产生与处理利用情况

● 粉煤灰   单位：吨

行业名称	一般工业固体废物产生量	一般工业固体废物综合利用量	一般工业固体废物处置量	一般工业固体废物贮存量	一般工业固体废物倾倒丢弃量
小计	23543.56	23516.84	20.72	6.00	–
电力、热力生产和供应业	13483.88	13483.88	–	–	–
电气机械和器材制造业	0.13	0.13	–	–	–
纺织服装、服饰业	14.11	14.11	–	–	–
纺织业	576.12	575.12	–	1	–
非金属矿物制品业	1.12	1.12	–	–	–
废弃资源综合利用业	–	–	–	–	–
黑色金属冶炼和压延加工业	–	–	–	–	–
化学纤维制造业	7672.90	7672.90	–	–	–
化学原料和化学制品制造业	626.76	606.04	20.72	–	–
计算机、通信和其他电子设备制造业	–	–	–	–	–
家具制造业	–	–	–	–	–
金属制品、机械和设备修理业	–	–	–	–	–
金属制品业	60.29	60.29	–	–	–
酒、饮料和精制茶制造业	2.51	2.51	–	–	–
木材加工和木、竹、藤、棕、草制品业	–	–	–	–	–
农副食品加工业	31.53	31.53	–	–	–
皮革、毛皮、羽毛及其制品和制鞋业	219.48	219.48	–	–	–
其他制造业	–	–	–	–	–
汽车制造业	2.02	2.02	–	–	–
石油、煤炭及其他燃料加工业	–	–	–	–	–
食品制造业	15.77	15.77	–	–	–
水的生产和供应业	–	–	–	–	–
铁路、船舶、航空航天和其他运输设备制造业	–	–	–	–	–
通用设备制造业	23.57	18.57	–	5.00	–
文教、工美、体育和娱乐用品制造业	–	–	–	–	–
橡胶和塑料制品业	416.05	416.05	–	–	–
医药制造业	68.20	68.20	–	–	–
仪器仪表制造业	–	–	–	–	–
印刷和记录媒介复制业	43.08	43.08	–	–	–
有色金属冶炼和压延加工业	81.54	81.54	–	–	–
造纸和纸制品业	204.50	204.50	–	–	–
专用设备制造业	–	–	–	–	–

● 炉渣   单位：吨

行业名称	一般工业固体废物产生量	一般工业固体废物综合利用量	一般工业固体废物处置量	一般工业固体废物贮存量	一般工业固体废物倾倒丢弃量
小计	100144.07	99136.64	1453.68	26.80	–
电力、热力生产和供应业	70275.86	70275.86	–	–	–
电气机械和器材制造业	37.50	37.50	–	–	–
纺织服装、服饰业	252.02	252.02	–	–	–
纺织业	3858.26	3688.56	386.95	11.8	–
非金属矿物制品业	403.55	403.55	–	–	–
废弃资源综合利用业	–	–	–	–	–
黑色金属冶炼和压延加工业	0.70	0.70	–	–	–
化学纤维制造业	6425.70	6425.70	–	–	–
化学原料和化学制品制造业	6182.62	6021.37	161.25	–	–
计算机、通信和其他电子设备制造业	–	–	–	–	–
家具制造业	–	–	–	–	–
金属制品、机械和设备修理业	–	–	–	–	–
金属制品业	1180.50	878.50	302.00	–	–
酒、饮料和精制茶制造业	7.50	7.50	–	–	–
木材加工和木、竹、藤、棕、草制品业	–	–	–	–	–
农副食品加工业	187.01	187.01	–	–	–
皮革、毛皮、羽毛及其制品和制鞋业	2831.66	2831.66	–	–	–
其他制造业	–	–	–	–	–
汽车制造业	521.35	521.35	–	–	–
石油、煤炭及其他燃料加工业	–	–	–	–	–
食品制造业	202.55	202.55	–	–	–
水的生产和供应业	–	–	–	–	–
铁路、船舶、航空航天和其他运输设备制造业	10.00	10.00	–	–	–
通用设备制造业	398.51	383.51	–	15.00	–
文教、工美、体育和娱乐用品制造业	6.20	6.20	–	–	–
橡胶和塑料制品业	3981.20	3954.20	271.00	–	–
医药制造业	418.00	418.00	–	–	–
仪器仪表制造业	–	–	–	–	–
印刷和记录媒介复制业	397.21	397.21	–	–	–
有色金属冶炼和压延加工业	1147.68	815.20	332.48	–	–
造纸和纸制品业	1417.55	1417.55	–	–	–
专用设备制造业	0.96	0.96	–	–	–

● 其它废物 单位：吨

行业名称	一般工业固体废物产生量	一般工业固体废物综合利用量	一般工业固体废物处置量	一般工业固体废物贮存量	一般工业固体废物倾倒丢弃量
小计	145263.47	145218.55	306.50	324.42	−
电力、热力生产和供应业	1.25	1.25	−	−	−
电气机械和器材制造业	2287.89	2287.89	−	−	−
纺织服装、服饰业	1786.22	1786.22	−	−	−
纺织业	3291.89	3288.89	3.00	−	−
非金属矿物制品业	3588.87	3588.87	−	−	−
废弃资源综合利用业	76.00	76.00	−	−	−
黑色金属冶炼和压延加工业	694.00	694.00	−	−	−
化学纤维制造业	76.00	74.00	2.00	−	−
化学原料和化学制品制造业	2237.40	2234.40	3.00	−	−
计算机、通信和其他电子设备制造业	50.71	50.71	−	−	−
家具制造业	289.21	289.21	−	−	−
金属制品、机械和设备修理业	15.55	15.55	−	−	−
金属制品业	9509.58	9507.58	−	2.00	−
酒、饮料和精制茶制造业	4.10	4.10	−	−	−
木材加工和木、竹、藤、棕、草制品业	580.17	580.17	−	−	−
农副食品加工业	11571.77	11571.77	−	−	−
皮革、毛皮、羽毛及其制品和制鞋业	9660.84	9628.41	−	32.42	−
其他制造业	18.31	18.31	−	−	−
汽车制造业	42451.89	42481.89	−	270.00	−
石油、煤炭及其他燃料加工业	2.50	2.50	−	−	−
食品制造业	688.28	688.28	−	−	−
水的生产和供应业	−	−	−	−	−
铁路、船舶、航空航天和其他运输设备制造业	1423.05	1423.05	−	−	−
通用设备制造业	25717.10	25684.60	12.50	20.00	−
文教、工美、体育和娱乐用品制造业	212.07	212.07	−	−	−
橡胶和塑料制品业	10443.13	10443.13	286.00	−	−
医药制造业	1.40	1.40	−	−	−
仪器仪表制造业	146.36	146.36	−	−	−
印刷和记录媒介复制业	3302.85	3302.85	−	−	−
有色金属冶炼和压延加工业	5377.32	5377.32	−	−	−
造纸和纸制品业	5904.41	5904.41	−	−	−
专用设备制造业	3853.36	3853.36	−	−	−

● 污泥   单位：吨

行业名称	一般工业固体废物产生量	一般工业固体废物综合利用量	一般工业固体废物处置量	一般工业固体废物贮存量	一般工业固体废物倾倒丢弃量
小计	9459.56	8314.06	1338.20	2.60	–
电力、热力生产和供应业	–	–	–	–	–
电气机械和器材制造业	–	–	–	–	–
纺织服装、服饰业	–	–	–	–	–
纺织业	2631.60	1486.10	1147.20	2.60	–
非金属矿物制品业	9.00	9.00	–	–	–
废弃资源综合利用业	–	–	–	–	–
黑色金属冶炼和压延加工业	–	–	–	–	–
化学纤维制造业	–	–	–	–	–
化学原料和化学制品制造业	289.00	289.00	–	–	–
计算机、通信和其他电子设备制造业	–	–	–	–	–
家具制造业	0.06	0.06	–	–	–
金属制品、机械和设备修理业	–	–	–	–	–
金属制品业	10.00	10.00	–	–	–
酒、饮料和精制茶制造业	–	–	–	–	–
木材加工和木、竹、藤、棕、草制品业	–	–	–	–	–
农副食品加工业	72.00	72.00	–	–	–
皮革、毛皮、羽毛及其制品和制鞋业	53.50	53.50	–	–	–
其他制造业	–	–	–	–	–
汽车制造业	32.00	32.00	–	–	–
石油、煤炭及其他燃料加工业	–	–	–	–	–
食品制造业	20.00	20.00	–	–	–
水的生产和供应业	5266.70	5266.70	–	–	–
铁路、船舶、航空航天和其他运输设备制造业	–	–	–	–	–
通用设备制造业	–	–	–	–	–
文教、工美、体育和娱乐用品制造业	–	–	–	–	–
橡胶和塑料制品业	230.70	230.70	191.00	–	–
医药制造业	–	–	–	–	–
仪器仪表制造业	–	–	–	–	–
印刷和记录媒介复制业	–	–	–	–	–
有色金属冶炼和压延加工业	3.00	3.00	–	–	–
造纸和纸制品业	842.00	842.00	–	–	–
专用设备制造业	–	–	–	–	–

● 脱硫石膏   单位：吨

行业名称	一般工业固体废物产生量	一般工业固体废物综合利用量	一般工业固体废物处置量	一般工业固体废物贮存量	一般工业固体废物倾倒丢弃量
小计	540.00	540.00	–	–	–
电力、热力生产和供应业	540.00	540.00	–	–	–
电气机械和器材制造业	–	–	–	–	–
纺织服装、服饰业	–	–	–	–	–
纺织业	–	–	–	–	–
非金属矿物制品业	–	–	–	–	–
废弃资源综合利用业	–	–	–	–	–
黑色金属冶炼和压延加工业	–	–	–	–	–
化学纤维制造业	–	–	–	–	–
化学原料和化学制品制造业	–	–	–	–	–
计算机、通信和其他电子设备制造业	–	–	–	–	–
家具制造业	–	–	–	–	–
金属制品、机械和设备修理业	–	–	–	–	–
金属制品业	–	–	–	–	–
酒、饮料和精制茶制造业	–	–	–	–	–
木材加工和木、竹、藤、棕、草制品业	–	–	–	–	–
农副食品加工业	–	–	–	–	–
皮革、毛皮、羽毛及其制品和制鞋业	–	–	–	–	–
其他制造业	–	–	–	–	–
汽车制造业	–	–	–	–	–
石油、煤炭及其他燃料加工业	–	–	–	–	–
食品制造业	–	–	–	–	–
水的生产和供应业	–	–	–	–	–
铁路、船舶、航空航天和其他运输设备制造业	–	–	–	–	–
通用设备制造业	–	–	–	–	–
文教、工美、体育和娱乐用品制造业	–	–	–	–	–
橡胶和塑料制品业	–	–	–	–	–
医药制造业	–	–	–	–	–
仪器仪表制造业	–	–	–	–	–
印刷和记录媒介复制业	–	–	–	–	–
有色金属冶炼和压延加工业	–	–	–	–	–
造纸和纸制品业	–	–	–	–	–
专用设备制造业	–	–	–	–	–

● 冶炼废渣   单位：吨

行业名称	一般工业固体废物产生量	一般工业固体废物综合利用量	一般工业固体废物处置量	一般工业固体废物贮存量	一般工业固体废物倾倒丢弃量
小计	486.80	486.80	–	–	–
电力、热力生产和供应业	–	–	–	–	–
电气机械和器材制造业	–	–	–	–	–
纺织服装、服饰业	–	–	–	–	–
纺织业	–	–	–	–	–
非金属矿物制品业	–	–	–	–	–
废弃资源综合利用业	–	–	–	–	–
黑色金属冶炼和压延加工业	–	–	–	–	–
化学纤维制造业	–	–	–	–	–
化学原料和化学制品制造业	–	–	–	–	–
计算机、通信和其他电子设备制造业	–	–	–	–	–
家具制造业	–	–	–	–	–
金属制品、机械和设备修理业	–	–	–	–	–
金属制品业	156.80	156.80	–	–	–
酒、饮料和精制茶制造业	–	–	–	–	–
木材加工和木、竹、藤、棕、草制品业	–	–	–	–	–
农副食品加工业	–	–	–	–	–
皮革、毛皮、羽毛及其制品和制鞋业	–	–	–	–	–
其他制造业	–	–	–	–	–
汽车制造业	–	–	–	–	–
石油、煤炭及其他燃料加工业	–	–	–	–	–
食品制造业	–	–	–	–	–
水的生产和供应业	–	–	–	–	–
铁路、船舶、航空航天和其他运输设备制造业	–	–	–	–	–
通用设备制造业	–	–	–	–	–
文教、工美、体育和娱乐用品制造业	–	–	–	–	–
橡胶和塑料制品业	–	–	–	–	–
医药制造业	–	–	–	–	–
仪器仪表制造业	–	–	–	–	–
印刷和记录媒介复制业	–	–	–	–	–
有色金属冶炼和压延加工业	330.00	330.00	–	–	–
造纸和纸制品业	–	–	–	–	–
专用设备制造业	–	–	–	–	–

● 磷石膏

单位：吨

行业名称	一般工业固体废物产生量	一般工业固体废物综合利用量	一般工业固体废物处置量	一般工业固体废物贮存量	一般工业固体废物倾倒丢弃量
小计	2.00	2.00	–	–	–
电力、热力生产和供应业	–	–	–	–	–
电气机械和器材制造业	–	–	–	–	–
纺织服装、服饰业	–	–	–	–	–
纺织业	–	–	–	–	–
非金属矿物制品业	–	–	–	–	–
废弃资源综合利用业	–	–	–	–	–
黑色金属冶炼和压延加工业	–	–	–	–	–
化学纤维制造业	–	–	–	–	–
化学原料和化学制品制造业	–	–	–	–	–
计算机、通信和其他电子设备制造业	–	–	–	–	–
家具制造业	–	–	–	–	–
金属制品、机械和设备修理业	–	–	–	–	–
金属制品业	–	–	–	–	–
酒、饮料和精制茶制造业	–	–	–	–	–
木材加工和木、竹、藤、棕、草制品业	–	–	–	–	–
农副食品加工业	–	–	–	–	–
皮革、毛皮、羽毛及其制品和制鞋业	–	–	–	–	–
其他制造业	–	–	–	–	–
汽车制造业	2.00	2.00	–	–	–
石油、煤炭及其他燃料加工业	–	–	–	–	–
食品制造业	–	–	–	–	–
水的生产和供应业	–	–	–	–	–
铁路、船舶、航空航天和其他运输设备制造业	–	–	–	–	–
通用设备制造业	–	–	–	–	–
文教、工美、体育和娱乐用品制造业	–	–	–	–	–
橡胶和塑料制品业	–	–	–	–	–
医药制造业	–	–	–	–	–
仪器仪表制造业	–	–	–	–	–
印刷和记录媒介复制业	–	–	–	–	–
有色金属冶炼和压延加工业	–	–	–	–	–
造纸和纸制品业	–	–	–	–	–
专用设备制造业	–	–	–	–	–

● 赤泥   单位：吨

行业名称	一般工业固体废物产生量	一般工业固体废物综合利用量	一般工业固体废物处置量	一般工业固体废物贮存量	一般工业固体废物倾倒丢弃量
小计	3.00	3.00	–	–	–
电力、热力生产和供应业	–	–	–	–	–
电气机械和器材制造业	–	–	–	–	–
纺织服装、服饰业	–	–	–	–	–
纺织业	–	–	–	–	–
非金属矿物制品业	–	–	–	–	–
废弃资源综合利用业	–	–	–	–	–
黑色金属冶炼和压延加工业	–	–	–	–	–
化学纤维制造业	–	–	–	–	–
化学原料和化学制品制造业	–	–	–	–	–
计算机、通信和其他电子设备制造业	–	–	–	–	–
家具制造业	–	–	–	–	–
金属制品、机械和设备修理业	–	–	–	–	–
金属制品业	–	–	–	–	–
酒、饮料和精制茶制造业	–	–	–	–	–
木材加工和木、竹、藤、棕、草制品业	–	–	–	–	–
农副食品加工业	–	–	–	–	–
皮革、毛皮、羽毛及其制品和制鞋业	–	–	–	–	–
其他制造业	–	–	–	–	–
汽车制造业	–	–	–	–	–
石油、煤炭及其他燃料加工业	–	–	–	–	–
食品制造业	–	–	–	–	–
水的生产和供应业	–	–	–	–	–
铁路、船舶、航空航天和其他运输设备制造业	–	–	–	–	–
通用设备制造业	3.00	3.00	–	–	–
文教、工美、体育和娱乐用品制造业	–	–	–	–	–
橡胶和塑料制品业	–	–	–	–	–
医药制造业	–	–	–	–	–
仪器仪表制造业	–	–	–	–	–
印刷和记录媒介复制业	–	–	–	–	–
有色金属冶炼和压延加工业	–	–	–	–	–
造纸和纸制品业	–	–	–	–	–
专用设备制造业	–	–	–	–	–

表 2-4-6 按镇街分组涉及危险废物企业数量

单位：个

乡镇	合计	微型	小型	中型	大型
小计	270	117	125	23	5
塘下镇	88	45	32	9	2
莘塍街道	10	5	4	1	–
仙降街道	3	1	2	–	–
上望街道	4	–	4	–	–
南滨街道	46	17	26	3	–
汀田街道	14	7	7	–	–
飞云街道	8	4	4	–	–
潘岱街道	8	5	2	1	–
马屿镇	5	2	3		–
陶山镇	24	9	11	4	–
云周街道	2	–	2		–
东山街道	34	11	16	4	3
锦湖街道	17	9	7	1	–
桐浦镇	–	–	–		–
湖岭镇	5	1	4	–	–
林川镇	1	1	–	–	–
曹村镇	1	–	1	–	–
安阳街道	–	–	–	–	–
高楼镇	–	–	–	–	–
平阳坑镇	–	–	–	–	–
玉海街道	–	–	–	–	–
芳庄乡	–	–	–	–	–
北麂乡	–	–	–	–	–

表 2-4-7 按行业分组涉及危险废物企业数量

单位：吨

行业名称	汇总
电力、热力生产和供应业	1
电气机械和器材制造业	11
纺织服装、服饰业	–
纺织业	5
非金属矿物制品业	–
废弃资源综合利用业	–
黑色金属冶炼和压延加工业	1
化学纤维制造业	2
化学原料和化学制品制造业	6
计算机、通信和其他电子设备制造业	1
家具制造业	4
金属制品、机械和设备修理业	–
金属制品业	35
酒、饮料和精制茶制造业	–
木材加工和木、竹、藤、棕、草制品业	–
农副食品加工业	1
皮革、毛皮、羽毛及其制品和制鞋业	5
其他制造业	–
汽车制造业	61
石油、煤炭及其他燃料加工业	–
食品制造业	–
水的生产和供应业	–
铁路、船舶、航空航天和其他运输设备制造业	6
通用设备制造业	65
文教、工美、体育和娱乐用品制造业	–
橡胶和塑料制品业	9
医药制造业	1
仪器仪表制造业	–
印刷和记录媒介复制业	6
有色金属冶炼和压延加工业	13
造纸和纸制品业	8
专用设备制造业	29

表 2-4-8 危险废物产生与处理利用情况

指标名称	计量单位	指标值
汇总工业企业数	个	270
危险废物产生量	吨	27421.24
送持证单位量	吨	14071.22
接收外来危险废物量	吨	-
自行综合利用量	吨	-
自行处置量	吨	13332.51
本年末本单位实际贮存量	吨	3766.42
综合利用处置往年贮存量	吨	93.25
危险废物倾倒丢弃量	吨	-

表 2-4-9 按镇街分组危险废物产生与处理利用情况

单位：吨

乡镇	危险废物产生量	送持证单位量	接收外来危险废物量	自行综合利用量	自行处置量	本年末本单位实际贮存量	综合利用外置往年贮存量	危险废物倾倒丢弃量
总计	27421.24	14071.22	–	–	13332.51	3766.42	93.26	–
塘下镇	7592.27	7046.36	–	–	–	1510.89	–	–
莘塍街道	1234.53	1351.34	–	–	–	150.78	1.47	–
仙降街道	31.29	31.29	–	–	–	–	–	–
上望街道	8475.44	302.54	–	–	9926.87	336.27	–	–
南滨街道	481.93	389.15	–	–	–	107.32	0.79	–
汀田街道	131.61	85.76	–	–	–	96.05	–	–
飞云街道	4.86	4.86	–	–	–	–	–	–
潘岱街道	242.91	241.14	–	–	–	32.66	–	–
马屿镇	1892.19	1293.12	–	–	–	611.99	–	–
陶山镇	288.61	295.09	–	–	–	37.17	–	–
云周街道	40.21	36.85	–	–	–	23.06	–	–
东山街道	6721.56	2733.99	–	–	3405.64	831.98	91.00	–
锦湖街道	126.62	98.66	–	–	–	27.96	–	–
桐浦镇	0.02	0.02	–	–	–	–	–	–
湖岭镇	156.61	160.77	–	–	–	–	–	–
林川镇	0.29	0.29	–	–	–	–	–	–
曹村镇	0.30	–	–	–	–	0.30	–	–
安阳街道	–	–	–	–	–	–	–	–
高楼镇	–	–	–	–	–	–	–	–
平阳坑镇	–	–	–	–	–	–	–	–
玉海街道	–	–	–	–	–	–	–	–
芳庄乡	–	–	–	–	–	–	–	–
北麂乡	–	–	–	–	–	–	–	–

表 2-4-10 按行业分组危险废物产生与处理利用情况

单位：吨

行业名称	危险废物产生量	送持证单位量	接收外来危险废物量	自行综合利用量	自行处置量	本年末本单位实际贮存量	综合利用外置往年贮存量	危险废物倾倒丢弃量
总计	27421.24	14071.22	–	–	13332.51	3766.42	93.26	–
电力、热力生产和供应业	8176.21	–	–	–	9926.87	336.05	–	–
电气机械和器材制造业	323.29	277.68	–	–	–	54.43	–	–
纺织业	796.43	796.40	–	–	–	0.03	–	–
黑色金属冶炼和压延加工业	0.50	–	–	–	–	0.50	–	–
化学纤维制造业	2073.86	2176.31	–	–	–	261.98	1.47	–
化学原料和化学制品制造业	4276.36	887.50	–	–	2881.02	695.79	90.20	–
计算机、通信和其他电子设备制造业	21.15	21.15	–	–	–	–	–	–
家具制造业	0.73	0.73	–	–	–	–	–	–
金属制品业	4014.17	3438.21	–	–	–	640.39	–	–
农副食品加工业	–	0.03	–	–	–	–	–	–
皮革、毛皮、羽毛及其制品和制鞋业	5.34	9.97	–	–	–	0.13	–	–
汽车制造业	2132.37	1557.57	–	–	524.62	121.62	–	–
铁路、船舶、航空航天和其他运输设备制造业	8.80	8.79	–	–	–	0.01	–	–
通用设备制造业	2498.02	2286.04	–	–	–	286.91	–	–
橡胶和塑料制品业	236.58	224.81	–	–	–	31.77	–	–
医药制造业	0.20	–	–	–	–	1.01	0.81	–
印刷和记录媒介复制业	4.59	4.50	–	–	–	0.09	–	–
有色金属冶炼和压延加工业	2831.14	2359.24	–	–	–	1335.53	0.79	–
造纸和纸制品业	2.56	3.17	–	–	–	0.05	–	–
专用设备制造业	18.96	19.11	–	–	–	0.15	–	–

五、企业污染物终端治理设施

表 2-5-1 地区企业治理设施数量汇总情况

单位：个

指标名称	计量单位	指标值
废气治理设施		
脱硫治理设施数	套	155
脱硝治理设施数	套	6
除尘治理设施数	套	665
挥发性有机物治理设施数	套	544
氨治理设施数	套	4
废水治理设施		
废水治理设施数	套	287
设施处理能力	立方米－日	42010
实际处理量	万立方米	571.46
物理类处理法	套	117
化学类处理法	套	45
物理化学类处理法	套	54
好氧类生物处理法	套	37
生物膜类处理法	套	16
厌氧类生物处理法	套	17
稳定塘、人工湿地类处理法	套	1

表 2-5-2 地区各类废气治理设施数量汇总情况

指标名称	计量单位	脱硫治理设施数	脱硝治理设施数	除尘治理设施数	挥发性有机物治理设施数	氨治理设施数
合计	套	155	6	665	544	4
工业锅炉	套	125	6	301	–	–
工业炉窑	套	11	–	104	–	–
钢铁重点工序	套	–	–	–	–	–
熟料生产	套	–	–	–	–	–
石化重点工序	套	–	–	–	–	–
储罐装载	套	–	–	–	–	–
含挥发性有机物原辅材料使用	套	–	–	–	455	–
固体物料堆存	套	–	–	–	–	–
其他废气	套	19	–	260	89	4

表 2-5-3 地区各类废水治理设施数量汇总情况

指标名称	计量单位	指标值
合计	套	287
1000| 物理处理法	套	71
1100| 过滤分离	套	6
1400| 沉淀分离	套	29
1500| 上浮分离	套	1
1700| 其他	套	10
2000| 化学处理法	套	19
2100| 中和法	套	4
2200| 化学沉淀法	套	22
3000| 物理化学处理法	套	43
3100| 化学混凝法	套	11
4000| 好氧生物处理法	套	9
4100| 活性污泥法	套	1
4110|A-O 工艺	套	21
4120|A2-O 工艺	套	3
4130|A-O2 工艺	套	1
4150|SBR 类	套	2
4200| 生物膜法	套	6
4210| 生物滤池	套	1
4230| 生物接触氧化法	套	9
5000| 厌氧生物处理法	套	2
5100| 厌氧水解类	套	1
5300| 厌氧生物滤池	套	4
5400| 其他	套	10
6140| 曝气塘	套	1

表 2-5-4 按镇街分组涉水企业的治理设施数量

单位：套

乡镇	治理设施数量	物理类处理法	化学类处理法	物理化学类处理法	好氧类生物处理法	生物膜类处理法	厌氧类生物处理法	稳定塘、人工湿地类处理法
合计	287	117	45	54	37	16	17	1
塘下镇	78	43	16	8	8	2	1	–
莘塍街道	12	3	1	4	1	2	1	–
仙降街道	9	1	2	3	1	–	2	–
上望街道	11	6	–	4	1	–	–	–
南滨街道	20	2	7	6	4	3		–
汀田街道	11	2	–	3	2	1	2	–
飞云街道	14	5	2	3	2	1	2	–
潘岱街道	11	2	–	5	3	1	–	–
马屿镇	25	21	2	–	–	2		–
陶山镇	25	1	8	9	3	–	1	1
云周街道	4	1	–	–	2	–	1	–
东山街道	43	19	6	5	10	3	–	–
锦湖街道	7	4	1	–	–	1	1	–
桐浦镇	4	2	–	2	–	–	–	–
湖岭镇	9	1	–	2	–	–	6	–
林川镇	1	1	–	–	–	–	–	–
曹村镇	–	–	–	–	–	–	–	–
安阳街道	–	–	–	–	–	–	–	–
高楼镇	2	2	–	–	–	–	–	–
平阳坑镇	–	–	–	–	–	–	–	–
玉海街道	–	–	–	–	–	–	–	–
芳庄乡	–	–	–	–	–	–	–	–
北麂乡	1	1	–	–	–	–	–	–

表 2-5-5 按行业分组涉水企业的治理设施数量

单位：套

行业名称	治理设施数量	物理类处理法	化学类处理法	物理化学类处理法	好氧类生物处理法	生物膜类处理法	厌氧类生物处理法	稳定塘、人工湿地类处理法
合计	287	117	45	54	37	16	17	1
汽车制造业	48	16	13	9	6	3	1	–
通用设备制造业	37	11	6	17	2	1	–	–
皮革、毛皮、羽毛及其制品和制鞋业	2	–	–	1	–	–	1	–
金属制品业	31	9	10	8	2	1	–	1
橡胶和塑料制品业	7	–	–	1	3	2	1	–
专用设备制造业	21	18	1	–	–	2	–	–
纺织服装、服饰业								
纺织业	10	1	1	1	4	–	3	–
造纸和纸制品业	9	2	1	2	1	2	1	–
电气机械和器材制造业	4	–	1	3	–	–	–	–
铁路、船舶、航空航天和其他运输设备制造业	1	–	1	–	–	–	–	–
文教、工美、体育和娱乐用品制造业	–	–	–	–	–	–	–	–
非金属矿物制品业	20	18	–	1	–	–	1	–
印刷和记录媒介复制业	2	–	–	2	–	–	–	–
农副食品加工业	40	23	1	2	4	1	9	–
家具制造业	–	–	–	–	–	–	–	–
食品制造业	10	4	1	2	3	–	–	–
有色金属冶炼和压延加工业	16	4	8	2	2	–	–	–
化学原料和化学制品制造业	14	2	1	1	9	1	–	–
木材加工和木、竹、藤、棕、草制品业	–	–	–	–	–	–	–	–
仪器仪表制造业	–	–	–	–	–	–	–	–
黑色金属冶炼和压延加工业	6	6	–	–	–	–	–	–

行业名称	治理设施数量	物理类处理法	化学类处理法	物理化学类处理法	好氧类生物处理法	生物膜类处理法	厌氧类生物处理法	稳定塘、人工湿地类处理法
合计	287	117	45	54	37	16	17	1
计算机、通信和其他电子设备制造业	1	–	–	–	1	–	–	–
其他制造业	–	–	–	–	–	–	–	–
金属制品、机械和设备修理业	–	–	–	–	–	–	–	–
化学纤维制造业	4	1	–	–	–	3	–	–
酒、饮料和精制茶制造业	–	–	–	–	–	–	–	–
电力、热力生产和供应业	1	–	–	1	–	–	–	–
石油、煤炭及其他燃料加工业	–	–	–	–	–	–	–	–
水的生产和供应业	2	2	–	–	–	–	–	–
医药制造业	1	–	–	1	–	–	–	–
其他金融业	–	–	–	–	–	–	–	–
废弃资源综合利用业	–	–	–	–	–	–	–	–
燃气生产和供应业	–	–	–	–	–	–	–	–
煤炭开采和洗选业	–	–	–	–	–	–	–	–
石油和天然气开采业	–	–	–	–	–	–	–	–
黑色金属矿采选业	–	–	–	–	–	–	–	–
有色金属矿采选业	–	–	–	–	–	–	–	–
非金属矿采选业	–	–	–	–	–	–	–	–
开采专业及辅助性活动	–	–	–	–	–	–	–	–
其他采矿业	–	–	–	–	–	–	–	–

表 2-5-6 按镇街分组涉气企业的治理设施数量

乡镇	计量单位	治理设施总数	脱硫设施数	脱硝设施数	除尘设施数	挥发性有机物处理设施数	氨治理设施数
合计	套	1374	155	6	665	544	4
塘下镇	套	255	7	1	84	163	–
莘塍街道	套	139	16	–	60	63	–
仙降街道	套	224	34	–	108	82	–
上望街道	套	59	9	3	15	32	–
南滨街道	套	88	9	2	49	26	2
汀田街道	套	50	10	–	28	12	–
飞云街道	套	52	7	–	25	18	2
潘岱街道	套	71	7	–	38	26	–
马屿镇	套	58	2	–	33	23	–
陶山镇	套	75	9	–	55	11	–
云周街道	套	113	14	–	66	33	–
东山街道	套	137	27	–	70	40	–
锦湖街道	套	2	–	–	–	2	–
桐浦镇	套	24	1	–	17	6	–
湖岭镇	套	13	3	–	7	3	–
林川镇	套	6	–	–	3	3	–
曹村镇	套	1	–	–	1	–	–
安阳街道	套	1	–	–	–	1	–
高楼镇	套	3	–	–	3	–	–
平阳坑镇	套	2	–	–	2	–	–
玉海街道	套	–	–	–	–	–	–
芳庄乡	套	–	–	–	–	–	–
北麂乡	套	1	–	–	1	–	–

表 2-5-7 按行业分组涉气企业的治理设施数量

行业名称	计量单位	治理设施数量	脱硫设施数	脱硝设施数	除尘设施数	挥发性有机物处理设施数	氨治理设施数
合计	套	1374	155	6	665	544	4
汽车制造业	套	92	1	-	65	26	-
通用设备制造业	套	79	3	-	71	5	-
皮革、毛皮、羽毛及其制品和制鞋业	套	451	44	-	198	209	-
金属制品业	套	74	6	-	57	11	-
橡胶和塑料制品业	套	118	20	-	70	24	4
专用设备制造业	套	25	-	-	21	4	-
纺织服装、服饰业	套	20	-	-	20	-	-
纺织业	套	49	11	1	22	15	-
造纸和纸制品业	套	115	7	-	12	96	-
电气机械和器材制造业	套	7	-	-	3	4	-
铁路、船舶、航空航天和其他运输设备制造业	套	5	-	-	3	2	-
文教、工美、体育和娱乐用品制造业	套	7	-	-	-	7	-
非金属矿物制品业	套	13	1	-	11	1	-
印刷和记录媒介复制业	套	78	3	-	3	72	-
农副食品加工业	套	9	2	-	7	-	-
家具制造业	套	23	-	-	1	22	-
食品制造业	套	8	3	-	5	-	-
有色金属冶炼和压延加工业	套	39	4	-	35	-	-
化学原料和化学制品制造业	套	97	24	-	32	41	-
木材加工和木、竹、藤、棕、草制品业	套	2	-	-	1	1	-
仪器仪表制造业	套	3	1	-	1	1	-

行业名称	计量单位	治理设施数量	脱硫设施数	脱硝设施数	除尘设施数	挥发性有机物处理设施数	氨治理设施数
合计	套	1374	155	6	665	544	4
黑色金属冶炼和压延加工业	套	–	–	–	–	–	–
计算机、通信和其他电子设备制造业	套	1	–	–	–	1	–
其他制造业	套	–	–	–	–	–	–
金属制品、机械和设备修理业	套	–	–	–	–	–	–
化学纤维制造业	套	29	13	–	14	2	–
酒、饮料和精制茶制造业	套	1	–	–	1	–	–
电力、热力生产和供应业	套	23	9	5	9	–	–
石油、煤炭及其他燃料加工业	套	–	–	–	–	–	–
水的生产和供应业	套	–	–	–	–	–	–
医药制造业	套	2	1	–	1	–	–
其他金融业	套	–	–	–	–	–	–
废弃资源综合利用业	套	4	2	–	2	–	–
燃气生产和供应业	套	–	–	–	–	–	–
煤炭开采和洗选业	套	–	–	–	–	–	–
石油和天然气开采业	套	–	–	–	–	–	–
黑色金属矿采选业	套	–	–	–	–	–	–
有色金属矿采选业	套	–	–	–	–	–	–
非金属矿采选业	套	–	–	–	–	–	–
开采专业及辅助性活动	套	–	–	–	–	–	–
其他采矿业	套	–	–	–	–	–	–

第三篇 农业源篇

一、农业源普查对象的分布情况

表 3-1-1 农业源普查对象的分布情况

单位：个

乡镇	规模上 畜禽养殖厂	规模下 畜禽养殖厂	种植业	水产养殖业
湖岭镇	8	–	–	–
曹村镇	2	–	–	–
高楼镇	2	–	–	–
芳庄乡	5	–	–	–
林川镇	4	–	–	–
马屿镇	13	–	–	–
塘下镇	–	–	–	–
仙降街道	2	–	–	–
陶山镇	5	–	–	–
桐浦镇	–	–	–	–
飞云街道	–	–	–	–
莘塍街道	2	–	–	–
南滨街道	3	–	–	–
潘岱街道	3	–	–	–
安阳街道	–	–	–	–
平阳坑镇	5	–	–	–
云周街道	1	–	–	–
汀田街道	–	–	–	–
北麂乡	–	–	–	–
玉海街道	–	–	–	–
锦湖街道	–	–	–	–
上望街道	–	–	–	–
东山街道	–	–	–	–
总计	55	–	–	–

二、种植业

表 3-2-1 种植业基本情况

指标名称			计量单位	指标值
年份			年	2017
农户总数			户	138200
农村劳动力人口			人	287700
化肥施用量			吨	11876.00
其中	氮肥施用折纯量		吨	2315.00
	含氮复合肥施用折纯量		吨	571.00
用于种植业的农药使用量			吨	173.70
规模种植主体数量			个	55
规模种植总面积			亩	14181.00
其中	粮食作物面积		亩	2118.00
	经济作物面积		亩	5922.00
	蔬菜瓜果面积		亩	505.00
	园地面积		亩	5636.00
不同坡度耕地和园地总面积			亩	165746.85
其中	平地面积（坡度 ≤ 5°）		亩	62856.30
	缓坡地面积（坡度 5 ~ 15°）		亩	32280.70
	陡坡地面积（坡度 > 15°）		亩	70609.85
耕地面积			亩	126898.50
其中	旱地面积		亩	35296.20
	水田面积		亩	91602.30
	菜地面积		亩	26347.50
	其中	露地面积	亩	23681.50
		保护地面积	亩	2666.00
园地面积			亩	38848.35
其中	果园面积		亩	29490.00
	茶园面积		亩	1124.85
	桑园面积		亩	–
	其他面积		亩	8233.50

指标名称		计量单位	指标值
地膜生产企业数量		个	–
地膜生产总量		吨	–
地膜年使用总量		吨	118.00
地膜覆膜总面积		亩	17385.00
地膜年回收总量		吨	108.00
地膜回收企业数量		个	–
地膜回收利用总量		吨	–
作物产量		吨	17409.00
早稻产量		吨	345.00
中稻和一季晚稻产量		吨	12328.00
双季晚稻产量		吨	638.00
小麦产量		吨	–
玉米产量		吨	375.00
薯类产量		吨	2955.00
其中	马铃薯产量	吨	427.00
木薯产量		吨	–
油菜产量		吨	555.00
大豆产量		吨	213.00
棉花产量		吨	–
甘蔗产量		吨	–
花生产量		吨	–

指标名称		计量单位	指标值
秸秆规模化利用企业数量		个	–
其中	肥料化利用企业数量	–	–
	饲料化利用企业数量	–	–
	基料化利用企业数量	–	–
	原料化利用企业数量	–	–
	燃料化利用企业数量	–	–
秸秆规模化利用数量		吨	–
其中	肥料化利用数量	–	–
	饲料化利用数量	–	–
	基料化利用数量	–	–
	原料化利用数量	–	–
	燃料化利用数量	–	–

表 3-2-2 种植业播种、覆膜与机械收获面积情况

单位：亩

指标名称 播种面积		指标值		
		覆膜面积	收获面积	还田面积
粮食作物		216278.00	1995.00	–	–
小麦		14.00	–	–	9.00
玉米		2328.00	1320.00	–	2010.00
水稻		201375.00	–	199113.00	194674.00
其中	早稻	66265.00	–	66201.00	66100.00
	中稻和一季晚稻	64788.00	–	62597.00	61804.00
	双季晚稻	70322.00	–	70315.00	66770.00
薯类		6462.00	675.00	–	5820.00
其中	马铃薯	2237.00	675.00	–	2106.00
豆类		6057.00	–	–	–
其中	大豆	1947.00	–	–	1760.00
其他豆类		4110.00	–	–	–
其他粮食作物		42.00	–	–	–
经济作物		37740.00	2497.00	–	–
油料作物		17955.00	–	–	–
其中	油菜	16335.00	–	10257.00	11376.00
	花生	1140.00	–	–	1105.00
	向日葵	–	–	–	–

指标名称 播种面积		指标值			
		覆膜面积	收获面积	还田面积	
棉麻作物		30.00	–	–	–
其中	棉花	30.00	–	–	–
糖料作物		6555.00	2185.00	–	–
其中	甘蔗	6555.00	2185.00	–	1667.00
	甜菜	–	–	–	–
烟叶		–	–	–	–
木薯		–	–	–	–
中药材		8875.00	312.00	–	–
其他经济作物		4325.00	–	–	–
蔬菜		165237.00	32998.00	–	–
其中	露地蔬菜	140465.00	9948.00	–	–
	保护地蔬菜	24772.00	23050.00	–	–
瓜果		42575.00	8515.00	–	–
其他	西瓜	36453.00	7291.00	–	–
果园		32893.00	–	–	–
其中	苹果	–	–	–	–
	梨	380.00	–	–	–
	葡萄	1044.00	–	–	–
	桃	757.00	–	–	–
	柑桔	9899.00	–	–	–
	香蕉	–	–	–	–
	菠萝	–	–	–	–
	荔枝	–	–	–	–
	其他果树	20813.00	–	–	–

表 3-2-3 农作物秸秆利用情况

指标名称		计量单位 肥料化	指标值			
			饲料化	基料化	原料化	燃料化
早稻		吨	–	140.00	30.00	–	–
中稻和一季晚稻		吨	–	–	–	–	–
双季晚稻		吨	–	80.00	20.00	–	–
小麦		吨	–	–	–	–	–
玉米		吨	–	–	–	–	–
薯类		吨	–	–	–	–	–
其中	马铃薯	–	–	–	–	–	–
	木薯	吨	–	–	–	–	–
油菜		吨	–	–	–	–	–
大豆		吨	–	–	–	–	–
棉花		吨	–	–	–	–	–
甘蔗		吨	–	100.00	–	–	–
花生		吨	–	–	–	–	–

表 3-2-4 秸秆产生量和利用量情况

单位：吨

指标名称		指标值
理论资源量	秸秆	90436.00
	早稻秸秆	23800.00
	中稻和一季晚稻秸秆	30108.00
	双季晚稻秸秆	29677.00
	小麦秸秆	4.00
	玉米秸秆	960.00
	薯类秸秆	309.00
	其中：马铃薯秸秆	97.00
	木薯秸秆	–
	花生秸秆	320.00
	油菜籽秸秆	3491.00
	大豆秸秆	349.00
	棉花秸秆	14.00
	甘蔗秸秆	1405.00
可收集资源量	秸秆	61154.00
	早稻秸秆	14628.00
	中稻和一季晚稻秸秆	22104.00
	双季晚稻秸秆	18519.00
	小麦秸秆	3.00
	玉米秸秆	866.00
	薯类秸秆	303.00
	其中：马铃薯秸秆	95.00
	木薯秸秆	–
	花生秸秆	314.00
	油菜籽秸秆	2691.00
	大豆秸秆	308.00
	棉花秸秆	14.00
	甘蔗秸秆	1405.00
利用量	秸秆	60434.00

表 3-2-5 种植业污染物产排情况

指标名称	计量单位	指标值
氨氮排放量	吨	72.98
总氮排放量	吨	609.86
总磷排放量	吨	96.82
氨气	吨	1002.82
挥发性有机物	吨	34.48
地膜使用量	吨	229.00
地膜累积残留量	吨	2.40
秸秆理论资源量	万吨	9.04
秸秆可收集资源量	万吨	6.12
秸秆利用量	万吨	6.04
耕地面积	亩	578126.00
园地面积	亩	34974.00
地膜覆盖总面积	亩	46005.00
地膜年回收总量	吨	208.00
化肥施用量	吨	33584.00
氮肥施用折纯量	吨	5684.00
含氮复合肥施用折纯量	吨	2350.00
用于种植业的农药使用量	吨	268.00
播种面积	亩	494723.00

三、水产养殖业

表 3-3-1 水产养殖基本情况 – 池塘养殖

养殖品种名称	养殖品种代码	池塘养殖 – 养殖水体	池塘养殖 – 产量（吨－年）	池塘养殖 – 投苗量（吨－年）	池塘养殖 – 面积（亩）
青鱼	S03	淡水养殖	95.00	5.00	650.00
草鱼	S04	淡水养殖	225.00	10.00	1500.00
鲢鱼	S05	淡水养殖	220.00	25.00	880.00
鳙鱼	S06	淡水养殖	28.00	3.00	110.00
鲤鱼	S07	淡水养殖	110.00	10.00	450.00
鲫鱼	S08	淡水养殖	120.00	12.00	500.00
加州鲈	S23	淡水养殖	11.00	0.30	30.00
乌鳢	S24	淡水养殖	43.00	4.00	85.00
南美白对虾（淡）	S29	淡水养殖	30.00	0.30	75.00
蛙	S36	淡水养殖	4.00	1.50	35.00
泥鳅	S10	淡水养殖	97.00	20.00	240.00
鳖	S35	淡水养殖	35.00	12.00	85.00
蛤	S59	–	–	–	–
蛏	S60	–	–	–	–
青蟹	S52	–	–	–	–
蚶	S55	–	–	–	–
大黄鱼	S44	–	–	–	–
美国红鱼	S40	–	–	–	–
南美白对虾（海）	S47	海水养殖	482.00	9.80	915.00
斑节对虾	S48	–	–	–	–

表 3-3-2 水产养殖基本情况 – 工厂化养殖

养殖品种名称	养殖品种代码	工厂化养殖 – 养殖水体	工厂化养殖 – 产量（吨－年）	工厂化养殖 – 投苗量（吨－年）	工厂化养殖 – 体积（立方米）
青鱼	S03	–	–	–	–
草鱼	S04	–	–	–	–
鲢鱼	S05	–	–	–	–
鳙鱼	S06	–	–	–	–
鲤鱼	S07	–	–	–	–
鲫鱼	S08	–	–	–	–
加州鲈	S23	–	–	–	–
乌鳢	S24	–	–	–	–
南美白对虾（淡）	S29	–	–	–	–
蛙	S36	–	–	–	–
泥鳅	S10	–	–	–	–
鳖	S35	淡水养殖	26.00	5.00	7000.00
蛤	S59	–	–	–	–
蛏	S60	–	–	–	–
青蟹	S52	–	–	–	–
蚶	S55	–	–	–	–
大黄鱼	S44	–	–	–	–
美国红鱼	S40	–	–	–	–
南美白对虾（海）	S47	–	–	–	–
斑节对虾	S48	–	–	–	–

表 3-3-3 水产养殖基本情况 – 网箱养殖

养殖品种名称	养殖品种代码	网箱养殖 –养殖水体	网箱养殖 –产量（吨 –年）	网箱养殖 –投苗量（吨 – 年）	网箱养殖 –面积（平方米）
青鱼	S03	–	–	–	–
草鱼	S04	–	–	–	–
鲢鱼	S05	–	–	–	–
鳙鱼	S06	–	–	–	–
鲤鱼	S07	–	–	–	–
鲫鱼	S08	–	–	–	–
加州鲈	S23	–	–	–	–
乌鳢	S24	–	–	–	–
南美白对虾（淡）	S29	–	–	–	–
蛙	S36	–	–	–	–
泥鳅	S10	–	–	–	–
鳖	S35	–	–	–	–
蛤	S59	–	–	–	–
蛏	S60	–	–	–	–
青蟹	S52	–	–	–	–
蚶	S55	–	–	–	–
大黄鱼	S44	海水养殖	1340.00	256.00	12058.00
美国红鱼	S40	海水养殖	142.00	42.00	6540.00
南美白对虾（海）	S47	–	–	–	–
斑节对虾	S48	–	–	–	–

表 3-3-4 水产养殖基本情况 - 围栏养殖

养殖品种名称	养殖品种代码	围栏养殖 - 养殖水体	围栏养殖 - 产量（吨 - 年）	围栏养殖 - 投苗量（吨 - 年）	围栏养殖 - 面积（亩）
青鱼	S03	–	–	–	–
草鱼	S04	–	–	–	–
鲢鱼	S05	–	–	–	–
鳙鱼	S06	–	–	–	–
鲤鱼	S07	–	–	–	–
鲫鱼	S08	–	–	–	–
加州鲈	S23	–	–	–	–
乌鳢	S24	–	–	–	–
南美白对虾（淡）	S29	–	–	–	–
蛙	S36	–	–	–	–
泥鳅	S10	–	–	–	–
鳖	S35	–	–	–	–
蛤	S59	–	–	–	–
蛏	S60	–	–	–	–
青蟹	S52	–	–	–	–
蚶	S55	–	–	–	–
大黄鱼	S44	海水养殖	250.00	55.00	29.00
美国红鱼	S40	–	–	–	–
南美白对虾（海）	S47	–	–	–	–
斑节对虾	S48	–	–	–	–

表 3-3-5 水产养殖基本情况 – 浅海筏式养殖

养殖品种名称	养殖品种代码	浅海筏式养殖 – 养殖水体	浅海筏式养殖 – 产量（吨 – 年）	浅海筏式养殖 – 投苗量（吨 – 年）	浅海筏式养殖 – 面积（亩）
青鱼	S03	–	–	–	–
草鱼	S04	–	–	–	–
鲢鱼	S05	–	–	–	–
鳙鱼	S06	–	–	–	–
鲤鱼	S07	–	–	–	–
鲫鱼	S08	–	–	–	–
加州鲈	S23	–	–	–	–
乌鳢	S24	–	–	–	–
南美白对虾（淡）	S29	–	–	–	–
蛙	S36	–	–	–	–
泥鳅	S10	–	–	–	–
鳖	S35	–	–	–	–
蛤	S59	–	–	–	–
蛏	S60	–	–	–	–
青蟹	S52	–	–	–	–
蚶	S55	–	–	–	–
大黄鱼	S44	–	–	–	–
美国红鱼	S40	–	–	–	–
南美白对虾（海）	S47	–	–	–	–
斑节对虾	S48	–	–	–	–

表 3-3-6 水产养殖基本情况 – 滩涂养殖

养殖品种名称	养殖品种代码	滩涂养殖 – 养殖水体	滩涂养殖 – 产量（吨 – 年）	滩涂养殖 – 投苗量（吨 – 年）	滩涂养殖 – 面积（亩）
青鱼	S03	–	–	–	–
草鱼	S04	–	–	–	–
鲢鱼	S05	–	–	–	–
鳙鱼	S06	–	–	–	–
鲤鱼	S07	–	–	–	–
鲫鱼	S08	–	–	–	–
加州鲈	S23	–	–	–	–
乌鳢	S24	–	–	–	–
南美白对虾（淡）	S29	–	–	–	–
蛙	S36	–	–	–	–
泥鳅	S10	–	–	–	–
鳖	S35	–	–	–	–
蛤	S59	海水养殖	1080.00	215.00	1275.00
蛏	S60	海水养殖	430.00	28.00	330.00
青蟹	S52	海水养殖	238.00	12.00	1955.00
蚶	S55	海水养殖	27.00	7.00	207.00
大黄鱼	S44	–	–	–	–
美国红鱼	S40	–	–	–	–
南美白对虾（海）	S47	海水养殖	14.00	0.10	285.00
斑节对虾	S48	海水养殖	54.00	0.50	485.00

表 3-3-7 水产养殖基本情况 - 其他养殖

养殖品种名称	养殖品种代码	其他养殖 - 养殖水体	其他养殖 - 产量（吨 - 年）	其他养殖 - 投苗量(吨 - 年)	其他养殖 - 面积（亩）
青鱼	S03	–	–	–	–
草鱼	S04	–	–	–	–
鲢鱼	S05	–	–	–	–
鳙鱼	S06	–	–	–	–
鲤鱼	S07	淡水养殖	–	–	–
鲫鱼	S08	–	–	–	–
加州鲈	S23	–	–	–	–
乌鳢	S24	–	–	–	–
南美白对虾（淡）	S29	–	–	–	–
蛙	S36	–	–	–	–
泥鳅	S10	–	–	–	–
鳖	S35	–	–	–	–
蛤	S59	–	–	–	–
蛏	S60	–	–	–	–
青蟹	S52	–	–	–	–
蚶	S55	–	–	–	–
大黄鱼	S44	–	–	–	–
美国红鱼	S40	–	–	–	–
南美白对虾（海）	S47	–	–	–	–
斑节对虾	S48	–	–	–	–

表 3-3-8 水产养殖基本情况 – 养殖户情况

单位：个

养殖品种名称	养殖品种代码	养殖场情况统计	规模养殖场	养殖户
青鱼	S03	35	3	32
草鱼	S04	52	2	50
鲢鱼	S05	32	2	30
鳙鱼	S06	5	1	4
鲤鱼	S07	25	2	23
鲫鱼	S08	30	3	27
加州鲈	S23	3	1	2
乌鳢	S24	5	1	4
南美白对虾（淡）	S29	3	2	1
蛙	S36	4	3	1
泥鳅	S10	18	8	10
鳖	S35	6	5	1
蛤	S59	65	5	60
蛏	S60	15	3	12
青蟹	S52	115	12	103
蚶	S55	11	2	9
大黄鱼	S44	14	7	7
美国红鱼	S40	4	2	2
南美白对虾（海）	S47	38	10	28
斑节对虾	S48	15	5	10

表 3-3-9 水产养殖业污染物产生和排放情况

指标名称	计量单位	指标值
水产产量	吨－年	5101
化学需氧量产生量	吨	377.14
化学需氧量排放量	吨	306.07
氨氮产生量	吨	4.54
氨氮排放量	吨	3.40
总氮产生量	吨	81.60
总氮排放量	吨	77.50
总磷产生量	吨	16.51
总磷排放量	吨	15.91

四、畜禽养殖业

表 3-4-1 规模畜禽养殖情况

乡镇	规模上畜禽养殖厂（个）	生猪出栏量（头）	奶牛存栏量（头）	肉牛出栏量（头）	蛋鸡存栏量（羽）	肉鸡出栏量（羽）
马屿镇	13	18643	–	–	131000	80000
仙降街道	2	1000	–	–	–	–
潘岱街道	3	1200	–	–	–	35000
云周街道	1	500	–	–	–	–
湖岭镇	8	500	–	120	293500	90000
陶山镇	5	7800	–	–	–	25000
林川镇	4	1000	–	–	–	70000
高楼镇	2	500	–	–	4235	–
芳庄乡	5	529	–	–	13000	102000
曹村镇	2	620	–	–	50000	–
平阳坑	5	9300	–	–	–	–
南滨街道	3	–	569	–	–	–
莘塍街道	2	–	–	–	–	60000
总计	55	41592	569	120	491735	462000

表 3-4-2 规模畜禽养殖污染物产排情况

指标名称		计量单位	指标值
污水产生量		万吨－年	17.88
污水利用量		万吨－年	17.68
粪便收集量		万吨－年	5.67
粪便利用量		万吨－年	5.60
农田面积		亩	11718.00
大田作物		亩	3602.00
其中	小麦	亩	110.00
	玉米	亩	－
	水稻	亩	2045.00
	谷子	亩	－
	其他作物	亩	1447.00
蔬菜		亩	4526.00
经济作物		亩	431.00
果园		亩	3159.00
草地面积		亩	150.00
林地面积		亩	1695.00
化学需氧量产生量		吨	10872.98
化学需氧量排放量		吨	27.80
氨氮产生量		吨	99.84
氨氮排放量		吨	0.80
总氮产生量		吨	590.14
总氮排放量		吨	5.01
总磷产生量		吨	150.52
总磷排放量		吨	0.98
氨气排放量		吨	217.07
粪便产生量		万吨－年	4.72
尿液产生量		万吨－年	2.33
粪便利用量		万吨－年	4.71
尿液利用量		万吨－年	2.33

表 3-4-3 规模以下畜禽养殖情况表

指标名称		计量单位	指标值				
			生猪	奶牛	肉牛	蛋鸡	肉鸡
养殖户数量		个	1409	14	779	16751	11064
养殖户数量－年出栏<50头		个	1390	–	760	16736	11030
出栏量		万头	1.28	0.04	0.33	15.02	17.89
出栏量－年出栏<50头		万头	0.74	–	0.30	13.77	11.08
干清粪		%	65.47	100.00	69.79	89.47	93.07
水冲粪		%	34.53	–	–	–	–
水泡粪		%	–	–	–	–	–
垫草垫料		%	–	–	30.21	10.53	6.93
高床养殖		%	–	–	–	–	–
清粪其他		%	–	–	–	–	–
粪便处理利用方式	粪便委托处理	%	–	–	–	–	–
	粪便生产农家肥	%	77.04	100.00	48.52	89.48	93.39
	粪便生产商品有机肥	%	–	–	–	–	–
	粪便生产牛床垫料	%	–	–	–	–	–
	粪便生产栽培基质	%	–	–	–	–	–
	粪便饲养昆虫	%	–	–	–	–	–
	粪便其他	%	22.72	–	51.25	10.52	6.61
	粪便场外丢弃	%	0.24	–	0.23	–	–
污水处理利用方式	粪便委托处理	%	–	–	–	–	–
	沼液还田	%	5.70	–	–	–	–
	肥水还田	%	74.91	100.00	85.78	100.00	100.00
	粪便生产液态有机肥	%	–	–	–	–	–
	粪便鱼塘养殖	%	–	–	–	–	–
	粪便达标排放	%	–	–	–	–	–
	粪便其他利用	%	19.00	–	14.16	–	–
	粪便未利用直接排放	%	0.39	–	0.06	–	–

指标名称	计量单位	指标值				
		生猪	奶牛	肉牛	蛋鸡	肉鸡
		配套农田				
大田作物	亩			4108.00		
蔬菜	亩			3964.00		
经济作物	亩			1076.50		
果树	亩			1046.00		
草地	亩			–		
林地	亩			1247.00		

表 3-4-4 规模以下散户污染物产排情况

指标名称	计量单位	指标值
生猪年出栏＜50头	万头	0.74
肉牛年出栏＜10头	万头	0.30
奶牛年末存栏＜5头	万头	–
肉鸡年出栏＜2000羽	万羽	11.08
蛋鸡年末存栏＜500羽	万羽	13.77
粪便产生量	万吨－年	2.79
尿液产生量	万吨－年	1.78
粪便利用量	万吨－年	2.79
尿液利用量	万吨－年	1.78
化学需氧量产生量	吨	7848.78
化学需氧量排放量	吨	556.77
氨氮产生量	吨	19.19
氨氮排放量	吨	1.34
总氮产生量	吨	232.82
总氮排放量	吨	19.73
总磷产生量	吨	49.93
总磷排放量	吨	2.82
氨气排放量	吨	157.81

表 3-4-5 规模以下专业户污染物产排情况

指标名称	计量单位	指标值
50 头＜生猪年出栏＜ 500 头	万头	0.55
10 头＜肉牛年出栏＜ 50 头	万头	0.03
5 头＜奶牛年末存栏＜ 100 头	万头	0.04
2000 羽＜肉鸡年出栏＜ 10000 羽	万羽	6.81
500 羽＜蛋鸡年末存栏＜ 200 羽	万羽	1.25
粪便产生量	万吨－年	0.66
尿液产生量	万吨－年	0.47
粪便利用量	万吨－年	0.66
尿液利用量	万吨－年	0.47
化学需氧量产生量	吨	1976.01
化学需氧量排放量	吨	192.58
氨氮产生量	吨	5.40
氨氮排放量	吨	0.57
总氮产生量	吨	68.94
总氮排放量	吨	7.32
总磷产生量	吨	14.31
总磷排放量	吨	1.42
氨气排放量	吨	41.61

表 3-4-6 规模以下养殖户污染物产排情况

指标名称	计量单位	指标值
生猪全年出栏量	万头	1.29
肉牛全年出栏量	万头	0.33
奶牛年末存栏量	万头	0.04
肉鸡全年出栏量	万羽	17.89
蛋鸡年末存栏量	万羽	15.02
粪便产生量	万吨－年	3.45
尿液产生量	万吨－年	2.26
粪便利用量	万吨－年	3.45
尿液利用量	万吨－年	2.25
化学需氧量产生量	吨	9824.80
化学需氧量排放量	吨	749.35
氨氮产生量	吨	24.59
氨氮排放量	吨	1.91
总氮产生量	吨	301.77
总氮排放量	吨	27.05
总磷产生量	吨	64.24
总磷排放量	吨	4.24
氨气排放量	吨	199.42

表 3-4-7 畜禽养殖业污染物产排情况

指标名称	计量单位	指标值
生猪（全年出栏量）	万头	5.09
奶牛（年末存栏量）	万头	0.09
肉牛（全年出栏量）	万头	0.34
蛋鸡（年末存栏量）	万羽	64.19
肉鸡（全年出栏量）	万羽	55.89
氨气排放量	吨	416.48
粪便产生量	万吨－年	8.17
尿液产生量	万吨－年	4.59
粪便利用量	万吨－年	8.15
尿液利用量	万吨－年	4.58
化学需氧量产生量	吨	20697.79
化学需氧量排放量	吨	777.15
氨氮产生量	吨	124.43
氨氮排放量	吨	2.71
总氮产生量	吨	891.91
总氮排放量	吨	32.06
总磷产生量	吨	214.76
总磷排放量	吨	5.22

第四篇　生活源篇

表 4-1　城镇生活污染源基本信息

指标名称	计量单位	指标值
全县人口	万人	124.64
县城人口	万人	20.29
县暂住人口	万人	59.24
县城暂住人口	万人	9.66
公共服务用水量	万立方米	134.17
居民家庭用水量	万立方米	1560.27
生活用水量	万立方米	13.38
用水人口	万人	29.95
集中供热面积（万平方米）	万平方米	－
人工煤气销售气量（居住家庭）	万立方米	－
天然气销售气量（居住家庭）	万立方米	－
液化石油气销售气量（居住家庭）	吨	9100.00
建制镇个数	个	9
建成区常住人口	万人	6.52
建成区年生活用水量	万立方米	230.38
建成区用水人口	万人	6.02
人均日生活用水量（建成区部分）	升	104.86
人均日生活用水量（村庄部分）	升	69.99

表 4-2 重点区域生活源燃煤使用情况

指标名称	计量单位	指标值
社区(行政村)填报数量	个	—
常住人口	人	—
使用燃煤的居民家庭户数	户	—
居民家庭燃煤年使用量	吨	—
其中：洁净煤年使用量	吨	—
第三产业燃煤年使用量	吨	—
其中：洁净煤年使用量	吨	—
农村生物质燃料年使用量	吨	—
农村管道燃气年使用量	立方米	—
农村罐装液化石油气年使用量	吨	—
颗粒物排放量	吨	—
二氧化硫排放量	吨	—
氮氧化物排放量	吨	—
挥发性有机物排放量	吨	—

表 4-3 城镇生活污染排放情况

指标名称		计量单位	指标值
城镇常住人口		万人	36.47
其中	县城－城镇常住人口	万人	29.95
	镇区－城镇常住人口	万人	6.52
建制镇个数		个	9
城镇综合生活用水量		万立方米	1938.20
其中	县城－城镇综合生活用水量	万立方米	1707.82
	镇区－城镇综合生活用水量	万立方米	230.38
用水人口		万人	35.97
其中	县城－用水人口	万人	29.95
	镇区－用水人口	万人	6.02
人均日生活用水量		升	147.64
其中	县城－人均日生活用水量	升	156.24
	镇区－人均日生活用水量	升	104.86
生活污水产生量		万立方米	1576.68
其中	县城－生活污水产生量	万立方米	1377.05
	镇区－生活污水产生量	万立方米	199.63
生活污水排放量		万立方米	1576.68

続表 1

指标名称		计量单位	指标值
化学需氧量产生量		吨	4976.57
其中	县城－化学需氧量产生量	吨	4257.90
	镇区－化学需氧量产生量	吨	718.67
化学需氧量排放量		吨	1392.70
五日生化需氧量产生量		吨	1967.05
其中	县城－五日生化需氧量产生量	吨	1701.15
	镇区－五日生化需氧量产生量	吨	265.90
五日生化需氧量排放量		吨	140.81
氨氮产生量		吨	493.95
其中	县城－氨氮产生量	吨	426.55
	镇区－氨氮产生量	吨	67.41
氨氮排放量		吨	18.93
总氮产生量		吨	675.13
其中	县城－总氮产生量	吨	581.47
	镇区－总氮产生量	吨	93.67
总氮排放量		吨	684.65
总磷产生量		吨	60.77
其中	县城－总磷产生量	吨	52.60
	镇区－总磷产生量	吨	8.17
总磷排放量		吨	32.28
动植物油产生量		吨	74.71
其中	县城－动植物油产生量	吨	63.65
	镇区－动植物油产生量	吨	11.06
动植物油排放量		吨	8.86

指标名称		计量单位	指标值
集中供热面积		万立方米	–
人工煤气销售气量（居民家庭）		万立方米	–
天然气销售气量（居民家庭）		万立方米	–
液化石油气销售气量（居民家庭）		吨	9100.00
二氧化硫排放量		吨	–
其中	人工煤气－二氧化硫排放量	吨	–
	天然气－二氧化硫排放量	吨	–
	液化石油气－二氧化硫排放量	吨	–
氮氧化物排放量		吨	10.01
其中	人工煤气－氮氧化物排放量	吨	–
	天然气－氮氧化物排放量	吨	–
	液化石油气－氮氧化物排放量	吨	10.01
颗粒物排放量		吨	0.35
其中	人工煤气－颗粒物排放量	吨	–
	天然气－颗粒物排放量	吨	–
	液化石油气－颗粒物排放量	吨	0.35
挥发性有机物排放量		吨	34.58
其中	人工煤气－挥发性有机物排放量	吨	–
	天然气－挥发性有机物排放量	吨	–
	液化石油气－挥发性有机物排放量	吨	34.58

表 4-4-1 以镇街为单位的行政村基本情况

乡镇	基本情况			
	常住户数（户）	常住人口（人）	有水冲式厕所户数（户）	无水冲式厕所户数（户）
湖岭镇	15737	59078	15475	262
曹村镇	6505	24524	6505	–
高楼镇	12134	41299	11369	765
芳庄乡	1844	5307	1503	341
林川镇	4388	11954	4387	1
马屿镇	28033	104922	27806	227
塘下镇	43941	203039	43811	130
仙降街道	18724	82944	18543	181
陶山镇	26690	99835	26619	71
桐浦镇	9966	37319	9948	18
飞云街道	10028	35926	10021	7
莘塍街道	18541	81897	18541	–
南滨街道	9500	35557	9498	2
潘岱街道	5591	22172	5591	–
安阳街道	5567	23001	5567	–
平阳坑镇	2380	8333	2333	47
云周街道	6681	27467	6681	–
汀田街道	11494	53836	11471	23
北麂乡	1408	4220	1408	–
玉海街道	2093	5133	2093	–
锦湖街道	8341	30155	8341	–
上望街道	13411	57375	13407	4
东山街道	6152	22803	6152	–

表 4-4-2 以镇街为单位的行政村基本情况 – 人粪尿处理情况

乡镇	人粪尿处理情况（户）					
	综合利用或填埋的户数	采用贮粪池抽吸后集中处理的户数	直排入水体的户数	直排入户用污水处理设备的户数	经化粪池后排入下水管道的户数	其他
湖岭镇	53	252	262	817	14336	17
曹村镇	–	–	–	–	6505	–
高楼镇	55	490	33	3	11331	222
芳庄乡	6	286	–	109	1319	124
林川镇	–	3	–	398	3986	1
马屿镇	3	1126	–	944	24633	1327
塘下镇	–	6214	–	845	36852	30
仙降街道	220	5925	–	1801	10778	–
陶山镇	–	71	–	4191	20975	1453
桐浦镇	–	290	–	786	8864	26
飞云街道	–	250	–	–	9058	720
莘塍街道	–	–	–	1060	17481	–
南滨街道	–	6222	60	–	3218	–
潘岱街道	–	–	–	–	5591	–
安阳街道	–	485	–	–	5082	–
平阳坑镇	22	119	3	5	2142	89
云周街道	–	–	–	–	6681	–
汀田街道	–	61	3	5531	5899	–
北麂乡	–	–	–	–	1408	–
玉海街道	–	–	–	–	2093	–
锦湖街道	–	–	–	8190	151	–
上望街道	–	1845	–	–	11566	–
东山街道	–	–	–	–	6152	–

表 4-4-3 以镇街为单位的行政村基本情况 - 生活污水排放去向

乡镇	生活污水排放去向（户）					
	直排入农田的户数	直排入水体的户数	排入户用污水处理设备的户数	进入农村集中式处理设施的户数	进入市政管网的户数	其他
湖岭镇	182	372	1069	13036	1063	15
曹村镇	–	–	–	6505	–	–
高楼镇	91	249	22	8739	2807	226
芳庄乡	131	30	222	898	–	563
林川镇	4	–	398	2914	1072	–
马屿镇	7	–	944	24509	2473	100
塘下镇	0	–	845	10162	32486	448
仙降街道	66	–	1817	6886	9955	–
陶山镇	226	406	5685	14808	5123	442
桐浦镇	16	20	1038	5940	2908	44
飞云街道	–	–	–	432	8911	685
莘塍街道	491	650	1060	305	16035	–
南滨街道	200	290	20	3367	4068	1555
潘岱街道	–	–	–	5591		
安阳街道	–	–	–	–	5017	550
平阳坑镇	52	48	81	2058	51	90
云周街道	–	–	–	1442	5239	–
汀田街道	60	3	5531	1066	4834	–
北麂乡	–	–	–	1408	–	–
玉海街道	–	–	–	–	2093	–
锦湖街道	–	–	8190	151	–	–
上望街道	–	–	–	7596	5815	–
东山街道	–	–	–	–	6152	–

表 4-4-4 以镇街为单位的行政村基本情况 – 生活垃圾处理方式

乡镇	生活垃圾处理方式（户）			
	运转至城镇处理	镇村范围内无害化处理	镇村范围内简易处理	无处理
湖岭镇	7532	406	7799	–
曹村镇	6505	–	–	–
高楼镇	12134	–	–	–
芳庄乡	1633	–	125	86
林川镇	4384	4	–	–
马屿镇	26526	1041	466	–
塘下镇	34007	5195	4739	–
仙降街道	18470	23	231	–
陶山镇	25943	217	530	–
桐浦镇	9966	–	–	–
飞云街道	10028	–	–	–
莘塍街道	15995	2546	–	–
南滨街道	7887	–	1613	–
潘岱街道	5591	–	–	–
安阳街道	5437	130	–	–
平阳坑镇	1594	737	49	–
云周街道	6681	–	–	–
汀田街道	11188	306	–	–
北麂乡	927	–	481	–
玉海街道	2093	–	–	–
锦湖街道	8341	–	–	–
上望街道	12658	753	–	–
东山街道	5505	647	–	–

表 4-4-5 以镇街为单位的行政村基本情况 – 冬季家庭取暖能源使用情况

乡镇	冬季家庭取暖能源使用情况（户）					
	已完成煤改气的家庭户数	已完成煤改电的家庭户数	燃煤取暖的家庭户数	安装独立土暖气（即带散热片的水暖锅炉）的家庭户数	使用取暖炉（不带暖气片）的家庭户数	使用火炕的家庭户数
湖岭镇	–	–	–	–	–	–
曹村镇	–	–	–	–	–	–
高楼镇	–	–	–	–	–	–
芳庄乡	–	–	–	–	–	–
林川镇	–	–	–	–	–	–
马屿镇	–	–	–	–	–	–
塘下镇	–	–	–	–	–	–
仙降街道	–	–	–	–	–	–
陶山镇	–	–	–	–	–	–
桐浦镇	–	–	–	–	–	–
飞云街道	–	–	–	–	–	–
莘塍街道	–	–	–	–	–	–
南滨街道	–	–	–	–	–	–
潘岱街道	–	–	–	–	–	–
安阳街道	–	–	–	–	–	–
平阳坑镇	–	–	–	–	–	–
云周街道	–	–	–	–	–	–
汀田街道	–	–	–	–	–	–
北麂乡	–	–	–	–	–	–
玉海街道	–	–	–	–	–	–
锦湖街道	–	–	–	–	–	–
上望街道	–	–	–	–	–	–
东山街道	–	–	–	–	–	–

表 4-5 行政村污染物产排情况

指标名称		计量单位	指标值
行政村数量		个	708
农村常住户数		万户	15.57
农村常住人口		万人	60.08
有水冲式厕所户数		万户	15.37
无水冲式厕所户数		万户	0.20
人粪尿综合利用或填埋的户数		万户	0.03
人粪尿采用贮粪池抽吸后集中处理的户数		万户	1.58
人粪尿直排入水体的户数		万户	0.04
人粪尿直排入户用污水处理设备的户数		万户	0.89
人粪尿经化粪池后排入下水管道的户数		万户	12.63
人粪尿其他处理方式的户数		万户	0.39
生活污水直排入农田的户数		万户	0.10
生活污水直排入水体的户数		万户	0.14
生活污水排入户用污水处理设备的户数		万户	1.12
生活污水进入农村集中式处理设施的户数		万户	9.43
生活污水进入市政管网的户数		万户	4.36
生活污水其他去向的户数		万户	0.42
生活污水产生量		万立方米	1380.32
其中	直排入农田－生活污水产生量	万立方米	8.86
	直排入水体－生活污水产生量	万立方米	12.28
	排入户用污水处理设备－生活污水产生量	万立方米	101.36
	进入农村集中式处理设施－生活污水产生量	万立方米	812.76
	进入市政管网－生活污水产生量	万立方米	410.63
	其他－生活污水产生量	万立方米	34.44

指标名称		计量单位	指标值
化学需氧量产生量		吨	9251.82
其中	直排入农田－化学需氧量产生量	吨	61.83
	直排入水体－化学需氧量产生量	吨	88.87
	排入户用污水处理设备－化学需氧量产生量	吨	796.16
	进入农村集中式处理设施－化学需氧量产生量	吨	5363.32
	进入市政管网－化学需氧量产生量	吨	2672.61
	其他－化学需氧量产生量	吨	269.03
五日生化需氧量产生量		吨	3892.34
其中	直排入农田－五日生化需氧量产生量	吨	25.73
	直排入水体－五日生化需氧量产生量	吨	36.55
	排入户用污水处理设备－五日生化需氧量产生量	吨	319.15
	进入农村集中式处理设施－五日生化需氧量产生量	吨	2267.88
	进入市政管网－五日生化需氧量产生量	吨	1134.99
	其他－五日生化需氧量产生量	吨	108.05
氨氮产生量		吨	605.09
其中	直排入农田－氨氮产生量	吨	3.69
	直排入水体－氨氮产生量	吨	5.16
	排入户用污水处理设备－氨氮产生量	吨	44.60
	进入农村集中式处理设施－氨氮产生量	吨	355.90
	进入市政管网－氨氮产生量	吨	180.76
	其他－氨氮产生量	吨	14.98
总氮产生量		吨	1018.02
其中	直排入农田－总氮产生量	吨	6.35
	直排入水体－总氮产生量	吨	9.01
	排入户用污水处理设备－总氮产生量	吨	79.81
	进入农村集中式处理设施－总氮产生量	吨	595.40
	进入市政管网－总氮产生量	吨	300.65
	其他－总氮产生量	吨	26.80
总磷产生量		吨	67.05
其中	直排入农田－总磷产生量	吨	0.44
	直排入水体－总磷产生量	吨	0.62
	排入户用污水处理设备－总磷产生量	吨	5.32
	进入农村集中式处理设施－总磷产生量	吨	39.19
	进入市政管网－总磷产生量	吨	19.69
	其他－总磷产生量	吨	1.80

指标名称	计量单位	指标值
动植物油产生量	吨	269.70
其中 直排入农田 – 动植物油产生量	吨	1.79
直排入水体 – 动植物油产生量	吨	2.55
排入户用污水处理设备 – 动植物油产生量	吨	22.15
进入农村集中式处理设施 – 动植物油产生量	吨	157.13
进入市政管网 – 动植物油产生量	吨	78.58
其他 – 动植物油产生量	吨	7.51
污水排放量	万立方米	1380.32
化学需氧量排放量	吨	3476.33
五日生化需氧量排放量	吨	1262.40
氨氮排放量	吨	216.66
总氮排放量	吨	491.28
总磷排放量	吨	29.03
动植物油排放量	吨	78.82
运转至城镇处理	万户	13.98
镇村范围内无害化处理	万户	0.60
镇村范围内简易处理	万户	0.98
无处理	万户	0.01
已完成煤改气的家庭户数	万户	–
已完成煤改电的家庭户数	万户	–
燃煤取暖的家庭户数	万户	–
安装独立土暖气（即带散热片的水暖锅炉）的家庭户数	万户	–
使用取暖炉（不带暖气片）的家庭户数	万户	–
使用火炕的家庭户数	万户	–

表 4-6 非工业企业单位锅炉污染及防治情况

指标名称		计量单位	指标值
锅炉拥有单位数量		家	15
锅炉数量		台	28
其中	燃煤锅炉数量	台	2
	燃煤锅炉－抛煤机炉数量	台	－
	燃煤锅炉－链条炉数量	台	2
	燃煤锅炉－他层燃炉数量	台	－
	燃煤锅炉－循环流化床锅炉数量	台	－
	燃煤锅炉－煤粉炉数量	台	－
	燃煤锅炉－其他数量	台	－
	燃油锅炉数量	台	21
	燃油锅炉－室燃炉数量	台	21
	燃油锅炉－其他数量	台	－
	燃气锅炉数量	台	3
	燃气锅炉－室燃炉数量	台	3
	燃气锅炉－其他数量	台	－
	燃生物质锅炉数量	台	2
	燃生物质锅炉－层燃炉数量	台	2
	燃生物质锅炉－其他数量	台	－

指标名称	计量单位	指标值
燃料煤消耗量	吨	250.00
燃油消耗量	吨	1563.40
天然气消耗量	万立方米	–
液化石油气、液化天然气及其他气体燃料	吨	9.00
生物质燃料消耗量	吨	380.00
除尘设施数量	套	4
其中 过滤式除尘数量	套	–
静电除尘数量	套	–
湿法除尘数量	套	–
旋风除尘数量	套	4
组合式除尘数量	套	–
脱硫设施数量	套	–
其中 炉内脱硫数量	套	–
烟气脱硫数量	套	–
脱硝设施数量	套	–
其中 炉内低氮技术数量	套	–
烟气脱硝数量	套	–
锅炉废气污染治理设施安装在线监测设施数量	个	–
15米以下的排气筒高度数量	个	15
其中 15米（含）-45米的排气筒高度数量	个	–
45米（含）-120米的排气筒高度数量	个	–
120米（含）以上的排气筒高度数量	个	–
颗粒物产生量	吨	7.61
颗粒物排放量	吨	4.69
二氧化硫产生量	吨	7.03
二氧化硫排放量	吨	7.03
氮氧化物产生量	吨	6.31
氮氧化物排放量	吨	6.31
挥发性有机物产生量	吨	0.20
挥发性有机物排放量	吨	0.20

表 4-7 入河海排污情况汇总表

指标名称		计量单位	指标值
入河（海）排污口个数		个	12
其中	开展水质监测排污口个数	个	–
	入河（海）排污口个数入河排污口个数	个	12
	入河（海）排污口个数入海排污口个数	个	–
	规模以上个数	个	11
	规模以下个数	个	1
	工业废水排污口个数	个	7
	生活污水排污口个数	个	4
	混合污废水排污口个数	个	1
	其他排污口个数	个	–
	通过明渠入河（海）个数	个	–
	通过暗管入河（海）个数	个	12
	通过泵站入河（海）个数	个	–
	通过涵闸入河（海）个数	个	–
	通过其他方式入河（海）个数	个	–

指标名称	计量单位	指标值
枯水期－污水平均排放流量	立方米－小时	－
枯水期－化学需氧量平均浓度	毫克－升	－
枯水期－五日生化需氧量平均浓度	毫克－升	－
枯水期－氨氮平均浓度	毫克－升	－
枯水期－总氮平均浓度	毫克－升	－
枯水期－总磷平均浓度	毫克－升	－
枯水期－动植物油平均浓度	毫克－升	－
丰水期－污水平均排放流量	立方米－小时	－
丰水期－化学需氧量平均浓度	毫克－升	－
丰水期－五日生化需氧量平均浓度	毫克－升	－
丰水期－氨氮平均浓度	毫克－升	－
丰水期－总氮平均浓度	毫克－升	－
丰水期－总磷平均浓度	毫克－升	－
丰水期－动植物油平均浓度	毫克－升	－

第五篇 集中式治理设施篇

表 5-1 工业污水集中处理厂运行情况

指标名称	计量单位	合计	瑞安市华邦印染产业园有限公司	瑞安市绿净污水处理有限公司	瑞安市洁达废水处理有限公司
年运行天数	天	959	365	302	292
用电量	万千瓦时	455.60	226.43	196.08	33.09
污水设计处理能力	m³-日	28200	15000	12000	1200
污水实际处理量	万 m³	381.79	221.55	127.39	32.85
其中：处理的生活污水量	万 m³	–	–	–	–
再生水量	万 m³	110.77	110.77	–	–
工业用水量	万 m³	110.77	110.77	–	–
市政用水量	万 m³	–	–	–	–
景观用水量	万 m³	–	–	–	–
干污泥产生量	吨	7994.00	2766.00	4448.00	780.00
干污泥处置量	吨	7994.00	2766.00	4448.00	780.00
自行处置量	吨	2766.00	2766.00	–	–
土地利用量	吨	–	–	–	–
填埋处置量	吨	–	–	–	–
建筑材料利用量	吨	–	–	–	–
焚烧处置量	吨	2766.00	2766.00	–	–
送外单位处置量	吨	5228.00	–	4448.00	780.00

表 5-2 城镇污水处理厂运行情况

指标名称	计量单位	合计	瑞安市高楼污水处理厂	瑞安紫光水业有限公司	瑞安市富春紫光水务有限公司	瑞安市马屿污水处理厂	瑞安市陶山污水处理厂	瑞安市湖岭污水处理厂
年运行天数	天	2054	365	302	292	365	365	365
用电量	万千瓦时	998.14	12.41	854.65	27.40	21.72	63.17	18.79
污水设计处理能力	m³-日	177500	2000	140000	25000	2500	5000	3000
污水实际处理量	万 m³	6052.48	25.07	5088.08	679.53	74.73	122.17	62.90
其中：生活污水量	万 m³	5769.70	25.07	4892.00	614.90	69.73	105.10	62.90
冉生水量	万 m³	-	-	-	-	-	-	-
工业用水量	万 m³	-	-	-	-	-	-	-
市政用水量	万 m³	-	-	-	-	-	-	-
景观用水量	万 m³	-	-	-	-	-	-	-
干污泥产生量	吨	7033.00	-	6569.00	389.00	75.00	-	-
干污泥处置量	吨	6960.74	-	6569.00	389.00	2.74	-	-
自行处置量	吨	-	-	-	-	-	-	-
土地利用量	吨	-	-	-	-	-	-	-
填埋处置量	吨	-	-	-	-	-	-	-
建筑材料利用量	吨	-	-	-	-	-	-	-
焚烧处置量	吨	-	-	-	-	-	-	-
送外单位处置量	吨	6960.74	-	6569.00	389.00	2.74	-	-

表 5-3 以镇街为单位的农村集中式污水处理设施分布及运行情况

指标名称	计量单位	合计	曹村镇	平阳坑镇	马屿镇	高楼镇	仙降街道	云周街道	潘岱街道	桐浦镇
年运行天数	天	47267	5105	2385	5125	6400	1338	2647	3815	5837
用电量	万千瓦时	98.01	18.60	4.06	9.04	9.45	3.10	7.58	12.46	8.41
污水设计处理能力	m^3-日	18006	2445	750	1940	1960	640	936	2600	1145
污水实际处理量	万 m^3	263.74	50.45	11.13	24.66	23.62	8.38	20.44	33.63	22.71
其中：生活污水量	万 m^3	263.74	50.45	11.13	24.66	23.62	8.38	20.44	33.63	22.71
再生水量	万 m^3	–	–	–	–	–	–	–	–	–
工业用水量	万 m^3	–	–	–	–	–	–	–	–	–
市政用水量	万 m^3	–	–	–	–	–	–	–	–	–
景观用水量	万 m^3	–	–	–	–	–	–	–	–	–
干污泥产生量	吨	288.00	51.00	11.00	28.00	26.00	11.00	21.00	34.00	27.00
干污泥处置量	吨	–	–	–	–	–	–	–	–	–
自行处置量	吨	–	–	–	–	–	–	–	–	–
土地利用量	吨	–	–	–	–	–	–	–	–	–
填埋处置量	吨	–	–	–	–	–	–	–	–	–
建筑材料利用量	吨	–	–	–	–	–	–	–	–	–
焚烧处置量	吨	–	–	–	–	–	–	–	–	–
送外单位处置量	吨	–	–	–	–	–	–	–	–	–

指标名称	计量单位	合计	陶山镇	湖岭镇	芳庄乡	南滨街道	林川镇	飞云街道	锦湖街道	塘下镇
年运行天数	天	47267	10690	638	1098	730	517	580	182	180
用电量	万千瓦时	98.01	16.01	2.11	3.93	0.88	0.99	0.70	0.35	0.34
污水设计处理能力	m^3-日	18006	3780	380	690	215	220	145	80	80
污水实际处理量	万 m^3	263.74	43.60	5.69	10.62	2.37	2.67	1.89	0.95	0.94
其中：处理的生活污水量	万 m^3	263.74	43.60	5.69	10.62	2.37	2.67	1.89	0.95	0.94
再生水量	万 m^3	–	–	–	–	–	–	–	–	–
工业用水量	万 m^3	–	–	–	–	–	–	–	–	–
市政用水量	万 m^3	–	–	–	–	–	–	–	–	–
景观用水量	万 m^3	–	–	–	–	–	–	–	–	–
干污泥产生量	吨	288.00	52.00	7.00	11.00	2.00	3.00	2.00	1.00	1.00
干污泥处置量	吨	–	–	–	–	–	–	–	–	–
自行处置量	吨	–	–	–	–	–	–	–	–	–
土地利用量	吨	–	–	–	–	–	–	–	–	–
填埋处置量	吨	–	–	–	–	–	–	–	–	–
建筑材料利用量	吨	–	–	–	–	–	–	–	–	–
焚烧处置量	吨	–	–	–	–	–	–	–	–	–
送外单位处置量	吨	–	–	–	–	–	–	–	–	–

表 5-4 集中式污水处理设施污染物治理情况

指标名称	计量单位	合计	城镇污水处理厂	工业污水处理厂	农村集中式污水处理设施	其中：生活污水去除量
集中式数量	个	277	6	3	268	–
设计处理能力	万 m³－日	22.37	17.75	2.82	1.80	–
污水实际处理量	万 m³	6698.00	6052.48	381.79	263.74	6033.44
化学需氧量去除量	吨	15934.68	12445.78	3488.90	–	11919.67
生化需氧量去除量	吨	8037.71	7125.55	912.16	–	6831.42
动植物油去除量	吨	130.08	102.68	27.41	–	97.88
总氮去除量	吨	1725.11	1554.52	170.59	–	1484.66
氨氮去除量	吨	1924.83	1887.89	36.93	–	1801.15
总磷去除量	吨	281.45	247.28	34.17	–	236.80
挥发酚去除量	千克	2149.47	2057.84	91.63	–	1961.70
氰化物去除量	千克	220041.83	484.20	219557.63	–	461.58
总砷去除量	千克	2333.40	1573.64	759.75	–	1500.12
总铅去除量	千克	1812.70	907.87	904.83	–	865.46
总镉去除量	千克	492.96	363.15	129.81	–	346.18
总铬去除量	千克	455740.22	1634.17	454106.06	–	1557.82
总汞去除量	千克	2.06	2.06	–	–	1.96

表5-5 生活垃圾集中处置场（厂）基本情况

指标名称	计量单位	瑞安市伟明环保能源有限公司	瑞安市东山垃圾填埋场
乡镇	–	上望街道	上望街道
垃圾处置方式	–	堆肥	填埋
垃圾填埋场水平防渗	–	–	有
年运行天数	天	338	365
本年实际处理量	万吨	34.58	–
设计容量	万立方米	–	250.00
已填容量	万吨	–	250.00
正在填埋作业区面积	万平方米	–	–
已使用粘土覆盖区面积	万平方米	–	–
已使用塑料土工膜覆盖区面积	万平方米	–	–
本年实际填埋量	万吨		
设计处理能力	吨－日	1000	–
本年实际堆肥量	万吨	34.58	–
有无渗滤液收集系统	–	有	–
废水（含渗滤液）产生量	立方米	47114.00	109500.00
废水处理方式	–	1| 自行处理	1| 自行处理
废水设计处理能力	立方米－日	200	300
废水处理方法	–	4100| 活性污泥法	3000| 物理化学处理法
废水实际处理量	立方米	47114.00	109500.00
废水实际排放量	立方米	29533.00	109500.00
渗滤液膜浓缩液产生量	立方米	9422.00	–
渗滤液膜浓缩液处理方法	–	5| 其他	5| 其他

表 5-6 生活垃圾集中处置场（厂）污染物产排情况

指标名称	计量单位	指标值
化学需氧量产生量	吨	1583.29
化学需氧量排放量	吨	3.72
生化需氧量产生量	吨	521.59
生化需氧量排放量	吨	0.22
动植物油产生量	吨	–
动植物油排放量	吨	–
总氮产生量	吨	178.34
总氮排放量	吨	1.85
氨氮产生量	吨	129.69
氨氮排放量	吨	0.04
总磷产生量	吨	2.46
总磷排放量	吨	0.09
挥发酚产生量	千克	–
挥发酚排放量	千克	–
氰化物产生量	千克	–
氰化物排放量	千克	–
砷产生量	千克	3.82
砷排放量	千克	1.66
铅产生量	千克	21.12
铅排放量	千克	3.75
镉产生量	千克	2.10
镉排放量	千克	1.14
总铬产生量	千克	7.53
总铬排放量	千克	5.76
六价铬产生量	千克	2.64
六价铬排放量	千克	1.61
汞产生量	千克	0.26
汞排放量	千克	0.12
焚烧废气排放量	立方米	–
二氧化硫排放量	千克	–
氮氧化物排放量	千克	–
颗粒物排放量	千克	–
砷及其化合物排放量	千克	–
铅及其化合物排放量	千克	–
镉及其化合物排放量	千克	–
铬及其化合物排放量	千克	–
汞及其化合物排放量	千克	–
汞及其化合物排放量	千克	–

表 5-7 危险废物集中处置厂运行情况

指标名称	计量单位	浙江华峰合成树脂有限公司
危险废物利用处置方式	–	综合利用，焚烧
本年运行天数	天	320
危险废物接收量	吨	3853.00
危险废物设计处置利用能力	吨－年	5400.00
危险废物处置利用总量	吨	3853.00
处置工业危险废物量	吨	660.00
处置医疗废物量	吨	–
处置其他危险废物量	吨	–
综合利用危险废物量	吨	3193.00
危险废物设计综合利用能力	吨－年	4400
实际利用量	吨	3193.00
综合利用方式	–	金属材料回收
焚烧设施数量	台	1
其中： 炉排炉数量	台	–
流化床数量	台	–
固定床（含热解炉）数量	台	–
旋转炉数量	台	1
其他焚烧设施数量	台	–
设计焚烧处置能力	吨－年	1000
实际焚烧处置量	吨	660.00
使用的助燃剂种类	–	2| 燃料油
煤炭消耗量	吨	–
燃料油消耗量（不含车船用）	吨	192.00
天然气消耗量	万立方米	–
废气设计处理能力	立方米－时	12000
焚烧残渣产生量	吨	72.00
焚烧残渣填埋处置量	吨	73.00
焚烧飞灰产生量	吨	7.00
焚烧飞灰填埋处置量	吨	7.00
实际处置医疗废物量	吨	–
废水处理方法	–	4110|A-O 工艺
废水设计处理能力	立方米－时	600
废水产生量	立方米	266.00
实际处理废水量	立方米	–
废水排放量	立方米	266.00

表 5–8 危险废物集中处置厂污染物产排情况

指标名称	计量单位	指标值
化学需氧量产生量	千克	93.10
化学需氧量排放量	千克	6.30
生化需氧量产生量	千克	–
生化需氧量排放量	千克	–
动植物油产生量	千克	–
动植物油排放量	千克	–
总氮产生量	千克	9.30
总氮排放量	千克	3.10
氨氮产生量	千克	9.30
氨氮排放量	千克	0.10
总磷产生量	千克	0.20
总磷排放量	千克	0.20
挥发酚产生量	千克	–
挥发酚排放量	千克	–
氰化物产生量	千克	–
氰化物排放量	千克	–
砷产生量	千克	–
砷排放量	千克	–
铅产生量	千克	–
铅排放量	千克	–
镉产生量	千克	–
镉排放量	千克	–
总铬产生量	千克	–
总铬排放量	千克	–
六价铬产生量	千克	–
六价铬排放量	千克	–
汞产生量	千克	–
汞排放量	千克	–
焚烧废气排放量	立方米	–
二氧化硫排放量	千克	480.4124
氮氧化物排放量	千克	3230.1414
颗粒物排放量	千克	207.968
砷及其化合物排放量	千克	–
铅及其化合物排放量	千克	–
镉及其化合物排放量	千克	–
铬及其化合物排放量	千克	–
汞及其化合物排放量	千克	–
汞及其化合物排放量	千克	–

第六篇　移动源及其他产生、排放污染物的设施篇

表 6-1　地区储油库油气回收情况

指标名称	计量单位	指标值
填报储油库数	座	2
储罐数	个	3
其中：原油储罐数	个	–
其中：柴油储罐数	个	2
其中：汽油储罐数	个	1
其中：内浮顶罐数	个	1
其中：外浮顶罐数	个	–
其中：固定顶罐数	个	–
储罐罐容	立方米	14650.00
其中：原油储罐罐容	立方米	–
其中：汽油储罐罐容	立方米	4400.00
其中：柴油储罐罐容	立方米	10250.00
油品年周转量	吨	57000.00
其中：原油年周转量	吨	–
其中：汽油年周转量	吨	20000.00
其中：柴油年周转量	吨	37000.00
储油库 VOCs 排放量	吨	18.41

表 6-2 地区加油站油气回收情况

指标名称	计量单位	指标值
总罐容	立方米	3397.00
其中：汽油总罐容	立方米	2300.00
其中：柴油总罐容	立方米	1097.00
年销售量	吨	255482.27
其中：汽油年销售量	吨	209043.31
其中：柴油年销售量	吨	46438.96
加油站数	座	38
其中：无油气回收加油站数	座	1
其中：一阶段油气回收加油站数	座	5
其中：二阶段油气回收加油站数	座	31
其中：二阶段油气回收 – 有油气处理装置加油站数	座	9
其中：二阶段油气回收 – 无油气处理装置加油站数	座	28
其中：有在线监测系统加油站数	座	6
其中：无在线监测系统加油站数	座	31
加油站 VOCs 挥发量测算	吨	311.10

表 6-3 地区油品运输企业油气回收情况

指标名称	计量单位	指标值
油品运输企业数	个	1
年汽油运输总量	吨	41063.00
年柴油运输总量	吨	15856.00
油罐车数量	辆	10
其中：具有油气回收系统的油罐车数量	辆	8
其中：定期进行油气回收系统的油罐车数量	辆	8
汽油 VOCs 挥发量测算	吨	3.67

第二部分

第一次全国污染源普查资料汇编

第一篇　综合篇

表 1-1 普查对象综合概况

指标名称		计量单位	代码	指标值
工业污染源				
工业企业数（填报 G101）		个	1	978
其中：大型企业		个	3	2
中型企业		个	4	31
小型企业		个	5	945
其中：集体企业		个	6	1
股份合作企业		个	7	17
股份有限公司		个	8	15
合资经营企业（港或澳、台资）		个	9	1
港、澳、台商独资企业		个	10	1
其他企业		个	11	196
其他有限责任公司		个	12	153
私营独资企业		个	13	96
私营股份有限公司		个	14	7
私营合伙企业		个	15	72
私营企业		个	16	244
私营有限责任公司		个	17	154
有限责任公司		个	18	14
中外合资经营企业		个	19	7
农业源（畜禽养殖业污染源）				
养殖场数		个	20	572
其中	猪	个	20	398
	奶牛	个	21	73
	肉牛	个	22	11
	蛋鸡	个	23	28
	肉鸡	个	24	62

表 1-2 普查对象污染物产排情况

指标名称	计量单位	产生量	排放量
废水污染物			
工业废水	万吨	1342.33	857.23
化学需氧量	吨	10843.16	2178.11
生化需氧量	吨	1613.32	397.01
氨氮	吨	213.26	61.14
石油类	吨	42.54	8.80
挥发酚	吨	–	–
氰化物	千克	83960.50	9599.59
总铬	千克	2973.00	163.90
六价铬	千克	125079.01	21823.35
铅	千克	0.29	0.29
镉	千克	1.05	1.05
类金属汞	千克	–	–
类金属砷	千克	0.05	0.05
废气污染物			
工业废气量	万立方米	–	211119.13
二氧化硫	吨	684.18	553.39
氮氧化物	吨	163.41	163.41
工业粉尘	吨	676.93	650.11
氟化物	吨	–	–
烟尘	吨	945.97	429.83

第二篇　工业源

一、工业源普查对象基本情况

表 2-1-1 按镇街及企业规模等级分组的普查对象

乡镇	企业数量（个）	企业规模		
		大型	中型	小型
总 计	978	2	31	945
安阳街道	8	–	–	8
玉海街道	8	–	–	8
锦湖街道	17	–	1	16
东山街道	52	2	7	43
上望街道	42	–	2	40
潘岱街道	26	–	0	26
塘下镇	413	–	10	403
莘塍镇	77	–	4	73
汀田镇	115	–	3	112
飞云镇	87	–	1	86
仙降镇	33	–	–	33
马屿镇	12	–	–	12
曹村镇	4	–	–	4
陶山镇	16	–	2	14
碧山镇	18	–	–	18
湖岭镇	8	–	–	8
平阳坑镇	5	–	–	5
桐浦乡	14	–	–	14
永安乡	3	–	–	3
芳庄乡	1	–	–	1
林溪乡	7	–	–	7
潮基乡	8	–	1	7
鹿木乡	3	–	–	3
北麂乡	1	–	–	1

表 2-1-2 按行业及企业规模等级分组的普查对象

行业名称	企业数量（个）	企业规模		
		大型	中型	小型
总 计	977	2	31	944
化学原料及化学制品制造业	54	1	–	53
通用设备制造业	71	–	4	67
有色金属冶炼及压延加工业	101	–	1	100
食品制造业	45	–	1	44
黑色金属冶炼及压延加工业	59	–	–	59
金属制品业	173	–	1	172
印刷业和记录媒介的复制	9	–	–	9
电气机械及器材制造业	14	–	5	9
造纸及纸制品业	119	–	–	119
通信设备、计算机及其他电子设备制造业	3	–	–	3
非金属矿采选业	3	–	–	3
饮料制造业	8	–	–	8
农副食品加工业	76	–	2	74
纺织业	94	–	6	88
医药制造业	1	–	1	–
交通运输设备制造业	39	1	4	34
非金属矿物制品业	57	–	–	57
化学纤维制造业	6	–	3	3
石油加工、炼焦及核燃料加工业	4	–	–	4
专用设备制造业	12	–	2	10
橡胶制品业	6	–	–	6
家具制造业	2	–	–	2
皮革、毛皮、羽毛（绒）及其制品业	13	–	1	12
工艺品及其他制造业	8	–	–	8
仪器仪表及文化、办公用机械制造业	1	–	–	1

表 2-1-3 按镇街及注册类型分组的普查对象

单位：个

乡镇	合计	其他企业	私营独资企业	私营企业	私营有限责任公司	私营合伙企业	集体企业	股份合作企业
小计	978	196	96	244	154	72	1	17
安阳街道	8	3	1	1	1	2	–	–
玉海街道	8	1	–	4	–	1	1	1
锦湖街道	17	1	2	1	1	3	–	–
东山街道	52	3	1	1	11	7	–	–
上望街道	42	17	6	4	8	2	–	2
潘岱街道	26	10	–	2	3	–	–	–
塘下镇	413	61	55	154	52	11	–	11
莘塍镇	77	6	5	21	16	13	–	1
汀田镇	115	49	6	26	13	7	–	–
飞云镇	87	26	5	15	18	2	–	–
仙降镇	33	6	7	6	9	1	–	–
马屿镇	12	1	1	1	2	3	–	–
曹村镇	4	2	–	1	–	–	–	–
陶山镇	16	2	–	2	4	6	–	–
碧山镇	18	1	1	–	2	12	–	1
湖岭镇	8	1	2	–	3	–	–	–
平阳坑镇	5	–	–	–	–	–	–	1
桐浦乡	14	4	1	5	2	1	–	–
永安乡	3	1	–	–	2	–	–	–
芳庄乡	1	–	–	–	–	–	–	–
林溪乡	7	–	1	–	1	1	–	–
潮基乡	8	–	2	–	3	1	–	–
鹿木乡	3	1	–	–	2	–	–	–
北麂乡	1	–	–	–	1	–	–	–

乡镇	合计	其他有限责任公司	股份有限公司	中外合资经营企业	有限责任公司	合资经营企业（港或澳、台资）	私营股份有限公司	港、澳、台商独资企业
小计	978	153	15	7	14	1	7	1
安阳街道	8	–	–	–	–	–	–	–
玉海街道	8	–	–	–	–	–	–	–
锦湖街道	17	7	2	–	–	–	–	–
东山街道	52	22	5	2	–	–	–	–
上望街道	42	2	–	1	–	–	–	–
潘岱街道	26	7	1	–	2	1	–	–
塘下镇	413	53	3	1	7	–	5	–
莘塍镇	77	12	2	–	1	–	–	–
汀田镇	115	13	–	–	1	–	–	–
飞云镇	87	18	1	–	–	–	2	–
仙降镇	33	5	–	–	–	–	–	–
马屿镇	12	1	–	1	2	–	–	–
曹村镇	4	–	–	–	–	–	–	1
陶山镇	16	1	1	–	–	–	–	–
碧山镇	18	1	–	–	–	–	–	–
湖岭镇	8	2	–	–	–	–	–	–
平阳坑镇	5	4	–	–	–	–	–	–
桐浦乡	14	–	–	–	1	–	–	–
永安乡	3	–	–	–	–	–	–	–
芳庄乡	1	1	–	–	–	–	–	–
林溪乡	7	4	–	–	–	–	–	–
潮基乡	8	–	–	2	–	–	–	–
鹿木乡	3	–	–	–	–	–	–	–
北麂乡	1	–	–	–	–	–	–	–

表 2-1-4 按行业及注册类型分组的普查对象

单位：个

行业名称	合计	其他企业	私营独资企业	私营企业	私营有限责任公司	私营合伙企业	集体企业	股份合作企业
小计	978	195	96	244	154	72	1	17
化学原料及化学制品制造业	54	14	5	4	9	3	–	2
通用设备制造业	71	8	4	15	13	17	–	–
有色金属冶炼及压延加工业	101	25	6	51	3	4	–	–
食品制造业	45	16	5	7	5	8	–	–
黑色金属冶炼及压延加工业	59	10	8	14	13	6	–	–
金属制品业	173	4	35	92	9	5	1	8
印刷业和记录媒介的复制	9	6	–	–	–	2		1
电气机械及器材制造业	14	1	1	–	3	–	–	–
造纸及纸制品业	119	38	12	17	18	9	–	1
通信设备、计算机及其他电子设备制造业	3	–	–	2	–	–	–	–
非金属矿采选业	3	1	–	1	–	–	–	–
饮料制造业	8	2	–	1	2	–	–	–
农副食品加工业	76	31	2	8	17	2	–	–
纺织业	94	12	9	19	24	5	–	2
医药制造业	1	–	–	–	–	–	–	–
交通运输设备制造业	39	2	–	5	11	3	–	1
非金属矿物制品业	57	22	4	5	15	5	–	1
化学纤维制造业	6	–	–	–	2	–	–	–
石油加工、炼焦及核燃料加工业	4	–	2	–	2	–	–	–
专用设备制造业	12	–	3	1	5	1	–	–
橡胶制品业	6	–	–	1	2	–	–	–
家具制造业	2	–	–	–	–	–	–	–
皮革、毛皮、羽毛（绒）及其制品业	13	2	–	1	–	–	–	1
工艺品及其他制造业	8	1	–	–	1	2	–	–
仪器仪表及文化、办公用机械制造业	1	1	–	–	–	–	–	–

行业名称	合计	其他有限责任公司	股份有限公司	中外合资经营企业	有限责任公司	合资经营企业（港或澳、台资）	私营股份有限公司	港、澳、台商独资企业
小计	978	153	15	7	14	1	7	1
化学原料及化学制品制造业	54	10	3	2	–	1	1	–
通用设备制造业	71	11	–	1	2	–	–	–
有色金属冶炼及压延加工业	101	8	2	–	1	–	1	–
食品制造业	45	3	1	–	–	–	–	–
黑色金属冶炼及压延加工业	59	6	–	–	2	–	–	–
金属制品业	173	16	–	1	2	–	–	–
印刷业和记录媒介的复制	9	–	–	–	–	–	–	–
电气机械及器材制造业	14	7	1	–	1	–	–	–
造纸及纸制品业	119	21	3	–	–	–	–	–
通信设备、计算机及其他电子设备制造业	3	1	–	–	–	–	–	–
非金属矿采选业	3	–	–	–	–	–	1	–
饮料制造业	8	2	–	–	1	–	–	–
农副食品加工业	76	16	–	–	–	–	–	–
纺织业	94	17	2	–	2	–	2	–
医药制造业	1	1	–	–	–	–	–	–
交通运输设备制造业	39	11	1	1	3	–	1	–
非金属矿物制品业	57	4	–	–	–	–	1	–
化学纤维制造业	6	2	2	–	–	–	–	–
石油加工、炼焦及核燃料加工业	4	–	–	–	–	–	–	–
专用设备制造业	12	2	–	–	–	–	–	1
橡胶制品业	6	3	–	–	–	–	–	–
家具制造业	2	2	–	–	–	–	–	–
皮革、毛皮、羽毛（绒）及其制品业	13	7	–	2	–	–	–	–
工艺品及其他制造业	8	3	–	–	–	–	–	1
仪器仪表及文化、办公用机械制造业	1	–	–	–	–	–	–	–

表 2-1-5 按镇街及行业类型分组的普查对象

单位：个

行业名称	合计	安阳街道	玉海街道	锦湖街道	东山街道	上望街道	潘岱街道	塘下镇	莘塍镇
小计	978	8	8	17	52	42	26	413	77
化学原料及化学制品制造业	54	3	–	2	2	3	7	16	3
通用设备制造业	71	1	–	1	1	2	–	35	4
有色金属冶炼及压延加工业	101	1	–	3	–	–	1	66	4
食品制造业	45	2	–	2	6	2	2	2	2
黑色金属冶炼及压延加工业	59	1	–	–	–	–	2	33	6
金属制品业	173	–	6	1	2	7	1	112	17
印刷业和记录媒介的复制	9	–	2	–	–	–	4	–	3
电气机械及器材制造业	14	–	–	1	5	–	1	4	1
造纸及纸制品业	119	–	–	5	6	2	3	25	8
通信设备、计算机及其他电子设备制造业	3	–	–	1	–	–	–	1	–
非金属矿采选业	3	–	–	1	–	–	–	2	–
饮料制造业	8	–	–	–	3	–	1	1	1
农副食品加工业	76	–	–	–	20	13	–	6	1
纺织业	94	–	–	–	1	2	1	47	11
医药制造业	1	–	–	–	1	–	–	–	–
交通运输设备制造业	39	–	–	–	3	3	1	24	6
非金属矿物制品业	57	–	–	–	1	6	2	25	2
化学纤维制造业	6	–	–	–	1	–	–	1	1
石油加工、炼焦及核燃料加工业	4	–	–	–	–	2	–	1	–
专用设备制造业	12	–	–	–	–	–	–	8	2
橡胶制品业	6	–	–	–	–	–	–	4	–
家具制造业	2	–	–	–	–	–	–	–	2
皮革、毛皮、羽毛（绒）及其制品业	13	–	–	–	–	–	–	–	2
工艺品及其他制造业	8	–	–	–	–	–	–	–	1
仪器仪表及文化、办公用机械制造业	1	–	–	–	–	–	–	–	–

行业名称	合计	汀田镇	飞云镇	仙降镇	马屿镇	曹村镇	陶山镇	碧山镇	湖岭镇
小计	978	115	87	33	12	4	16	18	8
化学原料及化学制品制造业	54	4	9	2	-	-	-	1	-
通用设备制造业	71	4	2	-	2	-	7	10	-
有色金属冶炼及压延加工业	101	20	3	1	1	-	-	-	-
食品制造业	45	6	13	5	-	-	-	-	1
黑色金属冶炼及压延加工业	59	15	-	-	-	-	1	-	-
金属制品业	173	15	4	3	3	-	1	-	-
印刷业和记录媒介的复制	9	-	-	-	-	-	-	-	-
电气机械及器材制造业	14	-	-	-	1	-	-	-	1
造纸及纸制品业	119	17	25	15	2	-	2	2	1
通信设备、计算机及其他电子设备制造业	3	-	1	-	-	-	-	-	-
非金属矿采选业	3	-	-	-	-	-	-	-	-
饮料制造业	8	-	-	-	-	-	-	-	-
农副食品加工业	76	8	10	2	1	1	1	1	4
纺织业	94	14	10	3	-	-	2	2	-
医药制造业	1	-	-	-	-	-	-	-	-
交通运输设备制造业	39	1	1	-	-	-	-	-	-
非金属矿物制品业	57	6	6	1	1	-	1	2	-
化学纤维制造业	6	3	-	-	-	-	-	-	-
石油加工、炼焦及核燃料加工业	4	-	-	1	-	-	-	-	-
专用设备制造业	12	-	1	-	1	-	-	-	-
橡胶制品业	6	1	1	-	-	-	-	-	-
家具制造业	2	-	-	-	-	-	-	-	-
皮革、毛皮、羽毛（绒）及其制品业	13	-	1	-	-	2	-	-	-
工艺品及其他制造业	8	-	-	-	-	-	1	1	1
仪器仪表及文化、办公用机械制造业	1	1	-	-	-	-	-	-	-

行业名称	合计	平阳坑镇	桐浦乡	永安乡	芳庄乡	林溪乡	潮基乡	鹿木乡	北麂乡
小计	978	5	14	3	1	7	8	3	1
化学原料及化学制品制造业	54	–	1	–	–	1	–	–	–
通用设备制造业	71	–	1	–	–	–	1	–	–
有色金属冶炼及压延加工业	101	–	–	–	–	–	1	–	–
食品制造业	45	–	1	–	–	–	1	–	–
黑色金属冶炼及压延加工业	59	–	–	–	–	–	1	–	–
金属制品业	173	–	1	–	–	–	–	–	–
印刷业和记录媒介的复制	9	–	–	–	–	–	–	–	–
电气机械及器材制造业	14	–	–	–	–	–	–	–	–
造纸及纸制品业	119	–	2	–	1	1	1	1	–
通信设备、计算机及其他电子设备制造业	3	–	–	–	–	–	–	–	–
非金属矿采选业	3	–	–	–	–	–	–	–	–
饮料制造业	8	–	–	2	–	–	–	–	–
农副食品加工业	76	–	4	1	–	–	–	2	1
纺织业	94	–	–	–	–	–	1	–	–
医药制造业	1	–	–	–	–	–	–	–	–
交通运输设备制造业	39	–	–	–	–	–	–	–	–
非金属矿物制品业	57	–	–	–	–	–	–	–	–
化学纤维制造业	6	–	–	–	–	–	–	–	–
石油加工、炼焦及核燃料加工业	4	–	–	–	–	–	–	–	–
专用设备制造业	12	–	–	–	–	–	–	–	–
橡胶制品业	6	–	–	–	–	–	–	–	–
家具制造业	2	–	–	–	–	–	–	–	–
皮革、毛皮、羽毛（绒）及其制品业	13	5	–	–	–	1	2	–	–
工艺品及其他制造业	8	–	–	–	–	4	–	–	–
仪器仪表及文化、办公用机械制造业	1	–	–	–	–	–	–	–	–

表 2-1-6 能源消费总量汇总

指标名称	计量单位	指标值
综合能源	吨标准煤	230797.49
原煤	吨	202289.92
洗精煤	吨	—
其他洗煤	吨	—
型煤	吨	7.50
焦炭	吨	443.00
焦炉煤气	立方米	—
高炉煤气	立方米	—
天然气 *	立方米	—
液化天然气 *	立方米	—
液化石油气 *	立方米	—
炼厂干气 *	立方米	—
原油 *	吨	—
汽油 *	吨	—
煤油 *	吨	—
柴油 *	吨	2505.60
燃料油 *	吨	5180.75
其他燃料 *	吨	—
热力	万吉焦	—
电力	万千瓦时	60874.29

表 2-1-7 按镇街分组能源消耗情况

乡镇	综合能源	原煤	型煤	焦炭	柴油 *	燃料油 *	电力
计量单位	吨标准煤	吨	吨	吨	吨	吨	万千瓦时
合计	230797.49	202289.92	7.50	443.00	2505.60	5180.75	60874.29
安阳街道	148.10	88.70	–	–	4.68	–	63.40
玉海街道	110.62	–	–	–	–	–	90.00
锦湖街道	3445.52	2855.00	–	–	–	–	1144.15
东山街道	73686.78	60355.00	–	–	16.30	4459.00	19675.60
上望街道	2079.23	751.80	–	33.00	37.97	–	1183.74
潘岱街道	15429.35	19173.86	6.50	–	–	–	1407.29
塘下镇	51528.62	38362.15	–	140.00	15.00	–	19502.48
莘塍镇	15056.17	13925.07	–	30.00	1445.00	–	2420.52
汀田镇	19947.32	18965.55	–	120.00	986.65	30.00	3908.07
飞云镇	17199.76	19128.00	1.00	–	–	–	2877.16
仙降镇	4796.93	5912.60	–	–	–	–	466.68
马屿镇	1733.87	1374.51	–	–	–	–	611.93
曹村镇	39.90	38.00	–	–	–	–	10.38
陶山镇	12879.59	10240.76	–	–	–	691.75	3723.67
碧山镇	4491.63	4123.92	–	–	–	–	1257.89
湖岭镇	129.70	30.00	–	–	–	–	88.10
平阳坑镇	113.56	122.00	–	–	–	–	21.50
桐浦乡	1284.41	1270.00	–	–	–	–	306.95
永安乡	24.10	23.00	–	–	–	–	6.24
芳庄乡	44.86	60.00	–	–	–	–	1.63
林溪乡	88.11	20.00	–	–	–	–	60.07
潮基乡	6493.01	5410.00	–	120.00	–	–	2044.00
鹿木乡	9.16	10.00	–	–	–	–	1.64
北麂乡	37.19	50.00	–	–	–	–	1.20

表 2-1-8 按行业分组能源消耗情况

行业名称	综合能源	原煤	型煤	焦炭	柴油*	燃料油*	电力
计量单位	吨标准煤	吨	吨	吨	吨	吨	万千瓦时
合计	230797.49	202289.92	7.50	443.00	2505.60	5180.75	60874.29
化学原料及化学制品制造业	26989.25	31205.80	–	15.00	–	–	3811.45
通用设备制造业	16230.98	10386.68	–	183.00	–	691.75	6221.14
有色金属冶炼及压延加工业	17303.48	9047.70	–	190.00	1419.68	–	6987.41
食品制造业	6025.89	5148.60	6.50	–	–	–	1907.52
黑色金属冶炼及压延加工业	6041.88	5724.75	–	35.00	20.00	30.00	1502.56
金属制品业	13771.20	9271.61	–	–	966.65	–	4670.31
印刷业和记录媒介的复制	12.21	–	–	–	–	–	9.95
电气机械及器材制造业	3790.49	524.07	–	–	–	–	2779.60
造纸及纸制品业	17403.26	21957.00	–	–	–	–	1398.98
通信设备、计算机及其他电子设备制造业	24.71	–	–	–	–	–	20.11
非金属矿采选业	74.48	–	–	–	–	–	60.60
饮料制造业	2439.64	2866.00	–	–	45.00	–	265.97
农副食品加工业	1699.91	711.90	–	–	16.30	–	950.12
纺织业	41012.46	42986.95	–	–	–	–	8386.35
医药制造业	5162.08	6000.00	–	–	–	–	713.00
交通运输设备制造业	8886.96	1063.70	1.00	–	2.00	–	6609.94
非金属矿物制品业	2213.48	2512.86	–	20.00	–	–	324.80
化学纤维制造业	55251.36	46416.00	–	–	–	4459.00	12796.00
石油加工、炼焦及核燃料加工业	241.47	252.30	–	–	35.97	–	7.20
专用设备制造业	777.93	390.00	–	–	–	–	406.29
橡胶制品业	976.58	1187.00	–	–	–	–	104.72
家具制造业	45.96	–	–	–	–	–	37.40
皮革、毛皮、羽毛（绒）及其制品业	4339.55	4627.00	–	–	–	–	841.73
工艺品及其他制造业	81.05	10.00	–	–	–	–	60.14
仪器仪表及文化、办公用机械制造业	1.23	–	–	–	–	–	1.00

二、废水及其污染物的产排情况

表 2-2-1 按镇街及企业规模等级分组的涉水企业数量

单位：个

乡镇	合计	企业规模		
		小型	中型	大型
合计	575	544	29	2
安阳街道	5	5	–	–
玉海街道	6	6	–	–
锦湖街道	9	7	2	–
东山街道	46	37	7	2
上望街道	29	27	2	–
潘岱街道	12	12	–	–
塘下镇	246	237	9	–
莘塍镇	33	30	3	–
汀田镇	51	49	2	–
飞云镇	45	44	1	–
仙降镇	19	19	–	–
马屿镇	7	7	–	–
曹村镇	4	4	–	–
陶山镇	15	13	2	–
碧山镇	13	13	–	–
湖岭镇	5	5	–	–
平阳坑镇	5	5	–	–
桐浦乡	11	11	–	–
永安乡	3	3	–	–
芳庄乡	1	1	–	–
林溪乡	1	1	–	–
潮基乡	6	5	1	–
鹿木乡	2	2	–	–
北麂乡	1	1	–	–

表 2-2-2 按行业及企业规模等级分组的涉水企业数量

单位：个

行业名称	合计	企业规模		
		小型	中型	大型
小计	575	544	29	2
化学原料及化学制品制造业	38	37	–	1
食品制造业	38	37	1	–
金属制品业	159	158	1	–
电气机械及器材制造业	11	6	5	–
非金属矿采选业	1	1	–	–
造纸及纸制品业	17	17	–	–
饮料制造业	8	8	–	–
农副食品加工业	70	68	2	–
纺织业	63	58	5	–
医药制造业	1	–	1	–
交通运输设备制造业	13	9	3	1
通用设备制造业	33	29	4	–
非金属矿物制品业	24	24	–	–
化学纤维制造业	3	–	3	–
黑色金属冶炼及压延加工业	25	25	–	–
橡胶制品业	5	5	–	–
专用设备制造业	3	1	2	–
有色金属冶炼及压延加工业	50	49	1	–
通信设备、计算机及其他电子设备制造业	1	1	–	–
皮革、毛皮、羽毛（绒）及其制品业	10	9	1	–
石油加工、炼焦及核燃料加工业	1	1	–	–
工艺品及其他制造业	1	1	–	–

表 2-2-3 按镇街分组的涉水企业用水及产排情况

单位：吨

乡镇	用水总量（吨）	废水产生量（吨）	废水排放量（吨）	受纳水体		
				飞云江	瑞塘河	东海
总计	8572302.63	17371131.78	13423310.71	4017005.06	4554971.57	–
安阳街道	31.00	19148.00	31.00	–	31.00	–
北麂乡	326.00	600.00	326.00	–	–	326.00
碧山镇	15434.70	25530.50	17217.70	15434.70	–	–
曹村镇	2392.40	2992.00	2392.40	2392.40	–	–
潮基乡	513959.00	964700.00	653959.00	513959.00	–	–
东山街道	576600.29	2264587.30	1006183.29	519500.29	57100.00	–
芳庄乡	2100.00	3000.00	2100.00	2100.00	–	–
飞云镇	1894540.10	5112605.50	4612043.10	1894540.10	–	–
湖岭镇	8016.72	10162.00	8016.72	8016.72	–	–
锦湖街道	57214.00	223709.00	57214.00	55817.00	1397.00	–
林溪乡	1020.00	1320.00	1020.00	1020.00	–	–
鹿木乡	2253.06	2400.00	2253.06	2253.06	–	–
马屿镇	94243.51	119308.00	94243.51	82283.51	11960.00	–
潘岱街道	265786.08	544319.00	280186.08	265786.08	–	–
平阳坑镇	65111.00	77500.00	70880.00	65111.00	–	–
上望街道	116360.86	169270.35	140370.86	72394.90	43965.96	–
莘塍镇	799020.42	1029742.27	859418.42	46078.00	752942.42	–
塘下镇	2695201.01	3394022.66	2765560.09	–	2695201.01	–
陶山镇	79957.60	376299.00	279586.60	79957.60	–	–
汀田镇	992374.18	2141192.00	1791415.18	42502.40	992374.18	–
桐浦乡	42502.40	55523.00	42502.40	269495.30	–	–
仙降镇	269495.30	736236.20	658028.30	6240.00	–	–
永安乡	6240.00	6810.00	6240.00	72123.00	–	–
玉海街道	72123.00	90155.00	72123.00	–	–	–

表 2-2-4 按行业分组的涉水企业用水及产排情况

单位：万立方米

行业名称	用水总量	废水产生量	废水排放量	受纳水体		
				飞云江	瑞塘河	东海
总计	1737.11	1342.33	857.23	401.70	455.50	0.03
纺织业	281.51	230.59	205.21	68.85	136.36	–
非金属矿采选业	0.18	0.14	0.14	–	0.14	–
工艺品及其他制造业	0.14	0.12	0.12	0.12	–	–
黑色金属冶炼和压延加工业	11.35	6.48	6.42	3.20	3.21	–
化学纤维制造业	95.00	44.22	19.08	4.68	14.40	–
化学原料和化学制品制造业	96.16	47.59	30.63	30.29	0.34	–
交通运输设备制造业	50.46	25.94	21.74	11.02	10.72	–
金属制品业	22.15	16.71	16.42	2.85	13.56	–
酒、饮料和精制茶制造业	23.40	16.86	16.86	4.86	12.00	–
农副食品加工业	36.35	29.29	29.27	23.52	5.72	0.03
皮革、毛皮、羽毛及其制品和制鞋业	101.85	70.57	60.99	60.99	–	–
汽车制造业	1.52	1.43	1.43	–	1.43	–
石油加工、炼焦及核燃料加工业	0.15	–	–	–	–	–
食品制造业	29.87	6.84	6.81	6.79	0.02	–
通信设备、计算机及其他电子设备制造业	16.22	13.30	13.30	3.93	9.36	–
通用设备制造业	272.33	218.19	218.19	25.46	192.74	–
橡胶和塑料制品业	4.93	3.70	3.70	–	3.70	–
医药制造业	15.15	–	–	–	–	–
仪器仪表及文化、办公用机械制造业	0.18	0.14	0.14	0.14	–	–
有色金属冶炼和压延加工业	29.16	23.60	4.59	0.35	4.24	–
造纸和纸制品业	621.16	565.79	183.14	150.37	32.77	–
专用设备制造业	27.88	20.85	19.05	4.28	14.76	–

表 2-2-5 地区工业企业废水治理情况

乡镇	废水治理设施数 （套）	设施处理能力 （立方米－日）	年实际处理 本单位量 （立方米－年）	年实际处理 外单位量 （立方米－年）	年实际 处理水量 （立方米－年）
总计	197	53674.75	9054341.11	480794.85	9535135.96
碧山镇	1	60	12965.00	－	12965.00
曹村镇	1	6	1150.00	－	1150
潮基乡	2	5000	600000.00	－	600000.00
东山街道	14	4496	857393.00	－	857393.00
飞云镇	13	19057	2920294.50	－	2920294.50
锦湖街道	3	240	54103.00	－	54103.00
马屿镇	3	503	63440.00	－	63440.00
潘岱街道	5	1120	257569.00	－	257569.00
平阳坑镇	5	1000	70880.00	－	70880.00
上望街道	6	450	75194.00	19387.00	94581.00
莘塍镇	22	3640	820582.50	22274.00	842856.50
塘下镇	81	10884.5	1647058.11	404153.85	2051211.96
陶山镇	3	810	73011.00	－	73011.00
汀田镇	26	4255	1202554.00	6188.00	1208742.00
桐浦乡	1	50	16500.00	－	16500.00
仙降镇	5	1835	309524.00	28792.00	338316.00
玉海街道	6	268.25	72123.00	－	72123.00
总计	197	53674.75	9054341.11	480794.85	9535135.96

表 2-2-6 废水及各类污染物的产排情况

污染物指标	计量单位	产生量	排放量	去除率（%）
废水	万立方米	–	857.23	–
化学需氧量	吨	10843.16	2178.11	79.91%
氨氮	吨	213.26	61.14	71.33%
石油类	吨	42.54	8.80	79.31%
挥发酚	千克	–	–	–
氰化物	千克	83960.50	9599.59	88.57%
总砷	千克	0.05	0.05	–
总铅	千克	0.29	0.29	–
总镉	千克	1.05	1.05	–
总铬	千克	2973.00	163.90	94.49%
六价铬	千克	125079.01	21823.35	82.55%
总汞	千克	–	–	–

表 2-2-7 按镇街分组污染物产排情况

单位：吨

乡镇	化学需氧量		氨氮		石油类		挥发酚	
	产生量	排放量	产生量	排放量	产生量	排放量	产生量	排放量
总计	10843.20	2178.11	213.26	61.14	42.54	8.80	–	–
安阳街道	0.03	0.03	–	–	–	–	–	–
北麂乡	0.51	0.51	0.02	0.02	–	–	–	–
碧山镇	29.62	8.19	0.12	0.12	0.66	0.66	–	–
曹村镇	1.17	0.92	0.01	0.01	0.01	0.01	–	–
潮基乡	1352.74	265.24	135.00	30.00	12.10	0.32	–	–
东山街道	1829.71	343.50	21.04	12.39	8.09	1.89	–	–
芳庄乡	2.10	2.10	–	–	–	–	–	–
飞云镇	2398.14	376.04	5.17	3.87	0.04	0.04	–	–
湖岭镇	12.08	12.08	0.49	0.49	–	–	–	–
锦湖街道	64.33	4.71	0.97	0.17	–	–	–	–
林溪乡	0.06	0.06	–	–	–	–	–	–
鹿木乡	2.03	2.03	0.11	0.11	–	–	–	–
马屿镇	28.24	13.98	0.19	0.19	0.10	0.10	–	–
潘岱街道	706.44	78.81	14.72	1.57	–	–	–	–
平阳坑镇	204.40	14.03	11.56	3.29	0.25	0.01	–	–
上望街道	99.01	36.78	0.22	0.22	12.52	1.123	–	–
莘塍镇	789.14	136.82	3.71	1.40	1.04	0.20	–	–
塘下镇	1608.70	566.27	17.39	4.75	1.03	0.97	–	–
陶山镇	176.65	28.87	0.37	0.37	6.38	3.16	–	–
汀田镇	1141.57	163.12	0.14	0.14	0.19	0.19	–	–
桐浦乡	23.733	20.06	0.79	0.79	0.13	0.13	–	–
仙降镇	335.96	83.23	0.95	0.95	–	–	–	–
永安乡	10.22	10.22	0.29	0.29	–	–	–	–
玉海街道	26.58	10.51	–	–	–	–	–	–

乡镇	氰化物		砷		总铬		六价铬	
	产生量	排放量	产生量	排放量	产生量	排放量	产生量	排放量
总计	83960.50	9599.59	0.05	0.05	2973.00	163.90	125079.01	21823.35
安阳街道	-	-	-	-	-	-	-	-
北麂乡	-	-	-	-	-	-	-	-
碧山镇	-	-	-	-	-	-	-	-
曹村镇	-	-	-	-	-	-	69.25	0.51
潮基乡	-	-	-	-	1500.00	150.00	-	-
东山街道	795.24	12.75	-	-	-	-	1859.39	13.77
芳庄乡	-	-	-	-	-	-	-	-
飞云镇	-	-	-	-	400.00	4.00	-	-
湖岭镇	-	-	-	-	-	-	-	-
锦湖街道	27299.88	0.61	-	-	-	-	1463.47	0.05
林溪乡	-	-	-	-	-	-	-	-
鹿木乡	-	-	-	-	-	-	-	-
马屿镇	1315.30	22.02	-	-	-	-	2501.84	29.77
潘岱街道	-	-	-	-	-	-	745.26	5.58
平阳坑镇	-	-	-	-	1073.00	9.90	-	-
上望街道	1364.42	14.62	-	-	-	-	3747.58	19.49
莘塍镇	5553.73	93.46	-	-	-	-	9903.19	111.21
塘下镇	39196.86	9318.39	0.05	0.05	-	-	83466.62	21451.14
陶山镇	-	-	-	-	-	-	-	-
汀田镇	5268.38	86.59	-	-	-	-	12750.65	124.55
桐浦乡	425.06	6.82	-	-	-	-	993.60	7.35
仙降镇	1575.70	25.47	-	-	-	-	3489.39	27.50
永安乡	-	-	-	-	-	-	-	-
玉海街道	1165.93	18.86	-	-	-	-	4088.77	32.43

乡镇	铅		镉		汞	
	产生量	排放量	产生量	排放量	产生量	排放量
总计	0.29	0.29	1.05	1.05	–	–
安阳街道	–	–	–	–	–	–
北麂乡	–	–	–	–	–	–
碧山镇	–	–	–	–	–	–
曹村镇	–	–	–	–	–	–
潮基乡	–	–	–	–	–	–
东山街道	–	–	–	–	–	–
芳庄乡	–	–	–	–	–	–
飞云镇	–	–	–	–	–	–
湖岭镇	–	–	–	–	–	–
锦湖街道	–	–	–	–	–	–
林溪乡	–	–	–	–	–	–
鹿木乡	–	–	–	–	–	–
马屿镇	–	–	–	–	–	–
潘岱街道	–	–	–	–	–	–
平阳坑镇	–	–	–	–	–	–
上望街道	–	–	–	–	–	–
莘塍镇	–	–	–	–	–	–
塘下镇	0.29	0.29	1.05	1.05	–	–
陶山镇	–	–	–	–	–	–
汀田镇	–	–	–	–	–	–
桐浦乡	–	–	–	–	–	–
仙降镇	–	–	–	–	–	–
永安乡	–	–	–	–	–	–
玉海街道	–	–	–	–	–	–

表 2-2-8 按行业分组的地区污染物产排情况

单位：吨

行业名称	化学需氧量		氨氮		石油类	
	产生量	排放量	产生量	排放量	产生量	排放量
总计	10843.16	2178.11	213.26	61.14	42.54	8.80
纺织业	2149.19	251.19	0.01	0.01	–	–
非金属矿采选业	0.10	0.10	–	–	–	–
工艺品及其他制造业	0.42	0.17	–	–	–	–
黑色金属冶炼和压延加工业	4.50	4.50	–	–	0.02	0.02
化学纤维制造业	272.20	113.19	–	–	–	–
化学原料和化学制品制造业	1630.40	90.04	14.84	1.60	3.49	0.22
交通运输设备制造业	132.10	42.73	–	–	15.88	1.55
金属制品业	33.50	28.96	–	–	1.14	0.30
酒、饮料和精制茶制造业	411.45	27.59	17.41	3.10	–	–
农副食品加工业	869.72	443.70	29.15	19.86	–	–
皮革、毛皮、羽毛及其制品和制鞋业	1632.79	304.92	150.57	36.10	12.26	0.24
汽车制造业	1.52	1.52	–	–	0.07	0.07
食品制造业	108.27	47.16	1.28	0.48	–	–
通信设备、计算机及其他电子设备制造业	44.79	18.93	–	–	0.09	0.09
通用设备制造业	789.52	387.10	–	–	0.02	0.02
橡胶和塑料制品业	4.44	4.44	–	–	0.25	0.25
仪器仪表及文化、办公用机械制造业	0.16	0.16	–	–	–	–
有色金属冶炼和压延加工业	43.55	7.93	–	–	2.72	0.12
造纸和纸制品业	2628.17	359.44	–	–	–	–
专用设备制造业	86.37	44.34	–	–	6.60	5.92

行业名称	挥发酚（吨）		氰化物（千克）		砷（千克）	
	产生量	排放量	产生量	排放量	产生量	排放量
总计	–	–	83960.50	9599.59	0.05	0.05
纺织业	–	–	–	–	–	–
非金属矿采选业	–	–	–	–	–	–
工艺品及其他制造业	–	–	–	–	–	–
黑色金属冶炼和压延加工业	–	–	–	–	–	–
化学纤维制造业	–	–	–	–	–	–
化学原料和化学制品制造业	–	–	–	–	–	–
交通运输设备制造业	–	–	1579.55	631.12	–	–
金属制品业	–	–	–	–	0.054	0.054
酒、饮料和精制茶制造业	–	–	–	–	–	–
农副食品加工业	–	–	–	–	–	–
皮革、毛皮、羽毛及其制品和制鞋业	–	–	–	–	–	–
汽车制造业	–	–	–	–	–	–
食品制造业	–	–	–	–	–	–
通信设备、计算机及其他电子设备制造业	–	–	2508.30	43.96	–	–
通用设备制造业	–	–	77288.34	8881.14	–	–
橡胶和塑料制品业	–	–	–	–	–	–
仪器仪表及文化、办公用机械制造业	–	–	–	–	–	–
有色金属冶炼和压延加工业	–	–	–	–	–	–
造纸和纸制品业	–	–	–	–	–	–
专用设备制造业	–	–	2584.31	43.37	–	–

行业名称	总铬		六价铬		铅	
	产生量	排放量	产生量	排放量	产生量	排放量
总计	2973.00	163.90	125079.01	21823.35	0.29	0.29
纺织业	–	–	–	–	–	–
非金属矿采选业	–	–	–	–	–	–
工艺品及其他制造业	–	–	69.25	0.51	–	–
黑色金属冶炼和压延加工业	–	–	–	–	–	–
化学纤维制造业	–	–	–	–	–	–
化学原料和化学制品制造业	–	–	0.07	0.07	–	–
交通运输设备制造业	–	–	3582.31	1476.65	–	–
金属制品业	–	–	–	–	0.29	0.29
酒、饮料和精制茶制造业	–	–	–	–	–	–
农副食品加工业	–	–	–	–	–	–
皮革、毛皮、羽毛及其制品和制鞋业	2973.00	163.90	–	–	–	–
汽车制造业	–	–	–	–	–	–
食品制造业	–	–	–	–	–	–
通信设备、计算机及其他电子设备制造业	–	–	2658.87	53.76	–	–
通用设备制造业	–	–	113494.62	20224.31	–	–
橡胶和塑料制品业	–	–	–	–	–	–
仪器仪表及文化、办公用机械制造业	–	–	–	–	–	–
有色金属冶炼和压延加工业	–	–	–	–	–	–
造纸和纸制品业	–	–	–	–	–	–
专用设备制造业	–	–	5273.89	68.05	–	–

行业名称	镉		汞	
	产生量	排放量	产生量	排放量
总计	1.05	1.05	–	–
纺织业	–	–	–	–
非金属矿采选业	–	–	–	–
工艺品及其他制造业	–	–	–	–
黑色金属冶炼和压延加工业	–	–	–	–
化学纤维制造业	–	–	–	–
化学原料和化学制品制造业	–	–	–	–
交通运输设备制造业	–	–	–	–
金属制品业	1.05	1.05	–	–
酒、饮料和精制茶制造业	–	–	–	–
农副食品加工业	–	–	–	–
皮革、毛皮、羽毛及其制品和制鞋业	–	–	–	–
汽车制造业	–	–	–	–
食品制造业	–	–	–	–
通信设备、计算机及其他电子设备制造业	–	–	–	–
通用设备制造业	–	–	–	–
橡胶和塑料制品业	–	–	–	–
仪器仪表及文化、办公用机械制造业	–	–	–	–
有色金属冶炼和压延加工业	–	–	–	–
造纸和纸制品业	–	–	–	–
专用设备制造业	–	–	–	–

表 2-2-9 按行业及镇街分组化学需氧量产排情况

单位：吨

乡镇	合计	
	产生量	排放量
小计	10843.16	2178.11
安阳街道	0.03	0.03
北麂乡	0.51	0.51
碧山镇	29.62	8.19
曹村镇	1.17	0.92
潮基乡	1352.74	265.24
东山街道	1829.71	343.50
芳庄乡	2.10	2.10
飞云镇	2398.14	376.04
湖岭镇	12.08	12.08
锦湖街道	64.33	4.71
林溪乡	0.06	0.06
鹿木乡	2.03	2.03
马屿镇	28.24	13.98
潘岱街道	706.44	78.81
平阳坑镇	204.40	14.03
上望街道	99.01	36.78
莘塍镇	789.14	136.82
塘下镇	1608.70	566.27
陶山镇	176.65	28.87
汀田镇	1141.57	163.12
桐浦乡	23.73	20.06
仙降镇	335.96	83.23
永安乡	10.22	10.22
玉海街道	26.58	10.51

乡镇	专用设备制造业		纺织业		非金属矿采选业		工艺品及其他制造业	
	产生量	排放量	产生量	排放量	产生量	排放量	产生量	排放量
小计	86.37	44.34	2149.19	251.19	0.10	0.10	0.42	0.17
安阳街道	–	–	–	–	–	–	–	–
北麂乡	–	–	–	–	–	–	–	–
碧山镇	3.93	3.93	22.96	1.53	–	–	–	–
曹村镇	–	–	–	–	–	–	0.42	0.17
潮基乡	0.29	0.29	–	–	–	–	–	–
东山街道	8.70	3.38	21.58	9.68	–	–	–	–
芳庄乡	–	–	–	–	–	–	–	–
飞云镇	–	–	275.50	43.21	–	–	–	–
湖岭镇	–	–	–	–	–	–	–	–
锦湖街道	–	–	–	–	0.10	0.10	–	–
林溪乡	–	–	–	–	–	–	–	–
鹿木乡	–	–	–	–	–	–	–	–
马屿镇	–	–	–	–	–	–	–	–
潘岱街道	–	–	–	–	–	–	–	–
平阳坑镇	–	–	–	–	–	–	–	–
上望街道	0.90	0.90	–	–	–	–	–	–
莘塍镇	0.02	0.02	509.32	61.69	–	–	–	–
塘下镇	48.65	19.84	504.34	70.56	–	–	–	–
陶山镇	16.1	12.04	123.98	8.26	–	–	–	–
汀田镇	6.88	3.04	599.67	48.83	–	–	–	–
桐浦乡	0.90	0.90	–	–	–	–	–	–
仙降镇	–	–	91.84	7.43	–	–	–	–
永安乡	–	–	–	–	–	–	–	–
玉海街道	–	–	–	–	–	–	–	–

乡镇	黑色金属冶炼和压延加工业		化学纤维制造业		化学原料和化学制品制造业		交通运输设备制造业	
	产生量	排放量	产生量	排放量	产生量	排放量	产生量	排放量
小计	4.50	4.50	272.20	113.19	1630.40	90.04	132.10	42.73
安阳街道	–	–	–	–	0.03	0.03	–	–
北麂乡	–	–	–	–	–	–	–	–
碧山镇	–	–	–	–	–	–	–	–
曹村镇	–	–	–	–	–	–	–	–
潮基乡	–	–	–	–	–	–	–	–
东山街道	0.51	0.51	159.80	39.95	921.90	7.67	24.59	7.55
芳庄乡	–	–	–	–	–	–	–	–
飞云镇	0.51	0.51	–	–	1.82	0.836	0.10	0.10
湖岭镇	–	–	–	–	–	–	–	–
锦湖街道	–	–	–	–	0.31	0.04	–	–
林溪乡	–	–	–	–	0.06	0.06	–	–
鹿木乡	–	–	–	–	–	–	–	–
马屿镇	–	–	–	–	–	–	–	–
潘岱街道	–	–	–	–	701.75	76.87	–	–
平阳坑镇	–	–	–	–	–	–	–	–
上望街道	0.50	0.50	–	–	–	–	68.42	14.46
莘塍镇	–	–	–	–	0.25	0.25	–	–
塘下镇	0.37	0.37	112.40	73.24	4.19	4.19	38.99	20.62
陶山镇	–	–	–	–	–	–	–	–
汀田镇	1.86	1.86	–	–	0.02	0.02	–	–
桐浦乡	0.75	0.75	–	–	0.05	0.05	–	–
仙降镇	–	–	–	–	0.02	0.02	–	–
永安乡	–	–	–	–	–	–	–	–
玉海街道	–	–	–	–	–	–	–	–

乡镇	金属制品业		酒、饮料和精制茶制造业		农副食品加工业		皮革、毛皮、羽毛及其制品和制鞋业	
	产生量	排放量	产生量	排放量	产生量	排放量	产生量	排放量
小计	33.50	28.96	411.45	27.59	869.72	443.70	1632.79	304.92
安阳街道	–	–	–	–	–	–	–	–
北麂乡	–	–	–	–	0.51	0.51	–	–
碧山镇	–	–	–	–	2.73	2.73	–	–
曹村镇	–	–	–	–	0.36	0.36	0.39	0.39
潮基乡	–	–	–	–	–	–	1350.00	262.50
东山街道	–	–	3.97	3.97	673.49	265.09	–	–
芳庄乡	–	–	–	–	–	–	–	–
飞云镇	–	–	–	–	21.58	21.58	78.00	28.00
湖岭镇	–	–	–	–	9.92	9.92	–	–
锦湖街道	–	–	–	–	–	–	–	–
林溪乡	–	–	–	–	–	–	–	–
鹿木乡	–	–	–	–	2.03	2.03	–	–
马屿镇	0.40	0.40	–	–	4.37	4.37	–	–
潘岱街道	–	–	–	–	–	–	–	–
平阳坑镇	–	–	–	–	–	–	204.40	14.03
上望街道	–	–	–	–	14.61	14.61	–	–
莘塍镇	7.43	2.89	151.73	2.87	31.48	31.48	–	–
塘下镇	25.67	25.67	250.00	15.00	55.59	37.97	–	–
陶山镇	–	–	–	–	8.53	8.53	–	–
汀田镇	–	–	–	–	7.29	7.29	–	–
桐浦乡	–	–	–	–	15.65	15.65	–	–
仙降镇	–	–	–	–	17.11	17.11	–	–
永安乡	–	–	5.75	5.75	4.47	4.47	–	–
玉海街道	–	–	–	–	–	–	–	–

乡镇	汽车制造业		食品制造业		通信设备、计算机及其他电子设备制造业		通用设备制造业	
	产生量	排放量	产生量	排放量	产生量	排放量	产生量	排放量
小计	1.52	1.52	108.27	47.16	44.79	18.93	789.52	387.10
安阳街道	–	–	–	–	–	–	–	–
北麂乡	–	–	–	–	–	–	–	–
碧山镇	–	–	–	–	–	–	–	–
曹村镇	–	–	–	–	–	–	–	–
潮基乡	–	–	0.04	0.04	–	–	–	–
东山街道	–	–	3.11	0.71	0.69	0.49	11.37	4.50
芳庄乡	–	–	–	–	–	–	–	–
飞云镇	–	–	16.60	16.60	–	–	0.11	0.04
湖岭镇	–	–	2.16	2.16	–	–	–	–
锦湖街道	–	–	62.87	4.16	1.05	0.41	–	–
林溪乡	–	–	–	–	–	–	–	–
鹿木乡	–	–	–	–	–	–	–	–
马屿镇	–	–	–	–	13.53	5.27	9.94	3.94
潘岱街道	–	–	0.13	0.13	–	–	4.56	1.81
平阳坑镇	–	–	–	–	–	–	–	–
上望街道	–	–	0.97	0.97	–	–	13.61	5.34
莘塍镇	–	–	–	–	27.43	10.67	61.48	26.95
塘下镇	1.52	1.52	–	–	2.09	2.09	539.64	285.81
陶山镇	–	–	–	–	–	–	0.04	0.04
汀田镇	–	–	0.68	0.68	–	–	93.54	36.82
桐浦乡	–	–	0.30	0.30	–	–	6.08	2.41
仙降镇	–	–	21.41	21.41	–	–	22.57	8.93
永安乡	–	–	–	–	–	–	–	–
玉海街道	–	–	–	–	–	–	26.58	10.51

乡镇	橡胶和塑料制品业		仪器仪表及文化、办公用机械制造业		有色金属冶炼和压延加工业		造纸和纸制品业	
	产生量	排放量	产生量	排放量	产生量	排放量	产生量	排放量
小计	4.44	4.44	0.16	0.16	43.55	7.93	2628.17	359.44
安阳街道	–	–	–	–	–	–	–	–
北麂乡	–	–	–	–	–	–	–	–
碧山镇	–	–	–	–	–	–	–	–
曹村镇	–	–	–	–	–	–	–	–
潮基乡	–	–	–	–	2.41	2.41	–	–
东山街道	–	–	–	–	–	–	–	–
芳庄乡	–	–	–	–	–	–	2.10	2.10
飞云镇	–	–	0.16	0.16	–	–	2003.76	265.00
湖岭镇	–	–	–	–	–	–	–	–
锦湖街道	–	–	–	–	–	–	–	–
林溪乡	–	–	–	–	–	–	–	–
鹿木乡	–	–	–	–	–	–	–	–
马屿镇	–	–	–	–	–	–	–	–
潘岱街道	–	–	–	–	–	–	–	–
平阳坑镇	–	–	–	–	–	–	–	–
上望街道	–	–	–	–	–	–	–	–
莘塍镇	–	–	–	–	–	–	–	–
塘下镇	4.44	4.44	–	–	7.01	3.55	13.8	1.40
陶山镇	–	–	–	–	28.00	–	–	–
汀田镇	–	–	–	–	6.13	1.97	425.50	62.61
桐浦乡	–	–	–	–	–	–	–	–
仙降镇	–	–	–	–	–	–	183.01	28.33
永安乡	–	–	–	–	–	–	–	–
玉海街道	–	–	–	–	–	–	–	–

表 2-2-10 按行业及镇街分组氨氮产排情况

单位：吨

乡镇	合计	
	产生量	排放量
小计	213.26	61.14
安阳街道	–	–
北麂乡	0.02	0.02
碧山镇	0.12	0.12
曹村镇	0.01	0.01
潮基乡	135.00	30.00
东山街道	21.04	12.39
芳庄乡	–	–
飞云镇	5.17	3.87
湖岭镇	0.49	0.49
锦湖街道	0.97	0.17
林溪乡	–	–
鹿木乡	0.11	0.11
马屿镇	0.19	0.19
潘岱街道	14.72	1.57
平阳坑镇	11.56	3.29
上望街道	0.22	0.22
莘塍镇	3.71	1.40
塘下镇	17.39	4.75
陶山镇	0.37	0.37
汀田镇	0.14	0.14
桐浦乡	0.79	0.79
仙降镇	0.95	0.95
永安乡	0.29	0.29
玉海街道	–	–

続表 1

乡镇	酒、饮料和精制茶制造业		农副食品加工业		皮革、毛皮、羽毛及其制品和制鞋业		食品制造业	
	产生量	排放量	产生量	排放量	产生量	排放量	产生量	排放量
小计	17.41	3.10	29.15	19.86	150.57	36.10	1.28	0.48
安阳街道	–	–	–	–	–	–	–	–
北麂乡	–	–	0.02	0.02	–	–	–	–
碧山镇	–	–	0.12	0.12	–	–	–	–
曹村镇	–	–	–	–	0.01	0.01	–	–
潮基乡	–	–	–	–	135.00	30.00	–	–
东山街道	0.03	0.03	21.01	12.36	–	–	–	–
芳庄乡	–	–	–	–	–	–	–	–
飞云镇	–	–	0.96	0.96	4.00	2.80	0.10	0.10
湖岭镇	–	–	0.49	0.49	–	–	–	–
锦湖街道	–	–	–	–	–	–	0.97	0.17
林溪乡	–	–	–	–	–	–	–	–
鹿木乡	–	–	0.11	0.11	–	–	–	–
马屿镇	–	–	0.19	0.19	–	–	–	–
潘岱街道	–	–	–	–	–	–	–	–
平阳坑镇	–	–	–	–	11.56	3.29	–	–
上望街道	–	–	0.22	0.22	–	–	–	–
莘塍镇	2.33	0.02	1.38	1.38	–	–	–	–
塘下镇	15.00	3.00	2.37	1.73	–	–	–	–
陶山镇	–	–	0.37	0.37	–	–	–	–
汀田镇	–	–	0.14	0.14	–	–	–	–
桐浦乡	–	–	0.79	0.79	–	–	–	–
仙降镇	–	–	0.74	0.74	–	–	0.21	0.21
永安乡	0.05	0.05	0.24	0.24	–	–	–	–
玉海街道	–	–	–	–	–	–	–	–

311

乡镇	化学纤维制造业		化学原料和化学制品制造业		纺织业		金属制品业	
	产生量	排放量	产生量	排放量	产生量	排放量	产生量	排放量
小计	–	–	14.84	1.59	0.01	0.01	–	–
安阳街道	–	–	–	–	–	–	–	–
北麂乡	–	–	–	–	–	–	–	–
碧山镇	–	–	–	–	–	–	–	–
曹村镇	–	–	–	–	–	–	–	–
潮基乡	–	–	–	–	–	–	–	–
东山街道	–	–	–	–	–	–	–	–
芳庄乡	–	–	–	–	–	–	–	–
飞云镇	–	–	0.11	0.01	–	–	–	–
湖岭镇			–	–	–	–	–	–
锦湖街道	–	–	–	–	–	–	–	–
林溪乡	–	–	–	–	–	–	–	–
鹿木乡	–	–	–	–	–	–	–	–
马屿镇	–	–	–	–	–	–	–	–
潘岱街道	–	–	14.72	1.57	–	–	–	–
平阳坑镇	–	–	–	–	–	–	–	–
上望街道	–	–	–	–	–	–	–	–
莘塍镇	–	–	–	–	–	–	–	–
塘下镇	–	–	0.01	0.01	0.01	0.01	–	–
陶山镇	–	–	–	–	–	–	–	–
汀田镇	–	–	–	–	–	–	–	–
桐浦乡	–	–	–	–	–	–	–	–
仙降镇	–	–	–	–	–	–	–	–
永安乡	–	–	–	–	–	–	–	–
玉海街道	–	–	–	–	–	–	–	–

表 2-2-11 按行业及镇街分组石油类产排情况

单位：吨

乡镇	合计	
	产生量	排放量
小计	42.54	8.80
安阳街道	–	–
北麂乡	–	–
碧山镇	0.66	0.66
曹村镇	0.01	0.01
潮基乡	12.10	0.32
东山街道	8.09	1.89
芳庄乡	–	–
飞云镇	0.04	0.04
湖岭镇	–	–
锦湖街道	–	–
林溪乡	–	–
鹿木乡	–	–
马屿镇	0.10	0.10
潘岱街道	–	–
平阳坑镇	0.25	0.01
上望街道	12.52	1.12
莘塍镇	1.04	0.20
塘下镇	1.03	0.97
陶山镇	6.38	3.16
汀田镇	0.19	0.19
桐浦乡	0.13	0.13
仙降镇	–	–
永安乡	–	–
玉海街道	–	–

乡镇	化学纤维制造业		化学原料和化学制品制造业		交通运输设备制造业		金属制品业	
	产生量	排放量	产生量	排放量	产生量	排放量	产生量	排放量
小计	–	–	3.49	0.22	15.88	1.55	1.14	0.30
安阳街道	–	–	–	–	–	–	–	–
北麂乡	–	–	–	–	–	–	–	–
碧山镇	–	–	–	–	–	–	–	–
曹村镇	–	–	–	–	–	–	–	–
潮基乡	–	–	–	–	–	–	–	–
东山街道	–	–	3.40	0.13	3.45	0.52	–	–
芳庄乡	–	–	–	–	–	–	–	–
飞云镇	–	–	0.02	0.02	0.02	0.02	–	–
湖岭镇	–	–	–	–	–	–	–	–
锦湖街道	–	–	–	–	–	–	–	–
林溪乡	–	–	–	–	–	–	–	–
鹿木乡	–	–	–	–	–	–	–	–
马屿镇	–	–	–	–	–	–	0.10	0.10
潘岱街道	–	–	–	–	–	–	–	–
平阳坑镇	–	–	–	–	–	–	–	–
上望街道	–	–	–	–	12.39	0.99	–	–
莘塍镇	–	–	–	–	–	–	1.04	0.20
塘下镇	–	–	0.07	0.07	0.02	0.02	–	–
陶山镇	–	–	–	–	–	–	–	–
汀田镇	–	–	–	–	–	–	–	–
桐浦乡	–	–	–	–	–	–	–	–
仙降镇	–	–	–	–	–	–	–	–
永安乡	–	–	–	–	–	–	–	–
玉海街道	–	–	–	–	–	–	–	–

乡镇	黑色金属冶炼和压延加工业		专用设备制造业		皮革、毛皮、羽毛及其制品和制鞋业		汽车制造业	
	产生量	排放量	产生量	排放量	产生量	排放量	产生量	排放量
小计	-	-	6.6	5.92	12.26	0.24	-	-
安阳街道	-	-	-	-	-	-	-	-
北麂乡	-	-	-	-	-	-	-	-
碧山镇	-	-	0.66	0.66	-	-	-	-
曹村镇	-	-	-	-	0.01	0.01	-	-
潮基乡	-	-	0.1	0.1	12.00	0.22	-	-
东山街道	0.02	0.02	1.22	1.22	-	-	-	-
芳庄乡	-	-	-	-	-	-	-	-
飞云镇	-	-	-	-	-	-	-	-
湖岭镇	-	-	-	-	-	-	-	-
锦湖街道	-	-	-	-	-	-	-	-
林溪乡	-	-	-	-	-	-	-	-
鹿木乡	-	-	-	-	-	-	-	-
马屿镇	-	-	-	-	-	-	-	-
潘岱街道	-	-	-	-	-	-	-	-
平阳坑镇	-	-	-	-	0.25	0.01	-	-
上望街道	-	-	0.13	0.13	-	-	-	-
莘塍镇	-	-	-	-	-	-	-	-
塘下镇	-	-	0.41	0.35	-	-	0.07	0.07
陶山镇	-	-	3.77	3.15	-	-	-	-
汀田镇	-	-	0.18	0.18	-	-	-	-
桐浦乡	-	-	0.13	0.13	-	-	-	-
仙降镇	-	-	-	-	-	-	-	-
永安乡	-	-	-	-	-	-	-	-
玉海街道	-	-	-	-	-	-	-	-

乡镇	有色金属冶炼和压延加工业		通信设备、计算机及其他电子设备制造业		通用设备制造业		橡胶和塑料制品业	
	产生量	排放量	产生量	排放量	产生量	排放量	产生量	排放量
小计	2.72	0.12	–	–	0.02	0.021	0.25	0.25
安阳街道	–	–	–	–	–	–	–	–
北麂乡	–	–	–	–	–	–	–	–
碧山镇	–	–	–	–	–	–	–	–
曹村镇	–	–	–	–	–	–	–	–
潮基乡	–	–	–	–	–	–	–	–
东山街道	–	–	–	–	–	–	–	–
芳庄乡	–	–	–	–	–	–	–	–
飞云镇	–	–	–	–	–	–	–	–
湖岭镇	–	–	–	–	–	–	–	–
锦湖街道	–	–	–	–	–	–	–	–
林溪乡	–	–	–	–	–	–	–	–
鹿木乡	–	–	–	–	–	–	–	–
马屿镇	–	–	–	–	0.001	0.001	–	–
潘岱街道	–	–	–	–	–	–	–	–
平阳坑镇	–	–	–	–	–	–	–	–
上望街道	–	–	–	–	–	–	–	–
莘塍镇	–	–	–	–	–	–	–	–
塘下镇	0.11	0.11	0.09	0.09	0.01	0.01	0.25	0.25
陶山镇	2.6	–	–	–	0.01	0.01	–	–
汀田镇	0.01	0.01	–	–	–	–	–	–
桐浦乡	–	–	–	–	–	–	–	–
仙降镇	–	–	–	–	–	–	–	–
永安乡	–	–	–	–	–	–	–	–
玉海街道	–	–	–	–	–	–	–	–

乡镇	仪器仪表及文化、办公用机械制造业		有色金属冶炼和压延加工业		造纸和纸制品业		专用设备制造业	
	产生量	排放量	产生量	排放量	产生量	排放量	产生量	排放量
小计	–	–	2.72	0.12	–	–	6.6	5.92
安阳街道	–	–	–	–	–	–	–	–
北麂乡	–	–	–	–	–	–	–	–
碧山镇	–	–	–	–	–	–	0.66	0.66
曹村镇	–	–	–	–	–	–	–	–
潮基乡	–	–	–	–	–	–	0.1	0.1
东山街道	–	–	–	–	–	–	1.22	1.22
芳庄乡	–	–	–	–	–	–	–	–
飞云镇	–	–	–	–	–	–	–	–
湖岭镇	–	–	–	–	–	–	–	–
锦湖街道	–	–	–	–	–	–	–	–
林溪乡	–	–	–	–	–	–	–	–
鹿木乡	–	–	–	–	–	–	–	–
马屿镇	–	–	–	–	–	–	–	–
潘岱街道	–	–	–	–	–	–	–	–
平阳坑镇	–	–	–	–	–	–	–	–
上望街道	–	–	–	–	–	–	0.13	0.13
莘塍镇	–	–	–	–	–	–	–	–
塘下镇	–	–	0.11	0.11	–	–	0.41	0.35
陶山镇	–	–	2.6	–	–	–	3.77	3.15
汀田镇	–	–	0.01	0.01	–	–	0.18	0.18
桐浦乡	–	–	–	–	–	–	0.13	0.13
仙降镇	–	–	–	–	–	–	–	–
永安乡	–	–	–	–	–	–	–	–
玉海街道	–	–	–	–	–	–	–	–

表 2-2-12 按行业及镇街分组氰化物产排情况

单位：千克

乡镇	合计	
	产生量	排放量
小计	83960.50	9599.59
安阳街道	–	–
北麂乡	–	–
碧山镇	–	–
曹村镇	–	–
潮基乡	–	–
东山街道	795.24	12.75
芳庄乡	–	–
飞云镇	–	–
湖岭镇	–	–
锦湖街道	27299.88	0.61
林溪乡	–	–
鹿木乡	–	–
马屿镇	1315.30	22.02
潘岱街道	–	–
平阳坑镇	–	–
上望街道	1364.42	14.62
莘塍镇	5553.73	93.46
塘下镇	39196.86	9318.39
陶山镇	–	–
汀田镇	5268.38	86.59
桐浦乡	425.06	6.82
仙降镇	1575.70	25.47
永安乡	–	–
玉海街道	1165.93	18.86

乡镇	橡胶和塑料制品业		有色金属冶炼和压延加工业		造纸和纸制品业		交通运输设备制造业	
	产生量	排放量	产生量	排放量	产生量	排放量	产生量	排放量
小计	2584.31	43.37	2508.3	43.96	77288.34	8881.14	1579.55	631.12
安阳街道	–	–	–	–	–	–	–	–
北麂乡	–	–	–	–	–	–	–	–
碧山镇	–	–	–	–	–	–	–	–
曹村镇	–	–	–	–	–	–	–	–
潮基乡	–	–	–	–	–	–	–	–
东山街道	–	–	–	–	795.24	12.75	–	–
芳庄乡	–	–	–	–	–	–	–	–
飞云镇	–	–	–	–	–	–	–	–
湖岭镇	–	–	–	–	–	–	–	–
锦湖街道	–	–	–	–	27299.88	0.61	–	–
林溪乡	–	–	–	–	–	–	–	–
鹿木乡	–	–	–	–	–	–	–	–
马屿镇	–	–	620.80	10.88	694.50	11.14	–	–
潘岱街道	–	–	–	–	–	–	–	–
平阳坑镇	–	–	–	–	–	–	–	–
上望街道	–	–	–	–	1364.42	14.62	–	–
莘塍镇	–	–	1887.50	33.08	3666.23	60.38	–	–
塘下镇	2246.40	37.95	–	–	35370.91	8649.32	1579.55	631.12
陶山镇	–	–	–	–	–	–	–	–
汀田镇	337.91	5.42	–	–	4930.47	81.17	–	–
桐浦乡	–	–	–	–	425.06	6.82	–	–
仙降镇	–	–	–	–	1575.70	25.47	–	–
永安乡	–	–	–	–	–	–	–	–
玉海街道	–	–	–	–	1165.93	18.86	–	–

表 2-2-13 按行业及镇街分组重金属铬产排情况 [①]

单位：千克

乡镇	合计	
	产生量	排放量
小计	2973.00	163.90
安阳街道	–	–
北麂乡	–	–
碧山镇	–	–
曹村镇	–	–
潮基乡	1500.00	150.00
东山街道	–	–
芳庄乡	–	–
飞云镇	400.00	4.00
湖岭镇	–	–
锦湖街道	–	–
林溪乡	–	–
鹿木乡	–	–
马屿镇	–	–
潘岱街道	–	–
平阳坑镇	1073.00	9.90
上望街道	–	–
莘塍镇	–	–
塘下镇	–	–
陶山镇	–	–
汀田镇	–	–
桐浦乡	–	–
仙降镇	–	–
永安乡	–	–
玉海街道	–	–

① 除所列行业外，其他行业不涉及重金属铬产排。

320

乡镇	酒、饮料和精制茶制造业		农副食品加工业		皮革、毛皮、羽毛及其制品和制鞋业		汽车制造业	
	产生量	排放量	产生量	排放量	产生量	排放量	产生量	排放量
小计	–	–	–	–	2973.00	163.90	–	–
安阳街道	–	–	–	–	–	–	–	–
北麂乡	–	–	–	–	–	–	–	–
碧山镇	–	–	–	–	–	–	–	–
曹村镇	–	–	–	–	–	–	–	–
潮基乡	–	–	–	–	1500.00	150.00	–	–
东山街道	–	–	–	–	–	–	–	–
芳庄乡	–	–	–	–	–	–	–	–
飞云镇	–	–	–	–	400.00	4.00	–	–
湖岭镇	–	–	–	–	–	–	–	–
锦湖街道	–	–	–	–	–	–	–	–
林溪乡	–	–	–	–	–	–	–	–
鹿木乡	–	–	–	–	–	–	–	–
马屿镇	–	–	–	–	–	–	–	–
潘岱街道	–	–	–	–	–	–	–	–
平阳坑镇	–	–	–	–	1073.00	9.90	–	–
上望街道	–	–	–	–	–	–	–	–
莘塍镇	–	–	–	–	–	–	–	–
塘下镇	–	–	–	–	–	–	–	–
陶山镇	–	–	–	–	–	–	–	–
汀田镇	–	–	–	–	–	–	–	–
桐浦乡	–	–	–	–	–	–	–	–
仙降镇	–	–	–	–	–	–	–	–
永安乡	–	–	–	–	–	–	–	–
玉海街道	–	–	–	–	–	–	–	–

表 2-2-14 按行业及镇街分组重金属镉产排情况 [①]

单位：千克

乡镇	合计	
	产生量	排放量
小计	1.05	1.05
安阳街道	-	-
北麂乡	-	-
碧山镇	-	-
曹村镇	-	-
潮基乡	-	-
东山街道	-	-
芳庄乡	-	-
飞云镇	-	-
湖岭镇	-	-
锦湖街道	-	-
林溪乡	-	-
鹿木乡	-	-
马屿镇	-	-
潘岱街道	-	-
平阳坑镇	-	-
上望街道	-	-
莘塍镇	-	-
塘下镇	1.05	1.05
陶山镇	-	-
汀田镇	-	-
桐浦乡	-	-
仙降镇	-	-
永安乡	-	-
玉海街道	-	-

---

① 一污普缺少重金属镉详细企业资料及所属行业，故不列出行业。

表 2-2-15 按行业及镇街分组重金属铅产排情况 [①]

单位：千克

乡镇	合计	
	产生量	排放量
小计	0.29	0.29
安阳街道	–	–
北麂乡	–	–
碧山镇	–	–
曹村镇	–	–
潮基乡	–	–
东山街道	–	–
芳庄乡	–	–
飞云镇	–	–
湖岭镇	–	–
锦湖街道	–	–
林溪乡	–	–
鹿木乡	–	–
马屿镇	–	–
潘岱街道	–	–
平阳坑镇	–	–
上望街道	–	–
莘塍镇	–	–
塘下镇	0.29	0.29
陶山镇	–	–
汀田镇	–	–
桐浦乡	–	–
仙降镇	–	–
永安乡	–	–
玉海街道	–	–

① 除所列行业外，其他行业不涉及类金属铅产排。

乡镇	化学纤维制造业		化学原料和化学制品制造业		交通运输设备制造业		金属制品业	
	产生量	排放量	产生量	排放量	产生量	排放量	产生量	排放量
小计	–	–	–	–	–	–	0.29	0.29
安阳街道	–	–	–	–	–	–	–	–
北麂乡	–	–	–	–	–	–	–	–
碧山镇	–	–	–	–	–	–	–	–
曹村镇	–	–	–	–	–	–	–	–
潮基乡	–	–	–	–	–	–	–	–
东山街道	–	–	–	–	–	–	–	–
芳庄乡	–	–	–	–	–	–	–	–
飞云镇	–	–	–	–	–	–	–	–
湖岭镇	–	–	–	–	–	–	–	–
锦湖街道	–	–	–	–	–	–	–	–
林溪乡	–	–	–	–	–	–	–	–
鹿木乡	–	–	–	–	–	–	–	–
马屿镇	–	–	–	–	–	–	–	–
潘岱街道	–	–	–	–	–	–	–	–
平阳坑镇	–	–	–	–	–	–	–	–
上望街道	–	–	–	–	–	–	–	–
莘塍镇	–	–	–	–	–	–	–	–
塘下镇	–	–	–	–	–	–	0.29	0.29
陶山镇	–	–	–	–	–	–	–	–
汀田镇	–	–	–	–	–	–	–	–
桐浦乡	–	–	–	–	–	–	–	–
仙降镇	–	–	–	–	–	–	–	–
永安乡	–	–	–	–	–	–	–	–
玉海街道	–	–	–	–	–	–	–	–

表 2-2-16 按行业及镇街分组类重金属砷产排情况 [1]

单位：千克

乡镇	合计	
	产生量	排放量
小计	0.05	0.05
安阳街道	–	–
北麂乡	–	–
碧山镇	–	–
曹村镇	–	–
潮基乡	–	–
东山街道	–	–
芳庄乡	–	–
飞云镇	–	–
湖岭镇	–	–
锦湖街道	–	–
林溪乡	–	–
鹿木乡	–	–
马屿镇	–	–
潘岱街道	–	–
平阳坑镇	–	–
上望街道	–	–
莘塍镇	–	–
塘下镇	0.05	0.05
陶山镇	–	–
汀田镇	–	–
桐浦乡	–	–
仙降镇	–	–
永安乡	–	–
玉海街道	–	–

[1] 一污普缺少类重金属砷详细企业资料及所属行业，故不列出行业；一污普工业废水污染指标中，除已列出指标外，还有类重金属汞，由于瑞安实际情况没有这些指标，故不再统计和罗列。

三、废气及其污染物的产排情况

表 2-3-1 按镇街分组的涉气企业数量

单位：个

乡镇	涉及废气排放的企业数量	涉及锅炉的企业数量	涉及炉窑的企业数量
总计	100	40	10
安阳街道	2	–	–
玉海街道	–	–	–
锦湖街道	1	1	–
东山街道	1	–	–
上望街道	4	1	–
潘岱街道	4	2	–
塘下镇	45	22	8
莘塍镇	5	1	–
汀田镇	13	4	–
飞云镇	1	–	–
仙降镇	1	2	1
马屿镇	5	2	–
曹村镇	1	–	–
陶山镇	5	3	1
碧山镇	9	2	–
湖岭镇	–	–	–
平阳坑镇	–	–	–
桐浦乡	1	–	–
永安乡	–	–	–
芳庄乡	–	–	–
林溪乡	–	–	–
潮基乡	2	–	–
鹿木乡	–	–	–
北麂乡	–	–	–

表 2-3-2 按行业分组的涉气企业数量

单位：个

行业类别	涉及废气排放企业数量	涉及锅炉企业数量	涉及炉窑企业数量
总计	100	40	10
工艺品及其他制造业	1	–	–
黑色金属冶炼和压延加工业	8	–	–
化学原料和化学制品制造业	6	5	–
交通运输设备制造业	6	1	–
金属制品业	14	6	3
汽车制造业	2	–	–
通信设备、计算机及其他电子设备制造业	2		
通用设备制造业	23	16	1
橡胶和塑料制品业	–	4	–
有色金属冶炼和压延加工业	4	2	
专用设备制造业	34	6	6

表 2-3-3 地区各类污染物产排情况

指标	计量单位	合计	工艺过程	燃烧过程
废气排放量	万立方米	211119.13	138754.34	72364.79
工业粉尘产生量	吨	676.93	676.93	
工业粉尘排放量	吨	650.11	650.11	
二氧化硫产生量	吨	684.18	1.88	682.30
二氧化硫排放量	吨	553.39	1.88	551.51
氮氧化物产生量	吨	163.41	10.21	153.20
氮氧化物排放量	吨	163.41	10.21	153.20
氟化物产生量	吨	–	–	–
氟化物排放量	吨	–	–	–
烟尘产生量	吨	945.97	–	945.97
烟尘排放量	吨	429.83	–	429.83

表 2-3-4 按乡镇分组及工艺过程 – 燃烧过程废气产排情况

单位：吨

工艺过程 乡镇	废气排 放量	工业粉尘		二氧化硫		氮氧化物		氟化物	
		产生量	排放量	产生量	排放量	产生量	排放量	产生量	排放量
总计	138754.34	676.93	650.11	1.88	1.88	10.21	10.21	–	–
安阳街道	206.81	3.78	0.69	–	–	–	–	–	–
玉海街道	–	–	–	–	–	–	–	–	–
锦湖街道	39.60	0.01	0.01	–	–	–	–	–	–
东山街道	30849.00	–	–	–	–	–	–	–	–
上望街道	12827.85	15.94	15.94	–	–	1.03	1.03	–	–
潘岱街道	42649.70	0.38	0.38	–	–	8.58	8.58	–	–
塘下镇	38911.95	75.98	67.81	0.34	0.34	0.32	0.32	–	–
莘塍镇	321.86	2.54	2.54	–	–	–	–	–	–
汀田镇	4043.64	44.70	44.70	0.93	0.93	–	–	–	–
飞云镇	66.88	0.40	0.40	0.61	0.61	0.28	0.28	–	–
仙降镇	480.81	0.80	0.04	–	–	–	–	–	–
马屿镇	1547.63	6.70	6.70	–	–	–	–	–	–
曹村镇	19.30	1.00	1.00	–	–	–	–	–	–
陶山镇	4878.62	421.32	406.52	–	–	–	–	–	–
碧山镇	1589.19	78.68	78.68	–	–	–	–	–	–
湖岭镇	–	–	–	–	–	–	–	–	–
平阳坑镇	–	–	–	–	–	–	–	–	–
桐浦乡	220.00	15.01	15.01	–	–	–	–	–	–
永安乡	–	–	–	–	–	–	–	–	–
芳庄乡	–	–	–	–	–	–	–	–	–
林溪乡	–	–	–	–	–	–	–	–	–
潮基乡	101.50	9.69	9.69	–	–	–	–	–	–
鹿木乡	–	–	–	–	–	–	–	–	–
北麂乡	–	–	–	–	–	–	–	–	–

燃烧过程 乡镇	废气排放量	烟尘		二氧化硫		氮氧化物	
		产生量	排放量	产生量	排放量	产生量	排放量
总计	72364.79	945.97	429.83	682.30	551.51	153.20	153.20
安阳街道	84.09	1.32	0.41	0.90	0.90	–	–
玉海街道	–	–	–	–	–	–	–
锦湖街道	57.28	1.03	0.47	0.70	0.70	0.15	0.15
东山街道	11823.86	205.18	26.26	140.07	42.02	32.17	32.17
上望街道	787.42	2.86	2.53	2.67	2.67	0.27	0.27
潘岱街道	11219.73	204.33	26.18	139.42	121.27	32.03	32.03
塘下镇	14199.34	197.92	83.67	126.31	114.44	25.78	25.78
莘塍镇	516.99	8.02	8.02	4.02	4.02	0.92	0.92
汀田镇	10075.68	120.55	109.60	95.23	94.37	24.46	24.46
飞云镇	66.88	3.69	3.69	–	–	–	–
仙降镇	394.34	7.13	1.83	4.86	4.48	1.12	1.12
马屿镇	7770.49	20.35	14.21	34.58	34.39	7.07	7.07
曹村镇	10.29	0.19	0.19	0.13	0.13	0.03	0.03
陶山镇	5852.24	74.08	55.39	55.71	54.42	12.60	12.60
碧山镇	7875.81	74.16	72.22	61.06	61.06	12.92	12.92
湖岭镇	–	–	–	–	–	–	–
平阳坑镇	–	–	–	–	–	–	–
桐浦乡	1538.51	23.94	23.94	16.00	16.00	3.68	3.68
永安乡	–	–	–	–	–	–	–
芳庄乡	–	–	–	–	–	–	–
林溪乡	–	–	–	–	–	–	–
潮基乡	91.84	1.22	1.22	0.64	0.64	–	–
鹿木乡	–	–	–	–	–	–	–
北麂乡	–	–	–	–	–	–	–

表 2-3-5 按行业及工艺过程 – 燃烧过程废气产排情况

单位：吨

工艺过程 行业类型	废气排放量	工业粉尘		二氧化硫		氮氧化物		氟化物	
		产生量	排放量	产生量	排放量	产生量	排放量	产生量	排放量
总计	138754.34	676.93	650.11	1.88	1.88	10.21	10.21	–	–
工艺品及其他制造业	19.30	1.00	1.00	–	–	–	–	–	–
黑色金属冶炼和压延加工业	3175.38	3.73	3.73	0.61	0.61	1.31	1.31	–	–
化学原料和化学制品制造业	85981.82	0.36	0.36	–	–	8.58	8.58	–	–
交通运输设备制造业	569.78	4.65	4.65	–	–	–	–	–	–
金属制品业	30300.01	29.37	25.52	0.93	0.93	–	–	–	–
汽车制造业	40.00	–	–	–	–	–	–	–	–
通信设备、计算机及其他电子设备制造业	270.25	–	–	–	–	–	–	–	–
通用设备制造业	8679.97	17.19	15.67	–	–	–	–	–	–
橡胶和塑料制品业	276.55	1.30	1.30	–	–	–	–	–	–
有色金属冶炼和压延加工业	590.80	6.56	6.56	0.34	0.34	0.32	0.32	–	–
专用设备制造业	8850.48	612.77	591.32	–	–	–	–	–	–

燃烧过程 行业类型	废气 排放量	烟尘		二氧化硫		氮氧化物	
		产生量	排放量	产生量	排放量	产生量	排放量
总计	72364.79	945.97	429.83	682.30	551.51	153.20	153.20
工艺品及其他制造业	10.29	0.19	0.19	0.13	0.13	0.03	0.03
黑色金属冶炼和压延加工业	11503.95	26.83	26.83	43.38	43.38	9.54	9.54
化学原料和化学制品制造业	23154.51	411.56	53.11	280.95	164.75	64.53	64.53
交通运输设备制造业	697.75	8.37	7.39	7.28	7.28	1.68	1.68
金属制品业	8222.12	111.90	34.15	71.40	62.36	13.81	13.81
汽车制造业	250.00	2.15	2.15	3.84	3.84	0.88	0.88
通信设备、计算机及其他电子设备制造业	539.29	9.83	6.46	6.71	6.71	1.54	1.54
通用设备制造业	12459.71	168.19	134.19	125.81	122.96	30.11	30.11
橡胶和塑料制品业	202.72	3.70	0.47	2.53	2.14	0.58	0.58
有色金属冶炼和压延加工业	747.98	7.92	5.95	4.10	3.87	0.94	0.94
专用设备制造业	14576.47	195.33	158.94	136.17	134.09	29.56	29.56

表 2-3-6 按行业及镇街分组二氧化硫产排情况

单位：吨

乡镇	合计	
	产生量	排放量
总计	684.18	553.39
安阳街道	0.90	0.90
玉海街道	–	–
锦湖街道	0.70	0.70
东山街道	140.07	42.02
上望街道	2.67	2.67
潘岱街道	139.42	121.27
塘下镇	126.65	114.78
莘塍镇	4.02	4.02
汀田镇	96.16	95.30
飞云镇	0.61	0.61
仙降镇	4.86	4.48
马屿镇	34.58	34.39
曹村镇	0.13	0.13
陶山镇	55.71	54.42
碧山镇	61.06	61.06
湖岭镇	–	–
平阳坑镇	–	–
桐浦乡	16.00	16.00
永安乡	–	–
芳庄乡	–	–
林溪乡	–	–
潮基乡	0.64	0.64
鹿木乡	–	–
北麂乡	–	–

乡镇	工艺品及其他制造业		黑色金属冶炼和压延加工业		化学原料和化学制品制造业		交通运输设备制造业	
	产生量	排放量	产生量	排放量	产生量	排放量	产生量	排放量
总计	–	–	43.99	43.99	280.95	164.75	7.28	7.28
安阳街道	–	–	–	–	–	–	–	–
玉海街道	–	–	–	–	–	–	–	–
锦湖街道	–	–	–	–	0.70	0.70	–	–
东山街道	–	–	–	–	140.07	42.02	–	–
上望街道	–	–	2.22	2.22	0.38	0.38	–	–
潘岱街道	–	–	–	–	139.42	121.27	–	–
塘下镇	–	–	0.02	0.02	0.38	0.38	7.28	7.28
莘塍镇	–	–	–	–	–	–	–	–
汀田镇	–	–	5.02	5.02	–	–	–	–
飞云镇	–	–	0.61	0.61	–	–	–	–
仙降镇	–	–	–	–	–	–	–	–
马屿镇	–	–	24.67	24.67	–	–	–	–
曹村镇	0.13	0.13	–	–	–	–	–	–
陶山镇	–	–	–	–	–	–	–	–
碧山镇	–	–	11.45	11.45	–	–	–	–
湖岭镇	–	–	–	–	–	–	–	–
平阳坑镇	–	–	–	–	–	–	–	–
桐浦乡	–	–	–	–	–	–	–	–
永安乡	–	–	–	–	–	–	–	–
芳庄乡	–	–	–	–	–	–	–	–
林溪乡	–	–	–	–	–	–	–	–
潮基乡	–	–	–	–	–	–	–	–
鹿木乡	–	–	–	–	–	–	–	–
北麂乡	–	–	–	–	–	–	–	–

乡镇	金属制品业		汽车制造业		通信设备、计算机及其他电子设备制造业		通用设备制造业	
	产生量	排放量	产生量	排放量	产生量	排放量	产生量	排放量
总计	72.33	63.29	3.84	3.84	6.71	6.71	125.81	122.96
安阳街道	0.90	0.90	–	–	–	–	–	–
玉海街道	–	–	–	–	–	–	–	–
锦湖街道	–	–	–	–	–	–	–	–
东山街道	–	–	–	–	–	–	–	–
上望街道	–	–	–	–	–	–	–	–
潘岱街道	–	–	–	–	–	–	–	–
塘下镇	67.89	59.23	3.84	3.84	–	–	33.06	31.26
莘塍镇	–	–	–	–	2.87	2.87	1.15	1.15
汀田镇	0.98	0.98	–	–	–	–	83.12	82.26
飞云镇	–	–	–	–	–	–	–	–
仙降镇	2.56	2.18	–	–	–	–	2.30	2.30
马屿镇	–	–	–	–	3.84	3.84	6.07	5.88
曹村镇	–	–	–	–	–	–	–	–
陶山镇	–	–	–	–	–	–	0.11	0.11
碧山镇	–	–	–	–	–	–	–	–
湖岭镇	–	–	–	–	–	–	–	–
平阳坑镇	–	–	–	–	–	–	–	–
桐浦乡	–	–	–	–	–	–	–	–
永安乡	–	–	–	–	–	–	–	–
芳庄乡	–	–	–	–	–	–	–	–
林溪乡	–	–	–	–	–	–	–	–
潮基乡	–	–	–	–	–	–	–	–
鹿木乡	–	–	–	–	–	–	–	–
北麂乡	–	–	–	–	–	–	–	–

乡镇	橡胶和塑料制品业		有色金属冶炼和压延加工业		专用设备制造业	
	产生量	排放量	产生量	排放量	产生量	排放量
总计	–	–	–	–	–	–
安阳街道	–	–	–	–	–	–
玉海街道	–	–	–	–	–	–
锦湖街道	–	–	–	–	–	–
东山街道	–	–	–	–	–	–
上望街道	–	–	–	–	0.07	0.07
潘岱街道	–	–	–	–	–	–
塘下镇	2.53	2.14	1.88	1.65	9.77	8.98
莘塍镇	–	–	–	–	–	–
汀田镇	–	–	2.56	2.56	4.48	4.48
飞云镇	–	–	–	–	–	–
仙降镇	–	–	–	–	–	–
马屿镇	–	–	–	–	–	–
曹村镇	–	–	–	–	–	–
陶山镇	–	–	–	–	55.60	54.31
碧山镇	–	–	–	–	49.61	49.61
湖岭镇	–	–	–	–	–	–
平阳坑镇	–	–	–	–	–	–
桐浦乡	–	–	–	–	16.00	16.00
永安乡	–	–	–	–	–	–
芳庄乡	–	–	–	–	–	–
林溪乡	–	–	–	–	–	–
潮基乡	–	–	–	–	0.64	0.64
鹿木乡	–	–	–	–	–	–
北麂乡	–	–	–	–	–	–

表 2-3-7 按行业及镇街分组氮氧化物产排情况

单位：吨

乡镇	合计	
	产生量	排放量
总计	163.41	163.41
安阳街道	–	–
玉海街道	–	–
锦湖街道	0.15	0.15
东山街道	32.17	32.17
上望街道	1.30	1.30
潘岱街道	40.61	40.61
塘下镇	26.10	26.10
莘塍镇	0.92	0.92
汀田镇	24.46	24.46
飞云镇	0.28	0.28
仙降镇	1.12	1.12
马屿镇	7.07	7.07
曹村镇	0.03	0.03
陶山镇	12.60	12.60
碧山镇	163.41	163.41
湖岭镇	–	–
平阳坑镇	–	–
桐浦乡	3.68	3.68
永安乡	–	–
芳庄乡	–	–
林溪乡	–	–
潮基乡	–	–
鹿木乡	–	–
北麂乡	–	–

乡镇	工艺品及其他制造业		黑色金属冶炼和压延加工业		化学原料和化学制品制造业		交通运输设备制造业	
	产生量	排放量	产生量	排放量	产生量	排放量	产生量	排放量
总计	–	–	10.85	10.85	73.11	73.11	–	–
安阳街道	–	–	–	–	–	–	–	–
玉海街道	–	–	–	–	–	–	–	–
锦湖街道	–	–	–	–	0.15	0.15	–	–
东山街道	–	–	–	–	32.17	32.17	–	–
上望街道	–	–	1.21	1.21	0.09	0.09	–	–
潘岱街道	–	–	–	–	40.61	40.61	–	–
塘下镇	–	–	–	–	0.09	0.09	1.68	1.68
莘塍镇	–	–	–	–	–	–	–	–
汀田镇	–	–	2.33	2.33	–	–	–	–
飞云镇	–	–	0.28	0.28	–	–	–	–
仙降镇	–	–	–	–	–	–	–	–
马屿镇	–	–	4.80	4.80	–	–	–	–
曹村镇	0.03	0.03	–	–	–	–	–	–
陶山镇	–	–	–	–	–	–	–	–
碧山镇	–	–	2.23	2.23	–	–	–	–
湖岭镇	–	–	–	–	–	–	–	–
平阳坑镇	–	–	–	–	–	–	–	–
桐浦乡	–	–	–	–	–	–	–	–
永安乡	–	–	–	–	–	–	–	–
芳庄乡	–	–	–	–	–	–	–	–
林溪乡	–	–	–	–	–	–	–	–
潮基乡	–	–	–	–	–	–	–	–
鹿木乡	–	–	–	–	–	–	–	–
北麂乡	–	–	–	–	–	–	–	–

乡镇	金属制品业		汽车制造业		通信设备、计算机及其他电子设备制造业		通用设备制造业	
	产生量	排放量	产生量	排放量	产生量	排放量	产生量	排放量
总计	13.81	13.81	–	–	1.54	1.54	30.11	30.11
安阳街道	–	–	–	–	–	–	–	–
玉海街道	–	–	–	–	–	–	–	–
锦湖街道	–	–	–	–	–	–	–	–
东山街道	–	–	–	–	–	–	–	–
上望街道	–	–	–	–	–	–	–	–
潘岱街道	–	–	–	–	–	–	–	–
塘下镇	13.22	13.22	0.88	0.88	–	–	7.39	7.39
莘塍镇	–	–	–	–	0.66	0.66	0.26	0.26
汀田镇	–	–	–	–	–	–	20.51	20.51
飞云镇	–	–	–	–	–	–	–	–
仙降镇	0.59	0.59	–	–	–	–	0.53	0.53
马屿镇	–	–	–	–	0.88	0.88	1.39	1.39
曹村镇	–	–	–	–	–	–	–	–
陶山镇	–	–	–	–	–	–	0.03	0.03
碧山镇	–	–	–	–	–	–	–	–
湖岭镇	–	–	–	–	–	–	–	–
平阳坑镇	–	–	–	–	–	–	–	–
桐浦乡	–	–	–	–	–	–	–	–
永安乡	–	–	–	–	–	–	–	–
芳庄乡	–	–	–	–	–	–	–	–
林溪乡	–	–	–	–	–	–	–	–
潮基乡	–	–	–	–	–	–	–	–
鹿木乡	–	–	–	–	–	–	–	–
北麂乡	–	–	–	–	–	–	–	–

乡镇	橡胶和塑料制品业		有色金属冶炼和压延加工业		专用设备制造业	
	产生量	排放量	产生量	排放量	产生量	排放量
总计	–	–	–	–	29.56	29.56
安阳街道	–	–	–	–	–	–
玉海街道	–	–	–	–	–	–
锦湖街道	–	–	–	–	–	–
东山街道	–	–	–	–	–	–
上望街道	–	–	–	–	–	–
潘岱街道	–	–	–	–	–	–
塘下镇	0.58	0.58	0.67	0.67	1.59	1.59
莘塍镇	–	–	–	–	–	–
汀田镇	–	–	0.59	0.59	1.03	1.03
飞云镇	–	–	–	–	–	–
仙降镇	–	–	–	–	–	–
马屿镇	–	–	–	–	–	–
曹村镇	–	–	–	–	–	–
陶山镇	–	–	–	–	12.57	12.57
碧山镇	–	–	–	–	10.69	10.69
湖岭镇	–	–	–	–	–	–
平阳坑镇	–	–	–	–	–	–
桐浦乡	–	–	–	–	3.68	3.68
永安乡	–	–	–	–	–	–
芳庄乡	–	–	–	–	–	–
林溪乡	–	–	–	–	–	–
潮基乡	–	–	–	–	–	–
鹿木乡	–	–	–	–	–	–
北麂乡	–	–	–	–	–	–

表 2-3-8 按行业及镇街分组工业粉尘产排情况

单位：吨

乡镇	合计	
	产生量	排放量
总计	676.93	650.11
安阳街道	3.78	0.69
玉海街道	–	–
锦湖街道	0.01	0.01
东山街道	–	–
上望街道	15.94	15.94
潘岱街道	0.38	0.38
塘下镇	75.98	67.81
莘塍镇	2.54	2.54
汀田镇	44.70	44.70
飞云镇	0.40	0.40
仙降镇	0.80	0.04
马屿镇	6.70	6.70
曹村镇	1.00	1.00
陶山镇	421.32	406.52
碧山镇	78.68	78.68
湖岭镇	–	–
平阳坑镇	–	–
桐浦乡	15.01	15.01
永安乡	–	–
芳庄乡	–	–
林溪乡	–	–
潮基乡	9.69	9.69
鹿木乡	–	–
北麂乡	–	–

乡镇	工艺品及其他制造业		黑色金属冶炼和压延加工业		化学原料和化学制品制造业		交通运输设备制造业	
	产生量	排放量	产生量	排放量	产生量	排放量	产生量	排放量
总计	1.00	1.00	3.73	3.73	0.36	0.36	4.65	4.65
安阳街道	–	–	–	–	–	–	–	–
玉海街道	–	–	–	–	–	–	–	–
锦湖街道	–	–	–	–	0.01	0.01	–	–
东山街道	–	–	–	–	–	–	–	–
上望街道	–	–	–	–	0.08	0.08	–	–
潘岱街道	–	–	–	–	0.27	0.27	0.11	0.11
塘下镇	–	–	0.05	0.05	–	–	4.54	4.54
莘塍镇	–	–	–	–	–	–	–	–
汀田镇	–	–	0.75	0.75	–	–	–	–
飞云镇	–	–	0.40	0.40	–	–	–	–
仙降镇	–	–	–	–	–	–	–	–
马屿镇	–	–	1.73	1.73	–	–	–	–
曹村镇	1.00	1.00	–	–	–	–	–	–
陶山镇	–	–	–	–	–	–	–	–
碧山镇	–	–	0.80	0.80	–	–	–	–
湖岭镇	–	–	–	–	–	–	–	–
平阳坑镇	–	–	–	–	–	–	–	–
桐浦乡	–	–	–	–	–	–	–	–
永安乡	–	–	–	–	–	–	–	–
芳庄乡	–	–	–	–	–	–	–	–
林溪乡	–	–	–	–	–	–	–	–
潮基乡	–	–	–	–	–	–	–	–
鹿木乡	–	–	–	–	–	–	–	–
北麂乡	–	–	–	–	–	–	–	–

乡镇	金属制品业		汽车制造业		通信设备、计算机及其他电子设备制造业		通用设备制造业	
	产生量	排放量	产生量	排放量	产生量	排放量	产生量	排放量
总计	29.37	25.52	–	–	–	–	17.19	15.67
安阳街道	3.78	0.69	–	–	–	–	–	–
玉海街道	–	–	–	–	–	–	–	–
锦湖街道	–	–	–	–	–	–	–	–
东山街道	–	–	–	–	–	–	–	–
上望街道	–	–	–	–	–	–	0.21	0.21
潘岱街道	–	–	–	–	–	–	–	–
塘下镇	19.65	19.65	–	–	–	–	2.20	0.68
莘塍镇	0.04	0.04	–	–	–	–	–	–
汀田镇	5.01	5.01	–	–	–	–	14.10	14.10
飞云镇	–	–	–	–	–	–	–	–
仙降镇	0.80	0.04	–	–	–	–	–	–
马屿镇	–	–	–	–	–	–	–	–
曹村镇	–	–	–	–	–	–	–	–
陶山镇	–	–	–	–	–	–	0.68	0.68
碧山镇	–	–	–	–	–	–	–	–
湖岭镇	–	–	–	–	–	–	–	–
平阳坑镇	–	–	–	–	–	–	–	–
桐浦乡	–	–	–	–	–	–	–	–
永安乡	–	–	–	–	–	–	–	–
芳庄乡	–	–	–	–	–	–	–	–
林溪乡	–	–	–	–	–	–	–	–
潮基乡	0.09	0.09	–	–	–	–	–	–
鹿木乡	–	–	–	–	–	–	–	–
北麂乡	–	–	–	–	–	–	–	–

乡镇	橡胶和塑料制品业		有色金属冶炼和压延加工业		专用设备制造业	
	产生量	排放量	产生量	排放量	产生量	排放量
总计	1.30	1.30	6.56	6.56	612.77	591.32
安阳街道	–	–	–	–	–	–
玉海街道	–	–	–	–	–	–
锦湖街道	–	–	–	–	–	–
东山街道	–	–	–	–	–	–
上望街道	–	–	–	–	15.65	15.65
潘岱街道	–	–	–	–	–	–
塘下镇	1.30	1.30	0.16	0.16	48.08	41.43
莘塍镇	–	–	–	–	2.50	2.50
汀田镇	–	–	6.40	6.40	18.44	18.44
飞云镇	–	–	–	–	–	–
仙降镇	–	–	–	–	–	–
马屿镇	–	–	–	–	4.97	4.97
曹村镇	–	–	–	–	–	–
陶山镇	–	–	–	–	420.64	405.84
碧山镇	–	–	–	–	77.88	77.88
湖岭镇	–	–	–	–	–	–
平阳坑镇	–	–	–	–	–	–
桐浦乡	–	–	–	–	15.01	15.01
永安乡	–	–	–	–	–	–
芳庄乡	–	–	–	–	–	–
林溪乡	–	–	–	–	–	–
潮基乡	–	–	–	–	9.60	9.60
鹿木乡	–	–	–	–	–	–
北麂乡	–	–	–	–	–	–

表 2-3-9 按行业及镇街分组烟尘产排情况

单位：吨

乡镇	合计	
	产生量	排放量
总计	945.97	429.83
安阳街道	1.32	0.41
玉海街道	–	–
锦湖街道	1.03	0.47
东山街道	205.18	26.26
上望街道	2.86	2.53
潘岱街道	204.33	26.18
塘下镇	197.92	83.67
莘塍镇	8.02	8.02
汀田镇	120.55	109.60
飞云镇	3.69	3.69
仙降镇	7.13	1.83
马屿镇	20.35	14.21
曹村镇	0.19	0.19
陶山镇	74.08	55.39
碧山镇	74.16	72.22
湖岭镇	–	–
平阳坑镇	–	–
桐浦乡	23.94	23.94
永安乡	–	–
芳庄乡	–	–
林溪乡	–	–
潮基乡	1.22	1.22
鹿木乡	–	–
北麂乡	–	–

乡镇	工艺品及其他制造业		黑色金属冶炼和压延加工业		化学原料和化学制品制造业		交通运输设备制造业	
	产生量	排放量	产生量	排放量	产生量	排放量	产生量	排放量
总计	0.19	0.19	26.83	26.83	411.56	53.11	–	–
安阳街道	–	–	–	–	–	–	–	–
玉海街道	–	–	–	–	–	–	–	–
锦湖街道	–	–	–	–	1.03	0.47	–	–
东山街道	–	–	–	–	205.18	26.26	–	–
上望街道	–	–	1.56	1.56	0.56	0.23	–	–
潘岱街道	–	–	–	–	204.23	26.08	0.10	0.10
塘下镇	–	–	–	–	0.56	0.07	8.27	7.29
莘塍镇	–	–	–	–	–	–	–	–
汀田镇	–	–	6.63	6.63	–	–	–	–
飞云镇	–	–	3.69	3.69	–	–	–	–
仙降镇	–	–	–	–	–	–	–	–
马屿镇	–	–	10.21	10.21	–	–	–	–
曹村镇	0.19	0.19	–	–	–	–	–	–
陶山镇	–	–	–	–	–	–	–	–
碧山镇	–	–	4.74	4.74	–	–	–	–
湖岭镇	–	–	–	–	–	–	–	–
平阳坑镇	–	–	–	–	–	–	–	–
桐浦乡	–	–	–	–	–	–	–	–
永安乡	–	–	–	–	–	–	–	–
芳庄乡	–	–	–	–	–	–	–	–
林溪乡	–	–	–	–	–	–	–	–
潮基乡	–	–	–	–	–	–	–	–
鹿木乡	–	–	–	–	–	–	–	–
北麂乡	–	–	–	–	–	–	–	–

乡镇	金属制品业		汽车制造业		通信设备、计算机及其他电子设备制造业		通用设备制造业	
	产生量	排放量	产生量	排放量	产生量	排放量	产生量	排放量
总计	111.90	34.15	–	–	–	–	168.19	134.19
安阳街道	1.31	0.40	–	–	–	–	–	–
玉海街道	–	–	–	–	–	–	–	–
锦湖街道	–	–	–	–	–	–	–	–
东山街道	–	–	–	–	–	–	–	–
上望街道	–	–	–	–	–	–	0.48	0.48
潘岱街道	–	–	–	–	–	–	–	–
塘下镇	104.07	30.50	2.15	2.15	–	–	49.56	31.31
莘塍镇	0.03	0.03	–	–	4.20	4.20	1.69	1.69
汀田镇	2.65	2.65	–	–	–	–	108.42	97.47
飞云镇	–	–	–	–	–	–	–	–
仙降镇	3.75	0.48	–	–	–	–	3.38	1.35
马屿镇	–	–	–	–	5.63	2.26	4.51	1.74
曹村镇	–	–	–	–	–	–	–	–
陶山镇	–	–	–	–	–	–	0.15	0.15
碧山镇	–	–	–	–	–	–	–	–
湖岭镇	–	–	–	–	–	–	–	–
平阳坑镇	–	–	–	–	–	–	–	–
桐浦乡	–	–	–	–	–	–	–	–
永安乡	–	–	–	–	–	–	–	–
芳庄乡	–	–	–	–	–	–	–	–
林溪乡	–	–	–	–	–	–	–	–
潮基乡	0.09	0.09	–	–	–	–	–	–
鹿木乡	–	–	–	–	–	–	–	–
北麂乡	–	–	–	–	–	–	–	–

乡镇	橡胶和塑料制品业		有色金属冶炼和压延加工业		专用设备制造业	
	产生量	排放量	产生量	排放量	产生量	排放量
总计	3.70	0.47	7.92	5.95	195.33	158.94
安阳街道	–	–	–	–	0.01	0.01
玉海街道	–	–	–	–	–	–
锦湖街道	–	–	–	–	–	–
东山街道	–	–	–	–	–	–
上望街道	–	–	–	–	0.26	0.26
潘岱街道	–	–	–	–	–	–
塘下镇	3.70	0.47	5.69	3.72	23.92	8.16
莘塍镇	–	–	–	–	2.10	2.10
汀田镇	–	–	2.23	2.23	0.62	0.62
飞云镇	–	–	–	–	–	–
仙降镇	–	–	–	–	–	–
马屿镇	–	–	–	–	–	–
曹村镇	–	–	–	–	–	–
陶山镇	–	–	–	–	73.93	55.24
碧山镇	–	–	–	–	69.42	67.48
湖岭镇	–	–	–	–	–	–
平阳坑镇	–	–	–	–	–	–
桐浦乡	–	–	–	–	23.94	23.94
永安乡	–	–	–	–	–	–
芳庄乡	–	–	–	–	–	–
林溪乡	–	–	–	–	–	–
潮基乡	–	–	–	–	1.13	1.13
鹿木乡	–	–	–	–	–	–
北麂乡	–	–	–	–	–	–

四、固体废物的产生与处理利用情况

表 2-4-1 按镇街及企业规模分组涉及一般固废企业数量

单位：个

乡镇	合计	企业规模		
		大型	中型	小型
总计	801	2	28	771
安阳街道	3	–	–	3
北麂乡	1	–	–	1
碧山镇	18	–	–	18
曹村镇	4	–	–	4
潮基乡	8	–	1	7
东山街道	44	2	7	35
芳庄乡	1	–	–	1
飞云镇	80	–	1	79
湖岭镇	8	–	–	8
锦湖街道	17	–	2	15
林溪乡	7	–	–	7
鹿木乡	3	–	–	3
马屿镇	12	–	–	12
潘岱街道	23	–	–	23
平阳坑镇	5	–	–	5
上望街道	27	–	2	25
莘塍镇	55	–	2	53
塘下镇	327	–	9	318
陶山镇	16	–	2	14
汀田镇	94	–	2	92
桐浦乡	13	–	–	13
仙降镇	30	–	–	30
永安乡	3	–	–	3
玉海街道	2	–	–	2

表 2-4-2 按行业分组涉及一般固废企业数量

单位：个

行业类别	合计	企业规模		
		大型	中型	小型
总计	801	2	28	771
纺织业	92	–	6	86
非金属矿采选业	3	–	–	3
工艺品及其他制造业	7	–	–	7
黑色金属冶炼和压延加工业	55	–	–	55
化学纤维制造业	6	–	3	3
化学原料和化学制品制造业	46	1	–	45
家具制造业	1	–	–	1
交通运输设备制造业	36	1	3	32
金属制品业	96	–	1	95
酒、饮料和精制茶制造业	8	–	–	8
农副食品加工业	66	–	2	64
皮革、毛皮、羽毛及其制品和制鞋业	13	–	1	12
其他制造业	1	–	–	1
汽车制造业	11	–	2	9
石油加工、炼焦及核燃料加工业	3	–	–	3
食品制造业	27	–	1	26
通信设备、计算机及其他电子设备制造业	14	–	5	9
通用设备制造业	58	–	–	58
橡胶和塑料制品业	6	–	–	6
医药制造业	1	–	1	
仪器仪表及文化、办公用机械制造业	2	–	–	2
印刷和记录媒介复制业	8	–	–	8
有色金属冶炼和压延加工业	58	–	–	58
造纸和纸制品业	116	–	–	116
专用设备制造业	67	–	3	64

表 2-4-3 按镇街分组一般固废产生与处理利用情况

单位：吨

乡镇	产生量	利用量	处置量
总计	107480.38	100469.55	2052.09
安阳街道	13.85	13.85	–
北麂乡	7.69	7.69	–
碧山镇	860.53	829.02	–
曹村镇	9.18	7.18	–
潮基乡	976.28	976.28	–
东山街道	11206.08	10281.99	923.09
芳庄乡	10.21	10.21	–
飞云镇	10463.92	8814.88	564.00
湖岭镇	19.35	10.85	–
锦湖街道	645.75	645.75	–
林溪乡	17.32	3.07	–
鹿木乡	3.84	3.84	–
马屿镇	905.27	897.27	–
潘岱街道	3779.18	3779.18	–
平阳坑镇	663.78	663.78	–
上望街道	775.12	774.82	–
莘塍镇	4985.45	3823.23	17.00
塘下镇	56529.52	55005.01	36.00
陶山镇	5790.10	5628.20	–
汀田镇	7005.56	5647.65	456.00
桐浦乡	600.86	595.86	–
仙降镇	2203.27	2041.67	56.00
永安乡	6.77	6.77	–
玉海街道	1.50	1.50	–

表 2-4-4 按行业分组一般固废产生与处理利用情况

单位：吨

行业类别	产生量	利用量	处置量
总计	107480.38	100469.55	2052.09
纺织业	12281.14	7227.97	284.50
非金属矿采选业	62.20	62.20	-
工艺品及其他制造业	16.71	3.01	-
黑色金属冶炼和压延加工业	3115.37	3046.37	-
化学纤维制造业	8017.02	7382.03	634.99
化学原料和化学制品制造业	5123.08	5123.08	-
家具制造业	1.00	1.00	-
交通运输设备制造业	521.52	521.52	-
金属制品业	46713.23	46713.13	-
酒、饮料和精制茶制造业	2240.53	2188.53	52.00
农副食品加工业	830.21	754.30	3.60
皮革、毛皮、羽毛及其制品和制鞋业	1469.70	1462.40	-
其他制造业	2.00	2.00	-
汽车制造业	262.57	262.57	-
石油加工、炼焦及核燃料加工业	394.78	394.78	-
食品制造业	957.01	945.21	1.00
通信设备、计算机及其他电子设备制造业	949.26	949.26	-
通用设备制造业	1483.82	1483.82	-
橡胶和塑料制品业	339.42	339.42	-
医药制造业	922.50	922.50	-
仪器仪表及文化、办公用机械制造业	0.80	0.70	-
印刷和记录媒介复制业	13.50	13.50	-
有色金属冶炼和压延加工业	3890.57	3888.57	-
造纸和纸制品业	12705.34	11614.58	1076.00
专用设备制造业	5167.10	5167.10	-

表 2-4-5 按镇街分组涉及危险废物企业数量

单位：个

乡镇	合计	企业规模		
		大型	中型	小型
总计	256	2	17	237
安阳街道	–	–	–	–
北麂乡	–	–	–	–
碧山镇	–	–	–	–
曹村镇	1	–	–	1
潮基乡	4	–	1	3
东山街道	11	2	4	5
芳庄乡	–	–	–	–
飞云镇	6	–	–	6
湖岭镇	–	–	–	–
锦湖街道	5	–	2	3
林溪乡	–	–	–	–
鹿木乡	–	–	–	–
马屿镇	5	–	–	5
潘岱街道	7	–	–	7
平阳坑镇	5	–	–	5
上望街道	12	–	2	10
莘塍镇	26	–	2	24
塘下镇	142	–	6	136
陶山镇	–	–	–	–
汀田镇	20	–	–	20
桐浦乡	2	–	–	2
仙降镇	4	–	–	4
永安乡	–	–	–	–
玉海街道	6	–	–	6

表 2-4-6 按行业分组涉及危险废物企业数量

单位：个

行业类别	合计	企业规模		
		大型	中型	小型
总计	256	2	17	237
工艺品及其他制造业	1	-	-	1
化学纤维制造业	2	-	2	-
化学原料和化学制品制造业	15	1	-	14
交通运输设备制造业	14	1	3	10
金属制品业	18	-	-	18
皮革、毛皮、羽毛及其制品和制鞋业	8	-	1	7
汽车制造业	3	-	2	1
石油加工、炼焦及核燃料加工业	1	-	-	1
通信设备、计算机及其他电子设备制造业	11	-	5	6
通用设备制造业	148	-	1	147
仪器仪表及文化、办公用机械制造业	1	-	-	1
印刷和记录媒介复制业	1	-	-	1
有色金属冶炼和压延加工业	17	-	-	17
专用设备制造业	16	-	3	13

表 2-4-7 按镇街分组危险废物产生与处理利用情况

单位：吨

乡镇	产生量	利用量	处置量	本年贮存量	往年贮存量	倾倒丢弃量
总计	11515.73	10964.96	550.77	–	–	–
安阳街道	–	–	–	–	–	–
北麂乡	–	–	–	–	–	–
碧山镇	–	–	–	–	–	–
曹村镇	0.35	0.35	–	–	–	–
潮基乡	328.10	328.10	–	–	–	–
东山街道	655.69	523.21	132.48	–	–	–
芳庄乡	–	–	–	–	–	–
飞云镇	14.91	14.91	–	–	–	–
湖岭镇	–	–	–	–	–	–
锦湖街道	25.27	12.27	13.00	–	–	–
林溪乡	–	–	–	–	–	–
鹿木乡	–	–	–	–	–	–
马屿镇	22.04	22.04	–	–	–	–
潘岱街道	397.01	3.74	393.27	–	–	–
平阳坑镇	11.55	11.55	–	–	–	–
上望街道	40.90	33.90	7.00	–	–	–
莘塍镇	112.08	112.08	–	–	–	–
塘下镇	9626.03	9622.97	3.06	–	–	–
陶山镇	–	–	–	–	–	–
汀田镇	230.24	230.23	0.01	–	–	–
桐浦乡	8.52	8.52	–	–	–	–
仙降镇	20.79	18.84	1.95	–	–	–
永安乡	–	–	–	–	–	–
玉海街道	22.25	22.25	–	–	–	–

表 2-4-8 按行业分组危险废物产生与处理利用情况

单位：吨

行业类别	产生量	利用量	处置量	本年贮存量	往年贮存量	倾倒丢弃量
总计	11515.73	10964.96	550.77	–	–	–
工艺品及其他制造业	0.35	0.35	–	–	–	–
化学纤维制造业	500.00	500.00	–	–	–	–
化学原料和化学制品制造业	524.15	24.73	499.42	–	–	–
交通运输设备制造业	100.12	61.41	38.71	–	–	–
金属制品业	8751.7	8748.64	3.06	–	–	–
皮革、毛皮、羽毛及其制品和制鞋业	205.05	205.05	–	–	–	–
汽车制造业	42.42	42.42	–	–	–	–
石油加工、炼焦及核燃料加工业	0.50	0.50	–	–	–	–
通信设备、计算机及其他电子设备制造业	108.92	108.92	–	–	–	–
通用设备制造业	725.04	725.04	–	–	–	–
仪器仪表及文化、办公用机械制造业	5.99	5.99	–	–	–	–
印刷和记录媒介复制业	0.20	0.20	–	–	–	–
有色金属冶炼和压延加工业	475.06	475.06	–	–	–	–
专用设备制造业	76.23	66.65	9.58	–	–	–

第三篇　其他源

一、畜禽养殖业

表 3-1-1　按镇街及养殖种类分组的畜禽养殖数量

乡镇	养殖场占地面积（m²）	出栏量（头）猪	肉牛出栏量（头）	肉鸡出栏量（羽）
总计	659000.00	110087	927	803924
碧山镇	3050.00	971	–	36000
曹村镇	2050.00	–	–	223000
潮基乡	79525.00	880	190	–
大南乡	11067.00	380	–	15252
东山街道	10327.00	3152	–	–
芳庄乡	5810.00	605	–	–
飞云镇	67615.00	11605	–	6000
高楼乡	9000.00	–	–	7800
湖岭镇	7390.00	2310	76	18000
金川乡	6041.00	950	–	38000
锦湖街道	3510.00	1940	–	3000
荆谷乡	23250.00	1084	–	60000
林溪乡	19220.00	4960	–	10000
龙湖镇	7340.00	106	–	27400
鹿木乡	950.00	170	15	8000
马屿镇	10399.00	730	–	75800
梅屿乡	6530.00	328	–	5000
宁益乡	22800.00	6382	–	5500
潘岱街道	8650.00	2813	–	16000
平阳坑镇	75152.00	1035	–	36000
上望街道	43170.00	7882	–	–
莘塍镇	42189.00	16005	–	–
顺泰乡	1400.00	281	–	5000
塘下镇	132683.00	29071	60	96100
陶山镇	5900.00	2640	–	93000
汀田镇	12920.00	4484	–	–
桐浦乡	14525.00	4261	–	–
仙降镇	17405.00	4333	–	2000
营前乡	7180.00	–	–	16500
永安乡	1380.00	157	14	–

表 3-1-2 按镇街分组的畜禽养殖污水产生及粪便利用情况

单位：吨

乡镇	污水日产生量	污水处理利用量	粪便处理利用量
总计	1628.41	89221.61	3352598.04
碧山镇	5.92	1708.46	844.08
曹村镇	0.44	–	1341.00
潮基乡	5.81	–	2434.80
大南乡	4.40	1437.00	141.00
东山街道	28.29	3111.00	381.60
芳庄乡	28.40	–	88.00
飞云镇	84.25	11261.55	6931.63
高楼乡	0.05	–	60.00
湖岭镇	12.77	–	1060.00
金川乡	7.80	71.00	37.00
锦湖街道	3.22	–	19.35
荆谷乡	4.14	936.00	11160.00
林溪乡	27.68	600.00	1140.00
龙湖镇	1.58	21.00	209.78
鹿木乡	1.38	30.00	507.10
马屿镇	9.79	411.10	4053.70
梅屿乡	2.98	–	–
宁益乡	30.80	8800.00	1462.00
潘岱街道	11.10	–	504.00
平阳坑镇	7.54	297.00	117306.00
上望街道	231.29	–	1364.00
莘塍镇	166.52	7481.70	2264.90
顺泰乡	0.31	70.00	112.00
塘下镇	139.93	39152.80	3072.60
陶山镇	12.35	3784.00	2670.00
汀田镇	36.74	–	–
桐浦乡	25.40	9280.00	1955.00
仙降镇	27.92	–	3190820.50
营前乡	1.10	197.00	75.00
永安乡	136.52	–	11.00

第三部分

一、二污普比对资料汇编

第一篇 工业源数量比对

一、工业源普查对象比对

表 1-1 普查对象数量对比概况

单位：个

指标名称	一污普	二污普
工业企业数（填报 G101）	978	9773
其中：大型企业	2	5
中型企业	31	90
小型企业	945	1757
微型企业	–	7921
其中：集体企业	1	5
股份合作企业	17	106
股份有限公司	15	34
合资经营企业（港或澳、台资）	1	1
港、澳、台商独资企业	1	1
其他企业	196	3
其他有限责任公司	153	665
私营独资企业	96	3746
私营股份有限公司	7	50
私营合伙企业	72	117
私营企业	244	–
私营有限责任公司	154	5036
有限责任公司	14	–
中外合资经营企业	7	4
外资企业	–	3
其他港、澳、台商投资企业	–	1
集体联营企业	–	1

表 1-2 按镇街普查对象数量概况对比

单位：个

企业数量	一污普	二污普
总 计	978	9773
安阳街道	8	17
玉海街道	8	60
锦湖街道	17	725
东山街道	52	38
上望街道	42	385
潘岱街道	26	562
塘下镇	413	3582
莘塍镇	77	168
汀田街道	115	524
飞云街道	87	455
仙降街道	33	611
马屿镇	12	281
曹村镇	4	294
陶山镇	16	3
碧山镇	18	–
湖岭镇	8	242
平阳坑镇	5	348
桐浦乡	14	260
永安乡	3	–
芳庄乡	1	36
林溪乡	7	–
潮基乡	8	–
鹿木乡	3	–
北麂乡	1	1
南滨街道	–	724
云周街道	–	337
林川镇	–	98
高楼镇	–	22

表 1-3 按行业普查对象数量概况对比

单位：个

乡镇	一污普	二污普
合 计	977	9773
化学原料及化学制品制造业	54	51
通用设备制造业	71	1656
有色金属冶炼及压延加工业	101	58
食品制造业	45	78
黑色金属冶炼及压延加工业	59	39
金属制品业	173	903
印刷业和记录媒介的复制	9	116
电气机械及器材制造业	14	225
造纸及纸制品业	119	239
通信设备、计算机及其他电子设备制造业	3	29
非金属矿采选业	3	122
酒、饮料和精制茶制造业	8	8
农副食品加工业	76	103
纺织业	94	246
医药制造业	1	2
铁路、船舶、航空航天和其他运输设备制造业	39	177
非金属矿物制品业	57	–
化学纤维制造业	6	11
石油、煤炭及其他燃料加工业	4	4
专用设备制造业	12	748
橡胶和塑料制品业	6	890
家具制造业	2	88
皮革、毛皮、羽毛（绒）及其制品业	13	1286
其他制造业	8	19
仪器仪表制造业（仪器仪表及文化、办公用机械制造业）	1	40
纺织服装、服饰业	–	388
文教、工美、体育和娱乐用品制造业	–	160
木材加工和木、竹、藤、棕、草制品业	–	49
金属制品、机械和设备修理业	–	15
电力、热力生产和供应业	–	6
水的生产和供应业	–	4
其他金融业	–	1
废弃资源综合利用业	–	1
燃气生产和供应业	–	1

表 1–4 按乡镇涉水企业数量对比

单位：个

乡镇	一污普	二污普
合计	575	856
安阳街道	5	–
玉海街道	6	–
锦湖街道	9	19
东山街道	46	46
上望街道	29	76
潘岱街道	12	29
塘下镇	246	132
莘塍街道	33	52
汀田街道	51	31
飞云街道	45	53
仙降街道	19	93
马屿镇	7	54
曹村镇	4	2
陶山镇	15	55
碧山镇	13	–
湖岭镇	5	43
平阳坑镇	5	2
桐浦镇	11	13
永安乡	3	–
芳庄乡	1	–
林溪乡	1	–
潮基乡	6	–
鹿木乡	2	–
北麂乡	1	1

表 1-5 按行业涉水企业数量对比

单位：个

行业名称	一污普	二污普
合计	575	856
汽车制造业	–	79
通用设备制造业	33	85
皮革、毛皮、羽毛及其制品和制鞋业	10	110
金属制品业	159	107
橡胶和塑料制品业	5	70
专用设备制造业	3	63
纺织服装、服饰业	–	59
纺织业	63	37
造纸和纸制品业	17	11
电气机械和器材制造业	11	7
铁路、船舶、航空航天和其他运输设备制造业	13	4
文教、工美、体育和娱乐用品制造业	–	3
非金属矿物制品业	24	41
印刷和记录媒介复制业	–	6
农副食品加工业	70	71
家具制造业	–	0
食品制造业	38	48
有色金属冶炼和压延加工业	50	13
化学原料和化学制品制造业	38	18
仪器仪表制造业	–	1
黑色金属冶炼和压延加工业	25	7
计算机、通信和其他电子设备制造业	1	1
其他制造业	1	–
化学纤维制造业	3	5
酒、饮料和精制茶制造业	8	2
电力、热力生产和供应业	–	3
石油、煤炭及其他燃料加工业	1	–
水的生产和供应业	–	3
医药制造业	1	2
非金属矿采选业	1	–

表 1-6 按乡镇涉气企业数量对比 [1]

单位：个

乡镇	一污普	二污普
总计	100	6759
塘下镇	45	2341
莘塍街道	5	52
仙降街道	1	6
上望街道	4	452
南滨街道	–	397
汀田街道	13	335
飞云街道	1	254
潘岱街道	4	276
马屿镇	5	299
陶山镇	5	213
云周街道	–	241
东山街道	1	23
锦湖街道	1	215
桐浦镇	1	147
湖岭镇	–	94
林川镇	–	63
曹村镇	1	5
安阳街道	2	18
高楼镇	–	19
平阳坑镇	–	18
玉海街道	–	2
芳庄乡	–	1
北麂乡	–	1
碧山镇	9	–
潮基乡	2	–

---

[1] 一污普数据为工业源存在废气排放的企业数量。

表 1-7 按行业涉气企业数量对比

单位：个

行业名称	一污普	二污普
小计	100	6762
农副食品加工业	-	20
食品制造业	-	28
酒、饮料和精制茶制造业	-	2
纺织业	-	49
纺织服装、服饰业	-	60
皮革、毛皮、羽毛及其制品和制鞋业	-	1017
木材加工和木、竹、藤、棕、草制品业	-	43
家具制造业	-	67
造纸和纸制品业	-	175
印刷和记录媒介复制业	-	100
文教、工美、体育和娱乐用品制造业	-	86
石油、煤炭及其他燃料加工业	-	1
化学原料和化学制品制造业	6	35
医药制造业	-	2
化学纤维制造业	-	7
橡胶和塑料制品业	-	829
非金属矿物制品业	-	83
黑色金属冶炼和压延加工业	8	26
通用设备制造业	23	1118
专用设备制造业	34	631
汽车制造业	2	1300
铁路、船舶、航空航天和其他运输设备制造业	6	125
电气机械和器材制造业	-	188
计算机、通信和其他电子设备制造业	2	25
仪器仪表制造业	-	35
其他制造业	1	1
废弃资源综合利用业	-	1
金属制品、机械和设备修理业	-	9
电力、热力生产和供应业	-	4
有色金属冶炼和压延加工业	4	52
金属制品业	14	643

第二篇 工业源污染物产排情况对比

一、普查对象综合概况

表 2-1-1 普查对象污染物产排量对比

指标名称	计量单位	一污普		二污普	
		产生量	排放量	产生量	排放量
废 水 污 染 物					
工业废水	万吨	1342.33	857.23	–	843.36
化学需氧量	吨	10843.16	2178.11	10546.36	1006.07
氨氮	吨	213.26	61.14	174.95	34.39
总氮	吨	–	–	636.27	136.33
总磷	吨	–	–	104.24	10.13
石油类	吨	42.54	8.80	80.92	7.7
挥发酚	吨	–	–	0.02	0.02
氰化物	千克	83960.50	9599.59	50514.05	25.55
总砷	千克	0.05	0.05	–	–
总铅	千克	0.29	0.29	–	–
总镉	千克	1.05	1.05	–	–
总铬	千克	2973.00	163.90	160745.91	222.21
六价铬	千克	125079.01	21823.35	125603.19	56.38
总汞	千克	–	–	–	–
废 气 污 染 物					
工业废气	亿立方米	–	21.11	–	1291.50
二氧化硫	吨	684.18	553.39	4133.18	1673.83
氮氧化物	吨	163.41	163.41	1409.61	1409.61
颗粒物	吨	–	–	31776.85	6986.34
挥发性有机物	吨	–	–	9155.17	8111.39
氨排放量	吨	–	–	–	27.21
废气砷	千克	–	–	893.76	51.00
废气铅	千克	–	–	3422.41	437.29
废气镉	千克	–	–	79.7	8.56
废气铬	千克	–	–	2990.03	399.71
废气汞	千克	–	–	48.89	20.61
工业粉尘	吨	676.93	650.11	–	–
烟尘	吨	945.97	429.83	–	–

表 2-1-2 普查对象污染物消减量对比

指标名称	一污普	二污普
废水污染物		
工业废水	36.14%	–
化学需氧量	79.91%	90.46%
氨氮	71.33%	80.35%
总氮	–	78.57%
总磷	–	90.28%
石油类	79.31%	90.48%
挥发酚	–	–
氰化物	88.57%	99.95%
总砷	–	–
总铅	–	–
总镉	–	–
总铬	94.49%	99.86%
六价铬	82.55%	99.96%
总汞	–	–
废气污染物		
工业废气	–	–
二氧化硫	19.12%	59.50%
氮氧化物	–	–
颗粒物	–	78.01%
挥发性有机物	–	11.40%
氨排放量	–	–
废气砷	–	94.29%
废气铅	–	87.22%
废气镉	–	89.26%
废气铬	–	86.63%
废气汞	–	57.84%
工业粉尘	3.96%	–
烟尘	54.56%	–

二、按镇街分组废水污染物产排量对比

表 2-2-1 按镇街分组化学需氧量产排情况对比

单位：吨

乡镇	一污普		二污普	
	产生量	排放量	产生量	排放量
总计	10843.20	2178.11	10546.36	1006.07
塘下镇	1608.70	566.27	621.47	22.68
莘塍镇	789.14	136.82	70.26	30.71
仙降镇	335.96	83.23	760.05	44.54
上望街道	99.01	36.78	416.46	113.69
南滨街道	–	–	3442.99	156.87
汀田镇	1141.57	163.12	132.00	5.87
飞云镇	2398.14	376.04	826.08	94.22
潘岱街道	706.44	78.81	1282.51	33.12
马屿镇	28.24	13.98	71.24	10.54
陶山镇	176.65	28.87	147.34	29.02
云周街道	–	–	438.99	21.55
东山街道	1829.71	343.50	2138.62	340.42
锦湖街道	64.33	4.71	6.55	5.54
桐浦乡	23.73	20.06	13.49	10.76
湖岭镇	12.08	12.08	165.08	79.41
林川镇	–	–	0.54	0.44
曹村镇	1.17	0.92	0.19	0.19
安阳街道	0.03	0.03	–	–
高楼镇	–	–	6.31	2.61
平阳坑镇	204.40	14.03	–	–
玉海街道	26.58	10.51	–	–
芳庄乡	2.10	2.10	–	–
北麂乡	0.51	0.51	6.2	3.88
碧山镇	29.62	8.19	–	–
潮基乡	1352.74	265.24	–	–
林溪乡	0.06	0.06	–	–
鹿木乡	2.03	2.03	–	–
永安乡	10.22	10.22	–	–

表 2-2-2　按镇街分组氨氮产排情况对比

单位：吨

乡镇	一污普		二污普	
	产生量	排放量	产生量	排放量
总计	213.26	61.14	174.95	34.39
塘下镇	17.39	4.75	21.75	0.28
莘塍镇	3.71	1.4	3.39	1.06
仙降镇	0.95	0.95	2.46	1.22
上望街道	0.22	0.22	27.62	10.13
南滨街道	–	–	24.31	2.73
汀田镇	0.14	0.14	4.13	0.06
飞云镇	5.17	3.8714	9.94	2.91
潘岱街道	14.72	1.57	20.64	1.3
马屿镇	0.19	0.19	0.97	0.08
陶山镇	0.37	0.37	3.7	0.45
云周街道	–	–	3.54	0.33
东山街道	21.04	12.39	43.46	11.81
锦湖街道	0.97	0.17	0.07	0.06
桐浦乡	0.79	0.79	0.17	0.15
湖岭镇	0.49	0.49	8.62	1.72
林川镇	–	–	0.02	0.02
曹村镇	0.01	0.01	–	–
安阳街道	–	–	–	–
高楼镇	–	–	0.05	0.01
平阳坑镇	11.56	3.29	–	–
玉海街道	–	–	–	–
芳庄乡				
北麂乡	0.02	0.02	0.11	0.07
碧山镇	0.12	0.12	–	–
潮基乡	135	30	–	–
林溪乡	–			
鹿木乡	0.11	0.11	–	–
永安乡	0.29	0.29	–	–

表 2-2-3 按镇街分组总氮产排情况对比

单位：吨

乡镇	一污普		二污普	
	产生量	排放量	产生量	排放量
总计	-	-	636.27	136.33
塘下镇	-	-	46.73	10.33
莘塍镇	-	-	5.23	2.5
仙降镇	-	-	11.64	3.98
上望街道	-	-	54.06	23.88
南滨街道	-	-	154.28	30.71
汀田镇	-	-	5.82	1.87
飞云镇	-	-	42.34	13.34
潘岱街道	-	-	96.08	7.83
马屿镇	-	-	2.21	0.38
陶山镇	-	-	10.32	3.05
云周街道	-	-	13.11	5.23
东山街道	-	-	180.67	26.8
锦湖街道	-	-	0.25	0.23
桐浦乡	-	-	0.5	0.44
湖岭镇	-	-	12.18	5.22
林川镇	-	-	0.04	0.04
曹村镇	-	-	-	-
安阳街道	-	-	-	-
高楼镇	-	-	0.14	0.04
平阳坑镇	-	-	-	-
玉海街道	-	-	-	-
芳庄乡	-	-	-	-
北麂乡	-	-	0.66	0.47
碧山镇	-	-	-	-
潮基乡	-	-	-	-
林溪乡	-	-	-	-
鹿木乡	-	-	-	-
永安乡	-	-	-	-

表 2-2-4 按镇街分组总磷产排情况对比

单位：吨

乡镇	一污普		二污普	
	产生量	排放量	产生量	排放量
总计	–	–	104.24	10.13
塘下镇	–	–	38.99	0.53
莘塍镇	–	–	1.75	0.41
仙降镇	–	–	2.66	1.33
上望街道	–	–	3.77	0.91
南滨街道	–	–	30.36	0.7
汀田镇	–	–	0.26	0.09
飞云镇	–	–	5.25	0.88
潘岱街道	–	–	0.19	0.13
马屿镇	–	–	5.32	0.01
陶山镇	–	–	0.74	0.17
云周街道	–	–	1.51	0.18
东山街道	–	–	12.14	3.65
锦湖街道	–	–	0.06	0.06
桐浦乡	–	–	0.07	0.06
湖岭镇	–	–	0.92	0.84
林川镇	–	–	0.01	–
曹村镇	–	–	–	–
安阳街道	–	–	–	–
高楼镇	–	–	0.02	0.02
平阳坑镇	–	–	–	–
玉海街道	–	–	–	–
芳庄乡	–	–	–	–
北麂乡	–	–	0.21	0.15
碧山镇	–	–	–	–
潮基乡	–	–	–	–
林溪乡	–	–	–	–
鹿木乡	–	–	–	–
永安乡	–	–	–	–

表 2-2-5 按镇街分组石油类产排情况对比

单位：吨

乡镇	一污普		二污普	
	产生量	排放量	产生量	排放量
总计	42.54	8.8	80.92	7.7
塘下镇	1.03	0.97	14.13	0.42
莘塍镇	1.04	0.2	0.54	0.11
仙降镇	−	−	3	0.76
上望街道	12.52	1.123	16.37	0.47
南滨街道	−	−	20.99	0.44
汀田镇	0.19	0.19	1.95	0.22
飞云镇	0.04	0.04	10.42	0.32
潘岱街道	−	−	1.14	0.58
马屿镇	0.10	0.10	2.45	0.6
陶山镇	6.38	3.16	6.89	2.87
云周街道	−	−	0.01	0.01
东山街道	8.09	1.89	1.43	0.41
锦湖街道	−	−	0.03	0.01
桐浦乡	0.13	0.13	0.2	0.08
湖岭镇	−	−	1.38	0.39
林川镇	−	−	−	−
曹村镇	0.01	0.01	0.02	0.02
安阳街道	−	−	−	−
高楼镇	−	−	0.01	0.01
平阳坑镇	0.25	0.01	−	−
玉海街道	−	−	−	−
芳庄乡	−	−	−	−
北麂乡	−	−	−	−
碧山镇	0.66	0.66	−	−
潮基乡	12.1	0.32	−	−
林溪乡	−	−	−	−
鹿木乡	−	−	−	−
永安乡	−	−	−	−

表 2-2-6 按镇街分组挥发酚产排情况对比

单位：吨

乡镇	一污普		二污普	
	产生量	排放量	产生量	排放量
总计	–	–	0.02	0.02
塘下镇	–	–	–	–
莘塍镇	–	–	–	–
仙降镇	–	–	–	–
上望街道	–	–	–	–
南滨街道	–	–	–	–
汀田镇	–	–	–	–
飞云镇	–	–	–	–
潘岱街道	–	–	–	–
马屿镇	–	–	–	–
陶山镇	–	–	–	–
云周街道	–	–	–	–
东山街道	–	–	–	–
锦湖街道	–	–	–	–
桐浦乡	–	–	0.02	0.02
湖岭镇	–	–	–	–
林川镇	–	–	–	–
曹村镇	–	–	–	–
安阳街道	–	–	–	–
高楼镇	–	–	–	–
平阳坑镇	–	–	–	–
玉海街道	–	–	–	–
芳庄乡	–	–	–	–
北麂乡	–	–	–	–
碧山镇	–	–	–	–
潮基乡	–	–	–	–
林溪乡	–	–	–	–
鹿木乡	–	–	–	–
永安乡	–	–	–	–

表 2-2-7 按镇街分组氰化物产排情况对比

单位：千克

乡镇	一污普		二污普	
	产生量	排放量	产生量	排放量
总计	83960.5	9599.59	50514.05	25.55
塘下镇	39196.86	9318.39	9645.95	16
莘塍镇	5553.73	93.46	–	–
仙降镇	1575.7	25.47	–	–
上望街道	1364.42	14.62	40868.1	9.55
南滨街道	–	–	–	–
汀田镇	5268.38	86.59	–	–
飞云镇	–	–	–	–
潘岱街道	–	–	–	–
马屿镇	1315.3	22.02	–	–
陶山镇	–	–	–	–
云周街道	–	–	–	–
东山街道	795.24	12.75	–	–
锦湖街道	27299.88	0.61	–	–
桐浦乡	425.06	6.82	–	–
湖岭镇	–	–	–	–
林川镇	–	–	–	–
曹村镇	–	–	–	–
安阳街道	–	–	–	–
高楼镇	–	–	–	–
平阳坑镇	–	–	–	–
玉海街道	1165.93	18.86	–	–
芳庄乡	–	–	–	–
北麂乡	–	–	–	–
碧山镇	–	–	–	–
潮基乡	–	–	–	–
林溪乡	–	–	–	–
鹿木乡	–	–	–	–
永安乡	–	–	–	–

表 2-2-8 按镇街分组总铬产排情况对比

单位：千克

乡镇	一污普		二污普	
	产生量	排放量	产生量	排放量
总计	2973	163.9	160745.91	222.21
塘下镇	–	–	80500.29	108.59
莘塍镇	–	–	1.15	1.15
仙降镇	–	–	–	–
上望街道	–	–	79990.26	104.46
南滨街道	–	–	–	–
汀田镇	–	–	–	–
飞云镇	400	4	–	–
潘岱街道	–	–	–	–
马屿镇	–	–	–	–
陶山镇	–	–	–	–
云周街道	–	–	–	–
东山街道	–	–	14.21	–
锦湖街道	–	–	–	–
桐浦乡	–	–	–	–
湖岭镇	–	–	240	8
林川镇	–	–	–	–
曹村镇	–	–	–	–
安阳街道	–	–	–	–
高楼镇	–	–	–	–
平阳坑镇	1073	9.9	–	–
玉海街道	–	–	–	–
芳庄乡	–	–	–	–
北麂乡	–	–	–	–
碧山镇	–	–	–	–
潮基乡	1500	150	–	–
林溪乡	–	–	–	–
鹿木乡	–	–	–	–
永安乡	–	–	–	–

表 2-2-9 按镇街分组六价铬产排情况对比

单位：千克

乡镇	一污普		二污普	
	产生量	排放量	产生量	排放量
总计	125079.01	21823.35	125603.19	56.38
塘下镇	83466.62	21451.14	73038.46	8.6
莘塍镇	9903.19	111.21	–	–
仙降镇	3489.39	27.5	–	–
上望街道	3747.58	19.49	52558.64	47.5
南滨街道	–	–	–	–
汀田镇	12750.65	124.55	–	–
飞云镇	–	–	–	–
潘岱街道	745.26	5.58	–	–
马屿镇	2501.84	29.77	–	–
陶山镇	–	–	–	–
云周街道	–	–	–	–
东山街道	1859.39	13.77	4.47	–
锦湖街道	1463.47	0.05	–	–
桐浦乡	993.6	7.35	–	–
湖岭镇	–	–	1.63	0.27
林川镇	–	–	–	–
曹村镇	69.25	0.51	–	–
安阳街道	–	–	–	–
高楼镇	–	–	–	–
平阳坑镇	–	–	–	–
玉海街道	4088.77	32.43	–	–
芳庄乡	–	–	–	–
北麂乡	–	–	–	–
碧山镇	–	–	–	–
潮基乡	–	–	–	–
林溪乡	–	–	–	–
鹿木乡	–	–	–	–
永安乡	–	–	–	–

表 2-2-10 按镇街分组总砷产排情况对比

单位：千克

| 乡镇 | 一污普 | | 二污普 | |
	产生量	排放量	产生量	排放量
总计	0.05	0.05	–	–
塘下镇	0.05	0.05	–	–
莘塍镇	–	–	–	–
仙降镇	–	–	–	–
上望街道	–	–	–	–
南滨街道	–	–	–	–
汀田镇	–	–	–	–
飞云镇	–	–	–	–
潘岱街道	–	–	–	–
马屿镇	–	–	–	–
陶山镇	–	–	–	–
云周街道	–	–	–	–
东山街道	–	–	–	–
锦湖街道	–	–	–	–
桐浦乡	–	–	–	–
湖岭镇	–	–	–	–
林川镇	–	–	–	–
曹村镇	–	–	–	–
安阳街道	–	–	–	–
高楼镇	–	–	–	–
平阳坑镇	–	–	–	–
玉海街道	–	–	–	–
芳庄乡	–	–	–	–
北麂乡	–	–	–	–
碧山镇	–	–	–	–
潮基乡	–	–	–	–
林溪乡	–	–	–	–
鹿木乡	–	–	–	–
永安乡	–	–	–	–

表 2-2-11 按镇街分组总铅产排情况对比

单位：千克

乡镇	一污普		二污普	
	产生量	排放量	产生量	排放量
总计	0.29	0.29	–	–
塘下镇	0.29	0.29	–	–
莘塍镇	–	–	–	–
仙降镇	–	–	–	–
上望街道	–	–	–	–
南滨街道	–	–	–	–
汀田镇	–	–	–	–
飞云镇	–	–	–	–
潘岱街道	–	–	–	–
马屿镇	–	–	–	–
陶山镇	–	–	–	–
云周街道	–	–	–	–
东山街道	–	–	–	–
锦湖街道	–	–	–	–
桐浦乡	–	–	–	–
湖岭镇	–	–	–	–
林川镇	–	–	–	–
曹村镇	–	–	–	–
安阳街道	–	–	–	–
高楼镇	–	–	–	–
平阳坑镇	–	–	–	–
玉海街道	–	–	–	–
芳庄乡	–	–	–	–
北麂乡	–	–	–	–
碧山镇	–	–	–	–
潮基乡	–	–	–	–
林溪乡	–	–	–	–
鹿木乡	–	–	–	–
永安乡	–	–	–	–

表 2-2-12 按镇街分组总镉产排情况对比

单位：千克

乡镇	一污普		二污普	
	产生量	排放量	产生量	排放量
总计	1.05	1.05	–	–
塘下镇	1.05	1.05	–	–
莘塍镇	–	–	–	–
仙降镇	–	–	–	–
上望街道	–	–	–	–
南滨街道	–	–	–	–
汀田镇	–	–	–	–
飞云镇	–	–	–	–
潘岱街道	–	–	–	–
马屿镇	–	–	–	–
陶山镇	–	–	–	–
云周街道	–	–	–	–
东山街道	–	–	–	–
锦湖街道	–	–	–	–
桐浦乡	–	–	–	–
湖岭镇	–	–	–	–
林川镇	–	–	–	–
曹村镇	–	–	–	–
安阳街道	–	–	–	–
高楼镇	–	–	–	–
平阳坑镇	–	–	–	–
玉海街道	–	–	–	–
芳庄乡	–	–	–	–
北麂乡	–	–	–	–
碧山镇	–	–	–	–
潮基乡	–	–	–	–
林溪乡	–	–	–	–
鹿木乡	–	–	–	–
永安乡	–	–	–	–

特别说明：一污普和二污普中的工业废水均不涉及类重金属汞，故不在列出不对结果。

三、按行业分组废水污染物产排量对比

表 2-3-1　按行业分组化学需氧量产排情况对比

单位：吨

行业类别	一污普		二污普	
	产生量	排放量	产生量	排放量
总计	10843.161	2178.107	10546.36	1006.07
汽车制造业	1.52	1.52	203.33	8.13
通用设备制造业	789.523	387.103	100.1	13.94
皮革、毛皮、羽毛及其制品和制鞋业	1632.785	304.915	79.38	5.52
金属制品业	33.5	28.96	474.73	86.71
橡胶和塑料制品业	4.44	4.44	672.34	29.94
专用设备制造业	86.37	44.34	7.03	2.07
纺织服装、服饰业	–	–	0.12	0.12
纺织业	2149.19	251.19	4037.8	171.02
造纸和纸制品业	2628.17	359.44	1163.39	17.68
电气机械和器材制造业	–	–	9.02	2.1
铁路、船舶、航空航天和其他运输设备制造业	132.1	42.73	0.29	0.01
文教、工美、体育和娱乐用品制造业	–	–	0.01	0.01
非金属矿物制品业	–	–	6.35	5.12
印刷和记录媒介复制业	–	–	0.5	0.31
农副食品加工业	869.72	443.7	1288.66	518.69
家具制造业	–	–	–	–
食品制造业	108.27	47.16	156.56	94.88
有色金属冶炼和压延加工业	43.55	7.93	13.05	4.13
化学原料和化学制品制造业	1630.4	90.036	1702.3	27.57
仪器仪表及文化、办公用机械制造业	0.16	0.16	0.02	0.02
黑色金属冶炼和压延加工业	4.503	4.503	0.17	0.16
计算机、通信和其他电子设备制造业	44.79	18.93	2.63	0.18
工艺品及其他制造业	0.42	0.17	–	–
化学纤维制造业	272.2	113.19	585.03	4.01
酒、饮料和精制茶制造业	411.45	27.59	0.16	0.12
电力、热力生产和供应业	–	–	31.12	1.62
石油、煤炭及其他燃料加工业	–	–	–	–
水的生产和供应业	–	–	11.87	11.87
医药制造业	–	–	0.43	0.11
非金属矿采选业	0.1	0.1	–	–

表 2-3-2　按行业分组氨氮产排情况对比

单位：吨

行业类别	一污普		二污普	
	产生量	排放量	产生量	排放量
总计	213.26	61.14	174.95	34.39
汽车制造业	–	–	0.51	–
通用设备制造业	–	–	2.69	0.02
皮革、毛皮、羽毛及其制品和制鞋业	150.57	36.10	7.20	0.43
金属制品业	–	–	36.24	9.81
橡胶和塑料制品业	–	–	12.97	0.74
专用设备制造业	–	–	–	–
纺织服装、服饰业	–	–	–	–
纺织业	0.01	0.01	30.77	2.94
造纸和纸制品业	–	–	3.51	0.24
电气机械和器材制造业	–	–	0.45	0.02
铁路、船舶、航空航天和其他运输设备制造业	–	–	–	–
文教、工美、体育和娱乐用品制造业	–	–	–	–
非金属矿物制品业	–	–	–	–
印刷和记录媒介复制业	–	–	0.03	0.02
农副食品加工业	29.15	19.86	29.99	15.89
家具制造业	–	–	–	–
食品制造业	1.28	0.48	6.47	2.21
有色金属冶炼和压延加工业	–	–	3.20	0.06
化学原料和化学制品制造业	14.84	1.59	29.65	1.34
仪器仪表及文化、办公用机械制造业	–	–	–	–
黑色金属冶炼和压延加工业	–	–	0.02	0.02
计算机、通信和其他电子设备制造业	–	–	0.06	–
工艺品及其他制造业	–	–	–	–
化学纤维制造业	–	–	10.73	0.29
酒、饮料和精制茶制造业	17.41	3.10	–	–
电力、热力生产和供应业	–	–	0.15	0.02
石油、煤炭及其他燃料加工业	–	–	–	–
水的生产和供应业	–	–	0.31	0.31
医药制造业	–	–	–	–
非金属矿采选业	–	–	–	–

表 2-3-3 按行业分组氨氮产排情况对比

单位：吨

行业类别	一污普		二污普	
	产生量	排放量	产生量	排放量
总计	213.26	61.14	174.95	34.39
汽车制造业	–	–	0.51	–
通用设备制造业	–	–	2.69	0.02
皮革、毛皮、羽毛及其制品和制鞋业	150.57	36.10	7.20	0.43
金属制品业	–	–	36.24	9.81
橡胶和塑料制品业	–	–	12.97	0.74
专用设备制造业	–	–	–	–
纺织服装、服饰业	–	–	–	–
纺织业	0.01	0.01	30.77	2.94
造纸和纸制品业	–	–	3.51	0.24
电气机械和器材制造业	–	–	0.45	0.02
铁路、船舶、航空航天和其他运输设备制造业	–	–	–	–
文教、工美、体育和娱乐用品制造业	–	–	–	–
非金属矿物制品业	–	–	–	–
印刷和记录媒介复制业	–	–	0.03	0.02
农副食品加工业	29.15	19.86	29.99	15.89
家具制造业	–	–	–	–
食品制造业	1.28	0.48	6.47	2.21
有色金属冶炼和压延加工业	–	–	3.20	0.06
化学原料和化学制品制造业	14.84	1.59	29.65	1.34
仪器仪表及文化、办公用机械制造业	–	–	–	–
黑色金属冶炼和压延加工业	–	–	0.02	0.02
计算机、通信和其他电子设备制造业	–	–	0.06	–
工艺品及其他制造业	–	–	–	–
化学纤维制造业	–	–	10.73	0.29
酒、饮料和精制茶制造业	17.41	3.10	–	–
电力、热力生产和供应业	–	–	0.15	0.02
石油、煤炭及其他燃料加工业	–	–	–	–
水的生产和供应业	–	–	0.31	0.31
医药制造业	–	–	–	–
非金属矿采选业	–	–	–	–

表 2-3-4 按行业分组总氮产排情况对比

单位：吨

行业类别	一污普		二污普	
	产生量	排放量	产生量	排放量
总计	–	–	636.27	136.33
汽车制造业	–	–	1.1	0.2
通用设备制造业	–	–	5.79	1
皮革、毛皮、羽毛及其制品和制鞋业	–	–	8.77	2.12
金属制品业	–	–	74.49	26.67
橡胶和塑料制品业	–	–	27.78	5.76
专用设备制造业	–	–	–	–
纺织服装、服饰业	–	–	–	–
纺织业	–	–	174.16	38.45
造纸和纸制品业	–	–	28.86	3.35
电气机械和器材制造业	–	–	1.25	0.72
铁路、船舶、航空航天和其他运输设备制造业	–	–	–	–
文教、工美、体育和娱乐用品制造业	–	–	–	–
非金属矿物制品业	–	–	–	–
印刷和记录媒介复制业	–	–	0.03	0.02
农副食品加工业	–	–	52.28	34.47
家具制造业	–	–	–	–
食品制造业	–	–	13.65	5.84
有色金属冶炼和压延加工业	–	–	4.75	1.64
化学原料和化学制品制造业	–	–	133.69	10.19
仪器仪表及文化、办公用机械制造业	–	–	–	–
黑色金属冶炼和压延加工业	–	–	0.03	0.03
计算机、通信和其他电子设备制造业	–	–	0.18	0.08
工艺品及其他制造业	–	–	–	–
化学纤维制造业	–	–	104.04	1.5
酒、饮料和精制茶制造业	–	–	0.01	0.01
电力、热力生产和供应业	–	–	1.39	0.26
石油、煤炭及其他燃料加工业	–	–	–	–
水的生产和供应业	–	–	4.02	4.02
医药制造业	–	–	–	–
非金属矿采选业	–	–	–	–

表 2-3-5 按行业分组总磷产排情况对比

单位：吨

行业类别	一污普		二污普	
	产生量	排放量	产生量	排放量
总计	–	–	104.24	10.13
汽车制造业	–	–	1.91	0.16
通用设备制造业	–	–	21.96	0.05
皮革、毛皮、羽毛及其制品和制鞋业	–	–	0.05	0.01
金属制品业	–	–	20.37	2.02
橡胶和塑料制品业	–	–	5.06	0.39
专用设备制造业	–	–	–	–
纺织服装、服饰业	–	–	–	–
纺织业	–	–	31.8	1.08
造纸和纸制品业	–	–	1.84	0.07
电气机械和器材制造业	–	–	5.44	0.04
铁路、船舶、航空航天和其他运输设备制造业	–	–	–	–
文教、工美、体育和娱乐用品制造业	–	–	–	–
非金属矿物制品业	–	–	–	–
印刷和记录媒介复制业	–	–	–	–
农副食品加工业	–	–	11.68	4.81
家具制造业	–	–	–	–
食品制造业	–	–	1.53	1.03
有色金属冶炼和压延加工业	–	–	0.18	0.05
化学原料和化学制品制造业	–	–	0.4	0.11
仪器仪表及文化、办公用机械制造业	–	–	–	–
黑色金属冶炼和压延加工业	–	–	–	–
计算机、通信和其他电子设备制造业	–	–	0.06	
工艺品及其他制造业	–	–	–	–
化学纤维制造业	–	–	1.44	0.07
酒、饮料和精制茶制造业	–	–	–	–
电力、热力生产和供应业	–	–	0.28	0.01
石油、煤炭及其他燃料加工业	–	–	–	–
水的生产和供应业	–	–	0.24	0.24
医药制造业	–	–	–	–
非金属矿采选业	–	–	–	–

表 2-3-6 按行业分组石油类产排情况对比

单位：吨

行业类别	一污普		二污普	
	产生量	排放量	产生量	排放量
总计	42.536	8.799	80.92	7.7
汽车制造业	0.07	0.07	9.52	0.66
通用设备制造业	0.021	0.021	12.61	3.23
皮革、毛皮、羽毛及其制品和制鞋业	12.26	0.24	0.64	0.01
金属制品业	1.14	0.3	23.44	2.09
橡胶和塑料制品业	0.25	0.25	28.62	0.56
专用设备制造业	6.6	5.92	2.19	0.58
纺织服装、服饰业	–	–	–	–
纺织业	–	–	–	–
造纸和纸制品业	–	–	0.11	0.02
电气机械和器材制造业			0.32	0.06
铁路、船舶、航空航天和其他运输设备制造业	15.88	1.55	0.1	–
文教、工美、体育和娱乐用品制造业				
非金属矿物制品业	–	–	0.05	0.04
印刷和记录媒介复制业	–	–	0.02	0.01
农副食品加工业			0.03	0.03
家具制造业				
食品制造业	–	–	0.24	0.22
有色金属冶炼和压延加工业	2.72	0.12	2.89	0.14
化学原料和化学制品制造业	3.49	0.22	–	–
仪器仪表及文化、办公用机械制造业	–	–	–	–
黑色金属冶炼和压延加工业	0.02	0.02	–	–
计算机、通信和其他电子设备制造业	0.09	0.09	–	–
工艺品及其他制造业	–	–	–	–
化学纤维制造业	–	–	0.13	0.04
酒、饮料和精制茶制造业	–	–	–	–
电力、热力生产和供应业	–	–	–	–
石油、煤炭及其他燃料加工业	–	–	–	–
水的生产和供应业	–	–	–	–
医药制造业	–	–	–	–
非金属矿采选业	–	–	–	–

表 2-3-7 按行业分组挥发酚产排情况对比

单位：吨

行业类别	一污普		二污普	
	产生量	排放量	产生量	排放量
总计	–	–	0.02	0.02
汽车制造业	–	–	–	–
通用设备制造业	–	–	–	–
皮革、毛皮、羽毛及其制品和制鞋业	–	–	–	–
金属制品业	–	–	–	–
橡胶和塑料制品业	–	–	–	–
专用设备制造业	–	–	–	–
纺织服装、服饰业	–	–	–	–
纺织业	–	–	–	–
造纸和纸制品业	–	–	–	–
电气机械和器材制造业	–	–	–	–
铁路、船舶、航空航天和其他运输设备制造业	–	–	–	–
文教、工美、体育和娱乐用品制造业	–	–	–	–
非金属矿物制品业	–	–	–	–
印刷和记录媒介复制业	–	–	–	–
农副食品加工业	–	–	–	–
家具制造业	–	–	–	–
食品制造业	–	–	–	–
有色金属冶炼和压延加工业	–	–	–	–
化学原料和化学制品制造业	–	–	0.02	0.02
仪器仪表及文化、办公用机械制造业	–	–	–	–
黑色金属冶炼和压延加工业	–	–	–	–
计算机、通信和其他电子设备制造业	–	–	–	–
工艺品及其他制造业	–	–	–	–
化学纤维制造业	–	–	–	–
酒、饮料和精制茶制造业	–	–	–	–
电力、热力生产和供应业	–	–	–	–
石油、煤炭及其他燃料加工业	–	–	–	–
水的生产和供应业	–	–	–	–
医药制造业	–	–	–	–
非金属矿采选业	–	–	–	–

表 2-3-8 按行业分组氰化物产排情况对比

单位：千克

行业类别	一污普		二污普	
	产生量	排放量	产生量	排放量
总计	83960.50	9599.59	50514.05	25.55
汽车制造业	–	–	–	–
通用设备制造业	77288.34	8881.14	–	–
皮革、毛皮、羽毛及其制品和制鞋业	–	–	–	–
金属制品业	–	–	50514.05	25.55
橡胶和塑料制品业	–	–	–	–
专用设备制造业	2584.31	43.37	–	–
纺织服装、服饰业			–	–
纺织业			–	–
造纸和纸制品业			–	–
电气机械和器材制造业			–	–
铁路、船舶、航空航天和其他运输设备制造业	1579.55	631.12	–	–
文教、工美、体育和娱乐用品制造业	–	–	–	–
非金属矿物制品业	–	–	–	–
印刷和记录媒介复制业	–	–	–	–
农副食品加工业	–	–	–	–
家具制造业	–	–	–	–
食品制造业	–	–	–	–
有色金属冶炼和压延加工业	–	–	–	–
化学原料和化学制品制造业	–	–	–	–
仪器仪表及文化、办公用机械制造业	–	–	–	–
黑色金属冶炼和压延加工业	–	–	–	–
计算机、通信和其他电子设备制造业	2508.30	43.96	–	–
工艺品及其他制造业	–	–	–	–
化学纤维制造业	–	–	–	–
酒、饮料和精制茶制造业	–	–	–	–
电力、热力生产和供应业	–	–	–	–
石油、煤炭及其他燃料加工业	–	–	–	–
水的生产和供应业	–	–	–	–
医药制造业	–	–	–	–
非金属矿采选业	–	–	–	–

表 2-3-9 按行业分组总铬产排情况对比

单位：千克

行业类别	一污普		二污普	
	产生量	排放量	产生量	排放量
总计	2973	163.9	160745.9	222.21
汽车制造业	–	–	1279.78	3.31
通用设备制造业	–	–	260.24	12.64
皮革、毛皮、羽毛及其制品和制鞋业	2973	163.9	240	8
金属制品业	–	–	158964.7	197.1
橡胶和塑料制品业	–	–	–	–
专用设备制造业	–	–	–	–
纺织服装、服饰业	–	–	–	–
纺织业	–	–	–	–
造纸和纸制品业	–	–	–	–
电气机械和器材制造业	–	–	1.15	1.15
铁路、船舶、航空航天和其他运输设备制造业	–	–	–	–
文教、工美、体育和娱乐用品制造业	–	–	–	–
非金属矿物制品业	–	–	–	–
印刷和记录媒介复制业	–	–	–	–
农副食品加工业	–	–	–	–
家具制造业	–	–	–	–
食品制造业	–	–	–	–
有色金属冶炼和压延加工业	–	–	–	–
化学原料和化学制品制造业	–	–	–	–
仪器仪表及文化、办公用机械制造业	–	–	–	–
黑色金属冶炼和压延加工业	–	–	–	–
计算机、通信和其他电子设备制造业	–	–	–	–
工艺品及其他制造业	–	–	–	–
化学纤维制造业	–	–	–	–
酒、饮料和精制茶制造业	–	–	–	–
电力、热力生产和供应业	–	–	–	–
石油、煤炭及其他燃料加工业	–	–	–	–
水的生产和供应业	–	–	–	–
医药制造业	–	–	–	–
非金属矿采选业	–	–	–	–

表 2-3-10 按行业分组六价铬产排情况对比

单位：千克

行业类别	一污普		二污普	
	产生量	排放量	产生量	排放量
总计	125079.01	21823.35	125603.20	56.38
汽车制造业	–	–	1181.74	0.06
通用设备制造业	113494.62	20224.31	106.32	5.62
皮革、毛皮、羽毛及其制品和制鞋业	–	–	1.63	0.27
金属制品业	–	–	124313.50	50.43
橡胶和塑料制品业	–	–	–	–
专用设备制造业	5273.89	68.05	–	–
纺织服装、服饰业	–	–	–	–
纺织业	–	–	–	–
造纸和纸制品业	–	–	–	–
电气机械和器材制造业	–	–	–	–
铁路、船舶、航空航天和其他运输设备制造业	3582.31	1476.65	–	–
文教、工美、体育和娱乐用品制造业	–	–	–	–
非金属矿物制品业	–	–	–	–
印刷和记录媒介复制业	–	–	–	–
农副食品加工业	–	–	–	–
家具制造业	–	–	–	–
食品制造业	–	–	–	–
有色金属冶炼和压延加工业	–	–	–	–
化学原料和化学制品制造业	0.07	0.07	–	–
仪器仪表及文化、办公用机械制造业	–	–	–	–
黑色金属冶炼和压延加工业	–	–	–	–
计算机、通信和其他电子设备制造业	2658.87	53.76	–	–
工艺品及其他制造业	69.25	0.51	–	–
化学纤维制造业	–	–	–	–
酒、饮料和精制茶制造业	–	–	–	–
电力、热力生产和供应业	–	–	–	–
石油、煤炭及其他燃料加工业	–	–	–	–
水的生产和供应业	–	–	–	–
医药制造业	–	–	–	–
非金属矿采选业	–	–	–	–

表 2-3-11 按行业分组总砷产排情况对比

单位：千克

行业类别	一污普		二污普	
	产生量	排放量	产生量	排放量
总计	0.05	0.05	–	–
汽车制造业	–	–	–	–
通用设备制造业	–	–	–	–
皮革、毛皮、羽毛及其制品和制鞋业	–	–	–	–
金属制品业	0.05	0.05	–	–
橡胶和塑料制品业	–	–	–	–
专用设备制造业	–	–	–	–
纺织服装、服饰业	–	–	–	–
纺织业	–	–	–	–
造纸和纸制品业	–	–	–	–
电气机械和器材制造业	–	–	–	–
铁路、船舶、航空航天和其他运输设备制造业	–	–	–	–
文教、工美、体育和娱乐用品制造业	–	–	–	–
非金属矿物制品业	–	–	–	–
印刷和记录媒介复制业	–	–	–	–
农副食品加工业	–	–	–	–
家具制造业	–	–	–	–
食品制造业	–	–	–	–
有色金属冶炼和压延加工业	–	–	–	–
化学原料和化学制品制造业	–	–	–	–
仪器仪表及文化、办公用机械制造业	–	–	–	–
黑色金属冶炼和压延加工业	–	–	–	–
计算机、通信和其他电子设备制造业	–	–	–	–
工艺品及其他制造业	–	–	–	–
化学纤维制造业	–	–	–	–
酒、饮料和精制茶制造业	–	–	–	–
电力、热力生产和供应业	–	–	–	–
石油、煤炭及其他燃料加工业	–	–	–	–
水的生产和供应业	–	–	–	–
医药制造业	–	–	–	–
非金属矿采选业	–	–	–	–

表 2-3-12 按行业分组总铅产排情况对比

单位：千克

行业类别	一污普		二污普	
	产生量	排放量	产生量	排放量
总计	0.29	0.29	–	–
汽车制造业	–	–	–	–
通用设备制造业	–	–	–	–
皮革、毛皮、羽毛及其制品和制鞋业	–	–	–	–
金属制品业	0.29	0.29	–	–
橡胶和塑料制品业	–	–	–	–
专用设备制造业	–	–	–	–
纺织服装、服饰业	–	–	–	–
纺织业	–	–	–	–
造纸和纸制品业	–	–	–	–
电气机械和器材制造业	–	–	–	–
铁路、船舶、航空航天和其他运输设备制造业	–	–	–	–
文教、工美、体育和娱乐用品制造业	–	–	–	–
非金属矿物制品业	–	–	–	–
印刷和记录媒介复制业	–	–	–	–
农副食品加工业	–	–	–	–
家具制造业	–	–	–	–
食品制造业	–	–	–	–
有色金属冶炼和压延加工业	–	–	–	–
化学原料和化学制品制造业	–	–	–	–
仪器仪表及文化、办公用机械制造业	–	–	–	–
黑色金属冶炼和压延加工业	–	–	–	–
计算机、通信和其他电子设备制造业	–	–	–	–
工艺品及其他制造业	–	–	–	–
化学纤维制造业	–	–	–	–
酒、饮料和精制茶制造业	–	–	–	–
电力、热力生产和供应业	–	–	–	–
石油、煤炭及其他燃料加工业	–	–	–	–
水的生产和供应业	–	–	–	–
医药制造业	–	–	–	–
非金属矿采选业	–	–	–	–

表 2-3-13 按行业分组总镉产排情况对比

单位：千克

行业类别	一污普		二污普	
	产生量	排放量	产生量	排放量
总计	1.05	1.05	–	–
汽车制造业	–	–	–	–
通用设备制造业	–	–	–	–
皮革、毛皮、羽毛及其制品和制鞋业	–	–	–	–
金属制品业	1.05	1.05	–	–
橡胶和塑料制品业	–	–	–	–
专用设备制造业	–	–	–	–
纺织服装、服饰业	–	–	–	–
纺织业	–	–	–	–
造纸和纸制品业	–	–	–	–
电气机械和器材制造业	–	–	–	–
铁路、船舶、航空航天和其他运输设备制造业	–	–	–	–
文教、工美、体育和娱乐用品制造业	–	–	–	–
非金属矿物制品业	–	–	–	–
印刷和记录媒介复制业	–	–	–	–
农副食品加工业	–	–	–	–
家具制造业	–	–	–	–
食品制造业	–	–	–	–
有色金属冶炼和压延加工业	–	–	–	–
化学原料和化学制品制造业	–	–	–	–
仪器仪表及文化、办公用机械制造业	–	–	–	–
黑色金属冶炼和压延加工业	–	–	–	–
计算机、通信和其他电子设备制造业	–	–	–	–
工艺品及其他制造业	–	–	–	–
化学纤维制造业	–	–	–	–
酒、饮料和精制茶制造业	–	–	–	–
电力、热力生产和供应业	–	–	–	–
石油、煤炭及其他燃料加工业	–	–	–	–
水的生产和供应业	–	–	–	–
医药制造业	–	–	–	–
非金属矿采选业	–	–	–	–

特别说明：一污普和二污普中的工业废水均不涉及类重金属汞，故在列出不对结果。

四、按镇街分组废气污染物产排量对比

表 2-4-1 按镇街分组二氧化硫产排情况对比

单位：吨

乡镇	一污普		二污普	
	产生量	排放量	产生量	排放量
小计	684.18	553.39	4133.18	1673.83
塘下镇	126.65	114.78	448.71	183.54
莘塍镇	4.02	4.02	232.04	77.39
仙降镇	4.86	4.48	179.56	85.18
上望街道	2.67	2.67	501.61	419.15
南滨街道	–	–	639.7	289.94
汀田镇	96.16	95.3	103.97	68.57
飞云镇	0.61	0.61	79.82	19.82
潘岱街道	139.42	121.27	108.89	50.53
马屿镇	34.58	34.39	44.26	40.5
陶山镇	55.71	54.42	141.39	92.76
云周街道	–	–	167.37	74.49
东山街道	140.07	42.02	1447.26	240.75
锦湖街道	0.7	0.7	0	0
桐浦乡	16	16	9.58	6.43
湖岭镇	–	–	11.58	7.33
林川镇	–	–	1.41	1.41
曹村镇	0.13	0.13	0.02	0.02
安阳街道	0.9	0.9	–	–
高楼镇			12.16	12.16
平阳坑镇	–	–	0.01	0.01
玉海街道	–	–	–	–
芳庄乡	–	–	–	
北麂乡	–	–	3.84	3.84
林溪乡	–	–	–	–
潮基乡	0.64	0.64	–	–
鹿木乡	–	–	–	–
永安乡	–	–	–	–
碧山镇	61.06	61.06	–	–

表 2-4-2 按镇街分组氮氧化物产排情况对比

单位：吨

乡镇	一污普		二污普	
	产生量	排放量	产生量	排放量
小计	163.41	163.41	1409.3	1371.46
塘下镇	26.1	26.1	152.72	148.97
莘塍镇	0.92	0.92	60.89	60.89
仙降镇	1.12	1.12	70.75	70.75
上望街道	1.3	1.3	363.72	329.63
南滨街道			160.37	160.37
汀田镇	24.46	24.46	34.66	34.66
飞云镇	0.28	0.28	31.31	31.31
潘岱街道	40.61	40.61	40.59	40.59
马屿镇	7.07	7.07	14.88	14.88
陶山镇	12.6	12.6	46.27	46.27
云周街道			56.18	56.18
东山街道	32.17	32.17	356.64	356.64
锦湖街道	0.15	0.15	0.74	0.74
桐浦乡	3.68	3.68	6.36	6.36
湖岭镇	–	–	5.01	5.01
林川镇			0.99	0.99
曹村镇	0.03	0.03	0.12	0.12
安阳街道	–	–	–	–
高楼镇			6.03	6.03
平阳坑镇	–	–	0.27	0.27
玉海街道	–	–	–	–
芳庄乡	–	–	–	–
北麂乡	–	–	0.81	0.81
林溪乡	–	–	–	–
潮基乡	–	–	–	–
鹿木乡	–	–	–	–
永安乡	–	–	–	–
碧山镇	163.41	163.41	–	–

表 2-4-3 按镇街分组工业粉尘产排情况对比

单位：吨

乡镇	一污普		二污普	
	产生量	排放量	产生量	排放量
小计	676.93	650.11	–	–
塘下镇	75.98	67.81	–	–
莘塍镇	2.54	2.54	–	–
仙降镇	0.80	0.04	–	–
上望街道	15.94	15.94	–	–
南滨街道			–	–
汀田镇	44.70	44.70	–	–
飞云镇	0.40	0.40	–	–
潘岱街道	0.38	0.38	–	–
马屿镇	6.70	6.70	–	–
陶山镇	421.32	406.52	–	–
云周街道			–	–
东山街道	–	–	–	–
锦湖街道	0.01	0.01	–	–
桐浦乡	15.01	15.01	–	–
湖岭镇	–	–	–	–
林川镇			–	–
曹村镇	1.00	1.00	–	–
安阳街道	3.78	0.69	–	–
高楼镇			–	–
平阳坑镇	–	–	–	–
玉海街道	–	–	–	–
芳庄乡	–	–	–	–
北麂乡	–	–	–	–
林溪乡	–	–	–	–
潮基乡	9.69	9.69	–	–
鹿木乡	–	–	–	–
永安乡	–	–	–	–
碧山镇	78.68	78.68	–	–

表 2-4-4 按镇街分组烟尘产排情况对比

单位：吨

乡镇	一污普		二污普	
	产生量	排放量	产生量	排放量
小计	945.97	429.83	-	-
塘下镇	197.92	83.67	-	-
莘塍镇	8.02	8.02	-	-
仙降镇	7.13	1.83	-	-
上望街道	2.86	2.53	-	-
南滨街道	-	-	-	-
汀田镇	120.55	109.6	-	-
飞云镇	3.69	3.69	-	-
潘岱街道	204.33	26.18	-	-
马屿镇	20.35	14.21	-	-
陶山镇	74.08	55.39	-	-
云周街道	-	-	-	-
东山街道	205.18	26.26	-	-
锦湖街道	1.03	0.47	-	-
桐浦乡	23.94	23.94	-	-
湖岭镇	-	-	-	-
林川镇	-	-	-	-
曹村镇	0.19	0.19	-	-
安阳街道	1.32	0.41	-	-
高楼镇			-	-
平阳坑镇	-	-	-	-
玉海街道	-	-	-	-
芳庄乡	-	-	-	-
北麂乡	-	-	-	-
林溪乡	-	-	-	-
潮基乡	1.22	1.22	-	-
鹿木乡	-	-	-	-
永安乡	-	-	-	-
碧山镇	74.16	72.22	-	-

表 2-4-5 按镇街分组颗粒物产排情况对比

单位：吨

乡镇	一污普		二污普	
	产生量	排放量	产生量	排放量
小计	—	—	31776.81	6986.3
塘下镇	—	—	4002.09	1445.33
莘塍镇	—	—	1600.28	830.88
仙降镇	—	—	2314.76	1194.92
上望街道	—	—	11886.61	285
南滨街道	—	—	2934.38	230.02
汀田镇	—	—	582.8	195.09
飞云镇	—	—	671.6	196.03
潘岱街道	—	—	1360.66	336.41
马屿镇	—	—	219.88	126.17
陶山镇	—	—	715.99	210.37
云周街道	—	—	1071.62	501.95
东山街道	—	—	3518.93	937.65
锦湖街道	—	—	34.38	18.71
桐浦乡	—	—	311.23	192.38
湖岭镇	—	—	42.85	23.03
林川镇	—	—	4.03	2.25
曹村镇	—	—	65.47	65.47
安阳街道	—	—	13.18	13.18
高楼镇	—	—	401.36	164.51
平阳坑镇	—	—	15.94	15.93
玉海街道	—	—	—	—
芳庄乡	—	—	—	—
北麂乡	—	—	8.81	1.05
林溪乡	—	—	—	—
潮基乡	—	—	—	—
鹿木乡	—	—	—	—
永安乡	—	—	—	—
碧山镇	—	—	—	—

表 2-4-6 按镇街分组挥发性有机物产排情况对比

单位：千克

乡镇	一污普		二污普	
	产生量	排放量	产生量	排放量
小计	–	–	9155173.14	8111393.71
塘下镇	–	–	970855.03	901688.47
莘塍镇	–	–	1359183.46	1158837.38
仙降镇	–	–	2665259.16	2624121.38
上望街道	–	–	366768.84	328111.16
南滨街道	–	–	394341.83	356569.17
汀田镇	–	–	205272.24	204205.49
飞云镇	–	–	463756.82	446610.30
潘岱街道	–	–	371991.48	124762.68
马屿镇	–	–	154618.71	135761.96
陶山镇	–	–	354736.11	354235.21
云周街道	–	–	995653.96	993375.15
东山街道	–	–	705621.42	337870.58
锦湖街道	–	–	11115.12	11113.65
桐浦乡	–	–	70065.57	70065.57
湖岭镇	–	–	11549.02	10630.08
林川镇	–	–	17730.14	17730.14
曹村镇	–	–	3500.19	2802.18
安阳街道	–	–	15721.35	15721.35
高楼镇	–	–	1166.61	1103.61
平阳坑镇	–	–	16259.59	16071.67
玉海街道	–	–	6.50	6.50
芳庄乡	–	–	–	–
北麂乡	–	–	–	–
林溪乡	–	–	–	–
潮基乡	–	–	–	–
鹿木乡	–	–	–	–
永安乡	–	–	–	–
碧山镇	–	–	–	–

表 2-4-7 按镇街分组废气砷产排情况对比

单位：千克

乡镇	一污普		二污普	
	产生量	排放量	产生量	排放量
小计	-	-	893.76	51
塘下镇	-	-	105.64	3.33
莘塍镇	-	-	46.58	3.01
仙降镇	-	-	40.25	0.99
上望街道	-	-	29.44	8.12
南滨街道	-	-	158.38	1.89
汀田镇	-	-	18.02	4.71
飞云镇	-	-	18.26	0.55
潘岱街道	-	-	30.2	0.48
马屿镇	-	-	10.13	0.34
陶山镇	-	-	32.41	3.08
云周街道	-	-	46.07	1.76
东山街道	-	-	350.54	21.22
锦湖街道	-	-	-	-
桐浦乡	-	-	1.19	0.3
湖岭镇	-	-	2.73	0.92
林川镇	-	-	0.32	0.17
曹村镇	-	-	-	-
安阳街道	-	-	-	-
高楼镇	-	-	2.66	0.1
平阳坑镇	-	-	-	-
玉海街道	-	-	-	-
芳庄乡	-	-	-	-
北麂乡	-	-	-	-
林溪乡	-	-	-	-
潮基乡	-	-	-	-
鹿木乡	-	-	-	-
永安乡	-	-	-	-
碧山镇	-	-	-	-

表 2-4-8 按镇街分组废气铅产排情况对比

单位：千克

乡镇	一污普		二污普	
	产生量	排放量	产生量	排放量
小计	–	–	3422.3	363.5
塘下镇	–	–	376.23	26.27
莘塍镇	–	–	166.3	27.78
仙降镇	–	–	146.8	18.15
上望街道	–	–	104.84	43.85
南滨街道	–	–	799.52	10.39
汀田镇	–	–	64.18	21.58
飞云镇	–	–	65.04	6.36
潘岱街道	–	–	107.55	2
马屿镇	–	–	36.07	9.84
陶山镇	–	–	115.42	28.55
云周街道	–	–	164.07	23.06
东山街道	–	–	1248.38	134.69
锦湖街道	–	–	0	0
桐浦乡	–	–	4.25	2.15
湖岭镇	–	–	9.71	4.07
林川镇	–	–	1.14	0.93
曹村镇	–	–	0	0
安阳街道	–	–	0	0
高楼镇	–	–	9.46	2.83
平阳坑镇	–	–	0	0
玉海街道	–	–	0	0
芳庄乡	–	–	0	0
北麂乡	–	–	3.34	1
林溪乡	–	–	–	–
潮基乡	–	–	–	–
鹿木乡	–	–	–	–
永安乡	–	–	–	–
碧山镇	–	–	–	–

表 2-4-9 按镇街分组废气镉产排情况对比

单位：千克

乡镇	一污普		二污普	
	产生量	排放量	产生量	排放量
小计	–	–	79.7	8.56
塘下镇	–	–	8.62	0.83
莘塍镇	–	–	3.8	0.53
仙降镇	–	–	3.36	0.34
上望街道	–	–	2.4	0.96
南滨街道	–	–	19.6	0.38
汀田镇	–	–	1.47	0.47
飞云镇	–	–	1.49	0.12
潘岱街道	–	–	2.47	0.26
马屿镇	–	–	0.83	0.19
陶山镇	–	–	2.65	0.57
云周街道	–	–	3.76	0.45
东山街道	–	–	28.62	3.23
锦湖街道	–	–	–	–
桐浦乡	–	–	0.1	0.04
湖岭镇	–	–	0.22	0.09
林川镇	–	–	0.03	0.02
曹村镇	–	–	–	–
安阳街道	–	–	–	–
高楼镇	–	–	0.22	0.05
平阳坑镇	–	–	–	–
玉海街道	–	–	–	–
芳庄乡	–	–	–	–
北麂乡	–	–	0.08	0.02
林溪乡	–	–	–	–
潮基乡	–	–	–	–
鹿木乡	–	–	–	–
永安乡	–	–	–	–
碧山镇	–	–	–	–

表 2-4-10 按镇街分组废气铬产排情况对比

单位：千克

乡镇	一污普		二污普	
	产生量	排放量	产生量	排放量
小计	–	–	2990.03	399.71
塘下镇	–	–	378.2	46.03
莘塍镇	–	–	98.54	19.99
仙降镇	–	–	88.71	16.32
上望街道	–	–	699.21	117.69
南滨街道	–	–	639.05	20.27
汀田镇	–	–	38.12	14.06
飞云镇	–	–	38.63	3.8
潘岱街道	–	–	63.89	12.93
马屿镇	–	–	21.43	10.05
陶山镇	–	–	68.57	24.18
云周街道	–	–	97.47	18.29
东山街道	–	–	741.64	87.49
锦湖街道	–	–	–	–
桐浦乡	–	–	2.53	1.53
湖岭镇	–	–	5.77	2.69
林川镇	–	–	0.67	0.46
曹村镇	–	–	–	–
安阳街道	–	–	–	–
高楼镇	–	–	5.62	2.91
平阳坑镇	–	–	–	–
玉海街道	–	–	–	–
芳庄乡	–	–	–	–
北麂乡	–	–	1.98	1.03
林溪乡	–	–	–	–
潮基乡	–	–	–	–
鹿木乡	–	–	–	–
永安乡	–	–	–	–
碧山镇	–	–	–	–

表 2-4-11 按镇街分组废气汞产排情况对比

单位：千克

乡镇	一污普		二污普	
	产生量	排放量	产生量	排放量
小计	-	-	48.89	20.61
塘下镇	-	-	5.65	2.55
莘塍镇	-	-	2.48	1.22
仙降镇	-	-	2.14	0.95
上望街道	-	-	1.57	1.23
南滨街道	-	-	9.21	2.02
汀田镇	-	-	1.5	0.64
飞云镇	-	-	0.97	0.38
潘岱街道	-	-	1.61	0.81
马屿镇	-	-	0.54	0.43
陶山镇	-	-	1.72	1.11
云周街道	-	-	2.11	1.05
东山街道	-	-	18.99	7.9
锦湖街道	-	-	-	-
桐浦乡	-	-	0.06	0.06
湖岭镇	-	-	0.14	0.1
林川镇	-	-	0.02	0.02
曹村镇	-	-	-	-
安阳街道	-	-	-	-
高楼镇	-	-	0.14	0.12
平阳坑镇	-	-	-	-
玉海街道	-	-	-	-
芳庄乡	-	-	-	-
北麂乡	-	-	0.05	0.04
林溪乡	-	-	-	-
潮基乡	-	-	-	-
鹿木乡	-	-	-	-
永安乡	-	-	-	-
碧山镇	-	-	-	-

五、按行业分组废气污染物产排量对比

表 2-5-1 按行业分组二氧化硫产排情况对比

单位：吨

行业名称	一污普		二污普	
	产生量	排放量	产生量	排放量
小计	684.18	553.39	4133.18	1673.83
电力、热力生产和供应业	–	–	1047.38	680.3
电气机械和器材制造业	–	–	0.4	0.4
纺织服装、服饰业	–	–	12.28	12.28
纺织业	–	–	398	208.08
非金属矿物制品业	–	–	20.97	19.42
废弃资源综合利用业	–	–	25.6	4.74
黑色金属冶炼和压延加工业	43.99	43.99	0.47	0.47
化学纤维制造业	–	–	1079.7	85.45
化学原料和化学制品制造业	280.95	164.75	653.88	246.47
计算机、通信和其他电子设备制造业	6.71	6.71	–	–
家具制造业	–	–	–	–
金属制品、机械和设备修理业	–	–	–	–
金属制品业	72.33	63.29	45.17	29.82
酒、饮料和精制茶制造业	–	–	0.64	0.64
木材加工和木、竹、藤、棕、草制品业	–	–	0.03	0.03
农副食品加工业	–	–	19.14	10.08
皮革、毛皮、羽毛及其制品和制鞋业	–	–	139.17	80.68
其他制造业	0.13	0.13	–	–
汽车制造业	3.84	3.84	11.58	8.43
石油、煤炭及其他燃料加工业	–	–	–	–
食品制造业	–	–	10.03	3.77
铁路、船舶、航空航天和其他运输设备制造业	7.28	7.28	–	–
通用设备制造业	125.81	122.96	92.29	24.69
文教、工美、体育和娱乐用品制造业	–	–	0.06	0.06
橡胶和塑料制品业	2.53	2.14	295.09	166.35
医药制造业	–	–	53.48	9.89
仪器仪表制造业	–	–	–	–
印刷和记录媒介复制业	–	–	33	17.76
有色金属冶炼和压延加工业	4.44	4.21	37.44	13.52
造纸和纸制品业	–	–	157.29	50.41
专用设备制造业	136.17	134.09	0.09	0.09

表 2-5-2 按行业分组氮氧化物产排情况对比

单位：吨

行业名称	一污普		二污普	
	产生量	排放量	产生量	排放量
小计	163.41	163.41	1409.6	1372.25
电力、热力生产和供应业	–	–	481.9	448.31
电气机械和器材制造业	–	–	1.78	1.78
纺织服装、服饰业	–	–	5.4	5.4
纺织业	–	–	97.1	93.34
非金属矿物制品业	–	–	21.57	21.57
废弃资源综合利用业	–	–	7.41	7.41
黑色金属冶炼和压延加工业	10.85	10.85	2.03	2.03
化学纤维制造业	–	–	252.4	252.4
化学原料和化学制品制造业	73.11	73.11	171.12	171.12
计算机、通信和其他电子设备制造业	1.54	1.54	–	–
家具制造业	–	–	0.74	0.74
金属制品、机械和设备修理业	–	–	–	–
金属制品业	13.81	13.81	26.39	26.39
酒、饮料和精制茶制造业	–	–	0.16	0.16
木材加工和木、竹、藤、棕、草制品业	–	–	0.3	0.3
农副食品加工业	–	–	4.68	4.68
皮革、毛皮、羽毛及其制品和制鞋业	–	–	70.38	70.38
其他制造业	0.03	0.03	–	–
汽车制造业	0.88	0.88	45.83	45.83
石油、煤炭及其他燃料加工业	–	–	–	–
食品制造业	–	–	5.53	5.53
铁路、船舶、航空航天和其他运输设备制造业	1.68	1.68	0.12	0.12
通用设备制造业	30.11	30.11	32.38	32.38
文教、工美、体育和娱乐用品制造业	–	–	0.37	0.37
橡胶和塑料制品业	0.58	0.58	89.74	89.74
医药制造业	–	–	12.28	12.28
仪器仪表制造业	–	–	0.12	0.12
印刷和记录媒介复制业	–	–	10.01	10.01
有色金属冶炼和压延加工业	1.26	1.26	24.49	24.49
造纸和纸制品业	–	–	41.63	41.63
专用设备制造业	29.56	29.56	3.74	3.74

表 2-5-3 按行业分组工业粉尘产排情况对比

单位：吨

行业名称	一污普		二污普	
	产生量	排放量	产生量	排放量
小计	676.93	650.11	–	–
电力、热力生产和供应业	–	–	–	–
电气机械和器材制造业	–	–	–	–
纺织服装、服饰业	–	–	–	–
纺织业	–	–	–	–
非金属矿物制品业	–	–	–	–
废弃资源综合利用业	–	–	–	–
黑色金属冶炼和压延加工业	3.73	3.73	–	–
化学纤维制造业	–	–	–	–
化学原料和化学制品制造业	0.36	0.36	–	–
计算机、通信和其他电子设备制造业	–	–	–	–
家具制造业	–	–	–	–
金属制品、机械和设备修理业	–	–	–	–
金属制品业	29.37	25.52	–	–
酒、饮料和精制茶制造业	–	–	–	–
木材加工和木、竹、藤、棕、草制品业	–	–	–	–
农副食品加工业	–	–	–	–
皮革、毛皮、羽毛及其制品和制鞋业	–	–	–	–
其他制造业	1.00	1.00	–	–
汽车制造业	–	–	–	–
石油、煤炭及其他燃料加工业	–	–	–	–
食品制造业				
铁路、船舶、航空航天和其他运输设备制造业	4.65	4.65	–	–
通用设备制造业	17.19	15.67	–	–
文教、工美、体育和娱乐用品制造业	–	–	–	–
橡胶和塑料制品业	1.30	1.30	–	–
医药制造业				
仪器仪表制造业	–	–	–	–
印刷和记录媒介复制业	–	–	–	–
有色金属冶炼和压延加工业	6.56	6.56	–	–
造纸和纸制品业				
专用设备制造业	612.77	591.32	–	–

表 2-5-4 按行业分组烟尘产排情况对比

单位：吨

行业名称	一污普		二污普	
	产生量	排放量	产生量	排放量
小计	945.97	429.83	–	–
电力、热力生产和供应业	–	–	–	–
电气机械和器材制造业	–	–	–	–
纺织服装、服饰业	–	–	–	–
纺织业	–	–	–	–
非金属矿物制品业	–	–	–	–
废弃资源综合利用业	–	–	–	–
黑色金属冶炼和压延加工业	26.83	26.83	–	–
化学纤维制造业	–	–	–	–
化学原料和化学制品制造业	411.56	53.11	–	–
计算机、通信和其他电子设备制造业	9.83	6.46	–	–
家具制造业	–	–	–	–
金属制品、机械和设备修理业	–	–	–	–
金属制品业	111.90	34.15	–	–
酒、饮料和精制茶制造业	–	–	–	–
木材加工和木、竹、藤、棕、草制品业	–	–	–	–
农副食品加工业	–	–	–	–
皮革、毛皮、羽毛及其制品和制鞋业	–	–	–	–
其他制造业	0.19	0.19	–	–
汽车制造业	2.15	2.15	–	–
石油、煤炭及其他燃料加工业	–	–	–	–
食品制造业	–	–	–	–
铁路、船舶、航空航天和其他运输设备制造业	8.37	7.39	–	–
通用设备制造业	168.19	134.19	–	–
文教、工美、体育和娱乐用品制造业	–	–	–	–
橡胶和塑料制品业	3.70	0.47	–	–
医药制造业	–	–	–	–
仪器仪表制造业	–	–	–	–
印刷和记录媒介复制业	–	–	–	–
有色金属冶炼和压延加工业	7.92	5.95	–	–
造纸和纸制品业	–	–	–	–
专用设备制造业	195.33	158.94	–	–

表 2-5-5 按行业分组颗粒物产排情况对比

单位：吨

行业名称	一污普		二污普	
	产生量	排放量	产生量	排放量
小计	–	–	31776.85	6986.33
电力、热力生产和供应业	–	–	13891.95	113.36
电气机械和器材制造业	–	–	32.62	28.38
纺织服装、服饰业	–	–	18.12	5.07
纺织业	–	–	760.62	140.11
非金属矿物制品业	–	–	1196.07	483.55
废弃资源综合利用业	–	–	56.02	20.07
黑色金属冶炼和压延加工业	–	–	0.2	0.2
化学纤维制造业	–	–	1669.24	377.41
化学原料和化学制品制造业	–	–	2123.65	180.13
计算机、通信和其他电子设备制造业	–	–	0.27	0.27
家具制造业	–	–	220.67	212.35
金属制品、机械和设备修理业	–	–	0.05	0.05
金属制品业	–	–	715.9	320.27
酒、饮料和精制茶制造业	–	–	2.88	0.37
木材加工和木、竹、藤、棕、草制品业	–	–	44.95	29.15
农副食品加工业	–	–	45.84	5.94
皮革、毛皮、羽毛及其制品和制鞋业	–	–	4775.33	2982.79
其他制造业	–	–	–	–
汽车制造业	–	–	2032.44	701.01
石油、煤炭及其他燃料加工业	–	–	0.02	0.02
食品制造业	–	–	13.25	2.05
铁路、船舶、航空航天和其他运输设备制造业	–	–	30.69	29.77
通用设备制造业	–	–	1106.14	559.12
文教、工美、体育和娱乐用品制造业	–	–	0.1	0.1
橡胶和塑料制品业	–	–	1377.39	503.72
医药制造业	–	–	82.8	10.29
仪器仪表制造业	–	–	3.53	1.33
印刷和记录媒介复制业	–	–	63	7.77
有色金属冶炼和压延加工业	–	–	1083.03	154.94
造纸和纸制品业	–	–	282.01	31.01
专用设备制造业	–	–	148.07	85.73

表 2-5-6 按行业分组挥发性有机物产排情况对比

单位：千克

行业名称	一污普		二污普	
	产生量	排放量	产生量	排放量
小计	-	-	9155174.19	8111394.75
电力、热力生产和供应业	-	-	828.43	828.43
电气机械和器材制造业	-	-	26026.71	18852.26
纺织服装、服饰业	-	-	63.02	63.02
纺织业	-	-	6523.17	3851.03
非金属矿物制品业	-	-	1036.25	1036.25
废弃资源综合利用业	-	-	260.32	260.32
黑色金属冶炼和压延加工业	-	-	25.73	25.73
化学纤维制造业	-	-	192433.08	37394.93
化学原料和化学制品制造业	-	-	609616.75	163222.59
计算机、通信和其他电子设备制造业	-	-	35153.87	35153.87
家具制造业	-	-	52401.87	50658.79
金属制品、机械和设备修理业	-	-	212.67	212.67
金属制品业	-	-	72994.19	65965.28
酒、饮料和精制茶制造业	-	-	33.65	33.65
木材加工和木、竹、藤、棕、草制品业	-	-	6144.35	6144.35
农副食品加工业	-	-	191	191
皮革、毛皮、羽毛及其制品和制鞋业	-	-	5725479.17	5628119.51
其他制造业	-	-	247	247
汽车制造业	-	-	375889.49	169970.2
石油、煤炭及其他燃料加工业	-	-	-	-
食品制造业	-	-	82.5	82.5
铁路、船舶、航空航天和其他运输设备制造业	-	-	3563.39	3361.61
通用设备制造业	-	-	29809.9	28977.62
文教、工美、体育和娱乐用品制造业	-	-	25084.3	24791.88
橡胶和塑料制品业	-	-	1579632.88	1472838.72
医药制造业	-	-	26.87	26.87
仪器仪表制造业	-	-	97.27	97.27
印刷和记录媒介复制业	-	-	181083.06	170096.26
有色金属冶炼和压延加工业	-	-	110.05	110.05
造纸和纸制品业	-	-	200183.37	199561.59
专用设备制造业	-	-	29939.88	29219.5

表 2-5-7 按行业分组废气砷产排情况对比

单位：千克

行业名称	一污普		二污普	
	产生量	排放量	产生量	排放量
小计	-	-	893.78	51
电力、热力生产和供应业	-	-	165.79	9.27
电气机械和器材制造业	-	-	-	-
纺织服装、服饰业	-	-	2.64	0.82
纺织业	-	-	103.48	9.68
非金属矿物制品业	-	-	3.13	0.72
废弃资源综合利用业	-	-	6.25	0.05
黑色金属冶炼和压延加工业	-	-	-	-
化学纤维制造业	-	-	257.04	19.07
化学原料和化学制品制造业	-	-	160.89	3.28
计算机、通信和其他电子设备制造业	-	-	-	-
家具制造业	-	-	-	-
金属制品、机械和设备修理业	-	-	-	-
金属制品业	-	-	5.98	0.6
酒、饮料和精制茶制造业	-	-	0.16	0.01
木材加工和木、竹、藤、棕、草制品业	-	-	-	-
农副食品加工业	-	-	4.62	0.12
皮革、毛皮、羽毛及其制品和制鞋业	-	-	29.62	1.03
其他制造业	-	-	-	-
汽车制造业	-	-	-	-
石油、煤炭及其他燃料加工业	-	-	-	-
食品制造业	-	-	1.88	0.01
铁路、船舶、航空航天和其他运输设备制造业	-	-	-	-
通用设备制造业	-	-	20.94	0.85
文教、工美、体育和娱乐用品制造业	-	-	-	-
橡胶和塑料制品业	-	-	70.13	4.72
医药制造业	-	-	13.06	0.09
仪器仪表制造业	-	-	-	-
印刷和记录媒介复制业	-	-	7.98	0.16
有色金属冶炼和压延加工业	-	-	2.14	0.03
造纸和纸制品业	-	-	38.05	0.49
专用设备制造业	-	-	-	-

表 2-5-8 按行业分组废气铅产排情况对比

单位：千克

行业名称	一污普		二污普	
	产生量	排放量	产生量	排放量
小计	–	–	3422.43	437.29
电力、热力生产和供应业	–	–	825.91	49.27
电气机械和器材制造业	–	–	–	–
纺织服装、服饰业	–	–	9.4	5.4
纺织业	–	–	368.52	68.78
非金属矿物制品业	–	–	11.13	4.89
废弃资源综合利用业	–	–	22.26	1.44
黑色金属冶炼和压延加工业	–	–	–	–
化学纤维制造业	–	–	915.38	132.48
化学原料和化学制品制造业	–	–	572.97	73.68
计算机、通信和其他电子设备制造业	–	–	–	–
家具制造业	–	–	–	–
金属制品、机械和设备修理业	–	–	–	–
金属制品业	–	–	21.3	3.65
酒、饮料和精制茶制造业	–	–	0.56	0.17
木材加工和木、竹、藤、棕、草制品业	–	–	–	–
农副食品加工业	–	–	16.46	2.73
皮革、毛皮、羽毛及其制品和制鞋业	–	–	108.99	13.91
其他制造业	–	–	–	–
汽车制造业	–	–	–	–
石油、煤炭及其他燃料加工业	–	–	–	–
食品制造业	–	–	6.68	0.43
铁路、船舶、航空航天和其他运输设备制造业	–	–	–	–
通用设备制造业	–	–	74.57	7.79
文教、工美、体育和娱乐用品制造业	–	–	–	–
橡胶和塑料制品业	–	–	249.84	50.01
医药制造业	–	–	46.51	3
仪器仪表制造业	–	–	–	–
印刷和记录媒介复制业	–	–	28.41	4.68
有色金属冶炼和压延加工业	–	–	7.63	0.69
造纸和纸制品业	–	–	135.49	13.87
专用设备制造业	–	–	0.42	0.42

表 2-5-9 按行业分组废气镉产排情况对比

单位：千克

行业名称	一污普		二污普	
	产生量	排放量	产生量	排放量
小计	–	–	79.71	8.54
电力、热力生产和供应业	–	–	20.2	1.21
电气机械和器材制造业	–	–	–	–
纺织服装、服饰业	–	–	0.22	0.11
纺织业	–	–	8.45	1.41
非金属矿物制品业	–	–	0.26	0.1
废弃资源综合利用业	–	–	0.51	0.02
黑色金属冶炼和压延加工业	–	–	–	–
化学纤维制造业	–	–	20.98	2.39
化学原料和化学制品制造业	–	–	13.13	1.37
计算机、通信和其他电子设备制造业	–	–	–	–
家具制造业	–	–	–	–
金属制品、机械和设备修理业	–	–	–	–
金属制品业	–	–	0.49	0.07
酒、饮料和精制茶制造业	–	–	0.01	0
木材加工和木、竹、藤、棕、草制品业	–	–	–	–
农副食品加工业	–	–	0.38	0.05
皮革、毛皮、羽毛及其制品和制鞋业	–	–	2.49	0.27
其他制造业	–	–	–	–
汽车制造业	–	–	–	–
石油、煤炭及其他燃料加工业	–	–	–	–
食品制造业	–	–	0.15	0.01
铁路、船舶、航空航天和其他运输设备制造业	–	–	–	–
通用设备制造业	–	–	1.71	0.15
文教、工美、体育和娱乐用品制造业	–	–	–	–
橡胶和塑料制品业	–	–	5.73	0.98
医药制造业	–	–	1.07	0.05
仪器仪表制造业	–	–	–	–
印刷和记录媒介复制业	–	–	0.65	0.09
有色金属冶炼和压延加工业	–	–	0.17	0.01
造纸和纸制品业	–	–	3.11	0.25
专用设备制造业	–	–	–	–

表 2-5-10 按行业分组废气铬产排情况对比

单位：千克

行业名称	一污普		二污普	
	产生量	排放量	产生量	排放量
小计	–	–	2990.04	399.72
电力、热力生产和供应业	–	–	654.72	49.7
电气机械和器材制造业	–	–	–	–
纺织服装、服饰业	–	–	5.59	3.47
纺织业	–	–	218.92	52.57
非金属矿物制品业	–	–	6.61	4.07
废弃资源综合利用业	–	–	13.23	0.96
黑色金属冶炼和压延加工业	–	–	–	–
化学纤维制造业	–	–	543.78	48.31
化学原料和化学制品制造业	–	–	340.37	63.93
计算机、通信和其他电子设备制造业	–	–	–	–
家具制造业	–	–	–	–
金属制品、机械和设备修理业	–	–	–	–
金属制品业	–	–	793.84	96.21
酒、饮料和精制茶制造业	–	–	0.33	0.17
木材加工和木、竹、藤、棕、草制品业	–	–	–	–
农副食品加工业	–	–	9.78	2.54
皮革、毛皮、羽毛及其制品和制鞋业	–	–	66.15	12.73
其他制造业	–	–	–	–
汽车制造业	–	–	10.48	0.73
石油、煤炭及其他燃料加工业	–	–	–	–
食品制造业	–	–	3.97	0.29
铁路、船舶、航空航天和其他运输设备制造业	–	–	–	–
通用设备制造业	–	–	44.3	4.73
文教、工美、体育和娱乐用品制造业	–	–	–	–
橡胶和塑料制品业	–	–	148.44	40.56
医药制造业	–	–	27.63	2.01
仪器仪表制造业	–	–	–	–
印刷和记录媒介复制业	–	–	16.88	4.44
有色金属冶炼和压延加工业	–	–	4.53	0.74
造纸和纸制品业	–	–	80.49	11.56
专用设备制造业	–	–	–	–

表 2-5-11 按行业分组废气汞产排情况对比

单位：千克

行业名称	一污普		二污普	
	产生量	排放量	产生量	排放量
小计	–	–	48.88	20.62
电力、热力生产和供应业	–	–	9.6	2.92
电气机械和器材制造业	–	–	–	–
纺织服装、服饰业	–	–	0.14	0.13
纺织业	–	–	5.51	2.84
非金属矿物制品业	–	–	0.19	0.17
废弃资源综合利用业	–	–	0.33	0.12
黑色金属冶炼和压延加工业	–	–	–	–
化学纤维制造业	–	–	13.68	5.31
化学原料和化学制品制造业	–	–	8.56	4.17
计算机、通信和其他电子设备制造业	–	–	–	–
家具制造业	–	–	–	–
金属制品、机械和设备修理业	–	–	–	–
金属制品业	–	–	0.32	0.14
酒、饮料和精制茶制造业	–	–	0.01	0.01
木材加工和木、竹、藤、棕、草制品业	–	–	–	–
农副食品加工业	–	–	0.25	0.14
皮革、毛皮、羽毛及其制品和制鞋业	–	–	1.57	0.68
其他制造业	–	–	–	–
汽车制造业	–	–	–	–
石油、煤炭及其他燃料加工业	–	–	–	–
食品制造业	–	–	0.1	0.04
铁路、船舶、航空航天和其他运输设备制造业	–	–	–	–
通用设备制造业	–	–	1.11	0.44
文教、工美、体育和娱乐用品制造业	–	–	–	–
橡胶和塑料制品业	–	–	3.73	2.01
医药制造业	–	–	0.69	0.25
仪器仪表制造业	–	–	–	–
印刷和记录媒介复制业	–	–	0.42	0.24
有色金属冶炼和压延加工业	–	–	0.65	0.12
造纸和纸制品业	–	–	2.02	0.89
专用设备制造业	–	–	–	–

附　件

第二次全国污染源普查表式和指标解释

一、普查表式

表 1-1-1 工业企业基本情况

2017 年	表　号： G 101-1 表
	制定机关： 国务院第二次全国污染源普查 领导小组办公室
	批准机关： 国家统计局
	批准文号： 国统制〔2018〕103 号
	有效期至： 2019 年 12 月 31 日

01. 统一社会信用代码	□□□□□□□□□□□□□□□□□□（□□） 尚未领取统一社会信用代码的填写原组织机构代码号：□□□□□□□□（□□）
02. 单位详细名称及曾用名	单位详细名称：　　　　　　　　曾用名：
03. 行业类别	行业名称 1：　　　　　　　行业代码 1：□□□□ 行业名称 2：　　　　　　　行业代码 2：□□□□ 行业名称 3：　　　　　　　行业代码 3：□□□□
04. 单位所在地及区划	＿＿＿＿＿＿＿＿＿ 省（自治区、直辖市） 地（区、市、州、盟） ＿＿＿＿＿＿ 县（区、市、旗）＿＿＿＿＿＿ 乡（镇） ＿＿＿＿＿＿＿＿＿＿＿＿＿＿＿ ＿＿＿ 街（村）、门牌号 区划代码 □□□□□□□□□□□□
05. 企业地理坐标	经度：＿＿＿＿ 度 ＿＿＿＿ 分 ＿＿＿＿ 秒 纬度：＿＿＿＿ 度 ＿＿＿＿ 分 ＿＿＿＿ 秒
06. 企业规模	□　1 大型　2 中型　3 小型　4 微型
07. 法定代表人（单位负责人）	
08. 开业（成立）时间	□□□□ 年 □□ 月
09. 联系方式	联系人：　　　　　　　电话号码：

10. 登记注册类型	□□□			
	内资		港澳台商投资	外商投资
	110 国有	159 其他有限责任公司	210 与港澳台商合资经营	310 中外合资经营
	120 集体	160 股份有限公司	220 与港澳台商合作经营	320 中外合作经营
	130 股份合作	171 私营独资	230 港、澳、台商独资	330 外资企业
	141 国有联营	172 私营合伙	240 港、澳、台商投资股份有限公司	340 外商投资股份有限公司
	142 集体联营	173 私营有限责任公司	290 其他港、澳、台商投资	390 其他外商投资
	143 国有与集体联营	174 私营股份有限公司		
	149 其他联营	190 其他		
	151 国有独资公司			

11. 受纳水体	受纳水体名称：　　　　　　　受纳水体代码：
12. 是否发放新版排污许可证	□　1 是　2 否　　　许可证编号：＿＿＿＿＿＿＿

13. 企业运行状态	□ 1 运行 2 全年停产
14. 正常生产时间	＿＿＿＿＿＿＿＿小时
15. 工业总产值（当年价格）	＿＿＿＿＿＿＿＿千元
16. 产生工业废水	□ 1 是 2 否 注：选"1"的，须填报 G102 表
17. 有锅炉/燃气轮机	□ 1 是 2 否 注：选"1"的，须填报 G103-1 表
18. 有工业炉窑	□ 1 是 2 否 注：选"1"的，须填报 G103-2 表
19. 有炼焦工序	□ 1 是 2 否 注：选"1"的，须填报 G103-3 表
20. 有烧结/球团工序	□ 1 是 2 否 注：选"1"的，须填报 G103-4 表
21. 有炼铁工序	□ 1 是 2 否 注：选"1"的，须填报 G103-5 表
22. 有炼钢工序	□ 1 是 2 否 注：选"1"的，须填报 G103-6 表
23. 有熟料生产	□ 1 是 2 否 注：选"1"的，须填报 G103-7 表
24. 是否为石化企业	□ 1 是 2 否 注：选"1"的，须填报 G103-8、G103-9 表
25. 有有机液体储罐/装载	□ 1 是 2 否 注：指标解释中所列行业工业企业必填；选"1"的，须填报 G103-10 表
26. 含挥发性有机物原辅材料使用	□ 1 是 2 否 注：指标解释中所列行业工业企业必填；选"1"的，须填报 G103-11 表
27. 有工业固体物料堆存	□ 1 是 2 否 注：仅限堆存指标解释中所列固体物料工业企业选择；选"1"的，须填报 G103-12 表
28. 有其他生产废气	□ 1 是 2 否 注：所有企业，有上述指标 17-27 项涉及的设备及工艺以外的环节有生产工艺废气产生的，选"1"的，须填报 G103-13 表
29. 一般工业固体废物	□ 1 是 2 否 注：有一般工业固体废物产生的，选"1"的，须填报 G104-1 表
30. 危险废物	□ 1 是 2 否 注：有危险体废物产生或处理利用的，选"1"的，须填报 G104-2 表
31. 涉及稀土等 15 类矿产	□ 1 是 2 否 注：选"1"的，须填报 G107 表
32. 备注	

单位负责人：   统计负责人（审核人）：   填表人：   报出日期：20 年 月 日

说明：本表由辖区内有污染物产生的工业企业及产业活动单位填报。

表 1-1-2 工业企业主要产品、生产工艺基本情况

统一社会信用代码：

□□□□□□□□□□□□□□□□□□（□□）

组织机构代码：□□□□□□□□□（□□）

单位详细名称（盖章）：　　　　　　　　2017 年

表　号：	G101-2表
制定机关：	国务院第二次全国污染源普查领导小组办公室
批准机关：	国家统计局
批准文号：	国统制〔2018〕103 号
有效期至：	2019 年 12 月 31 日

产品名称	产品代码	生产工艺名称	生产工艺代码	计量单位	生产能力	实际产量
1	2	3	4	5	6	7
按照生态环境部第二次全国污染源普查工作办公室提供的工业行业污染核算用主要产品、原料、生产工艺分类目录，填报与污染物产生、排放密切相关的主要中间产品或最终产品						

单位负责人：　　　统计负责人（审核人）：　　　　　填表人：　　　　报出日期：20 年 月 日

说明：1. 本表由辖区内有污染物产生的工业企业及产业活动单位填报；

2. 尚未领取统一社会信用代码的填写原组织机构代码号；

3. 对照行业及本企业生产情况，按附录填报与污染物产生、排放密切相关的产品与工艺；

4. 同种产品有多种生产工艺的，分行填报；

5. 如需填报的内容超过 1 页，可自行复印表格填报。

421

表 1-1-3 工业企业主要原辅材料使用、能源消耗基本情况

统一社会信用代码：
□□□□□□□□□□□□□□□□□□（□□）
组织机构代码：□□□□□□□□□（□□）
单位详细名称（盖章）： 2017 年

表　号：	G101-3表
制定机关：	国务院第二次全国污染源普查领导小组办公室
批准机关：	国家统计局
批准文号：	国统制〔2018〕103号
有效期至：	2019年12月31日

原辅材料／能源名称	原辅材料／能源代码	计量单位	使用量	用作原辅材料量
1	2	3	4	5
一、主要原辅材料使用	—	—	—	—
				—
				—
原辅材料名称、代码、计量单位按照生态环境部第二次全国污染源普查工作办公室提供的工业行业污染核算用主要产品、原料、生产工艺分类目录填报				—
				—
				—
				—
				—
二、主要能源消耗	—	—	—	—
能源名称、代码、计量单位按照指标解释填报				

单位负责人：　　　　统计负责人　　　　填表人：　　　　报出日期：20 年 月 日
　　　　　　　　　　（审核人）

说明：1. 本表由辖区内有污染物产生的工业企业及产业活动单位填报；
　　　2. 尚未领取统一社会信用代码的填写原组织机构代码号；
　　　3. 本厂中间产品作为本厂其他生产环节原辅材料的，不需要填报；
　　　4. 同时作为能源、原辅材料的，如原料煤，只填报主要能源消耗指标，不必填报主要原辅材料使用指标；
　　　5. 如需填报的内容超过1页，可自行复印表格填报。

表 1-1-4 工业企业废水治理与排放情况

<table>
<tr><td rowspan="3">统一社会信用代码：
□□□□□□□□□□□□□□□□□□（□□）
组织机构代码：□□□□□□□□□（□□）
单位详细名称（盖章）：   2017 年</td><td>表　号：</td><td>G102表</td></tr>
<tr><td>制定机关：</td><td>国务院第二次全国污染源普查
领导小组办公室</td></tr>
<tr><td>批准机关：</td><td>国家统计局</td></tr>
</table>

| | | | 批准文号： | 国统制〔2018〕103 号 |
| | | | 有效期至： | 2019 年 12 月 31 日 |

指标名称	计量单位	代码	指标值
甲	乙	丙	1
一、取水情况	—	—	—
取水量	立方米	01	
其中：城市自来水	立方米	02	
自备水	立方米	03	
水利工程供水	立方米	04	
其他工业企业供水	立方米	05	
二、废水治理设施情况	—	—	—
废水治理设施数	套	06	
废水治理设施	—	—	废水治理设施 1 …………
废水类型名称 / 代码	—	07	
设计处理能力	立方米 / 日	08	
处理方法名称 / 代码	—	09	
年运行小时	小时	10	
年实际处理水量	立方米	11	
其中：处理其他单位水量	立方米	12	
加盖密闭情况	—	13	
处理后废水去向	—	14	
三、废水排放情况	—	—	—
废水总排放口数	个	15	
废水总排放口	—	—	废水总排放口 1 …………
废水总排放口编号	—	16	
废水总排放口名称	—	17	
废水总排放口类型	—	18	
排水去向类型	—	19	
排入污水处理厂 / 企业名称	—	20	
排放口地理坐标	—	21	经度： ___ 度 ___ 分 ___ 秒　经度： ___ 度 ___ 分 ___ 秒 纬度： ___ 度 ___ 分 ___ 秒　纬度： ___ 度 ___ 分 ___ 秒
废水排放量	立方米	22	
化学需氧量产生量	吨	23	
化学需氧量排放量	吨	24	
氨氮产生量	吨	25	
氨氮排放量	吨	26	
总氮产生量	吨	27	
总氮排放量	吨	28	
总磷产生量	吨	29	
总磷排放量	吨	30	
石油类产生量	吨	31	
石油类排放量	吨	32	
挥发酚产生量	千克	33	
挥发酚排放量	千克	34	

指标名称	计量单位	代码	指标值	
甲	乙	丙	废水总排放口 1	……
氰化物产生量	千克	35		
氰化物排放量	千克	36		
总砷产生量	千克	37		
总砷排放量	千克	38		
总铅产生量	千克	39		
总铅排放量	千克	40		
总镉产生量	千克	41		
总镉排放量	千克	42		
总铬产生量	千克	43		
总铬排放量	千克	44		
六价铬产生量	千克	45		
六价铬排放量	千克	46		
总汞产生量	千克	47		
总汞排放量	千克	48		
单位负责人：	统计负责人（审核人）：	填表人：	报出日期：20 年 月 日	

说明：1. 本表由辖区内有废水及废水污染物产生或排放的工业企业填报；

2. 尚未领取统一社会信用代码的填写原组织机构代码号；

3. 如需填报的治理设施套数或废水总排放口数量超过 2 个，可自行复印表格填报；

4. 废水排放去向为入外环境的，即废水排放去向选择 A、B、F、G 的，排放口地理坐标填入外环境排放口位置的地理坐标，除此之外排放口地理坐标填写废水排出厂区位置的地理坐标，"秒"指标最多保留 2 位小数；

5. 指标 13 仅限行业类别代码为 2511、2519、2521、2522、2523、2614、2619、2621、2631、2652、2653、2710 的行业填报；加盖密闭情况包括 1. 无密闭，2. 隔油段密闭，3. 气浮段密闭，4. 生化处理段密闭，其中选择 2、3、4 的可多选；

6. 产生量、排放量指标保留 3 位小数；

7. 审核关系：01=02+03+04+05，27≥25，28≥26，43≥45，44≥46，同一污染物产生量大于等于排放量。

表 1-1-5 工业企业锅炉／燃气轮机废气治理与排放情况

统一社会信用代码：□□□□□□□□□□□□□□□□□□
（□□）
组织机构代码：□□□□□□□□（□□）

单位详细名称（盖章）：　　　　　　　2017 年

表　号：	G 103 - 1 表
制定机关：	国务院第二次全国污染源普查领导小组办公室
批准机关：	国家统计局
批准文号：	国统制〔2018〕103 号
有效期至：	2019 年 12 月 31 日

指标名称	计量单位	代码	指标值	
			锅炉／燃气轮机 1	锅炉／燃气轮机 2
甲	乙	丙	1	2
一、电站锅炉／燃气轮机基本信息	—	—	—	—
电站锅炉／燃气轮机编号	—	01		
电站锅炉／燃气轮机类型	—	02		
对应机组编号	—	03		
对应机组装机容量	万千瓦	04		
是否热电联产	—	05		
电站锅炉燃烧方式名称	—	06		
电站锅炉／燃气轮机额定出力	蒸吨／小时	07		
电站锅炉／燃气轮机运行时间	小时	08		
二、工业锅炉基本信息	—	—	—	—
工业锅炉编号	—	09		
工业锅炉类型	—	10		
工业锅炉用途	—	11	□ 1 生产 □ 2 采暖 □ 3 其他	□ 1 生产 □ 2 采暖 □ 3 其他
工业锅炉燃烧方式名称	—	12		
工业锅炉额定出力	蒸吨／小时	13		
工业锅炉运行时间	小时	14		
三、产品、燃料信息	—	—	—	—
发电量	万千瓦时	15		
供热量	万吉焦	16		
燃料一类型	—	17		
燃料一消耗量	吨或万立方米	18		
其中：发电消耗量	吨或万立方米	19		
供热消耗量	吨或万立方米	20		
燃料一低位发热量	千卡／千克或千卡／标准立方米	21		
燃料一平均收到基含硫量	% 或毫克／立方米	22		
燃料一平均收到基灰分	%	23		
燃料一平均干燥无灰基挥发分	%	24		
燃料二类型	—	25		
燃料二消耗量	吨或万立方米	26		
其中：发电消耗量	吨或万立方米	27		
供热消耗量	吨或万立方米	28		
燃料二低位发热量	千卡／千克或千卡／标准立方米	29		
燃料二平均收到基含硫量	% 或毫克／立方米	30		
燃料二平均收到基灰分	%	31		
燃料二平均干燥无灰基挥发分	%	32		
其他燃料消耗总量	吨标准煤	33		

指标名称	计量单位	代码	指标值	
			锅炉 / 燃气轮机 1	锅炉 / 燃气轮机 2
甲	乙	丙	1	2
四、治理设施及污染物产生排放情况	—	—	—	—
排放口编号	—	34		
排放口地理坐标	—	35	经度: ___ 度 ___ 分 ___ 秒 纬度: ___ 度 ___ 分 ___ 秒	经度: ___ 度 ___ 分 ___ 秒 纬度: ___ 度 ___ 分 ___ 秒
排放口高度	米	36		
脱硫设施编号	—	37		
脱硫工艺	—	38		
脱硫效率	%	39		
脱硫设施年运行时间	小时	40		
脱硫剂名称	—	41		
脱硫剂使用量	吨	42		
是否采用低氮燃烧技术	—	43	□ 1是 2否	□ 1是 2否
脱硝设施编号	—	44		
脱硝工艺	—	45		
脱硝效率	%	46		
脱硝设施年运行时间	小时	47		
脱硝剂名称	—	48		
脱硝剂使用量	吨	49		
除尘设施编号	—	50		
除尘工艺	—	51		
除尘效率	%	52		
除尘设施年运行时间	小时	53		
工业废气排放量	万立方米	54		
二氧化硫产生量	吨	55		
二氧化硫排放量	吨	56		
氮氧化物产生量	吨	57		
氮氧化物排放量	吨	58		
颗粒物产生量	吨	59		
颗粒物排放量	吨	60		
挥发性有机物产生量	千克	61		
挥发性有机物排放量	千克	62		
氨排放量	吨	63		
废气砷产生量	千克	64		
废气砷排放量	千克	65		
废气铅产生量	千克	66		
废气铅排放量	千克	67		
废气镉产生量	千克	68		
废气镉排放量	千克	69		
废气铬产生量	千克	70		
废气铬排放量	千克	71		
废气汞产生量	千克	72		
废气汞排放量	千克	73		

单位负责人: 　　　统计负责人(审核人): 　　　填表人: 　　　报出日期: 20 年 月 日

说明: 1. 本表由辖区内有工业锅炉的工业企业,以及所有在役火电厂、热电联产企业及工业企业的自备电厂、垃圾和生物质焚烧发电厂填报;

2. 尚未领取统一社会信用代码的填写原组织机构代码号;

3. 单列只填写单台锅炉或燃气轮机信息,如工业锅炉、电站锅炉、燃气轮机超过 2 个,可自行增列填报;排放口的地理坐标中"秒"指标最多保留 2 位小数,产生量、排放量指标保留 3 位小数;审核关系:18=19+20,26=27+28。

表 1-1-6 工业企业炉窑废气治理与排放情况

<table>
<tr><td colspan="3">统一社会信用代码：
□□□□□□□□□□□□□□□□□□（□□）
组织机构代码：□□□□□□□□□（□□）</td><td colspan="3">表　号：　G 103 - 2 表</td></tr>
<tr><td colspan="3" rowspan="3">单位详细名称（盖章）：　　2017 年</td><td colspan="3">制定机关：　国务院第二次全国污染源
普查领导小组办公室</td></tr>
<tr><td colspan="3">批准机关：　国家统计局</td></tr>
<tr><td colspan="3">批准文号：　国统制〔2018〕103 号
有效期至：　2019 年 12 月 31 日</td></tr>
<tr><td rowspan="3">指标名称</td><td rowspan="3">计量单位</td><td rowspan="3">代码</td><td colspan="2">指标值</td></tr>
<tr><td>炉窑 1</td><td>炉窑 2</td></tr>
<tr><td>1</td><td>2</td></tr>
<tr><td>甲</td><td>乙</td><td>丙</td><td>1</td><td>2</td></tr>
<tr><td>一、基本信息</td><td>—</td><td>—</td><td></td><td></td></tr>
<tr><td>炉窑类型</td><td>—</td><td>01</td><td></td><td></td></tr>
<tr><td>炉窑编号</td><td>—</td><td>02</td><td></td><td></td></tr>
<tr><td>炉窑规模</td><td>—</td><td>03</td><td></td><td></td></tr>
<tr><td>炉窑规模的计量单位</td><td>—</td><td>04</td><td></td><td></td></tr>
<tr><td>年生产时间</td><td>小时</td><td>05</td><td></td><td></td></tr>
<tr><td>二、燃料信息</td><td>—</td><td>—</td><td>—</td><td>—</td></tr>
<tr><td>燃料一类型</td><td>—</td><td>06</td><td></td><td></td></tr>
<tr><td>燃料一消耗量</td><td>吨或万立方米</td><td>07</td><td></td><td></td></tr>
<tr><td>燃料一低位发热量</td><td>千卡／千克或
千卡／标准立
方米</td><td>08</td><td></td><td></td></tr>
<tr><td>燃料一平均收到基含硫量</td><td>％ 或毫克／立
方米</td><td>09</td><td></td><td></td></tr>
<tr><td>燃料一平均收到基灰分</td><td>％</td><td>10</td><td></td><td></td></tr>
<tr><td>燃料一平均干燥无灰基挥发分</td><td>％</td><td>11</td><td></td><td></td></tr>
<tr><td>燃料二类型</td><td>—</td><td>12</td><td></td><td></td></tr>
<tr><td>燃料二消耗量</td><td>吨或万立方米</td><td>13</td><td></td><td></td></tr>
<tr><td>燃料二低位发热量</td><td>千卡／千克或
千卡／标准立
方米</td><td>14</td><td></td><td></td></tr>
<tr><td>燃料二平均收到基含硫量</td><td>％ 或毫克／立
方米</td><td>15</td><td></td><td></td></tr>
<tr><td>燃料二平均收到基灰分</td><td>％</td><td>16</td><td></td><td></td></tr>
<tr><td>燃料二平均干燥无灰基挥发分</td><td>％</td><td>17</td><td></td><td></td></tr>
<tr><td>其他燃料消耗总量</td><td>吨标准煤</td><td>18</td><td></td><td></td></tr>
<tr><td>三、产品信息</td><td>—</td><td>—</td><td>—</td><td>—</td></tr>
<tr><td>产品名称</td><td>—</td><td>19</td><td></td><td></td></tr>
<tr><td>产品产量</td><td>—</td><td>20</td><td></td><td></td></tr>
<tr><td>产品产量的计量单位</td><td></td><td>21</td><td></td><td></td></tr>
<tr><td>四、原料信息</td><td>—</td><td>—</td><td>—</td><td>—</td></tr>
<tr><td>原料名称</td><td>—</td><td>22</td><td></td><td></td></tr>
<tr><td>原料用量</td><td></td><td>23</td><td></td><td></td></tr>
<tr><td>原料用量的计量单位</td><td></td><td>24</td><td></td><td></td></tr>
<tr><td>五、治理设施及污染物产生排放情况</td><td>—</td><td>—</td><td>—</td><td>—</td></tr>
<tr><td>脱硫设施编号</td><td>—</td><td>25</td><td></td><td></td></tr>
<tr><td>脱硫工艺</td><td>—</td><td>26</td><td></td><td></td></tr>
<tr><td>脱硫效率</td><td>—</td><td>27</td><td></td><td></td></tr>
<tr><td>脱硫设施年运行时间</td><td>小时</td><td>28</td><td></td><td></td></tr>
<tr><td>脱硫剂名称</td><td></td><td>29</td><td></td><td></td></tr>
<tr><td>脱硫剂使用量</td><td>吨</td><td>30</td><td></td><td></td></tr>
<tr><td>脱硝设施编号</td><td>—</td><td>31</td><td></td><td></td></tr>
<tr><td>脱硝工艺</td><td>—</td><td>32</td><td></td><td></td></tr>
</table>

指标名称	计量单位	代码	指标值	
			炉窑1	炉窑2
甲	乙	丙	1	2
脱硝效率	—	33		
脱硝设施年运行时间	小时	34		
脱硝剂名称	—	35		
脱硝剂使用量	吨	36		
除尘设施编号	—	37		
除尘工艺	—	38		
除尘效率	%	39		
除尘设施年运行时间	小时	44		
工业废气排放量	万立方米	45		
二氧化硫产生量	吨	46		
二氧化硫排放量	吨	47		
氮氧化物产生量	吨	48		
氮氧化物排放量	吨	49		
颗粒物产生量	吨	50		
颗粒物排放量	吨	51		
挥发性有机物产生量	千克	52		
挥发性有机物排放量	千克	53		
氨排放量	吨	54		
废气砷产生量	千克	55		
废气砷排放量	千克	56		
废气铅产生量	千克	57		
废气铅排放量	千克	58		
废气镉产生量	千克	59		
废气镉排放量	千克	60		
废气铬产生量	千克	61		
废气铬排放量	千克	62		
废气汞产生量	千克	63		
废气汞排放量	千克	64		

单位负责人：　　　　统计负责人（审核人）：　　　填表人：　　　　报出日期：20　年　月　日

说明：1. 本表由辖区内有工业炉窑的工业企业填报；

2. 尚未领取统一社会信用代码的填写原组织机构代码号；

3. 如需填报的炉窑数量超过2个，可自行复印表格填报；

4. 产生量、排放量指标保留3位小数。

表 1-1-7 钢铁与炼焦企业炼焦废气治理与排放情况

统一社会信用代码：

□□□□□□□□□□□□□□□□□□（□□）

组织机构代码：□□□□□□□□□（□□）

单位详细名称（盖章）：　　　　2017 年

表　号：	G 103 - 3 表
制定机关：	国务院第二次全国污染源普查领导小组办公室
批准机关：	国家统计局
批准文号：	国统制〔2018〕103 号
有效期至：	2019 年 12 月 31 日

指标名称	计量单位	代码	指标值	
			炼焦生产线 1	炼焦生产线 2
甲	乙	丙	1	2
一、基本信息	—	—	—	—
炼焦炉编号	—	01		
炼焦炉型	—	02	□	□
熄焦工艺	—	03	□	□
炭化室高度	米	04		
年生产时间	小时	05		
生产能力	万吨／年	06		
二、燃料信息	—	—	—	—
煤气消耗量	万立方米	07		
煤气低位发热量	千卡／标准立方米	08		
煤气平均收到基含硫量	毫克／立方米	09		
其他燃料消耗总量	吨标准煤	10		
三、原辅材料及产品信息	—	—		
煤炭消耗量	万吨	11		
焦炭产量	万吨	12		
硫酸产量	万吨	13		
硫磺产量	万吨	14		
煤气产生量	万立方米	15		
煤焦油产量	万吨	16		
四、治理设施及污染物产生排放情况	—	—	—	—
焦炉烟囱排放口	—	—	—	—
排放口编号	—	17		
排放口地理坐标	—	18	经度：___度___分___秒 纬度：___度___分___秒	经度：___度___分___秒 纬度：___度___分___秒
排放口高度	米	19		
脱硫设施编号	—	20		
脱硫工艺	—	21		
脱硫效率	%	22		
脱硫设施年运行时间	小时	23		
脱硫剂名称	—	24		
脱硫剂使用量	吨	25		
脱硝设施编号	—	26		
脱硝工艺	—	27		
脱硝效率	%	28		
脱硝设施年运行时间	小时	29		
脱硝剂名称	—	30		
脱硝剂使用量	吨	31		
除尘设施编号	—	32		
除尘工艺	—	33		

指标名称	计量单位	代码	指标值	
			炼焦生产线 1	炼焦生产线 2
甲	乙	丙	1	2
除尘效率	%	34		
除尘设施年运行时间	小时	35		
工业废气排放量	万立方米	36		
二氧化硫产生量	吨	37		
二氧化硫排放量	吨	38		
氮氧化物产生量	吨	39		
氮氧化物排放量	吨	40		
颗粒物产生量	吨	41		
颗粒物排放量	吨	42		
挥发性有机物产生量	千克	43		
挥发性有机物排放量	千克	44		
装煤地面站排放口	—	—	—	—
排放口编号	—	45		
排放口地理坐标	—	46	经度： ____度____分____秒 纬度：_ __度____分____秒	经度： ____度____分____秒 纬度： __度____分____秒
排放口高度	米	47		
脱硫设施编号	—	48		
脱硫工艺	—	49		
脱硫效率	%	50		
脱硫设施年运行时间	小时	51		
脱硫剂名称	—	52		
脱硫剂使用量	吨	53		
除尘设施编号	—	54		
除尘工艺	—	55		
除尘效率	%	56		
除尘设施年运行时间	小时	57		
工业废气排放量	万立方米	58		
二氧化硫产生量	吨	59		
二氧化硫排放量	吨	60		
颗粒物产生量	吨	61		
颗粒物排放量	吨	62		
挥发性有机物产生量	千克	63		
挥发性有机物排放量	千克	64		
推焦地面站排放口	—	—	—	—
排放口编号	—	65		
排放口地理坐标	—	66	经度： ____度____分____秒 纬度： ____度____分____秒	经度： ____度____分____秒 纬度： ____度____分____秒
排放口高度	米	67		
脱硫设施编号	—	68		
脱硫工艺	—	69		
脱硫效率	%	70		
脱硫设施年运行时间	小时	71		
脱硫剂名称	—	72		
脱硫剂使用量	吨	73		

指标名称	计量单位	代码	指标值	
			炼焦生产线 1	炼焦生产线 2
甲	乙	丙	1	2
除尘设施编号	—	74		
除尘工艺	—	75		
除尘效率	%	76		
除尘设施年运行时间	小时	77		
工业废气排放量	万立方米	78		
二氧化硫产生量	吨	79		
二氧化硫排放量	吨	80		
颗粒物产生量	吨	81		
颗粒物排放量	吨	82		
挥发性有机物产生量	千克	83		
挥发性有机物排放量	千克	84		
干法熄焦地面站排放口	—	—	—	—
排放口编号	—	85		
排放口地理坐标	—	86	经度：___度___分___秒 纬度：___度___分___秒	经度：___度___分___秒 纬度：___度___分___秒
排放口高度	米	87		
脱硫设施编号	—	88		
脱硫工艺	—	89		
脱硫效率	%	90		
脱硫设施年运行时间	小时	91		
脱硫剂名称	—	92		
脱硫剂使用量	吨	93		
除尘设施编号	—	94		
除尘工艺	—	95		
除尘效率	%	96		
除尘设施年运行时间	小时	97		
工业废气排放量	万立方米	98		
二氧化硫产生量	吨	99		
二氧化硫排放量	吨	100		
颗粒物产生量	吨	101		
颗粒物排放量	吨	102		
挥发性有机物产生量	千克	103		
挥发性有机物排放量	千克	104		
一般排放口及无组织	—	—	—	—
工业废气排放量	万立方米	105		
二氧化硫产生量	吨	106		
二氧化硫排放量	吨	107		
氮氧化物产生量	吨	108		
氮氧化物排放量	吨	109		
颗粒物产生量	吨	110		
颗粒物排放量	吨	111		
挥发性有机物产生量	千克	112		
挥发性有机物排放量	千克	113		
氨排放量	吨	114		

单位负责人：　　　统计负责人（审核人）：　　　填表人：　　　报出日期：20 年 月 日

说明：1. 本表由辖区内有炼焦工序的钢铁冶炼企业和炼焦企业填报；

2. 尚未领取统一社会信用代码的填写原组织机构代码号；

3. 如需填报的炼焦生产线数量超过 2 个，焦炉烟囱排放口、装煤地面站排放口、推焦地面站排放口、干法熄焦地面站排放口数量超过 1 个的，可自行复印表格填报；

4. 排放口的地理坐标中"秒"指标最多保留 2 位小数，产生量、排放量指标保留 3 位小数。

表 1-1-8 钢铁企业烧结／球团废气治理与排放情况

<table>
<tr><td>统一社会信用代码：
□□□□□□□□□□□□□□□□□□（□□）

组织机构代码：□□□□□□□□（□□）

单位详细名称（盖章）：　　　　2017 年</td><td colspan="2">表　号：　　　G 103－4表
制定机关：　国务院第二次全国污染源普查
　　　　　　　领导小组办公室
批准机关：　　　国家统计局
批准文号：　国统制［2018］103 号
有效期至：　　2019 年 12 月 31 日</td></tr>
</table>

<table>
<tr><td rowspan="2">指标名称</td><td rowspan="2">计量单位</td><td rowspan="2">代码</td><td colspan="2">指标值</td></tr>
<tr><td>烧结／球团生产线 1</td><td>烧结／球团生产线 2</td></tr>
<tr><td>甲</td><td>乙</td><td>丙</td><td>1</td><td>2</td></tr>
<tr><td>一、基本信息</td><td>—</td><td>—</td><td>—</td><td>—</td></tr>
<tr><td>设备编号</td><td>—</td><td>01</td><td></td><td></td></tr>
<tr><td>设备规模</td><td>平方米</td><td>02</td><td></td><td></td></tr>
<tr><td>设备年生产时间</td><td>小时</td><td>03</td><td></td><td></td></tr>
<tr><td>生产能力</td><td>万吨／年</td><td>04</td><td></td><td></td></tr>
<tr><td>二、燃料信息</td><td>—</td><td>—</td><td></td><td></td></tr>
<tr><td>煤炭</td><td>—</td><td>—</td><td></td><td></td></tr>
<tr><td>消耗量</td><td>吨</td><td>05</td><td></td><td></td></tr>
<tr><td>低位发热量</td><td>千卡／千克</td><td>06</td><td></td><td></td></tr>
<tr><td>平均收到基含硫量</td><td>%</td><td>07</td><td></td><td></td></tr>
<tr><td>平均收到基灰分</td><td>%</td><td>08</td><td></td><td></td></tr>
<tr><td>平均干燥无灰基挥发分</td><td>%</td><td>09</td><td></td><td></td></tr>
<tr><td>焦炭</td><td>—</td><td>—</td><td></td><td></td></tr>
<tr><td>消耗量</td><td>吨</td><td>10</td><td></td><td></td></tr>
<tr><td>低位发热量</td><td>千卡／千克</td><td>11</td><td></td><td></td></tr>
<tr><td>平均收到基含硫量</td><td>%</td><td>12</td><td></td><td></td></tr>
<tr><td>平均收到基灰分</td><td>%</td><td>13</td><td></td><td></td></tr>
<tr><td>平均干燥无灰基挥发分</td><td>%</td><td>14</td><td></td><td></td></tr>
<tr><td>其他燃料消耗总量</td><td>吨标准煤</td><td>15</td><td></td><td></td></tr>
<tr><td>三、原料信息</td><td>—</td><td>—</td><td>—</td><td>—</td></tr>
<tr><td>铁矿石消耗量</td><td>万吨</td><td>16</td><td></td><td></td></tr>
<tr><td>铁矿石含硫量</td><td>%</td><td>17</td><td></td><td></td></tr>
<tr><td>四、产品信息</td><td>—</td><td>—</td><td>—</td><td>—</td></tr>
<tr><td>烧结矿产量</td><td>万吨</td><td>18</td><td></td><td></td></tr>
<tr><td>球团矿产量</td><td>万吨</td><td>19</td><td></td><td></td></tr>
<tr><td>五、治理设施及污染物产生
排放情况</td><td>—</td><td>—</td><td>—</td><td>—</td></tr>
<tr><td>烧结机头（球团单元焙烧）
排放口</td><td>—</td><td>—</td><td>—</td><td>—</td></tr>
<tr><td>排放口编号</td><td>—</td><td>20</td><td></td><td></td></tr>
<tr><td>排放口地理坐标</td><td>—</td><td>21</td><td>经度：
＿＿度＿＿分＿＿秒
纬度：
＿＿度＿＿分＿＿秒</td><td>经度：
＿＿度＿＿分＿＿秒
纬度：
＿＿度＿＿分＿＿秒</td></tr>
<tr><td>排放口高度</td><td>米</td><td>22</td><td></td><td></td></tr>
<tr><td>脱硫设施编号</td><td>—</td><td>23</td><td></td><td></td></tr>
<tr><td>脱硫工艺</td><td>—</td><td>24</td><td></td><td></td></tr>
<tr><td>脱硫效率</td><td>%</td><td>25</td><td></td><td></td></tr>
<tr><td>脱硫设施年运行时间</td><td>小时</td><td>26</td><td></td><td></td></tr>
<tr><td>脱硫剂名称</td><td>—</td><td>27</td><td></td><td></td></tr>
<tr><td>脱硫剂使用量</td><td>吨</td><td>28</td><td></td><td></td></tr>
</table>

指标名称	计量单位	代码	指标值	
			烧结／球团生产线 1	烧结／球团生产线 2
甲	乙	丙	1	2
脱硝设施编号	—	29		
脱硝工艺	—	30		
脱硝效率	%	31		
脱硝设施年运行时间	小时	32		
脱硝剂名称	—	33		
脱硝剂使用量	吨	34		
除尘设施编号	—	35		
除尘工艺	—	36		
除尘效率	%	37		
除尘设施年运行时间	小时	38		
工业废气排放量	万立方米	39		
二氧化硫产生量	吨	40		
二氧化硫排放量	吨	41		
氮氧化物产生量	吨	42		
氮氧化物排放量	吨	43		
颗粒物产生量	吨	44		
颗粒物排放量	吨	45		
烧结机尾排放口	—	—	—	—
排放口编号	—	46		
排放口地理坐标	—	47	经度：____度____分____秒 纬度：____度____分____秒	经度：____度____分____秒 纬度：____度____分____秒
排放口高度	米	48		
除尘设施编号	—	49		
除尘工艺	—	50		
除尘效率	%	51		
除尘设施年运行时间	小时	52		
工业废气排放量	万立方米	53		
颗粒物产生量	吨	54		
颗粒物排放量	吨	55		
一般排放口及无组织	—	—	—	—
工业废气排放量	万立方米	56		
二氧化硫产生量	吨	57		
二氧化硫排放量	吨	58		
氮氧化物产生量	吨	59		
氮氧化物排放量	吨	60		
颗粒物产生量	吨	61		
颗粒物排放量	吨	62		

单位负责人：　　　　统计负责人（审核人）：　　　　填表人：　　　　报出日期：20　年　月　日

说明：1. 本表由辖区内有烧结／球团工序的钢铁冶炼企业填报；

　　　2. 尚未领取统一社会信用代码的填写原组织机构代码号；

　　　3. 如需填报的烧结／球团生产线数量超过 2 个，可自行复印表格填报；

　　　4. 排放口的地理坐标中"秒"指标最多保留 2 位小数；产生量、排放量指标保留 3 位小数。

表 1-1-9 钢铁企业炼铁生产废气治理与排放情况

统一社会信用代码：				
□□□□□□□□□□□□□□□□□□（□□）		表　号：		G 103 - 5 表
		制定机关：		国务院第二次全国污染源普查领导小组办公室
组织机构代码：□□□□□□□□（□□）		批准机关：		国家统计局
		批准文号：		国统制〔2018〕103 号
单位详细名称（盖章）：　　　2017 年		有效期至：		2019 年 12 月 31 日

指标名称	计量单位	代码	指标值	
			炼铁生产线 1	炼铁生产线 2
甲	乙	丙	1	2
一、基本信息	—	—	—	—
设备编号	—	01		
高炉容积	立方米	02		
高炉年生产时间	小时	03		
生产能力	万吨/年	04		
二、燃料信息	—	—	—	—
煤气消耗量	万立方米	05		
煤气低位发热量	千卡/标准立方米	06		
煤气平均收到基含硫量	毫克/立方米	07		
其他燃料消耗总量	吨标准煤	08		
三、产品信息	—	—		
生铁产量	万吨	09		
四、治理设施及污染物产生排放情况	—	—	—	—
高炉矿槽排放口	—	—	—	—
排放口编号	—	10		
排放口地理坐标	—	11	经度： ___度___分___秒 纬度： ___度___分___秒	经度： ___度___分___秒 纬度： ___度___分___秒
排放口高度	米	12		
除尘设施编号	—	13		
除尘工艺	—	14		
除尘效率	%	15		
除尘设施年运行时间	小时	16		
工业废气排放量	万立方米	17		
颗粒物产生量	吨	18		
颗粒物排放量	吨	19		
高炉出铁场排放口	—	—	—	—
排放口编号	—	20		
排放口地理坐标	—	21	经度： ___度___分___秒 纬度： ___度___分___秒	经度： ___度___分___秒 纬度： ___度___分___秒
排放口高度	米	22		
除尘设施编号	—	23		
除尘工艺	—	24		
除尘效率	%	25		
除尘设施年运行时间	小时	26		
工业废气排放量	万立方米	27		
颗粒物产生量	吨	28		
颗粒物排放量	吨	29		
一般排放口及无组织	—	—		
工业废气排放量	万立方米	30		
二氧化硫产生量	吨	31		

指标名称	计量单位	代码	指标值	
			炼铁生产线1	炼铁生产线2
甲	乙	丙	1	2
二氧化硫排放量	吨	32		
氮氧化物产生量	吨	33		
氮氧化物排放量	吨	34		
颗粒物产生量	吨	35		
颗粒物排放量	吨	36		
挥发性有机物产生量	千克	37		
挥发性有机物排放量	千克	38		

单位负责人：　　　统计负责人（审核人）：　　　填表人：　　　报出日期：20 年 月 日

说明：1. 本表由辖区内有炼铁工序的钢铁冶炼企业填报；

2. 尚未领取统一社会信用代码的填写原组织机构代码号；

3. 如需填报的炼铁生产线数量超过 2 个，可自行复印表格填报；

4. 排放口的地理坐标中"秒"指标最多保留 2 位小数，产生量、排放量指标保留 3 位小数。

表 1-1-10 钢铁企业炼钢生产废气治理与排放情况

统一社会信用代码： □□□□□□□□□□□□□□□□□□（□□）		表　号：	G 103 - 6 表	
		制定机关：	国务院第二次全国污染 源普查领导小组办公室	
		批准机关：	国家统计局	
组织机构代码：□□□□□□□□（□□）		批准文号：	国统制〔2018〕103 号	
单位详细名称（盖章）：　　　　　　2017 年		有效期至：	2019 年 12 月 31 日	

指标名称	计量单位	代码	指标值	
			炼钢生产线 1	炼钢生产线 2
甲	乙	丙	1	2
一、基本信息	—	—		
设备编号	—	01		
设备类型	—	02	□	□
设备年生产时间	小时	03		
生产能力	万吨 / 年	04		
二、产品信息	—	—		
粗钢产量	万吨	05		
三、治理设施及污染物产生排放情况	—	—	—	—
转炉二次烟气排放口	—			
排放口编号	—	06		
排放口地理坐标	—	07	经度： ＿＿度＿＿分＿＿秒 纬度： ＿＿度＿＿分＿＿秒	经度： ＿＿度＿＿分＿＿秒 纬度： ＿＿度＿＿分＿＿秒
排放口高度	米	08		
除尘设施编号	—	09		
除尘工艺	—	10		
除尘效率	%	11		
除尘设施年运行时间	小时	12		
工业废气排放量	万立方米	13		
颗粒物产生量	吨	14		
颗粒物排放量	吨	15		
电炉烟气排放口	—	—	—	—
排放口编号	—	16		
排放口地理坐标	—	17	经度： ＿＿度＿＿分＿＿秒 纬度： ＿＿度＿＿分＿＿秒	经度：＿＿度＿＿分 ＿＿秒 纬度： ＿＿度＿＿分＿＿秒
排放口高度	米	18		
除尘设施编号	—	19		
除尘工艺	—	20		
除尘效率	%	21		
除尘设施年运行时间	小时	22		
工业废气排放量	万立方米	23		
颗粒物产生量	吨	24		
颗粒物排放量	吨	25		
一般排放口及无组织	—	—	—	—
工业废气排放量	万立方米	26		
二氧化硫产生量	吨	27		
二氧化硫排放量	吨	28		

指标名称	计量单位	代码	指标值	
			炼钢生产线1	炼钢生产线2
甲	乙	丙	1	2
氮氧化物产生量	吨	29		
氮氧化物排放量	吨	30		
颗粒物产生量	吨	31		
颗粒物排放量	吨	32		
挥发性有机物产生量	千克	33		
挥发性有机物排放量	千克	34		

单位负责人：　　　统计负责人（审核人）：　　　填表人：　　　报出日期：20 年 月 日

说明：1. 本表由辖区内有炼钢工序的钢铁冶炼企业填报；

2. 尚未领取统一社会信用代码的填写原组织机构代码号；

3. 如需填报的炼钢生产线数量超过 2 个，可自行复印表格填报；

4. 排放口的地理坐标中"秒"指标最多保留 2 位小数，产生量、排放量指标保留 3 位小数。

表 1-1-11 水泥企业熟料生产废气治理与排放情况

统一社会信用代码：□□□□□□□□□□□□□□□□□□
（□□）

组织机构代码：□□□□□□□□□（□□）

单位详细名称（盖章）：　　　　　2017 年

表　号：	G 103－7表
制定机关：	国务院第二次全国污染源普查领导小组办公室
批准机关：	国家统计局
批准文号：	国统制〔2018〕103号
有效期至：	2019年12月31日

指标名称	计量单位	代码	指标值	
			熟料生产线1	熟料生产线2
甲	乙	丙	1	2
一、炉窑基本信息	—	—	—	—
设备编号	—	01		
设备类型	—	02		
设备年运行时间	小时	03		
生产能力	万吨/年	04		
二、炉窑燃料消耗情况	—	—		
煤炭消耗量	吨	05		
煤炭低位发热量	千卡/千克	06		
煤炭平均收到基含硫量	%	07		
煤炭平均收到基灰分	%	08		
煤炭平均干燥无灰基挥发分	%	09		
三、原料信息	—	—		
石灰石用量	万吨	10		
四、产品信息	—	—	—	—
熟料产量	万吨	11		
五、治理设施及污染物产生排放情况	—	—	—	—
窑尾排放口	—	—	—	—
排放口编号	—	12		
排放口地理坐标	—	13	经度：___度___分___秒 纬度：___度___分___秒	经度：___度___分___秒 纬度：___度___分___秒
排放口高度	米	14		
是否采用低氮燃烧技术	—	15	□ 1是 2否	□ 1是 2否
脱硝设施编号	—	16		
脱硝工艺	—	17		
脱硝效率	%	18		
脱硝设施年运行时间	小时	19		
脱硝剂名称	—	20		
脱硝剂使用量	吨	21		
除尘设施编号	—	22		
除尘工艺	—	23		
除尘效率	%	24		
除尘设施年运行时间	小时	25		
工业废气排放量	万立方米	26		
二氧化硫产生量	吨	27		
二氧化硫排放量	吨	28		
氮氧化物产生量	吨	29		
氮氧化物排放量	吨	30		
颗粒物产生量	吨	31		
颗粒物排放量	吨	32		

指标名称	计量单位	代码	指标值	
			熟料生产线1	熟料生产线2
甲	乙	丙	1	2
挥发性有机物产生量	千克	33		
挥发性有机物排放量	千克	34		
氨排放量	吨	35		
废气砷产生量	千克	36		
废气砷排放量	千克	37		
废气铅产生量	千克	38		
废气铅排放量	千克	39		
废气镉产生量	千克	40		
废气镉排放量	千克	41		
废气铬产生量	千克	42		
废气铬排放量	千克	43		
废气汞产生量	千克	44		
废气汞排放量	千克	45		
窑头排放口	—	—	—	—
排放口编号	—	46		
排放口地理坐标	—	47	经度：___度___分___秒 纬度：___度___分___秒	经度：___度___分___秒 纬度：___度___分___秒
排放口高度	米	48		
除尘设施编号	—	49		
除尘工艺	—	50		
除尘效率	%	51		
除尘设施年运行时间	小时	52		
工业废气排放量	万立方米	53		
颗粒物产生量	吨	54		
颗粒物排放量	吨	55		
一般排放口及无组织	—	—	—	—
颗粒物产生量	吨	56		
颗粒物排放量	吨	57		

单位负责人：　　　统计负责人（审核人）：　　　填表人：　　　报出日期：20 年 月 日

说明：1. 本表由辖区内有熟料生产工序的水泥企业填报；

2. 尚未领取统一社会信用代码的填写原组织机构代码号；

3. 如需填报的熟料生产线数量超过2个，可自行复印表格填报；

4. 排放口的地理坐标中"秒"指标最多保留2位小数，产生量、排放量指标保留3位小数。

表 1-1-12 石化企业工艺加热炉废气治理与排放情况

统一社会信用代码：□□□□□□□□□□□□□□□□□□
（□□）

组织机构代码：□□□□□□□□（□□）

单位详细名称（盖章）： 2017 年

表　号：		G 103－8表	
制定机关：		国务院第二次全国污染源普查领导小组办公室	
批准机关：		国家统计局	
批准文号：		国统制〔2018〕103号	
有效期至：		2019 年 12 月 31 日	

指标名称	计量单位	代码	指标值	
			加热炉 1	加热炉 2
甲	乙	丙	1	2
一、基本信息	—	—	—	—
加热炉编号	—	01		
加热物料名称	—	02		
加热炉规模	兆瓦	03		
热效率	—	04		
炉膛平均温度	℃	05		
年生产时间	小时	06		
二、燃料消耗情况	—	—	—	—
燃料一类型	—	07		
燃料一消耗量	吨或万立方米	08		
燃料一低位发热量	千卡/千克或千卡/标准立方米	09		
燃料一平均收到基含硫量	% 或毫克/立方米	10		
燃料二类型	—	11		
燃料二消耗量	吨或万立方米	12		
燃料二低位发热量	千卡/千克或千卡/标准立方米	13		
燃料二平均收到基含硫量	% 或毫克/立方米	14		
三、治理设施及污染物产生排放情况	—	—	—	—
脱硫设施编号	—	15		
脱硫工艺	—	16		
脱硫效率	%	17		
脱硫设施年运行时间	小时	18		
脱硫剂名称	—	19		
脱硫剂使用量	吨	20		
是否采用低氮燃烧技术	—	21	□ 1是 2否	□ 1是 2否
除尘设施编号	—	22		
除尘工艺	—	23		
除尘效率	%	24		
除尘设施年运行时间	小时	25		
工业废气排放量	万立方米	26		
二氧化硫产生量	吨	27		
二氧化硫排放量	吨	28		
氮氧化物产生量	吨	29		
氮氧化物排放量	吨	30		
颗粒物产生量	吨	31		
颗粒物排放量	吨	32		
挥发性有机物产生量	千克	33		
挥发性有机物排放量	千克	34		

单位负责人：　　　　　统计负责人（审核人）：　　　　　填表人：　　　　　报出日期：20 年 月 日

说明：1. 本表由辖区内石化企业填报；

2. 尚未领取统一社会信用代码的填写原组织机构代码号；

3. 如需填报的工艺加热炉数量超过 2 个，可自行复印表格填报；

4. 产生量、排放量指标保留 3 位小数。

表 1-1-13 石化企业生产工艺废气治理与排放情况

统一社会信用代码：□□□□□□□□□□□□□□□□□□
（□□）

组织机构代码：□□□□□□□□□（□□）

单位详细名称（盖章）：　　2017 年

表　号：	G 103－9表		
制定机关：	国务院第二次全国污染源普查领导小组办公室		
批准机关：	国家统计局		
批准文号：	国统制〔2018〕103号		
有效期至：	2019年12月31日		

指标名称	计量单位	代码	指标值	
			装置1	装置2
甲	乙	丙	1	2
一、基本信息	—	—	—	—
装置名称	—	01		
装置编号	—	02		
生产能力	—	03		
生产能力的计量单位	—	04		
年生产时间	小时	05		
二、产品信息	—	—	—	—
产品名称	—	06		
产品产量	—	07		
产品产量的计量单位	—	08		
三、原料信息	—	—	—	—
原料名称	—	09		
原料用量	—	10		
原料用量的计量单位	—	11		
四、治理设施及污染物产生排放情况	—	—	—	—
脱硫设施编号	—	12		
脱硫工艺	—	13		
脱硫效率	%	14		
脱硫设施年运行时间	小时	15		
脱硫剂名称	—	16		
脱硫剂使用量	吨	17		
脱硝设施编号	—	18		
脱硝工艺	—	19		
脱硝效率	%	20		
脱硝设施年运行时间	小时	21		
脱硝剂名称	—	22		
脱硝剂使用量	吨	23		
除尘设施编号	—	24		
除尘工艺	—	25		
除尘效率	%	26		
除尘设施年运行时间	小时	27		
挥发性有机物处理设施编号	—	28		
挥发性有机物处理工艺	—	29		
挥发性有机物去除效率	%	30		
挥发性有机物处理设施年运行时间	小时	31		
工艺废气排放量	万立方米	32		
二氧化硫产生量	吨	33		
二氧化硫排放量	吨	34		
氮氧化物产生量	吨	35		

指标名称	计量单位	代码	指标值	
			装置1	装置2
甲	乙	丙	1	2
氮氧化物排放量	吨	36		
颗粒物产生量	吨	37		
颗粒物排放量	吨	38		
挥发性有机物产生量	千克	39		
挥发性有机物排放量	千克	40		
氨排放量	吨	41		
五、全厂动静密封点及循环水冷却塔情况	—	—	—	
全厂动静密封点个数	个	42		
全厂动静密封点挥发性有机物产生量	千克	43		
全厂动静密封点挥发性有机物排放量	千克	44		
敞开式循环水冷却塔年循环水量	立方米	45		
敞开式循环水冷却塔挥发性有机物产生量	千克	46		
敞开式循环水冷却塔挥发性有机物排放量	千克	47		

单位负责人：　　　　　统计负责人（审核人）：　　填表人：　　报出日期：20 年 月 日

说明：1. 本表由辖区内石化企业填报；

2. 尚未领取统一社会信用代码的填写原组织机构代码号；

3. 如需填报的产品/原料数量超过2个，可自行复印表格填报；

4. 产生量、排放量指标保留3位小数。

表 1-1-14 工业企业有机液体储罐、装载信息

			表 号：		G 103 - 1 0表
统一社会信用代码：□□□□□□□□□□□□□□□□□□（□□）			制定机关：		国务院第二次全国污染源普查领导小组办公室
组织机构代码：□□□□□□□□□（□□）			批准机关：		国家统计局
单位详细名称（盖章）： 2017 年			批准文号：		国统制〔2018〕103 号
			有效期至：		2019 年 12 月 31 日

指标名称	计量单位	代码	指标值	
			物料 1	物料 2
甲	乙	丙	1	2
一、基本信息	—	—	—	—
物料名称	—	01		
物料代码		02		
二、储罐信息	—	—	—	—
储罐类型	—	03	□	□
储罐容积	立方米	04		
储存温度	℃	05		
相同类型、容积、温度的储罐个数	个	06		
物料年周转量	吨	07		
挥发性有机物处理工艺	—	08		
三、装载信息	—	—	—	—
年装载量	吨/年	09		
其中：汽车/火车装载量	吨/年	10		
汽车/火车装载方式	—	11	□	□
船舶装载量	吨/年	12		
船舶装载方式	—	13	□	□
挥发性有机物处理工艺	—	14		
四、污染物产生排放情况	—	—	—	—
挥发性有机物产生量	千克	15		
挥发性有机物排放量	千克	16		

单位负责人： 统计负责人（审核人）： 填表人： 报出日期：20 年 月 日

说明：1. 本表由辖区内有有机液体储罐的工业企业填报，指标解释中所列行业工业企业必填；

2. 尚未领取统一社会信用代码的填写原组织机构代码号；

3. 相同储罐类型、相同容积的储罐合并填报储罐个数，同一储罐不同时间储存不同物料的可分别计数；

4. 如需填报的物料类型数量超过 2 个，可自行复印表格填报；

5. 储罐容积达到 20 立方米以上的填报储罐信息 03-08；

6. 产生量、排放量保留 3 位小数；

7. 审核关系：09=10+12。

表 1-1-15 工业企业含挥发性有机物原辅材料使用信息

	表 号：	G 103－11 表	
统一社会信用代码：□□□□□□□□□□□□□□□□□□ （□□） 组织机构代码：□□□□□□□□（□□）	制定机关：	国务院第二次全国污染源普查 领导小组办公室	
单位详细名称（盖章）：　　　　　　2017 年	批准机关：	国家统计局	
	批准文号：	国统制〔2018〕103 号	
	有效期至：	2019 年 12 月 31 日	

指标名称	计量单位	代码	指标值	
			原辅材料名称 1	原辅材料名称 2
甲	乙	丙	1	2
含挥发性有机物的原辅材料类别	—	01	□	□
含挥发性有机物的原辅材料名称	—	02		
含挥发性有机物的原辅材料代码	—	03		
含挥发性有机物的原辅材料品牌	—	04		
含挥发性有机物的原辅材料品牌代码	—	05		
含挥发性有机物的原辅材料使用量	吨	06		
挥发性有机物处理工艺	—	07		
挥发性有机物收集方式	—	08	□	□
挥发性有机物产生量	千克	09		
挥发性有机物排放量	千克	10		

单位负责人：　　　　　统计负责人（审核人）：　　　　　填表人：　　　　　报出日期：20 年 月 日

说明：1. 本表由辖区内使用含挥发性有机物原辅材料的工业企业填报，其中涉及含挥发性有机物的原辅材料年使用总量在 1 吨以上的主要行业工业企业必填，主要行业见指标解释；

2. 尚未领取统一社会信用代码的填写原组织机构代码号；

3. 如需填报的含挥发性有机物的原辅材料超过 2 个，可自行复印表格填报，相同含挥发性有机物的原辅材料不同品牌分列填报；

4. 产生量、排放量保留 3 位小数。

表 1-1-16 工业企业固体物料堆存信息

			表　号：	G 103 - 12 表
统一社会信用代码：□□□□□□□□□□□□□□□□□□（□□）			制定机关：	国务院第二次全国污染源普查领导小组办公室
组织机构代码：□□□□□□□□□（□□）			批准机关：	国家统计局
单位详细名称（盖章）：　　　　　　　　2017 年			批准文号：	国统制〔2018〕103 号
			有效期至：	2019 年 12 月 31 日

指标名称	计量单位	代码	指标值	
			堆场 1	堆场 2
甲	乙	丙	1	2
一、基本信息	—	—	—	—
堆场编号	—	01		
堆场名称	—	02		
堆场类型	—	03	□	□
堆存物料	—	04	□□	□□
堆存物料类型	—	05	□	□
占地面积	平方米	06		
最高高度	米	07		
日均储存量	吨	08		
物料最终去向	—	09	□	□
二、运载信息	—	—	—	—
年物料运载车次	车	10		
单车平均运载量	吨／车	11		
三、控制设施及污染物产生排放情况	—	—	—	—
粉尘控制措施	—	12	□	□
粉尘产生量	吨	13		
粉尘排放量	吨	14		
挥发性有机物产生量	千克	15		
挥发性有机物排放量	千克	16		

单位负责人：　　　　　统计负责人（审核人）：　　　　　填表人：　　　报出日期：20 年 月 日

说明：1. 本表由辖区内有固体物料堆存的工业企业填报；

2. 尚未领取统一社会信用代码的填写原组织机构代码号；

3. 如需填报的堆场数量超过 2 个，可自行复印表格填报；

4. 产生量、排放量保留 3 位小数。

表 1–1–17 工业企业其他废气治理与排放情况

统一社会信用代码：□□□□□□□□□□□□□□□□□□
（□□）

组织机构代码：□□□□□□□□□（□□）

单位详细名称（盖章）： 2017 年

表 号：	G 103 – 13 表		
制定机关：	国务院第二次全国污染源普查领导小组办公室		
批准机关：	国家统计局		
批准文号：	国统制〔2018〕103 号		
有效期至：	2019 年 12 月 31 日		

指标名称	计量单位	代码	指标值
甲	乙	丙	1
一、产品／原料信息	—	—	—
产品一名称	—	01	
产品一产量		02	
产品二名称	—	03	
产品二产量		04	
产品三名称	—	05	
产品三产量		06	
原料一名称	—	07	
原料一用量		08	
原料二名称	—	09	
原料二用量		10	
原料三名称	—	11	
原料三用量		12	
二、厂内移动源信息	—	—	—
挖掘机保有量	台	13	
推土机保有量	台	14	
装载机保有量	台	15	
柴油叉车保有量	台	16	
其他柴油机械保有量	台	17	
柴油消耗量	吨	18	
三、治理设施及污染物产生排放情况	—	—	—
脱硫设施数	套	19	
脱硝设施数	套	20	
除尘设施数	套	21	
挥发性有机物处理设施数	套	22	
氨治理设施数	套	23	
工业废气排放量	万立方米	24	
二氧化硫产生量	吨	25	
二氧化硫排放量	吨	26	
氮氧化物产生量	吨	27	
氮氧化物排放量	吨	28	
颗粒物产生量	吨	29	
颗粒物排放量	吨	30	
挥发性有机物产生量	千克	31	
挥发性有机物排放量	千克	32	
氨产生量	吨	33	
氨排放量	吨	34	
废气砷产生量	千克	35	
废气砷排放量	千克	36	

446

指标名称	计量单位	代码	指标值
甲	乙	丙	1
废气铅产生量	千克	37	
废气铅排放量	千克	38	
废气镉产生量	千克	39	
废气镉排放量	千克	40	
废气铬产生量	千克	41	
废气铬排放量	千克	42	
废气汞产生量	千克	43	
废气汞排放量	千克	44	

单位负责人：　　　统计负责人（审核人）：　　填表人：　　报出日期：20　年　月　日

说明：1. 本表由辖区内有废气污染物产生与排放的工业企业填报；

2. 尚未领取统一社会信用代码的填写原组织机构代码号；

3. 普查对象若填报 G103-1 至 G103-12 中的一张或多张表后，仍有未包含的废气排放环节，须将未包含的废气情况填报在本表；或普查对象无 G103-1 至 G103-12 所涉及的排污环节、但有废气排放的，须填报本表；

4. 指标 02、04、06、08、10、12 的计量单位按照附录（四）工业行业污染核算用主要产品、原料、生产工艺分类目录填报；

5. 厂内移动源仅填报厂内自用，未在交管部门登记的机动车和机械；

6. 产生量、排放量保留 3 位小数。

表 1-1-18 工业企业一般工业固体废物产生与处理利用信息

统一社会信用代码：□□□□□□□□□□□□□□□□□□
（□□）

组织机构代码：□□□□□□□□（□□）

单位详细名称（盖章）： 2017 年

			表　号：	G 104 - 1 表
			制定机关：	国务院第二次全国污染源普查领导小组办公室
			批准机关：	国家统计局
			批准文号：	国统制〔2018〕103 号
			有效期至：	2019 年 12 月 31 日

指标名称	计量单位	代码	指标值	
			固体废物 1	固体废物 2
甲	乙	丙	1	2
一般工业固体废物名称	—	01		
一般工业固体废物代码	—	02		
一般工业固体废物产生量	吨	03		
一般工业固体废物综合利用量	吨	04		
其中：自行综合利用量	吨	05		
其中：综合利用往年贮存量	吨	06		
一般工业固体废物处置量	吨	07		
其中：自行处置量	吨	08		
其中：处置往年贮存量	吨	09		
一般工业固体废物贮存量	吨	10		
一般工业固体废物倾倒丢弃量	吨	11		
一般工业固体废物贮存处置场情况				
一般工业固体废物贮存处置场类型	—	12	□ 1 灰场 2 渣场 3 矸石场 4 尾矿库 5 其他	
贮存处置场详细地址	—	13	＿＿＿＿＿＿县（区、市、旗）＿＿＿＿＿＿乡（镇）＿＿＿＿街（村）、门牌号	
贮存处置场地理坐标	—	14	经度：＿＿度＿＿分＿＿秒 纬度：＿＿度＿＿分＿＿秒	
处置场设计容量	立方米	15		
处置场已填容量	立方米	16		
处置场设计处置能力	吨/年	17		
尾矿库环境风险等级（仅尾矿库填报）	—	18		
尾矿库环境风险等级划定年份	—	19	□□□□年	
一般工业固体废物综合利用设施情况				
综合利用方式	—	20	□ 1 金属材料回收 2 非金属材料回收 3 能量回收 4 其他方式	
综合利用能力	吨	21		
本年实际综合利用量	吨	22		

单位负责人：　　　　统计负责人（审核人）：　　　　填表人：　　　　报出日期：20 年 月 日

说明：1. 本表由辖区内有一般工业固体废物产生的工业企业填报；

2. 尚未领取统一社会信用代码的填写原组织机构代码号；

3. 如需填报的固体废物种类数量超过 2 个，一般工业固体废物贮存处置场超过 1 个，可自行复印表格填报；

4. 一般工业固体废物名称及代码：SW01.冶炼废渣，SW02.粉煤灰，SW03.炉渣，SW04.煤矸石，SW05.尾矿，SW06.脱硫石膏，SW07.污泥，SW09.赤泥，SW10.磷石膏，SW99.其他废物；

5. 若一般工业固体废物贮存处置场类型为 4.尾矿库，需要填报 18、19 两项指标；

6. 审核关系：03=04-06+07-09+10+11，15 ≥ 16。

表 1-1-19 工业企业危险废物产生与处理利用信息

统一社会信用代码：□□□□□□□□□□□□□□□□□□
（□□）
组织机构代码：□□□□□□□□□（□□）

单位详细名称（盖章）：　　　　　　　2017 年

表　号：	G104-2表
制定机关：	国务院第二次全国污染源普查领导小组办公室
批准机关：	国家统计局
批准文号：	国统制〔2018〕103号
有效期至：	2019 年 12 月 31 日

指标名称	计量单位	代码	指标值	
			危险废物 1	危险废物 2
甲	乙	丙	1	2
危险废物名称	—	01		
危险废物代码	—	02		
上年末本单位实际贮存量	吨	03		
危险废物产生量	吨	04		
送持证单位量	吨	05		
接收外来危险废物量	吨	06		
自行综合利用量	吨	07		
自行处置量	吨	08		
本年末本单位实际贮存量	吨	09		
综合利用处置往年贮存量	吨	10		
危险废物倾倒丢弃量	吨	11		
危险废物自行填埋处置情况				
填埋场详细地址	—	12	_____县（区、市、旗）_____乡（镇）_____街（村）、门牌号	
填埋场地理坐标	—	13	经度：___度___分___秒　纬度：___度___分___秒	
设计容量	立方米	14		
已填容量	立方米	15		
设计处置能力	吨/年	16		
本年实际填埋处置量	吨	17		
危险废物自行焚烧处置情况				
焚烧装置的具体位置		18	_____县（区、市、旗）_____乡（镇）_____街（村）、门牌号	
焚烧装置的地理坐标	—	19	经度：___度___分___秒　纬度：___度___分___秒	
设施数量	台	20		
设计焚烧处置能力	吨/年	21		
本年实际焚烧处置量	吨	22		
危险废物综合利用/处置情况（自行填埋、焚烧处置的除外）				
危险废物自行综合利用/处置方式	—	23		
危险废物自行综合利用/处置能力	吨/年	24		
本年实际综合利用/处置量	吨	25		

单位负责人：　　　　统计负责人（审核人）：　　　　填表人：　　　　报出日期：20 年 月 日

说明：1. 本表由辖区内有危险废物产生的工业企业填报；

2. 尚未领取统一社会信用代码的填写原组织机构代码号；

3. 如需填报的危险废物种类数量超过 2 个，可自行复印表格填报；

4. 审核关系：03+04-05+06=07+08+09+11，07+08=17+22+25，14 ≥ 15。

表 1-1-20 工业企业突发环境事件风险信息

			表 号：	G 105 表
统一社会信用代码：			制定机关：	国务院第二次全国污染源普查
□□□□□□□□□□□□□□□□□□（□□）				领导小组办公室
组织机构代码：□□□□□□□□□（□□）			批准机关：	国家统计局
			批准文号：	国统制〔2018〕103 号
单位详细名称（盖章）：		2017 年	有效期至：	2019 年 12 月 31 日

指标名称	计量单位	代码	指标值	
甲	乙	丙	风险物质 1	风险物质 2
一、突发环境事件风险物质信息	—	—	—	—
风险物质名称	—	01		
CAS 号	—	02		
活动类型	—	03		
存在量	吨	04		
二、突发环境事件风险生产工艺信息	—	—	风险工艺/设备类型 1	风险工艺/设备类型 2
工艺类型名称	—	05		
套数	套	06		
三、环境风险防控措施信息	—	—	—	—
毒性气体泄漏监控预警措施	—	07	□ 1 不涉及有毒有害气体的 2 具备有毒有害气体厂界泄漏监控预警系统 3 不具备有毒有害气体厂界泄漏监控预警系统	
截流措施情况	—	08	□ 1 满足：（1）环境风险单元设防渗漏、防腐蚀、防淋溶、防流失措施；且（2）装置围堰与罐区防火堤（围堰）外设排水切换阀，正常情况下通向雨水系统的阀门关闭，通向事故存液池、应急事故水池、清净废水排放缓冲池或污水处理系统的阀门打开；且（3）前述措施日常管理及维护良好，有专人负责阀门切换或设置自动切换设施，保证初期雨水、泄漏物和受污染的消防水排入污水系统 2 有任意一个环境风险单元的截流措施不符合上述任意一条要求的	
事故废水收集措施	—	09	□ 1 按相关设计规范设置应急事故水池、事故存液池或清净废水排放缓冲池等事故排水收集设施，并根据相关设计规范、下游环境风险受体敏感程度和易发生极端天气情况，设计事故排水收集设施的容量；且确保事故排水收集设施在事故状态下能顺利收集泄漏物和消防水，日常保持足够的事故排水缓冲容量；且通过协议单位或自建管线，能将所收集废水送至厂区内污水处理设施处理 2 有任意一个环境风险单元的事故排水收集措施不符合上述任意一条要求	
清净废水系统风险防控措施	—	10	□ 1 满足：（1）不涉及清净废水；或（2）厂区内清净废水均可排入废水处理系统；或清污分流，且清净废水系统具有下述所有措施：①具有收集受污染的清净废水的缓冲池（或收集池），池内日常保持足够的事故排水缓冲容量；池内设有提升设施或通过自流，能将所收集物送至厂区内污水处理设施处理；且②具有清净废水系统的总排口监视及关闭设施，有专人负责在紧急情况下关闭清净废水总排口，防止受污染的清净废水和泄漏物进入外环境 2 涉及清净废水，有任意一个环境风险单元的清净废水系统风险防控措施不符合上述（2）要求的	

指标名称	计量单位	代码	指标值
雨水排水系统风险防控措施	—	11	□ 1（1）厂区内雨水均进入废水处理系统；或雨污分流，且雨水排水系统具有下述所有措施：①具有收集初期雨水的收集池或雨水监控池；池出水管上设置切断阀，正常情况下阀门关闭，防止受污染的雨水外排；池内设有提升设施或通过自流，能将所收集物送至厂区内污水处理设施处理；②具有雨水系统总排口（含泄洪渠）监视及关闭设施，在紧急情况下有专人负责关闭雨水系统总排口（含与清净废水共用一套排水系统情况），防止雨水、消防水和泄漏物进入外环境；（2）如果有排洪沟，排洪沟不得通过生产区和罐区，或具有防止泄漏物和受污染的消防水等流入区域排洪沟的措施 2 不符合上述要求的
生产废水处理系统风险防控措施	—	12	□ 1 满足：（1）无生产废水产生或外排；或（2）有废水外排时：①受污染的循环冷却水、雨水、消防水等排入生产废水系统或独立处理系统；②生产废水排放前设监控池，能够将不合格废水送废水处理设施处理；③如企业受污染的清净废水或雨水进入废水处理系统处理，则废水处理系统应设置事故水缓冲设施；④具有生产废水总排口监视及关闭设施，有专人负责启闭，确保泄漏物、受污染的消防水、不合格废水不排出厂外 2 涉及废水外排，且不符合上述（2）中任意一条要求的
依法获取污水排入排水管网许可	—	13	□ 1 是　　　2 否
厂内危险废物环境管理	—	14	□ 1 不涉及危险废物 2 不具备完善危险废物管理措施
四、突发环境事件应急预案编制信息	—	—	—
是否编制突发环境事件应急预案	—	15	□ 1 是　　　2 否
是否进行突发环境事件应急预案备案	—	16	□ 1 是　　　2 否
突发环境事件应急预案备案编号	—	17	
企业环境风险等级	—	18	
企业环境风险等级划定年份	—	19	□□□□年

单位负责人：　　　统计负责人（审核人）：　　　填表人：　　　报出日期：20　年　月　日

说明：1. 本表由辖区内生产或使用环境风险物质的工业企业填报；

2. 尚未领取统一社会信用代码的填写原组织机构代码号；

3. 涉及《企业突发环境事件风险分级方法》（HJ 941–2018）附录 A 中物质和以及该分级方法表 1 中风险工艺 / 设备的工业企业填报，详见指标解释；

4. 如需填报的风险物质种类、风险工艺 / 设备类型数量超过 2 个，可自行复印表格填报。

表 1-1-21 工业企业污染物产排污系数核算信息

统一社会信用代码：

□□□□□□□□□□□□□□□□□□（□□）

组织机构代码：□□□□□□□□□（□□）

单位详细名称（盖章）： 2017 年

表　号：	G 106 - 1表
制定机关：	国务院第二次全国污染源普查领导小组办公室
批准机关：	国家统计局
批准文号：	国统制〔2018〕103 号
有效期至：	2019 年 12 月 31 日

指标名称	代码	核算环节1	核算环节2	核算环节3	……
甲	乙	1	2	3	……
对应的普查表号	01				
对应的排放口名称 / 编号	02				
核算环节名称	03				
原料名称	04				
产品名称	05				
工艺名称	06				
生产规模等级	07				
生产规模的计量单位	08				
产品产量	09				
产品产量的计量单位	10				
原料 / 燃料用量	11				
原料 / 燃料用量的计量单位	12				
污染物名称	13				
污染物产污系数及计量单位	14				
污染物产污系数中参数取值	15				
污染物产生量及计量单位	16				
污染物处理工艺名称	17				
污染物去除效率 / 排污系数及计量单位	18				
污染治理设施实际运行参数一名称	19				
污染治理设施实际运行参数一数值	20				
污染治理设施实际运行参数一计量单位	21				
污染治理设施实际运行参数二名称	22				
污染治理设施实际运行参数二数值	23				
污染治理设施实际运行参数二计量单位	24				
污染治理设施实际运行参数三名称	25				
污染治理设施实际运行参数三数值	26				
污染治理设施实际运行参数三计量单位	27				
污染物排放量	28				
污染物排放量计量单位	29				
排污许可证执行报告排放量	30				

单位负责人：　　　　统计负责人（审核人）：　　　　填表人：　　　　报出日期：20 年 月 日

说明：1. 本表由采用产排污系数法核算污染物产生量和排放量的工业企业填报；仅限采用产排污系数法核算的污染物指标填报此表；

2. 填报的核算环节超过4个或污染物种类超过1种的，可自行复印表格填报。4. 如需填报的风险物质种类、风险工艺 / 设备类型数量超过2个，可自行复印表格填报。

表 1-1-22 工业企业废水监测数据

<table>
<tr><td colspan="2">统一社会信用代码：</td><td>表　号：</td><td>Ｇ１０６－２表</td></tr>
<tr><td colspan="2">□□□□□□□□□□□□□□□□□□（□□）</td><td rowspan="2">制定机关：</td><td>国务院第二次全国污染源普查</td></tr>
<tr><td colspan="2">组织机构代码：□□□□□□□□□（□□）</td><td>领导小组办公室</td></tr>
<tr><td colspan="2" rowspan="2">单位详细名称（盖章）：　　　　2017 年</td><td>批准机关：</td><td>国家统计局</td></tr>
<tr><td>批准文号：</td><td>国统制〔2018〕103 号</td></tr>
<tr><td colspan="2"></td><td>有效期至：</td><td>2019 年 12 月 31 日</td></tr>
</table>

指标名称	计量单位	代码	指标值	监测方式
甲	乙	丙	1	2
对应的普查表号	—	01		—
对应的排放口名称/编号	—	02		—
进口水量	立方米	03		—
出口水量	立方米	04		—
经总排放口排放的水量	立方米	05		—
化学需氧量进口浓度	毫克/升	06		□
化学需氧量出口浓度	毫克/升	07		□
氨氮进口浓度	毫克/升	08		□
氨氮出口浓度	毫克/升	09		□
总氮进口浓度	毫克/升	10		□
总氮出口浓度	毫克/升	11		□
总磷进口浓度	毫克/升	12		□
总磷出口浓度	毫克/升	13		□
石油类进口浓度	毫克/升	14		□
石油类出口浓度	毫克/升	15		□
挥发酚进口浓度	毫克/升	16		□
挥发酚出口浓度	毫克/升	17		□
氰化物进口浓度	毫克/升	18		□
氰化物出口浓度	毫克/升	19		□
总砷进口浓度	毫克/升	20		□
总砷出口浓度	毫克/升	21		□
总铅进口浓度	毫克/升	22		□
总铅出口浓度	毫克/升	23		□
总镉进口浓度	毫克/升	24		□
总镉出口浓度	毫克/升	25		□
总铬进口浓度	毫克/升	26		□
总铬出口浓度	毫克/升	27		□
六价铬进口浓度	毫克/升	28		□
六价铬出口浓度	毫克/升	29		□
总汞进口浓度	毫克/升	30		□
总汞出口浓度	毫克/升	31		□

单位负责人：　　　　统计负责人（审核人）：　　　　填表人：　　　　报出日期：20 年 月 日

说明：1. 有符合核算污染物产生量和排放量监测数据的企业填报本表，每个排放口监测点位填报 1 张表；如需填报
　　　　的排放口监测点位数量超过 1 个，可自行复印表格填报；

　　　2. 尚未领取统一社会信用代码的填写原组织机构代码号；

　　　3. 污染物浓度按年平均浓度填报，并按监测方法对应的有效数字填报；

　　　4. 监测方式：指获取监测数据的监测活动方式。按 1. 在线监测，2. 企业自测（手工），3. 委托监测，4. 监督
　　　　监测，将代码填入表格内；

　　　5. 监测结果为未检出的填"0"。

表 1-1-23 工业企业废气监测数据

			表　号：	G 106－3 表
统一社会信用代码：□□□□□□□□□□□□□□□□□□ （□□） 组织机构代码：□□□□□□□□（□□）			制定机关：	国务院第二次全国污染源普查 领导小组办公室
单位详细名称（盖章）：　　　　2017 年			批准机关：	国家统计局
			批准文号：	国统制〔2018〕103 号
			有效期至：	2019 年 12 月 31 日

指标名称	计量单位	代码	指标值
甲	乙	丙	1
对应的普查表号	—	01	
对应的排放口名称/编号	—	02	
平均流量	立方米/小时	03	
年排放时间	小时	04	
二氧化硫进口浓度	毫克/立方米	05	
二氧化硫出口浓度	毫克/立方米	06	
氮氧化物进口浓度	毫克/立方米	07	
氮氧化物出口浓度	毫克/立方米	08	
颗粒物进口浓度	毫克/立方米	09	
颗粒物出口浓度	毫克/立方米	10	
挥发性有机物进口浓度	毫克/立方米	11	
挥发性有机物出口浓度	毫克/立方米	12	
氨进口浓度	毫克/立方米	13	
氨出口浓度	毫克/立方米	14	
砷及其化合物进口浓度	毫克/立方米	15	
砷及其化合物出口浓度	毫克/立方米	16	
铅及其化合物进口浓度	毫克/立方米	17	
铅及其化合物出口浓度	毫克/立方米	18	
镉及其化合物进口浓度	毫克/立方米	19	
镉及其化合物出口浓度	毫克/立方米	20	
铬及其化合物进口浓度	毫克/立方米	21	
铬及其化合物出口浓度	毫克/立方米	22	
汞及其化合物进口浓度	毫克/立方米	23	
汞及其化合物出口浓度	毫克/立方米	24	

单位负责人：　　　　统计负责人（审核人）：　　　　填表人：　　　　报出日期：20 年 月 日

说明：1. 仅限有自动监测数据的企业填报本表，每个排放口监测点位填报 1 张表；如需填报的排放口监测点位数量超过 1 个，可自行复印表格填报；

　　　2. 尚未领取统一社会信用代码的填写原组织机构代码号；

　　　3. 污染物浓度按年平均浓度填报，并按监测方法对应的有效数字填报；

　　　4. 挥发性有机物可用非甲烷总烃等可以表征挥发性有机物的监测指标代替；

　　　5. 监测结果为未检出的填"0"。

表 1-1-24 伴生放射性矿产企业含放射性固体物料及废物情况

统一社会信用代码：□□□□□□□□□□□□□□□□□□
（□□）
组织机构代码：□□□□□□□□□（□□）
填报单位详细名称（盖章）：

曾用名：　　　　　2017 年

表 号：	G 1 0 7 表		
制定机关：	国务院第二次全国污染源普查领导小组办公室		
批准机关：	国家统计局		
批准文号：	国统制〔2018〕103 号		
有效期至：	2019 年 12 月 31 日		

指标名称	计量单位	代码	指标值	
甲	乙	丙	1	2
企业运行状态	—	01	□ 1 运行 2 停产 3 关闭	—
含放射性固体物料	—	—	—	—
原矿	—	—	原矿 1	原矿 2
原矿名称 / 代码	—	02		
原矿产生量	吨	03		
精矿	—	—	精矿 1	精矿 2
精矿名称 / 代码	—	04		
精矿产生量	吨	05		
含放射性固体废物			—	—
固体废物名称 / 代码	—	06		
固体废物产生量	吨	07		
固体废物综合利用量	吨	08		
其中：内部综合利用量	吨	09		
送外部综合利用量	吨	10		
接收外来固体废物综合利用量	吨	11		
固体废物处理处置方式名称 / 代码	—	12		
固体废物处理处置量	吨	13		
其中：固体废物内部处理处置量	吨	14		
固体废物送外部处理处置量	吨	15		
接收外来固体废物处理处置量	吨	16		
固体废物累计贮存量	吨	17		

单位负责人：　　　　统计负责人（审核人）：　　　　填表人：　　　　报出日期：20 年 月 日

说明：1. 本表由达到伴生放射性矿普查详查标准的企业填报；

2. 尚未领取统一社会信用代码的填写原组织机构代码号；

3. 涉及的含放射性固体物料、固体废物种类超过 2 种，可自行复印表格填报。

表 1-1-25 园区环境管理信息

	表　号：		Ｇ１０８表
	制定机关：		国务院第二次全国污染源普查领导小组办公室
2017 年	批准机关：		国家统计局
	批准文号：		国统制〔2018〕103 号
	有效期至：		2019 年 12 月 31 日

01. 园区名称	
02. 园区代码	
03. 区划代码	□□□□□□
04. 详细地址	＿＿＿＿＿＿＿＿＿＿ 省（自治区、直辖市） ＿＿＿＿＿＿＿＿＿＿ 地（区、市、州、盟） ＿＿＿＿＿＿＿＿＿ 县（区、市、旗） ＿＿＿＿＿＿＿＿＿＿ 乡（镇）
05. 联系方式	联系人：　　　　　　　　电话号码：
06. 园区边界拐点坐标	拐点 1：经度：＿＿＿度＿＿＿分＿＿＿秒　纬度：＿＿＿度 ＿＿＿分＿＿＿秒 拐点 2：经度：＿＿＿度＿＿＿分＿＿＿秒　纬度：＿＿＿度 ＿＿＿分＿＿＿秒 …… 拐点 N：经度：＿＿＿度＿＿＿分＿＿＿秒　纬度：＿＿＿度 ＿＿＿分＿＿＿秒
07. 园区级别	□　　1 国家级　　　2 省级
08. 园区类型	行业类：化工□　纺织印染□　电镀工业□　冶金工业□　制药□　　制革□　　其他□ 综合类：经济技术开发区□　高新技术产业开发区□　海关特殊监管区□ 边境／跨境经济合作区□　　　　　其他类型开发区□
09. 批准面积	＿＿＿＿＿＿＿＿＿ 公顷
10. 批准部门	
11. 批准时间	□□□□年□□月
12. 企业数量	注册工业企业数量：＿＿＿＿＿＿＿＿ 家　园区内实际生产的企业数量： ＿＿＿＿＿＿＿＿ 家
13. 主导行业及占比	行业名称：　　　代码□□□　产值占比： 行业名称：　　　代码□□□　产值占比： 行业名称：　　　代码□□□　产值占比：
14. 是否清污分流	□　　1 是（选择"是"填第 15 项、第 16 项）　2 否（选择"否"只填第 16 项）
15. 清水系统排水去向	排水去向类型： 受纳水体名称：　　　　　受纳水体代码：
16. 污水系统排水去向	排水去向类型： 受纳水体名称：　　　　　受纳水体代码：
17. 有无集中生活污水处理厂	□　　1 有（选择"有"则须填 18 项）　　　2 无
18. 集中式生活污水处理厂	名称： 统一社会信用代码：□□□□□□□□□□□□□□□□□□（□□） 尚未领取统一社会信用代码的填写原组织机构代码号：□□□□□□□□ （□□）
19. 有无集中工业污水处理厂	□　　1 有（选择"有"则须填 20 项）　　　2 无

20. 集中工业污水处理厂	名称： 统一社会信用代码：□□□□□□□□□□□□□□□□□□（□□） 尚未领取统一社会信用代码的填写原组织机构代码号： □□□□□□□□□（□□） 接入的工业企业数量：＿＿＿＿＿＿＿家
21. 有无集中危险废物处置厂	□　　1 有（选择"有"则须填第 22 项）　　2 无
22. 集中危险废物处置厂	名称： 统一社会信用代码：□□□□□□□□□□□□□□□□□□（□□） 尚未领取统一社会信用代码的填写原组织机构代码号： □□□□□□□□□（□□）
23. 有无集中供热设施	□　　1 有（选择"有"则须填第 24 项）　　2 无
24. 集中供热单位	名称： 统一社会信用代码：□□□□□□□□□□□□□□□□□□（□□） 尚未领取统一社会信用代码的填写原组织机构代码号： □□□□□□□□□（□□） 使用集中供热的企业数量：＿＿＿＿＿＿＿家
25. 园区环境管理机构名称	
26. 一企一档建设	□　　1 有　　　　　　　2 无
27. 大气环境自动监测站点（可多选）	有□　监测项目：二氧化硫□ 氮氧化物□ 颗粒物□ 其他□　数量：　是否联网 是□ 否□ 无□　手工监测频次： 监测项目：二氧化硫□ 氮氧化物□ 颗粒物□ 其他□
28. 水环境自动监测站点（可多选）	有□　监测项目：化学需氧量□ 氨氮□ 总磷□ 石油类□ 其他□　数量：　是否联网 是□ 否□ 无□　手工监测频次： 监测项目：化学需氧量□ 氨氮□ 总磷□ 石油类□ 其他□
29. 编制园区应急预案	□　　1 有　　　　　　　2 无
30. 污染源信息公开平台	□　　1 有　　　　　　　2 无

单位负责人：　　　　统计负责人（审核人）：　　　　填表人：　　　　报出日期：20　年　月　日

说明：1. 本表由园区管理部门填报；

2. 园区涉及两个及以上县（市、区）时，填写开发区所在的地级市的区划代码和详细地址；

3. 按《国民经济行业分类》（GB/T 4754-2017）分类填写主导行业的中类名称和代码，中类行业代码为 3 位数字；

4. 填报单位需另附注册登记在园区内的全部工业企业清单，清单内容包括企业名称、统一社会信用代码或组织机构代码、生产地点是否位于园区内等信息。

表 1-1-26 规模畜禽养殖场基本情况

<table>
<tr><td rowspan="6">2017 年</td><td>表　　号：</td><td>Ｎ１０１－１表</td></tr>
<tr><td>制定机关：</td><td>国务院第二次全国污染源普查</td></tr>
<tr><td></td><td>领导小组办公室</td></tr>
<tr><td>批准机关：</td><td>国家统计局</td></tr>
<tr><td>批准文号：</td><td>国统制〔2018〕103 号</td></tr>
<tr><td>有效期至：</td><td>2019 年 12 月 31 日</td></tr>
</table>

<table>
<tr><td>01. 统一社会信用代码</td><td>□□□□□□□□□□□□□□□□□□（□□）
尚未领取统一社会信用代码的填写原组织机构代码号：□□□□□□□□（□□）</td></tr>
<tr><td>02. 养殖场名称及曾用名</td><td>养殖场名称：
曾用名：</td></tr>
<tr><td>03. 法定代表人</td><td></td></tr>
<tr><td>04. 区划代码</td><td>□□□□□□□□□□□□</td></tr>
<tr><td>05. 详细地址</td><td>_____省（自治区、直辖市）_____
地（区、市、州、盟）_____县（区、市、旗）
乡（镇）_____
_____街（村）、门牌号</td></tr>
<tr><td>06. 企业地理坐标</td><td>经度：_____度_____分_____秒　纬度：_____度
_____分_____秒</td></tr>
<tr><td>07. 联系方式</td><td>联系人：　　　　　电话号码：</td></tr>
<tr><td>08. 养殖种类</td><td>□□□□□　1生猪　2奶牛　3肉牛　4蛋鸡　5肉鸡　（可多选）</td></tr>
<tr><td>09. 圈舍清粪方式</td><td>□　1人工干清粪　2机械干清粪　3垫草垫料　4高床养殖　5水冲粪　6水泡粪</td></tr>
<tr><td>10. 圈舍通风方式</td><td>□　1封闭式　2开放式</td></tr>
<tr><td>11. 原水存储设施</td><td>设施类型□　1土坑　2砖池　3水泥池　4贴膜防渗池
池口方式□　1封闭式　2开放式　如为开放式，池口面积：　　　平方米
容积：　　立方米</td></tr>
<tr><td>12. 尿液废水处理工艺</td><td>□□□□□□□□□□
1固液分离　2肥水贮存　3厌氧发酵　4好氧处理　5液体有机肥生产　6氧化塘处理
7人工湿地　8膜处理　9无处理　10其他(请注明)（可多选，按工艺流程填序号）</td></tr>
<tr><td>13. 尿液废水处理设施</td><td>□□□□□□□□□
1固液分离机　2沼液贮存池　3厌氧发酵池/罐　4好氧池/曝气池　5场内液肥生产线
6氧化塘　7多级沉淀池　8膜处理装置　9其他（请注明）　（可多选）</td></tr>
<tr><td>14. 尿液废水处理利用方式及比例</td><td>□□□□□□□□□□
1肥水利用　%　2沼液还田　%　3场内生产液体有机肥　%
4异位发酵床　%　5鱼塘养殖　%　6场区循环利用　%　7委托处理　%
8达标排放　%　9直接排放　%　10其他（请注明）　（可多选）</td></tr>
<tr><td>15. 粪便存储设施</td><td>是否防雨□　1.是　2.否　是否防渗□　1.是　2.否　容积：　　立方米</td></tr>
<tr><td>16. 粪便处理工艺</td><td>□□□□□□
1堆肥发酵　2有机肥生产　3生产沼气　4生产垫料　5生产基质　6其他（请注明）</td></tr>
<tr><td>17. 粪便处理利用方式及比例</td><td>□□□□□□□□□□
1农家肥　%　　2场内生产有机肥　%　3沼渣还田　%　4生产牛床垫料　%
5作为栽培基质　%　6作为燃料　%　　7鱼塘养殖　%　8委托处理　%　9
场外丢弃　%　　10其他（请注明）　（可多选）</td></tr>
<tr><td>18. 污水排放受纳水体</td><td>受纳水体名称：
受纳水体代码：　　　　（如无废水外排，不填）</td></tr>
<tr><td>19. 养殖场是否有锅炉</td><td>□　1是　2否
注：选择"是"，须按照非工业企业单位锅炉污染及防治情况 S103 表填报锅炉信息</td></tr>
</table>

458

指标名称	计量单位	代码	指标值		
			饲养阶段		
甲	乙	丙	1	2	3
饲养阶段名称	一	20			
饲养阶段代码	一	21			
存栏量	头（羽）	22			
体重范围	千克/头（羽）	23			
采食量	千克/天·头（羽）	24			
饲养周期	天	25			

单位负责人： 　统计负责人（审核人）： 　填表人： 　报出日期：20 年 月 日

说明：1. 本表由辖区内规模畜禽养殖场填报；
　　　2. 饲养阶段名称及代码：生猪分为能繁母猪（代码：Z1）、保育猪（代码：Z2）、育成育肥猪（代码：Z3）
　　　3. 个阶段，奶牛分为成乳牛（代码：N1）、育成牛（代码：N2）、犊牛（代码：N3）3 个阶段，肉牛分母牛
　　　　（代码：R1）、育成育肥牛（代码：R2）、犊牛（代码：R3）3 个阶段，蛋鸡分育雏育成鸡（代码：J1）
　　　　和产蛋鸡（代码：J2）2 个阶段，肉鸡（代码：J3）1 个阶段。

表 1-1-27 规模畜禽养殖场养殖规模与粪污处理情况

统一社会信用代码：□□□□□□□□□□□□□□□□□□
（□□）

组织机构代码：□□□□□□□□□（□□）

养殖场名称（盖章）：　　　　　2017 年

表　号：	N101-2表	
制定机关：	国务院第二次全国污染源普查	
	领导小组办公室	
批准机关：	国家统计局	
批准文号：	国统制〔2018〕103 号	
有效期至：	2019 年 12 月 31 日	

指标名称	计量单位	代码	指标值
甲	乙	丙	1
一、生产设施	—	—	
圈舍建筑面积	平方米	01	
二、养殖量	—	—	
生猪（全年出栏量）	头	02	
奶牛（年末存栏量）	头	03	
肉牛（全年出栏量）	头	04	
蛋鸡（年末存栏量）	羽	05	
肉鸡（全年出栏量）	羽	06	
三、污水和粪便产生及利用情况	—	—	
污水产生量	吨/年	07	
污水利用量	吨/年	08	
粪便收集量	吨/年	09	
粪便利用量	吨/年	10	
四、养殖场粪污利用配套农田和林地情况	—	—	—
农田面积	亩	11	
大田作物	亩	12	
其中：小麦	亩	13	
玉米	亩	14	
水稻	亩	15	
谷子	亩	16	
其他作物	亩	17	
蔬菜	亩	18	
经济作物	亩	19	
果园	亩	20	
草地面积	亩	21	
林地面积	亩	22	

单位负责人：	统计负责人（审核人）：	填表人：	报出日期：20 年 月 日

说明：1. 本表由辖区内规模畜禽养殖场填报；

　　　2. 尚未领取统一社会信用代码的填写原组织机构代码号；

　　　3. 12-19 为播种面积，20-22 为种植面积。

表 1-1-28 重点区域生活源社区（行政村）燃煤使用情况

区划代码：□□□□□□□□□□□□

表　号：S 101 表

制定机关：国务院第二次全国污染源普查领导小组办公室

批准机关：国家统计局

_____省（自治区、直辖市）

_____地（区、市、州、盟）

_____县（区、市、旗）

_____街道（镇）

_____社区（村）

批准文号：国统制〔2018〕103 号

（居／村民委员会盖章）　　　2017 年　　　有效期至：2019 年 12 月 31 日

指标名称	计量单位	代码	指标值
甲	乙	丙	1
常住人口	人	01	
使用燃煤的居民家庭户数	户	02	
居民家庭燃煤年使用量	吨	03	
其中：洁净煤年使用量	吨	04	
第三产业燃煤年使用量	吨	05	
其中：洁净煤年使用量	吨	06	
农村生物质燃料年使用量	吨	07	
农村管道燃气年使用量	立方米	08	
农村罐装液化石油气年使用量	吨	09	

单位负责人：　　统计负责人（审核人）：　　填表人：　　联系电话：　　报出日期：20 年 月 日

说明：1. 本表由重点区域社区居民委员会或村民委员会填报，每个社区或行政村填报一份；重点区域指京津冀及周边地区，包含北京市，天津市，河北省石家庄、唐山、邯郸、邢台、保定、沧州、廊坊、衡水市以及雄安新区，山西省太原、阳泉、长治、晋城市，山东省济南、淄博、济宁、德州、聊城、滨州、菏泽市，河南省郑州、开封、安阳、鹤壁、新乡、焦作、濮阳市；汾渭平原，包含山西省晋中、运城、临汾、吕梁市，河南省洛阳、三门峡市，陕西省西安、铜川、宝鸡、咸阳、渭南市以及杨凌示范区；

2. 村民委员会增加填报第 07-09 指标。

表 1-1-29 行政村生活污染基本信息

区划代码：□□□□□□□□□□□□

_____ 省（自治区、直辖市）
_____ 地（区、市、州、盟）
_____ 县（区、市、旗）
_____ 乡（镇）
_____ 村

（村民委员会盖章）　　　　2017 年

表　号：S 1 0 2 表
制定机关：国务院第二次全国污染源普查
　　　　　领导小组办公室
批准机关：国家统计局
批准文号：国统制〔2018〕103 号
有效期至：2019 年 12 月 31 日

指标名称	计量单位	代码	指标值
甲	乙	丙	1
一、人口基本情况	—	—	
常住户数	户	01	
常住人口	人	02	
二、住房厕所类型	—	—	—
有水冲式厕所户数	户	03	
无水冲式厕所户数	户	04	
三、人粪尿处理情况	—	—	—
综合利用或填埋的户数	户	05	
采用贮粪池抽吸后集中处理的户数	户	06	
直排入水体的户数	户	07	
直排入户用污水处理设备的户数	户	08	
经化粪池后排入下水管道的户数	户	09	
其他	户	10	
四、生活污水排放去向	—	—	—
直排入农田的户数	户	11	
直排入水体的户数	户	12	
排入户用污水处理设备的户数	户	13	
进入农村集中式处理设施的户数	户	14	
进入市政管网的户数	户	15	
其他	户	16	
五、生活垃圾处理方式	—	—	—
运转至城镇处理	户	17	
镇村范围内无害化处理	户	18	
镇村范围内简易处理	户	19	
无处理	户	20	
六、冬季家庭取暖能源使用情况	—	—	—
已完成煤改气的家庭户数	户	21	
已完成煤改电的家庭户数	户	22	
燃煤取暖的家庭户数	户	23	
安装独立土暖气（即带散热片的水暖锅炉）的家庭户数	户	24	
使用取暖炉（不带暖气片）的家庭户数	户	25	
使用火炕的家庭户数	户	26	

单位负责人：　　　　统计负责人（审核人）：　　　填表人：　　　　联系电话：　　　报出日期：20 年 月 日

说明：1. 本表由行政村村民委员会填报，每个行政村填报一份；所有指标均保留整数；

　　　2. "住房厕所类型"如某一户既有水冲式厕所，又有旱厕，按"有水冲式厕所户数"填报；无厕所的按"无水冲式厕所户数"填报；

　　　3. "人粪尿处理情况"如某一户存在多种处理方式，按最主要的一种填报；

　　　4. "生活污水排放去向"如某一户存在多种排放去向，按最主要的一种填报；

　　　5. 审核关系：01=03+04=05+06+07+08+09+10=11+12+13+14+15+16=17+18+19+20。

表 1-1-30 非工业企业单位锅炉污染及防治情况

<table>
<tr><td rowspan="6">2017 年</td><td>表　　号：S 103 表</td></tr>
<tr><td>制定机关：国务院第二次全国污染源普查
领导小组办公室</td></tr>
<tr><td>批准机关：国家统计局</td></tr>
<tr><td>批准文号：国统制〔2018〕103 号</td></tr>
<tr><td>有效期至：2019 年 12 月 31 日</td></tr>
</table>

01. 统一社会信用代码	□□□□□□□□□□□□□□□□□□（□□） 尚未领取统一社会信用代码的填写原组织机构代码号：□□□□□□□□□ （□□）
02. 单位名称 锅炉产权单位（选填）	
03. 详细地址	_____ 省（自治区、直辖市） _____ 地（区、市、州、盟） _____ 县（区、市、 旗）_____ 乡（镇） _____ 街（村）、门牌号
04. 联系方式	联系人：　　　　　　　　电话号码：
05. 地理坐标	经度：_____ 度 _____ 分 _____ 秒　纬度：_____ 度 _____ 分 _____ 秒
06. 拥有锅炉数量	□□台

锅炉污染及防治情况

指标名称	计量单位	代码	锅炉 1	锅炉 2	……
甲	乙	丙	1	2	3
一、锅炉基本信息	—	—	—	—	—
锅炉用途	—	07			
锅炉投运年份	—	08			
锅炉编号	—	09			
锅炉型号	—	10			
锅炉类型	—	11			
额定出力	吨/小时	12			
锅炉燃烧方式	—	13			
年运行时间	月	14			
二、锅炉运行情况	—	—	—	—	—
燃料煤类型	—	15			
燃料煤消耗量	吨	16			
燃料煤平均含硫量	%	17			
燃料煤平均灰分	%	18			
燃料煤平均干燥无灰基挥发分	%	19			
燃油类型	—	20			
燃油消耗量	吨	21			
燃油平均含硫量	%	22			
燃气类型	—	23			
燃料气消耗量	立方米	24			
生物质燃料类型	—	25			
生物质燃料消耗量	吨	26			
三、锅炉治理设施	—	—	—	—	—
除尘设施编号	—	27			
除尘工艺名称	—	28			
脱硫设施编号	—	29			
脱硫工艺名称	—	30			
脱硝设施编号	—	31			

指标名称	计量单位	代码	锅炉1	锅炉2	………
甲	乙	丙	1	2	3
脱硝工艺名称	—	32			
在线监测设施安装情况	—	33			
排气筒编号	—	34			
排气筒高度	米	35			
粉煤灰、炉渣等固废去向	—	36			
四、污染物情况	—	—	—	—	—
颗粒物产生量	吨	37			
颗粒物排放量	吨	38			
二氧化硫产生量	吨	39			
二氧化硫排放量	吨	40			
氮氧化物产生量	吨	41			
氮氧化物排放量	吨	42			
挥发性有机物产生量	千克	43			
挥发性有机物排放量	千克	44			

单位负责人：　　　统计负责人（审核人）：　　　填表人：　　　报出日期：20 年 月 日

说明：本表由拥有或实际使用锅炉的非工业企业单位填报。

464

表 1-1-31 入河（海）排污口情况

<table>
<tr><td rowspan="6">2017 年</td><td>表　号：S104表</td></tr>
<tr><td>制定机关：国务院第二次全国污染源普查</td></tr>
<tr><td>领导小组办公室</td></tr>
<tr><td>批准机关：国家统计局</td></tr>
<tr><td>批准文号：国统制〔2018〕103号</td></tr>
<tr><td>有效期至：2019 年 12 月 31 日</td></tr>
</table>

01. 排污口名称	
02. 排污口编码	□□□□□□□□
03. 所在地区区划代码	□□□□□□□□□□□□
04. 排污口类别	□　1 入河排污口　　2 入海排污口
05. 地理坐标	经度：_____ 度_____ 分_____ 秒　纬度：_____ 度_____ 分_____ 秒
06. 设置单位	
07. 排污口规模	□　1 规模以上　　2 规模以下
08. 排污口类型	□　1 工业废水排污口　2 生活污水排污口　3 混合污废水排污口　4 其他_____
09. 入河（海）方式	□　1 明渠　　2 暗管　　3 泵站　　4 涵闸　5 其他_____
10. 受纳水体	受纳水体名称：　　　　　受纳水体代码：

单位负责人：　　　统计负责人（审核人）：　　　填表人：　　　联系电话：　　　报出日期：20 年 月 日

说明：本表由县级或以上普查机构组织填报，统计范围为市区、县城和镇区范围内所有入河（海）排污口。

465

表 1-1-32 入河（海）排污口水质监测数据

排污口名称：

排污口编码：□□□□□□□□□

填报单位名称（盖章）： 2017 年

表　　号：S105表

制定机关：国务院第二次全国污染源普查
　　　　　领导小组办公室

批准机关：国家统计局

批准文号：国统制〔2018〕103号

有效期至：2019 年 12 月 31 日

指标名称	计量单位	代码	已有监测结果						补充监测结果					
			枯水期			丰水期			枯水期			丰水期		
甲	乙	丙	1	2	3	1	2	3	1	2	3	1	2	3
监测时间	一	01												
污水排放流量	立方米/小时	02												
化学需氧量浓度	毫克/升	03												
五日生化需氧量浓度	毫克/升	04												
氨氮浓度	毫克/升	05												
总氮浓度	毫克/升	06												
总磷浓度	毫克/升	07												
动植物油浓度	毫克/升	08												
其他	毫克/升	09												

单位负责人： 统计负责人（审核人）： 填表人： 联系电话： 报出日期：20 年 月 日

说明：1. 本表由县级或以上普查机构组织填报；

2. 枯水期和丰水期每次采样的监测结果应在相应水期的 1、2、3 列中填写；

3. 第 02 项保留 1 位小数，第 03-09 指标按监测分析方法对应的有效数字填报；

4. 审核关系：05 ≤ 06。

表 1-1-33 生活源农村居民能源使用情况抽样调查

区划代码：□□□□□□□□□□□□	表　　号：S 106 表
＿＿＿＿＿＿＿＿＿＿ 省（自治区、直辖市）	制定机关：国务院第二次全国污染源普查
＿＿＿＿＿＿＿＿＿＿ 地（区、市、州、盟）	领导小组办公室
＿＿＿＿＿＿＿＿＿＿ 县（区、市、旗）	批准机关：国家统计局
＿＿＿＿＿＿＿＿＿＿ 乡（镇）	批准文号：国统制〔2018〕103 号
＿＿＿＿＿＿＿＿＿＿ 村　2017 年	有效期至：2019 年 12 月 31 日

一、家庭成员基本情况

01. 户主姓名	
02. 联系电话	
03. 详细住址	省（自治区、直辖市）＿＿＿＿＿＿ 地（区、市、州、盟）＿＿＿＿＿＿＿ 县（区、市、旗） ＿＿＿＿＿＿＿＿＿＿＿＿＿＿＿＿ 乡（镇） ＿＿＿＿＿＿＿＿＿＿＿＿ 街（村）、门牌号
04. 户主户籍	□　1 在本乡镇　2 不在本乡镇
05. 住户成员人数	＿＿＿＿＿＿ 人
06. 常住月数	＿＿＿＿＿＿ 月

二、家庭住房及生活情况

07. 全年收入	＿＿＿＿＿＿ 元
08. 全年电费开支	＿＿＿＿＿＿ 元
09. 全年买煤开支	＿＿＿＿＿＿ 元
10. 全年管道煤气 / 天然气开支	＿＿＿＿＿＿ 元
11. 管道煤气 / 天然气价格	＿＿＿＿＿＿ 元 / 立方米
12. 住房面积	＿＿＿＿＿＿ 平方米
13. 房屋数量	＿＿＿＿＿＿ 间
14. 住房结构	□　1 钢筋混凝土　2 砖混　3 砖（石）木　4 竹草土坯　5 其他
15. 屋顶材料	□　1 瓦　　2 草　　3 石板　　4 混凝土　　5 其他
16. 家用电器（多选）	1 洗衣机 □　2 冰柜 □ 3 电冰箱 □　4 电视 □　5 空调 □ 6 电饭锅 □　7 电脑 □ 8 电磁炉 □　9 微波炉 □　10 电灯 □ 11 电暖器 □　12 电扇 □ 13 电热毯 □　14 电水壶 □
17. 沼气池	□　1 无　　2 有，但不使用沼气　　3 有，使用沼气
18. 年液化气用量	＿＿＿＿＿＿ 罐
19. 年燃煤用量	＿＿＿＿＿＿ 公斤
20. 年蜂窝煤用量	＿＿＿＿＿＿ 块
21. 年颗粒 / 压块燃料用量	＿＿＿＿＿＿ 公斤
22. 燃煤类型	□　1 无烟煤　　2 烟煤　　3 褐煤　　4 泥煤

三、家庭炉灶和取暖情况

23. 炉灶个数	＿＿＿＿＿＿ 个
24. 集中供暖（单位锅炉）	□　1 是　　2 否
25. 土暖气燃料	□　1 燃煤　　2 蜂窝煤　3 劈柴　　4 树枝
26. 土暖气燃料用量	＿＿＿＿＿＿ 公斤
27. 土暖气年使用时间	＿＿＿＿＿＿ 月
28. 不带暖气片取暖炉燃料	□　1 秸秆　　2 玉米芯　3 劈柴　　4 颗粒 / 压块燃料 5 树枝　　6 燃煤　　7 蜂窝煤　8 牛羊粪
29. 不带暖气片取暖炉燃料用量	＿＿＿＿＿＿ 公斤
30. 不带暖气片取暖炉年使用时间	＿＿＿＿＿＿ 月
31. 火盆（火塘）燃料	□　1 秸秆　　2 玉米芯　3 劈柴　　4 颗粒 / 压块燃料 5 树枝　　6 燃煤　　7 蜂窝煤　8 牛羊粪
32. 火盆（火塘）燃料用量	＿＿＿＿＿＿ 公斤
33. 火盆（火塘）年使用时间	＿＿＿＿＿＿ 月

四、非取暖燃料使用情况	
34. 做饭燃料（多选）	1 电饭锅 □ 2 电磁炉 □ 3 秸秆 □ 4 玉米芯 □ 5 劈柴 □ 6 树枝 □ 7 草 □ 8 牛羊粪 □ 9 燃煤 □ 10 蜂窝煤 □ 11 沼气 □ 12 液化气 □ 13 管道天然气 □ 14 管道煤气 □ 15 颗粒 / 压块燃料 □
35. 做饭燃料年使用时间	_____ 月
36. 热牲畜饲料燃料（多选）	1 不热牲畜饲料 □ 2 秸秆 □ 3 玉米芯 □ 4 劈柴 □ 5 树枝 □ 6 草 □ 7 燃煤 □ 8 蜂窝煤 □ 9 牛羊粪 □
37. 秸秆来源（多选）	1 无秸秆 □ 2 玉米 □ 3 小麦 □ 4 水稻 □ 5 大豆 □ 6 棉花 □ 7 芝麻 □ 8 其他 □
38. 蜂窝煤来源	□ 1 自制 2 购买

被访问者：　　　　联系电话：　　　　调查员：　　　　日期：20 年 月 日

说明：本表由抽样调查单位组织填报。

表 1-1-34 集中式污水处理厂基本情况

<table>
<tr><td rowspan="6">2017 年</td><td>表　　　号：</td><td>J 101 - 1表</td></tr>
<tr><td>制定机关：</td><td>国务院第二次全国污染源普查</td></tr>
<tr><td></td><td>领导小组办公室</td></tr>
<tr><td>批准机关：</td><td>国家统计局</td></tr>
<tr><td>批准文号：</td><td>国统制〔2018〕103号</td></tr>
<tr><td>有效期至：</td><td>2019 年 12 月 31 日</td></tr>
</table>

01. 统一社会信用代码	□□□□□□□□□□□□□□□□□□（□□） 尚未领取统一社会信用代码的填写原组织机构代码号： □□□□□□□□（□□）
02. 单位详细名称	
03. 运营单位名称	
04. 法定代表人	
05. 区划代码	□□□□□□□□□□□□
06. 详细地址	＿＿＿＿＿＿＿＿＿＿ 省（自治区、直辖市） ＿＿＿＿＿＿＿＿＿＿ 地（区、市、州、盟） ＿＿＿＿＿＿＿＿＿＿ 县（区、市、旗） ＿＿＿＿＿＿＿＿＿＿ 乡（镇） ＿＿＿＿＿＿＿＿＿＿ 街（村）、门牌号
07. 企业地理坐标	经度：＿＿＿＿ 度 ＿＿＿＿ 分 ＿＿＿＿ 秒　纬度： ＿＿＿＿ 度 ＿＿＿＿ 分 ＿＿＿＿ 秒
08. 联系方式	联系人：　　　　　　　电话号码：
09. 污水处理设施类型	□ 1 城镇污水处理厂　　　　2 工业污水集中处理厂 3 农村集中式污水处理设施　　4 其他污水处理设施
10. 建成时间	□□□□年□□月
11. 污水处理方法（1）	名称：　　　　　　代码：□□□□
污水处理方法（2）	名称：　　　　　　代码：□□□□
污水处理方法（3）	名称：　　　　　　代码：□□□□
12. 排水去向类型	□
13. 排水进入环境的地理坐标	经度：＿＿＿＿ 度 ＿＿＿＿ 分 ＿＿＿＿ 秒　纬度： ＿＿＿＿ 度 ＿＿＿＿ 分 ＿＿＿＿ 秒
14. 受纳水体	名称：　　　　　　代码：
15. 是否安装在线监测 （未安装不填）	进口（多选）□□□□□□ 1 流量　2 化学需氧量　3 氨氮　4 总氮　5 总磷　6 重金属 出口（多选）□□□□□□ 1 流量　2 化学需氧量　3 氨氮　4 总氮　5 总磷　6 重金属
16. 有无再生水处理工艺	□　1 有　　2 无（选择"有"，须填报 J101-2 表第 06-09 项指标）
17. 污泥稳定化处理（自建）	□　1 有　2 无
其中：污泥厌氧消化装置	□　1 有　　2 无（选择"有"，须填报 J101-2 表第 11、12 指标）
18. 污泥稳定化处理方法	□ 1 一级厌氧　2 二级厌氧　3 好氧消化　4 堆肥　5 其他
19. 厂区内是否有锅炉	□　1 有　2 无 （选择"有"，须按照非工业企业单位锅炉污染及防治情况 S103 表 填报锅炉信息）

单位负责人：　　　　统计负责人（审核人）：　　　　填表人：　　　　报出日期：20 年 月 日

说明：1. 本表由辖区内城镇污水处理厂，工业污水集中处理厂，农村集中式污水处理设施和其他污水处理设施填报；
　　　2. 排水去向类型为 A、B、F、G、K 中任何一种，须填写指标 13 和 14，其他排水去向类型的不填指标 13 和 14；
　　　3. 再生水处理工艺指为满足再生水使用要求而建设的深度处理工艺，一般指在二级处理后再增加的处理工艺。

表 1-1-35 集中式污水处理厂运行情况

统一社会信用代码：□□□□□□□□□□□□□□□□□□ （□□） 组织机构代码：□□□□□□□□（□□） 单位详细名称（盖章）： 运营单位名称：		2017 年	

表　号：	J 101 - 2 表
制定机关：	国务院第二次全国污染源普查 领导小组办公室
批准机关：	国家统计局
批准文号：	国统制〔2018〕103 号
有效期至：	2019 年 12 月 31 日

指标名称	计量单位	代码	指标值
甲	乙	丙	1
年运行天数	天	01	
用电量	万千瓦时	02	
设计污水处理能力	立方米／日	03	
污水实际处理量	万立方米	04	
其中：处理的生活污水量	万立方米	05	
再生水量	万立方米	06	
其中：工业用水量	万立方米	07	
市政用水量	万立方米	08	
景观用水量	万立方米	09	
干污泥产生量	吨	10	
污泥厌氧消化装置产气量（有厌氧装置的填报）	立方米	11	
污泥厌氧消化装置产气利用方式	—	12	□ 1 供热　2 发电　3 其他
干污泥处置量	吨	13	
自行处置量	吨	14	
其中：土地利用量	吨	15	
填埋处置量	吨	16	
建筑材料利用量	吨	17	
焚烧处置量	吨	18	
送外单位处置量	吨	19	

单位负责人：　　　　　　统计负责人（审核人）：　　　　　　填表人：　　　　　　报出日期：20 年 月 日

说明：1. 本表由辖区内城镇污水处理厂，工业污水集中处理厂，农村集中式污水处理设施和其他污水处理设施填报；
2. 尚未领取统一社会信用代码的填写原组织机构代码号；
3. 污水实际处理量中如无法确定处理的生活污水量，则按污水处理厂设计建设时生活污水所占比例折算；
4. 审核关系：04 ≥ 05，06 ≥ 07+08+09，10 ≥ 13，13=14+19，14=15+16+17+18。

表 1-1-36 集中式污水处理厂污水监测数据

统一社会信用代码：□□□□□□□□□□□□□□□□□□
（□□）
组织机构代码：□□□□□□□□□（□□）
单位详细名称（盖章）：
废水排放口编号：□□□□□

表　号：	J 101 – 3 表
制定机关：	国务院第二次全国污染源普查 领导小组办公室
批准机关：	国家统计局
批准文号：	国统制〔2018〕103 号
有效期至：	2019 年 12 月 31 日

2017 年

指标名称	计量单位	代码	监测方式	年平均值	最大月均值	最小月均值
甲	乙	丙	1	2	3	4
排水流量	立方米 / 时	01	□			
化学需氧量进口浓度	毫克 / 升	02	□			
化学需氧量排口浓度	毫克 / 升	03	□			
生化需氧量进口浓度	毫克 / 升	04	□			
生化需氧量排口浓度	毫克 / 升	05	□			
动植物油进口浓度	毫克 / 升	06	□			
动植物油排口浓度	毫克 / 升	07	□			
总氮进口浓度	毫克 / 升	08	□			
总氮排口浓度	毫克 / 升	09	□			
氨氮进口浓度	毫克 / 升	10	□			
氨氮排口浓度	毫克 / 升	11	□			
总磷进口浓度	毫克 / 升	12	□			
总磷排口浓度	毫克 / 升	13	□			
挥发酚进口浓度	毫克 / 升	14	□			
挥发酚排口浓度	毫克 / 升	15	□			
氰化物进口浓度	毫克 / 升	16	□			
氰化物排口浓度	毫克 / 升	17	□			
总砷进口浓度	毫克 / 升	18	□			
总砷排口浓度	毫克 / 升	19	□			
总铅进口浓度	毫克 / 升	20	□			
总铅排口浓度	毫克 / 升	21	□			
总镉进口浓度	毫克 / 升	22	□			
总镉排口浓度	毫克 / 升	23	□			
总铬进口浓度	毫克 / 升	24	□			
总铬排口浓度	毫克 / 升	25	□			
六价铬进口浓度	毫克 / 升	26	□			
六价铬排口浓度	毫克 / 升	27	□			
总汞进口浓度	毫克 / 升	28	□			
总汞排口浓度	毫克 / 升	29	□			

单位负责人：　　　　统计负责人（审核人）：　　　　填表人：　　　　报出日期：20 年 月 日

说明：1. 本表由辖区内城镇污水处理厂，工业污水集中处理厂，农村集中式污水处理设施和其他污水处理设施填报；

2. 尚未领取统一社会信用代码的填写原组织机构代码号；

3. 开展监测的单位须填报本表；如果部分项目监测，只填报监测项目，未监测的项目不填；

4. 普查对象若有多个排放口，则按不同排放口分别填报，排放口编号的编制方法见指标解释；如所有排放口都对应同 1 个进水口，则只在 1 号排放口普查表中填写进水浓度，其他排放口表不再填写；

5. 污染物浓度按监测方法对应的有效数字填报；

6. 监测方式：指获取监测数据的监测活动方式，按 1. 在线监测，2. 企业自测（手工），3. 委托监测，4. 监督监测，将代码填入表格内。

表 1-1-37 生活垃圾集中处置场（厂）基本情况

<table>
<tr><td rowspan="5">2017 年</td><td>表　号：</td><td>Ｊ１０２－１表</td></tr>
<tr><td rowspan="2">制定机关：</td><td>国务院第二次全国污染源普查</td></tr>
<tr><td>领导小组办公室</td></tr>
<tr><td>批准机关：</td><td>国家统计局</td></tr>
<tr><td>批准文号：</td><td>国统制〔2018〕103 号</td></tr>
<tr><td></td><td>有效期至：</td><td>2019 年 12 月 31 日</td></tr>
</table>

01. 统一社会信用代码	□□□□□□□□□□□□□□□□□□（□□） 尚未领取统一社会信用代码的填写原组织机构代码号：□□□□□□□□ （□□）
02. 单位详细名称	
03. 法定代表人	
04. 区划代码	□□□□□□□□□□□□
05. 详细地址	＿＿＿＿＿＿＿＿＿＿ 省（自治区、直辖市） ＿＿＿＿＿＿＿＿＿ 地（区、市、州、盟） ＿＿＿＿＿＿＿＿＿ 县（区、市、旗） ＿＿＿＿＿＿＿＿＿ 乡（镇） ＿＿＿＿＿＿＿＿＿ 街（村）、门牌号
06. 企业地理坐标	经度：＿＿＿ 度＿＿＿ 分＿＿＿ 秒　纬度：＿＿＿ 度＿＿＿ 分＿＿＿ 秒
07. 联系方式	联系人：　　　　　　　电话号码：
08. 建成时间	□□□□年□□月
09. 垃圾处理厂类型	□　1 生活垃圾处理厂　　2（单独）餐厨垃圾集中处理厂
10. 垃圾处理方式	□□□□□□□（可多选） 1 填埋　　2 焚烧　　3 焚烧发电　　4 堆肥 5 厌氧发酵　　6 生物分解　　7 其他方式
11. 垃圾填埋场水平防渗	□　　　　1 有　　　　2 无
12. 排水去向类型	□
13. 受纳水体	名称：　　　　　　　　代码：
14. 排水进入环境的地理坐标	经度：＿＿＿ 度＿＿＿ 分＿＿＿ 秒　纬度：＿＿＿ 度＿＿＿ 分＿＿＿ 秒

15. 焚烧废气排放口

	排放口一	排放口二
排放口编号	排放口一 □□□□□	排放口二 □□□□□
排放口地理坐标	经度：＿＿＿ 度＿＿＿ 分＿＿＿ 秒　纬度：＿＿＿ 度＿＿＿ 分＿＿＿ 秒	经度：＿＿＿ 度＿＿＿ 分＿＿＿ 秒　纬度：＿＿＿ 度＿＿＿ 分＿＿＿ 秒
是否安装在线监测（多选）	□□□ 1 二氧化硫 2 氮氧化物 3 颗粒物	□□□ 1 二氧化硫 2 氮氧化物 3 颗粒物
烟囱高度与直径（米）	高度： 直径：	高度： 直径：

16. 废气处理方法

焚烧炉一	焚烧炉一
除尘方法名称：　　代码：□□□	除尘方法名称：　　代码：□□□
脱硫方法名称：　　代码：□□□	脱硫方法名称：　　代码：□□□
脱硝方法名称：　　代码：□□□	脱硝方法名称：　　代码：□□□
焚烧炉二 …	焚烧炉二 …

单位负责人：　　　统计负责人（审核人）：　　　填表人：　　　报出日期：20　年　月　日

说明：1. 本表由辖区内生活垃圾填埋场、生活垃圾焚烧厂、垃圾堆肥厂以及其他处理方式集中处理生活垃圾和餐厨垃圾的单位填报；

2. 排水去向类型为 A、B、F、G、K 中任何一种，需填报指标 13 和 14，其他排水去向类型的不填；

3. 普查对象若有多个废气排放口，且已申领排污许可证，则按排污许可证上的排放口编号填写，未领排污许可证的，排放口编号的编制方法见指标解释；

4. 一个废气排放口如对应多个焚烧炉，且每个焚烧炉都安装了废气治理设施，则分别填报。

表 1-1-38 生活垃圾集中处置场（厂）运行情况

统一社会信用代码：□□□□□□□□□□□□□□□□□□（□□）

组织机构代码：□□□□□□□□□（□□）

单位详细名称（盖章）：

运营单位名称：　　　　　2017 年

表　号：	J102-2表	
制定机关：	国务院第二次全国污染源普查领导小组办公室	
批准机关：	国家统计局	
批准文号：	国统制〔2018〕103号	
有效期至：	2019年12月31日	

指标名称	计量单位	代码	指标值
甲	乙	丙	1
年运行天数	天	01	
本年实际处理量	万吨	02	
一、填埋方式（有填埋方式的填报）	—	—	—
设计容量	万立方米	03	
已填容量	万吨	04	
正在填埋作业区面积	万平方米	05	
已使用粘土覆盖区面积	万平方米	06	
已使用塑料土工膜覆盖区面积	万平方米	07	
本年实际填埋量	万吨	08	
二、堆肥处置方式（有堆肥处置方式的填报）	—	—	—
设计处理能力	吨/日	09	
本年实际堆肥量	万吨	10	
渗滤液收集系统	—	11	1有　2无
三、焚烧处置方式（有焚烧方式的填报）	—	—	—
设施数量	台	12	
其中：炉排炉	台	13	
流化床	台	14	
固定床（含热解炉）	台	15	
旋转炉	台	16	
其他	台	17	
设计焚烧处理能力	吨/日	18	
本年实际焚烧处理量	万吨	19	
助燃剂使用情况	—	20	1 煤炭　2 燃料油　3 天然气
煤炭消耗量	吨	21	
燃料油消耗量（不含车船用）	吨	22	
天然气消耗量	万立方米	23	
废气设计处理能力	立方米/时	24	
炉渣产生量	吨	25	
炉渣处置方式	—	26	□
炉渣处置量	吨	27	
炉渣综合利用量	吨	28	
焚烧飞灰产生量	吨	29	
焚烧飞灰处置量	吨	30	
焚烧飞灰综合利用量	吨	31	
四、厌氧发酵处置方式（有餐厨垃圾处理的填报）	—	—	—
设计处理能力	吨/日	32	
本年实际处置量	万吨	33	
五、生物分解处置方式（有餐厨垃圾处理的填报）			
设计处理能力	吨/日	34	

473

指标名称	计量单位	代码	指标值
甲	乙	丙	1
本年实际处置量	万吨	35	
六、其他方式	—	—	—
设计处理能力	吨／日	36	
本年实际处置量	万吨	37	
七、全场（厂）废水（含渗滤液）产生及处理情况	—	—	—
废水（含渗滤液）产生量	立方米	38	
废水处理方式	—	39	□ 1 自行处理（须填 40-45 项） 2 委托其他单位处理（不填 40-45 项） 3 直接回喷至填埋场（不填 40-45 项） 4 直接排放（不填 40-45 项）
废水设计处理能力	立方米／日	40	
废水处理方法	—	41	名称：　　　　代码：□□□□
废水实际处理量	立方米	42	
废水实际排放量	立方米	43	
渗滤液膜浓缩液产生量	立方米	44	
渗滤液膜浓缩液处理方法	—	45	□ 1 混凝法　2 吸附法　3 芬顿试剂法 4 回流（回灌）　　5 其他

单位负责人：　　　统计负责人（审核人）：　　　填表人：　　　报出日期：20 年 月 日

说明：1. 本表由辖区内生活垃圾填埋场、生活垃圾焚烧厂、垃圾堆肥厂以及其他处理方式集中处理生活垃圾和餐厨垃圾的单位填报；

2. 尚未领取统一社会信用代码的填写原组织机构代码号；

3. 废水处理方式为"委托其他单位处理"的，不填报 J104-1 表和 J104-3 表中水污染物排放指标；

4. 炉渣处置方式：A 按照危险废物填埋，B 按照一般工业固体废物填埋，C 按照生活垃圾填埋，D 简易填埋，不符合国家标准的填埋设施，E 堆放（堆置），未采取工程措施的填埋设施；

5. 审核关系：02=08+10+19+37，12=13+14+15+16+17。

表 1-1-39 危险废物集中处置厂基本情况

<table>
<tr><td rowspan="5">2017 年</td><td>表　　号：J 103 - 1表</td></tr>
<tr><td>制定机关：国务院第二次全国污染源普查领导小组办公室</td></tr>
<tr><td>批准机关：国家统计局</td></tr>
<tr><td>批准文号：国统制〔2018〕103 号</td></tr>
<tr><td>有效期至：2019 年 12 月 31 日</td></tr>
</table>

01. 统一社会信用代码	□□□□□□□□□□□□□□□□□□（□□） 尚未领取统一社会信用代码的填写原组织机构代码号：□□□□□□□□（□□）
02. 单位详细名称	
03. 经营许可证证书编号	
04. 法定代表人	
05. 区划代码	□□□□□□□□□□□□
06. 详细地址	＿＿＿＿＿＿＿＿＿ 省（自治区、直辖市）＿＿＿＿＿＿＿＿ 地（区、市、州、盟） ＿＿＿＿＿＿＿＿＿ 县（区、市、旗）＿＿＿＿＿＿＿＿ 乡（镇） ＿＿＿＿＿＿＿＿＿＿＿＿＿＿ 街（村）、门牌号
07. 企业地理坐标	经度：＿＿＿＿ 度 ＿＿＿＿ 分 ＿＿＿＿ 秒　纬度：＿＿＿＿ 度 ＿＿＿＿ 分 ＿＿＿＿ 秒
08. 联系方式	联系人：　　　　　　电话号码：
09. 建成时间	□□□□年□□月
10. 集中处理厂类型	□ 1 危险废物集中处置厂　2（单独）医疗废物集中处置厂　3 其他企业协同处置
11. 危险废物利用处置方式（可多选）	1 综合利用　2 填埋　3 物理化学处理　4 焚烧　5 其他
12. 排水去向类型	
13. 受纳水体	名称：　　　　　　代码：
14. 排水进入环境的地理坐标	经度：＿＿＿＿ 度 ＿＿＿＿ 分 ＿＿＿＿ 秒　纬度：＿＿＿＿ 度 ＿＿＿＿ 分 ＿＿＿＿ 秒
15. 废水排口安装的在线监测设备（多选）	□□□□□ 1 流量　2 化学需氧量　3 氨氮　　4 总氮　5 总磷

16. 废气排放口

	排放口编号	排放口一 □□□□□	排放口二 □□□□□
16. 废气排放口	地理坐标	经度：＿＿＿ 度 ＿＿＿ 分 ＿＿＿ 秒　纬度：＿＿＿ 度 ＿＿＿ 分 ＿＿＿ 秒	经度：＿＿＿ 度 ＿＿＿ 分 ＿＿＿ 秒　纬度：＿＿＿ 度 ＿＿＿ 分 ＿＿＿ 秒
	烟囱高度与直径（米）	高度： 直径：	高度： 直径：
	安装的在线监测设备（多选）	□□□ 1 二氧化硫 2 氮氧化物 3 颗粒物	□□□ 1 二氧化硫 2 氮氧化物 3 颗粒物

17. 废气处理方法	焚烧炉一 除尘方法名称：　　代码：□□□ 脱硫方法名称：　　代码：□□□ 脱硝方法名称：　　代码：□□□ 焚烧炉二 ……	焚烧炉一 除尘方法名称：　　代码：□□□ 脱硫方法名称：　　代码：□□□ 脱硝方法名称：　　代码：□□□ 焚烧炉二 ……

单位负责人：　　　　统计负责人（审核人）：　　　　填表人：　　　　报出日期：20 年 月 日

说明：1. 本表由辖区内危险废物集中处理处置厂、医疗废物集中处理处置厂、协同处置危险废物的企业填报；

　　　2. 排水去向类型为 A、B、F、G、K 中任何一种，需填报指标 13 和 14，其他排水去向类型的不填；

　　　3. 普查对象若有多个废气排放口，且已申领排污许可证，则按排污许可证上的排放口编号填写，未领排污许可证的，排放口编号的编制方法见指标解释；

　　　4. 一个废气排放口如对应多个焚烧炉，且每个焚烧炉都安装了废气治理设施，则分别填报。

表 1-1-40 危险废物集中处置厂运行情况

<table>
<tr><td colspan="2">统一社会信用代码：□□□□□□□□□□□□□□□□□□
（□□）
组织机构代码：□□□□□□□□□（□□）
单位详细名称（盖章）：

运营单位名称：</td><td>表   号：</td><td>J 103 - 2 表</td></tr>
</table>

			表　　号：	J 103 - 2 表
统一社会信用代码：□□□□□□□□□□□□□□□□□□（□□） 组织机构代码：□□□□□□□□□（□□） 单位详细名称（盖章）： 运营单位名称：			制定机关： 批准机关： 批准文号： 有效期至：	国务院第二次全国污染源普查 领导小组办公室 国家统计局 国统制〔2018〕103 号 2019 年 12 月 31 日

2017 年

指标名称	计量单位	代码	指标值
甲	乙	丙	1
本年运行天数	天	01	
一、危险废物主要利用 / 处置情况	—	—	—
危险废物接收量	吨	02	
设计处置利用能力	吨 / 年	03	
处置利用总量	吨	04	
其中：处置工业危险废物量	吨	05	
处置医疗废物量	吨	06	
处置其他危险废物量	吨	07	
综合利用危险废物量	吨	08	
二、综合利用方式（有综合利用方式的填报）	—	—	—
设计综合利用能力	吨 / 年	09	
实际利用量	吨	10	
综合利用方式（可多选，最多选 3 项）	—	11	□□□　　□□□　　□□□
三、填埋方式（有填埋方式的填报）	—	—	—
设计容量	立方米	12	
已填容量	立方米	13	
设计处置能力	吨 / 年	14	
实际填埋处置量	吨	15	
四、物理化学处置方式（不包括填埋或焚烧前的预处理）	—	—	—
设计处置能力	吨 / 年	16	
实际处置量	吨	17	
五、焚烧方式（有焚烧方式的填报）	—	—	—
设施数量	台	18	
其中：炉排炉	台	19	
流化床	台	20	
固定床（含热解炉）	台	21	
旋转炉	台	22	
其他	台	23	
设计焚烧处置能力	吨 / 年	24	
实际焚烧处置量	吨	25	
使用的助燃剂种类	—	26	□ 1 煤炭　　2 燃料油　　3 天然气
煤炭消耗量	吨	27	
燃料油消耗量（不含车船用）	吨	28	
天然气消耗量	万立方米	29	
废气设计处理能力	立方米 / 时	30	
焚烧残渣产生量	吨	31	
焚烧残渣填埋处置量	吨	32	
焚烧飞灰产生量	吨	33	
焚烧飞灰填埋处置量	吨	34	

指标名称	计量单位	代码	指标值
甲	乙	丙	1
六、医疗废物主要处置情况（有医疗废物处置方式的填报）	—	—	—
医疗废物处置方式	—	35	□ 1 焚烧　2 高温蒸汽处理　3 化学消毒处理 4 微波消毒处理　　　5 其他处置
医疗废物设计处置能力	吨／年	36	
其中：焚烧设计处置能力	吨／年	37	
实际处置医疗废物量	吨	38	
七、废水产生及处理情况	—	—	—
废水处理方法	—	39	名称：　　　　　代码：□□□□
废水设计处理能力	立方米／日	40	
废水产生量	立方米	41	
实际处理废水量	立方米	42	
废水排放量	立方米	43	

单位负责人：　　　统计负责人（审核人）：　　　填表人：　　　报出日期：20　年　月　日

说明：1. 本表由辖区内危险废物集中处理处置厂、医疗废物集中处理处置厂、协同处置危险废物的企业填报；
　　　2. 尚未领取统一社会信用代码的填写原组织机构代码号；
　　　3. 审核关系：04=05+06+07+08，08=10，18=19+20+21+22+23。

表 1-1-41 生活垃圾／危险废物集中处置厂（场）废水监测数据

统一社会信用代码：

□□□□□□□□□□□□□□□□□□（□□）

组织机构代码：□□□□□□□□-□（□□）

单位详细名称（盖章）：

废水排放口编号：□□□□□

2017 年

表　　　号：	J 104 - 1表
制定机关：	国务院第二次全国污染源普查领导小组办公室
批准机关：	国家统计局
批准文号：	国统制〔2018〕103 号
有效期至：	2019 年 12 月 31 日

指标名称	计量单位	代码	监测方式	指标值
甲	乙	丙	1	2
废水（含渗滤液）流量	立方米／天	01	□	
化学需氧量进口浓度	毫克／升	02	□	
化学需氧量排口浓度	毫克／升	03	□	
生化需氧量进口浓度	毫克／升	04	□	
生化需氧量排口浓度	毫克／升	05	□	
动植物油进口浓度	毫克／升	06	□	
动植物油排口浓度	毫克／升	07	□	
总氮进口浓度	毫克／升	08	□	
总氮排口浓度	毫克／升	09	□	
氨氮进口浓度	毫克／升	10	□	
氨氮排口浓度	毫克／升	11	□	
总磷进口浓度	毫克／升	12	□	
总磷排口浓度	毫克／升	13	□	
挥发酚进口浓度	毫克／升	14	□	
挥发酚排口浓度	毫克／升	15	□	
氰化物进口浓度	毫克／升	16	□	
氰化物排口浓度	毫克／升	17	□	
总砷进口浓度	毫克／升	18	□	
总砷排口浓度	毫克／升	19	□	
总铅进口浓度	毫克／升	20	□	
总铅排口浓度	毫克／升	21	□	
总镉进口浓度	毫克／升	22	□	
总镉排口浓度	毫克／升	23	□	
总铬进口浓度	毫克／升	24	□	
总铬排口浓度	毫克／升	25	□	
六价铬进口浓度	毫克／升	26	□	
六价铬排口浓度	毫克／升	27	□	
总汞进口浓度	毫克／升	28	□	
总汞排口浓度	毫克／升	29	□	

单位负责人：	统计负责人（审核人）：	填表人：	报出日期：20 年 月 日

说明：1. 本表由辖区内生活垃圾集中处理处置设施和危险废物集中处理处置厂、医疗废物集中处理处置厂的企业填报；

　　　2. 尚未领取统一社会信用代码的填写原组织机构代码号；

　　　3. 采用监测数据计算污染物排放量的单位填报本表，如果部分项目监测，只填报监测项目，未监测的项目不填；

　　　4. 普查对象若有多个排放口，则按不同排放口分别填报，排放口编号的编制方法见指标解释；

　　　5. 污染物浓度按年平均浓度填报并按监测方法对应的有效数字填报；

　　　6. 监测方式：指获取监测数据的监测活动方式，按 1. 在线监测，2. 企业自测（手工），3. 委托监测，4. 监督监测，将代码填入表格内。

表 1-1-42 生活垃圾／危险废物集中处置厂（场）焚烧废气监测数据

统一社会信用代码：□□□□□□□□□□□□□□□□□□（□□）

组织机构代码：□□□□□□□□□（□□）

单位详细名称（盖章）：

废气排放口编号：□□□□□

				表　　号：	J104-2表
				制定机关：	国务院第二次全国污染源普查领导小组办公室
				批准机关：	国家统计局
				批准文号：	国统制〔2018〕103号
		2017年		有效期至：	2019年12月31日

指标名称	计量单位	代码	监测方式	指标值
甲	乙	丙	1	2
焚烧废气流量	立方米／时	01	□	
年排放时间	小时	02	□	
二氧化硫浓度	毫克／立方米	03	□	
氮氧化物浓度	毫克／立方米	04	□	
颗粒物浓度	毫克／立方米	05	□	
砷及其化合物浓度	毫克／立方米	06	□	
铅及其化合物浓度	毫克／立方米	07	□	
镉及其化合物浓度	毫克／立方米	08	□	
铬及其化合物浓度	毫克／立方米	09	□	
汞及其化合物浓度	毫克／立方米	10	□	

单位负责人：　　　　统计负责人（审核人）：　　　　填表人：　　　　报出日期：20　年　月　日

说明：1.本表由辖区内生活垃圾集中处理处置设施和危险废物集中处理处置厂、医疗废物集中处理处置厂的企业填报；

2.尚未领取统一社会信用代码的填写原组织机构代码号；

3.采用监测数据计算污染物排放量的单位填报本表，未使用监测数据的单位不填报；如果部分项目监测，只填报监测项目，未监测的项目不填；

4.普查对象若有多个排放口，则按不同排放口分别填报；排放口编号的编制方法见指标解释；

5.污染物浓度按年平均浓度填报并按监测方法对应的有效数字填报；废气流量保留整数，污染物浓度按监测方法对应的有效数字填报；

6.监测方式：指获取监测数据的监测活动方式，按1.在线监测，2.企业自测（手工），3.委托监测，4.监督监测，将代码填入表格内。

表 1-1-43 生活垃圾／危险废物集中处置厂（场）污染物排放量

				表　号：	J 104－3表
统一社会信用代码：				制定机关：	国务院第二次全国污染源普查
□□□□□□□□□□□□□□□□□□（□□）					领导小组办公室
组织机构代码：□□□□□□□□□（□□）				批准机关：	国家统计局
				批准文号：	国统制〔2018〕103号
单位详细名称（盖章）：				批准文号：	国统制〔2018〕103号
		2017 年		有效期至：	2019 年 12 月 31 日

指标名称	计量单位	代码	数据来源	指标值
甲	乙	丙	1	2
一、废水主要污染物	—	—	—	—
化学需氧量产生量	吨	01	□	
化学需氧量排放量	吨	02	□	
生化需氧量产生量	吨	03	□	
生化需氧量排放量	吨	04	□	
动植物油产生量	吨	05	□	
动植物油排放量	吨	06	□	
总氮产生量	吨	07	□	
总氮排放量	吨	08	□	
氨氮产生量	吨	09	□	
氨氮排放量	吨	10	□	
总磷产生量	吨	11	□	
总磷排放量	吨	12	□	
挥发酚产生量	千克	13	□	
挥发酚排放量	千克	14	□	
氰化物产生量	千克	15	□	
氰化物排放量	千克	16	□	
砷产生量	千克	17	□	
砷排放量	千克	18	□	
铅产生量	千克	19	□	
铅排放量	千克	20	□	
镉产生量	千克	21	□	
镉排放量	千克	22	□	
总铬产生量	千克	23	□	
总铬排放量	千克	24	□	
六价铬产生量	千克	25	□	
六价铬排放量	千克	26	□	
汞产生量	千克	27	□	
汞排放量	千克	28	□	
二、焚烧废气主要污染物	—	—	—	—
焚烧废气排放量	立方米	29	□	
二氧化硫排放量	千克	30	□	
氮氧化物排放量	千克	31	□	
颗粒物排放量	千克	32	□	
砷及其化合物排放量	千克	33	□	
铅及其化合物排放量	千克	34	□	
镉及其化合物排放量	千克	35	□	
铬及其化合物排放量	千克	36	□	
汞及其化合物排放量	千克	37	□	

单位负责人：　　　　统计负责人（审核人）：　　　　填表人：　　　　报出日期：20 年 月 日

说明：1.本表由辖区内生活垃圾集中处理处置设施和危险废物集中处理处置厂、医疗废物集中处理处置厂的企业填报；

2.尚未领取统一社会信用代码的填写原组织机构代码号；

3.没有焚烧方式的危险废物处置厂不填报焚烧废气各项污染物产生量和排放量；

4.本表各项污染物产生总量和排放总量按全厂填报，不按排放口填；

5.污染物产生量和排放量，以吨为单位的指标保留2位小数，以千克为单位的指标保留整数；

6.数据来源：指污染物排放量计算采用的数据来源，按 1.在线监测，2.企业自测（手工），3.委托监测，4.监督监测，5.系数法，将代码填入表格内。

表 1-1-44 储油库油气回收情况

表　号：Y101表
制定机关：国务院第二次全国污染源普查领导小组办公室
批准机关：国家统计局
批准文号：国统制〔2018〕103号
有效期至：2019年12月31日

2017年

01. 统一社会信用代码	□□□□□□□□□□□□□□□□□□（□□） 尚未领取统一社会信用代码的填写原组织机构代码号： □□□□□□□□（□□）
02. 单位详细名称及曾用名	单位详细名称： 曾用名：
03. 法定代表人／个体工商户户主姓名	
04. 企业内部的储油库（区）的名称	
05. 区划代码	□□□□□□□□□□□□
06. 详细地址	＿＿＿＿＿＿＿＿省（自治区、直辖市） ＿＿＿＿＿＿＿＿地（区、市、州、盟） ＿＿＿＿＿＿＿＿县（区、市、旗） ＿＿＿＿＿＿＿＿乡（镇） ＿＿＿＿＿＿＿＿街（村）、门牌号
07. 联系方式	联系人：　　　　　电话号码：

储油库油气回收情况

指标名称	单位	原油	汽油		柴油
甲	1	2	3	4	5	6
08. 储罐编码	—					
09. 储罐罐容	立方米					
10. 年周转量	吨					
11. 油气回收治理技术顶罐结构	—	—	—	□	□	—	—
12. 装油方式	—	—	—	□	□	—	—
13. 油气处理方法	—	—	—	□	□	—	—
14. 有无在线监测系统	—	—	—	□1有2无	□1有2无	—	—
15. 油气回收装置年运行小时数	小时	—	—	—	—	—	—

单位负责人：　　　统计负责人（审核人）：　　　填表人：　　　报出日期：20　年　月　日

说明：1. 本表由辖区内从事油品储存的企业填报，有多个库区的按照库区逐个分别填报；

2. 储罐编码按顺序填写，可以增加列；

3.10. 年周转量如果无法按单个储罐统计填报，则按库区原油、汽油、柴油的年周转量统计，分别填写在原油、汽油、柴油年周转量指标的第1列，其他列按0填报；

4.11. 油气回收治理技术顶罐结构 按 1. 内浮顶灌，2. 外浮顶灌，3. 固定顶罐选择填报；

5.12. 装油方式 按 1. 底部装油，2. 顶部装油选择填报；

6.13. 油气处理方法 按 1. 吸附法，2. 吸收法，3. 冷凝法，4. 膜分离法，5 其他选择填报；

7. 油气回收装置年运行小时数填写油气回收装置年运行时间；

8. 储罐罐容、年周转量最多保留2位小数。

表 1-1-45 加油站油气回收情况

表　　号：	Ｙ102表
制定机关：	国务院第二次全国污染源普查领导小组办公室
批准机关：	国家统计局
批准文号：	国统制〔2018〕103号
有效期至：	2019年12月31日

2017 年

01. 统一社会信用代码	□□□□□□□□□□□□□□□□□□（□□） 尚未领取统一社会信用代码的填写原组织机构代码号： □□□□□□□□（□□）
02. 单位详细名称及曾用名	单位详细名称： 曾用名：
03. 法定代表人 / 个体工商户户主姓名	
04. 所属加油站名称	
05. 区划代码	□□□□□□□□□□□□
06. 详细地址	＿＿＿＿＿＿＿＿＿＿ 省（自治区、直辖市） ＿＿＿＿＿＿＿＿＿＿ 地（区、市、州、盟） ＿＿＿＿＿＿＿＿＿＿ 县（区、市、旗） ＿＿＿＿＿＿＿＿＿＿ 乡（镇） ＿＿＿＿＿＿＿＿＿＿ 街（村）、门牌号
07. 地理坐标	经度：＿＿＿度＿＿＿分＿＿＿秒　纬度：＿＿＿度＿＿＿分＿＿＿秒
08. 联系方式	联系人：　　　　电话号码：

加油站油气回收情况

指标名称	汽油	柴油
	1	2
09. 总罐容（立方米）		
10. 年销售量（吨）		
11. 油气回收阶段	□ 1 一阶段　2 二阶段　3 无	—
12. 有无排放处理装置	□ 1 有　2 无	—
13. 有无在线监测系统	□ 1 有　2 无	—
14. 油气回收装置改造完成时间	□□□□年□□月	—
15. 储罐类型	□ 1 地上储罐 2 覆土立式油罐 3 覆土卧式油罐	□ 1 地上储罐 2 覆土立式油罐 3 覆土卧式油罐
16. 储罐壳体类型	□ 1 单层　2 双层	□ 1 单层　2 双层
17. 有无防渗池	□ 1 有　2 无	□ 1 有　2 无
18. 有无防渗漏监测设施	□ 1 有　2 无	□ 1 有　2 无
19. 有无双层管道	□ 1 有　2 无	□ 1 有　2 无

单位负责人：　　　　统计负责人（审核人）：　　　　填表人：　　　　报出日期：20 年 月 日

说明：1. 本表由辖区内从事油品销售的企业填报，有多个加油站的按照加油站逐个分别填报；

2. 统计范围：辖区内对外营业的加油站；

3. 燃油类型包括汽油、柴油（包括生物柴油）；

4. 油气回收阶段包括一阶段、二阶段，未进行任何油气回收改造的填"无"；

5. 总罐容、年销售量指标最多保留 2 位小数。

表 1-1-46 油品运输企业油气回收情况

<table>
<tr><td colspan="2"></td><td>表　号：Y 103 表</td></tr>
<tr><td colspan="2"></td><td>制定机关：国务院第二次全国污染源
普查领导小组办公室</td></tr>
<tr><td colspan="2"></td><td>批准机关：国家统计局</td></tr>
<tr><td colspan="2"></td><td>批准文号：国统制〔2018〕103 号</td></tr>
<tr><td colspan="2">2017 年</td><td>有效期至：2019 年 12 月 31 日</td></tr>
<tr><td>01. 统一社会信用代码</td><td colspan="2">□□□□□□□□□□□□□□□□□□（□□）
尚未领取统一社会信用代码的填写原组织机构代码号：
□□□□□□□□□（□□）</td></tr>
<tr><td>02. 单位详细名称</td><td colspan="2"></td></tr>
<tr><td>03. 法定代表人 / 个体工商户户主姓名</td><td colspan="2"></td></tr>
<tr><td>04. 区划代码</td><td colspan="2">□□□□□□□□□□□□</td></tr>
<tr><td>05. 详细地址</td><td colspan="2">＿＿＿＿＿＿＿＿＿＿＿ 省（自治区、直辖市）
＿＿＿＿＿＿＿＿＿＿＿ 地（区、市、州、盟）
＿＿＿＿＿＿＿＿＿＿＿ 县（区、市、旗）
＿＿＿＿＿＿＿＿＿＿＿ 乡（镇）
＿＿＿＿＿＿＿＿＿＿＿ 街（村）、门牌号</td></tr>
<tr><td>06. 地理坐标（企业）</td><td colspan="2">经度：＿＿＿ 度 ＿＿＿ 分 ＿＿＿ 秒　纬度：＿＿＿
度 ＿＿＿ 分 ＿＿＿ 秒</td></tr>
<tr><td>07. 联系方式</td><td colspan="2">联系人：　　　　　　电话号码：</td></tr>
<tr><td>08. 年汽油运输总量</td><td colspan="2">＿＿＿＿＿＿ 吨</td></tr>
<tr><td>09. 年柴油运输总量</td><td colspan="2">＿＿＿＿＿＿ 吨</td></tr>
<tr><td>10. 油罐车数量</td><td colspan="2">＿＿＿＿＿＿ 辆</td></tr>
<tr><td>11. 具有油气回收系统的油罐车数量</td><td colspan="2">＿＿＿＿＿＿ 辆</td></tr>
<tr><td>12. 定期进行油气回收系统检测的油罐车数量</td><td colspan="2">＿＿＿＿＿＿ 辆</td></tr>
</table>

单位负责人：　　　　　统计负责人（审核人）：　　　　　填表人：　　　　　报出日期：20 年 月 日

说明：1. 本表由辖区内从事油品运输企业填报；

2. 统计范围：辖区内油罐车（包括租赁车辆）；

3. 年汽油运输总量、年柴油运输总量、油罐车数量最多保留 2 位小数；

4. 审核关系：10 ≥ 11 ≥ 12。

表 1-1-47 县（区、市、旗）种植业基本情况

区划代码：□□□□□□

_____ 省（自治区、直辖市）

_____ 市（区、市、州、盟）

_____ 县（区、市、旗）

综合机关名称（盖章）：　　　　2017 年

表　　号：	N 20 1－1表
制定机关：	国务院第二次全国污染源普查领导小组办公室
批准机关：	国家统计局
批准文号：	国统制〔2018〕103 号
有效期至：	2019 年 12 月 31 日

指标名称	计量单位	代码	指标值
甲	乙	丙	1
一、农村人口情况	—	—	—
农户总数	户	01	
农村劳动力人口	人	02	
二、农业生产资料投入情况	—	—	—
化肥施用量	吨	03	
其中：氮肥施用折纯量	吨	04	
含氮复合肥施用折纯量	吨	05	
用于种植业的农药使用量	吨	06	
三、规模种植主体情况	—	—	—
规模种植主体数量	个	07	
规模种植总面积	亩	08	
其中：粮食作物面积	亩	09	
经济作物面积	亩	10	
蔬菜瓜果面积	亩	11	
园地面积	亩	12	
四、耕地与园地总面积	—	—	—
不同坡度耕地和园地总面积	亩	13	
其中：平地面积（坡度≤5°）	亩	14	
缓坡地面积（坡度5～15°）	亩	15	
陡坡地面积（坡度＞15°）	亩	16	
耕地面积	亩	17	
其中：旱地	亩	18	
水田	亩	19	
菜地面积	亩	20	
其中：露地	亩	21	
保护地	亩	22	
园地面积	亩	23	
其中：果园	亩	24	
茶园	亩	25	
桑园	亩	26	
其他	亩	27	
五、地膜生产应用及回收情况	—	—	—
地膜生产企业数量	个	28	
地膜生产总量	吨	29	
地膜年使用总量	吨	30	
地膜覆膜总面积	亩	31	
地膜年回收总量	吨	32	
地膜回收企业数量	个	33	
地膜回收利用总量	吨	34	

指标名称	计量单位	代码	指标值
甲	乙	丙	1
六、作物产量	吨	35	
早稻	吨	36	
中稻和一季晚稻	吨	37	
双季晚稻	吨	38	
小麦	吨	39	
玉米	吨	40	
薯类	吨	41	
其中：马铃薯	吨	42	
木薯	吨	43	
油菜	吨	44	
大豆	吨	45	
棉花	吨	46	
甘蔗	吨	47	
花生	吨	48	
七、秸秆规模化利用情况	—	—	—
秸秆规模化利用企业数量	个	49	
其中：肥料化利用企业数量	个	50	
饲料化利用企业数量	个	51	
基料化利用企业数量	个	52	
原料化利用企业数量	个	53	
燃料化利用企业数量	个	54	
秸秆规模化利用数量	吨	55	
其中：肥料化利用数量	吨	56	
饲料化利用数量	吨	57	
基料化利用数量	吨	58	
原料化利用数量	吨	59	
燃料化利用数量	吨	60	

单位负责人：　　统计负责人（审核人）：　　填表人：　　联系电话：　　报出日期：20　年　月　日

说明：1. 本表由县（区、市、旗）农业部门根据统计数据填报；

2. 规模种植指一年一熟制地区露地种植农作物的土地达到100亩及以上，一年二熟及以上地区露地种植农作物的土地达到50亩及以上，设施农业的设施占地面积25亩及以上，园地面积达到100亩及以上；

3. 审核关系：

（1）08=09+10+11+12；

（2）13=17+23=14+15+16；

（3）17=18+19；

（4）20=21+22；

（5）23=24+25+26+27。

表 1-1-48 县（区、市、旗）种植业播种、覆膜与机械收获面积情况

区划代码：□□□□□□

_____ 省（自治区、直辖市）
_____ 市（区、市、州、盟）
_____ 县（区、市、旗）

综合机关名称（盖章）：　　　　　2017 年

表　号：N 20 1 - 2 表
制定机关：国务院第二次全国污染源普查
　　　　　领导小组办公室
批准机关：国家统计局
批准文号：国统制〔2018〕103 号
有效期至：2019 年 12 月 31 日

指标名称	代码	指标值			
		播种面积（亩）	覆膜面积（亩）	机械收获面积（亩）	秸秆直接还田面积（亩）
甲	乙	1	2	3	4
一、粮食作物	01			—	
其中：小麦	02				
玉米	03				
水稻	04				
其中：早稻	05				
中稻和一季晚稻	06				
双季晚稻	07				
薯类	08				
其中：马铃薯	09				
豆类	10			—	—
其中：大豆	11				
其他豆类	12			—	
其他粮食作物	13			—	
二、经济作物	14			—	—
其中：油料作物	15			—	—
其中：油菜	16				
花生	17				
向日葵	18			—	—
棉麻作物	19			—	
其中：棉花	20				
糖料作物	21			—	
其中：甘蔗	22				
甜菜	23			—	—
烟叶	24			—	—
木薯	25				
中药材	26			—	
其他经济作物	27			—	—
三、蔬菜	28			—	—
其中：露地蔬菜	29			—	—
保护地蔬菜	30			—	—
四、瓜果	31			—	—
其中：西瓜	32			—	—
五、果园	33			—	—
其中：苹果	34			—	—
梨	35			—	—
葡萄	36			—	—
桃	37			—	—
柑桔	38			—	—

指标名称	代码	指标值			
		播种面积（亩）	覆膜面积（亩）	机械收获面积（亩）	秸秆直接还田面积（亩）
甲	乙	1	2	3	4
香蕉	39			—	—
菠萝	40			—	—
荔枝	41			—	—
其他果树	42			—	—

单位负责人：　　统计负责人（审核人）：　　填表人：　　联系电话：　　报出日期：20　年　月　日

说明：1. 本表由县（区、市、旗）农业部门根据统计数据填报；

　　　2. 审核关系：

　　　　（1）01=02+03+04+08+10+13；

　　　　（2）14=15+19+21+24+25+26+27；

　　　　（3）28=29+30；

　　　　（4）33=34+35+36+37+38+39+40+41+42。

表 1-1-49 县（区、市、旗）农作物秸秆利用情况

区划代码：□□□□□□

_____ 省（自治区、直辖市）

_____ 市（区、市、州、盟）

_____ 县（区、市、旗）

综合机关名称（盖章）：　　　　　　2017 年

表　号：	N 20 1－3 表
制定机关：	国务院第二次全国污染源普查领导小组办公室
批准机关：	国家统计局
批准文号：	国统制〔2018〕103 号
有效期至：	2019 年 12 月 31 日

指标名称	代码	指标值				
		肥料化（吨）	饲料化（吨）	基料化（吨）	原料化（吨）	燃料化（吨）
甲	乙	1	2	3	4	5
早稻	01					
中稻和一季晚稻	02					
双季晚稻	03					
小麦	04					
玉米	05					
薯类	06					
其中：马铃薯	07					
木薯	08					
油菜	09					
大豆	10					
棉花	11					
甘蔗	12					
花生	13					

单位负责人：　　　统计负责人（审核人）：　　　填表人：　　　联系电话：　　　报出日期：20 年 月 日

说明：1. 本表由县（区、市、旗）农业部门根据统计数据填报；

2. 统计范围：县（区、市、旗）辖区内秸秆规模化利用情况，特指以企业、合作社等经营主体为单位对收集离田后的秸秆加以利用的情况。

表 1-1-50 县（区、市、旗）规模以下养殖户养殖量及粪污处理情况

区划代码：□□□□□□

_____ 省（自治区、直辖市）
_____ 市（区、市、州、盟）
_____ 县（区、市、旗）

综合单位名称（盖章）： 　　　2017

表　　号：	N 202 表
制定机关：	国务院第二次全国污染源普查领导小组办公室
批准机关：	国家统计局
批准文号：	国统制〔2018〕103 号
有效期至：	2019 年 12 月 31 日

指标名称	计量单位	代码	生猪 年出栏 < 50 头		奶牛 年存栏 < 5 头		肉牛 年出栏 < 10 头		蛋鸡 年存栏 < 500 羽		肉鸡 年出栏 < 2000 羽	
甲	乙	丙	1	2	3	4	5	6	7	8	9	10
一、养殖户情况	—	—	—	—	—	—	—	—	—	—	—	—
养殖户数量	个	01										
出栏量	万头（万羽）	02			—	—			—	—		
存栏量	万头（万羽）	03	—	—			—	—			—	—
二、清粪方式	—	—	—		—		—		—		—	
干清粪	%	04										
水冲粪	%	05										
水泡粪	%	06										
垫草垫料	%	07										
高床养殖	%	08										
其他	%	09										
三、粪便处理利用方式	—	—	—		—		—		—		—	
委托处理	%	10										
生产农家肥	%	11										
生产商品有机肥	%	12										
生产牛床垫料	%	13										
生产栽培基质	%	14										
饲养昆虫	%	15										
其他	%	16										
场外丢弃	%	17										
四、污水处理利用方式	—	—	—		—		—		—		—	
委托处理	%	18										
沼液还田	%	19										
肥水还田	%	20										
生产液态有机肥	%	21										
鱼塘养殖	%	22										
达标排放	%	23										
其他利用	%	24										
未利用直接排放	%	25										

指标名称	计量单位	代码	指标值
甲	乙	丙	1
五、粪污处理利用配套农田和林地种植/播种面积	—	—	—
大田作物	亩	26	
蔬菜	亩	27	
经济作物	亩	28	
果树	亩	29	
草地	亩	30	
林地	亩	31	

单位负责人：　　统计负责人（审核人）：　　填表人：　　联系电话：　　报出日期：20 年 月 日

说明：1. 本表由县（区、市、旗）畜牧部门根据统计数据填报；

　　　2. 26–28 填写播种面积，29–31 填写种植面积。

表 1-1-51 县（区、市、旗）水产养殖基本情况

区划代码：□□□□□□

_____ 省（自治区、直辖市）
_____ 市（区、市、州、盟）
_____ 县（区、市、旗）

综合机关名称（盖章）：　　　　　2017 年

表　号：	N 203 表	
制定机关：	国务院第二次全国污染源普查领导小组办公室	
批准机关：	国家统计局	
批准文号：	国统制〔2018〕103 号	
有效期至：	2019 年 12 月 31 日	

指标名称	计量单位	代码	指标值	
甲	乙	丙	养殖品种 1	养殖品种 2
养殖品种名称	一	01		
养殖品种代码	一	02		
一、池塘养殖	一	一	一	一
养殖水体	一	03	□ 1 淡水养殖 2 海水养殖	□ 1 淡水养殖 2 海水养殖
产量	吨/年	04		
投苗量	吨/年	05		
面积	亩	06		
二、工厂化养殖	一	一	一	一
养殖水体	一	07	□ 1 淡水养殖 2 海水养殖	□ 1 淡水养殖 2 海水养殖
产量	吨/年	08		
投苗量	吨/年	09		
体积	立方米	10		
三、网箱养殖	一	一	一	一
养殖水体	一	11	□ 1 淡水养殖 2 海水养殖	□ 1 淡水养殖 2 海水养殖
产量	吨/年	12		
投苗量	吨/年	13		
面积	平方米	14		
四、围栏养殖	一	一	一	一
养殖水体		15	□ 1 淡水养殖 2 海水养殖	□ 1 淡水养殖 2 海水养殖
产量	吨/年	16		
投苗量	吨/年	17		
面积	亩	18		
五、浅海筏式养殖	一	一	一	一
养殖水体	一	19	□ 1 淡水养殖 2 海水养殖	□ 1 淡水养殖 2 海水养殖
产量	吨/年	20		
投苗量	吨/年	21		
面积	亩	22		
六、滩涂养殖	一	一	一	一
养殖水体	一	23	□ 1 淡水养殖 2 海水养殖	□ 1 淡水养殖 2 海水养殖
产量	吨/年	24		
投苗量	吨/年	25		
面积	亩	26		
七、其他	一	一	一	一
养殖水体	一	27	□ 1 淡水养殖 2 海水养殖	□ 1 淡水养殖 2 海水养殖
产量	吨/年	28		
投苗量	吨/年	29		
面积	亩	30		
八、养殖情况统计	个	31		
规模养殖场	个	32		
养殖户	个	33		

单位负责人：　　统计负责人（审核人）：　　填表人：　　联系电话：　　报出日期：20 年 月 日

说明：1. 本表由县（区、市、旗）渔业部门根据统计数据填报；

　　　2. 如需填报的养殖品种数量超过 2 种，可自行复印表格填报；

　　　3. 审核关系：31=32+33。

表 1-1-52 城市生活污染基本信息

区划代码：□□□□□□

_____ 省（自治区、直辖市）
_____ 地（区、市、州、盟）

综合机关名称（盖章）：　　　　2017 年

表　号：S 20 1表
制定机关：国务院第二次全国污染源普查领导小组办公室
批准机关：国家统计局
批准文号：国统制〔2018〕103 号
有效期至：2019 年 12 月 31 日

指标名称	计量单位	代码	指标值
甲	乙	丙	1
一、全市情况	—	—	—
全市常住人口	万人	01	
房屋竣工面积	万平方米	02	
人均住房（住宅）建筑面积	平方米	03	
新建沥青公路长度	千米	04	
改建变更沥青公路长度	千米	05	
2017 年年末城市道路长度	千米	06	
2016 年年末城市道路长度	千米	07	
二、市区情况	—	—	—
市区人口	万人	08	
其中：城区人口	万人	09	
市区暂住人口	万人	10	
其中：城区暂住人口	万人	11	
公共服务用水量	万立方米	12	
居民家庭用水量	万立方米	13	
生活用水量（免费供水）	万立方米	14	
用水人口	万人	15	
集中供热面积	万平方米	16	
人工煤气销售气量（居民家庭）	万立方米	17	
天然气销售气量（居民家庭）	万立方米	18	
液化石油气销售气量（居民家庭）	吨	19	
三、建制镇情况	—	—	—
建制镇个数	个	20	
建成区常住人口	万人	21	
建成区年生活用水量	万立方米	22	
建成区用水人口	万人	23	
人均日生活用水量（建成区部分）	升	24	
人均日生活用水量（村庄部分）	升	25	

单位负责人：　　　统计负责人（审核人）：　　　填表人：　　　联系电话：　　　报出日期：20 年 月 日

说明：1. 本表由直辖市、地（区、市、州、盟）普查机构组织本级城乡建设统计主管部门、交通运输主管部门和统计部门填报；

　　　2. 第 01-03 项指标由本级统计或城乡建设统计主管部门填报；第 04-05 项指标由本级交通运输主管部门根据"交通运输综合统计"数据填报；第 06-25 项指标由本级城乡建设统计主管部门根据"城市（县城）和村镇建设统计调查"数据填报；

　　　3. 第 03、16 项指标保留 1 位小数，第 04、05、20 项指标保留整数，其余指标可保留 2 位小数；

　　　4. 审核关系：08 ≥ 09；10 ≥ 11。

表 1-1-53 县域城镇生活污染基本信息

区划代码：□□□□□□

_____ 省（自治区、直辖市）
_____ 地（区、市、州、盟）
_____ 县（市、旗）

综合机关名称（盖章）：　　　　　2017 年

表　　号：S 202 表		
制定机关：国务院第二次全国污染源普查		
领导小组办公室		
批准机关：国家统计局		
批准文号：国统制〔2018〕103 号		
有效期至：2019 年 12 月 31 日		

指标名称	计量单位	代码	指标值
甲	乙	丙	1
一、县城情况	—	—	—
全县人口	万人	01	
其中：县城人口	万人	02	
县暂住人口	万人	03	
其中：县城暂住人口	万人	04	
公共服务用水量	万立方米	05	
居民家庭用水量	万立方米	06	
生活用水量（免费供水）	万立方米	07	
用水人口	万人	08	
集中供热面积	万平方米	09	
人工煤气销售气量（居民家庭）	万立方米	10	
天然气销售气量（居民家庭）	万立方米	11	
液化石油气销售气量（居民家庭）	吨	12	
二、建制镇情况	—	—	—
建制镇个数	个	13	
建成区常住人口	万人	14	
建成区年生活用水量	万立方米	15	
建成区用水人口	万人	16	
人均日生活用水量（建成区部分）	升	17	
人均日生活用水量（村庄部分）	升	18	

单位负责人：　　　统计负责人（审核人）：　　　填表人：　　　联系电话：　　　报出日期：20 年 月 日

说明：1. 本表由直辖市、地（区、市、州、盟）普查机构组织本级城乡建设统计主管部门填报，每个县（市、旗）
　　　　 填报一份；
　　　2. 所有指标均由本级城乡建设统计主管部门根据"城市（县城）和村镇建设统计调查"数据填报；
　　　3. 第 09 项指标保留 1 位小数，第 13 项指标保留整数，其余指标均保留 2 位小数；
　　　4. 审核关系：01 ≥ 02；03 ≥ 04。

表 1-1-54 机动车保有量

区划代码：□□□□□□

_____省（自治区、直辖市）

_____地（区、市、州、盟）

综合机关名称（盖章）：　　　　　　　2017 年

表　　号：Y 20 1－1表

制定机关：国务院第二次全国污染源普查
　　　　　领导小组办公室

批准机关：国家统计局

批准文号：国统制［2018］103 号

有效期至：2019 年 12 月 31 日

机动车类型	代码	保有量（辆）	其中：按初次登记注册日期分为						
			1999年底前	2000年	2001年	…	2015年	2016年	2017年
甲	乙	1	2	3	4	…	18	19	20
合计	01								
一、载客汽车	02								
（一）微型客车	03								
1、出租车	04								
其中：汽油	05								
燃气	06								
2、其他车	07								
其中：汽油	08								
燃气	09								
（二）小型客车	10								
1、出租车	11								
其中：汽油	12								
柴油	13								
燃气	14								
2、其他车	15								
其中：汽油	16								
柴油	17								
燃气	18								
（三）中型客车	19								
1、公交车	20								
其中：汽油	21								
柴油	22								
燃气	23								
2、其他车	24								
其中：汽油	25								
柴油	26								
燃气	27								
（四）大型客车	28								
1、公交车	29								
其中：汽油	30								
柴油	31								
燃气	32								
2、其他车	33								
其中：汽油	34								
柴油	35								
燃气	36								
二、载货汽车	37								
（一）微型货车	38								
1、汽油	39								

続表

机动车类型	代码	保有量（辆）	其中：按初次登记注册日期分为						
			1999年底前	2000年	2001年	…	2015年	2016年	2017年
甲	乙	1	2	3	4	…	18	19	20
2、柴油	40								
3、燃气	41								
（二）轻型货车	42								
1、汽油	43								
2、柴油	44								
3、燃气	45								
（三）中型货车	46								
1、汽油	47								
2、柴油	48								
3、燃气	49								
（四）重型货车	50								
1、汽油	51								
2、柴油	52								
3、燃气	53								
三、低速汽车	54								
（一）三轮汽车	55								
（二）低速货车	56								
四、摩托车	57								
（一）普通摩托车	58								
（二）轻便摩托车	59								

单位负责人：　　统计负责人（审核人）：　　填表人：　　联系电话：　　报出日期：20 年 月 日

说明：1. 本表由直辖市、地（区、市、州、盟）公安交管部门填报；

2. 统计范围：辖区内所有登记注册的机动车；

3. 审核关系：

行审核关系：保有量01=02+37+54+57；02=03+10+19+28；37=38+42+46+50；54=55+56；57=58+59；03=04+07；10=11+15；19=20+24；28=29+33；04=05+06；07=08+09；11=12+13+14；15=16+17+18；20=21+22+23；24=25+26+27；29=30+31+32；33=34+35+36；38=39+40+41；42=43+44+45；46=47+48+49；50=51+52+53；

列审核关系：保有量1=2+3+…+20。

表 1-1-55 机动车污染物排放情况

区划代码：□□□□□□

_____省（自治区、直辖市）

_____地（区、市、州、盟）

综合机关名称（盖章）：　　　　　2017 年

表　　号：Y 20 1－2 表

制定机关：国务院第二次全国污染源普查
　　　　　领导小组办公室

批准机关：国家统计局

批准文号：国统制〔2018〕103 号

有效期至：2019 年 12 月 31 日

车辆类型	代码	氮氧化物（吨）	颗粒物（吨）	挥发性有机物（吨）
甲	乙	1	2	3
合计	01			
一、载客汽车	02			
微型客车	03			
小型客车	04			
中型客车	05			
大型客车	06			
二、载货汽车	07			
微型货车	08			
轻型货车	09			
中型货车	10			
重型货车	11			
三、低速汽车	12			
三轮汽车	13			
低速货车	14			
四、摩托车	15			
普通摩托车	16			
轻便摩托车	17			

单位负责人：　　统计负责人（审核人）：　　填表人：　　联系电话：　　报出日期：20 年 月 日

说明：1. 本表由直辖市、地（区、市、州、盟）普查机构填报；

　　　2. 统计范围：辖区内所有登记注册的机动车排放量；

　　　3. 本表指标最多保留 2 位小数；

　　　4. 审核关系：02=03+04+05+06；07=08+09+10+11；12=13+14；15=16+17；01=02+07+12+15。

表 1-1-56 农业机械拥有量

区划代码：□□□□□□

_____ 省（自治区、直辖市）
_____ 地（区、市、州、盟）

综合机关名称（盖章）：   2017 年

表　　号：Y 202 - 1 表
制定机关：国务院第二次全国污染源普查
　　　　　领导小组办公室
批准机关：国家统计局
批准文号：国统制〔2018〕103 号
有效期至：2019 年 12 月 31 日

指标名称	代码	台数（万台/万套/万艘）	总动力（万千瓦）
甲	乙	1	2
一、农业机械总动力	01	—	
1、柴油发动机动力	02	—	
2、汽油发动机动力	03	—	
二、拖拉机	04		
1、大中型（14.7 千瓦及以上）	05		
其中：14.7-18.4 千瓦（含 14.7 千瓦）	06		
18.4-36.7 千瓦（含 18.4 千瓦）	07		
36.7-58.8 千瓦（含 36.7 千瓦）	08		
58.8 千瓦及以上	09		
其中：轮式	10		
2、小型（2.2-14.7 千瓦，含 2.2 千瓦）	11		
其中：手扶式	12		
三、种植业机械	13	—	—
（一）耕整地机械	14	—	—
1、耕整机	15		
2、机耕船	16		
3、机引犁	17		—
4、旋耕机	18		
5、深松机	19		
6、机引耙	20		—
（二）种植施肥机械	21	—	—
1、播种机	22		—
其中：免耕播种机	23		—
精少量播种机	24		—
2、水稻种植机械	25	—	—
（1）水稻直播机	26		
（2）水稻插秧机	27		
其中：乘坐式	28		
（3）水稻浅栽机	29		
3、化肥深施机	30		—
4、地膜覆盖机	31		—
（三）农用排灌机械	32	—	—
1、排灌动力机械	33		
其中：柴油机	34		
2、农用水泵	35		—
3、节水灌溉类机械	36		—
（四）田间管理机械	37	—	—
1、机动喷雾（粉）机	38		
2、茶叶修剪机	39		

指标名称	代码	台数 （万台 / 万套 / 万艘）	总动力 （万千瓦）
甲	乙	1	2
（五）收获机械	40	—	—
1、联合收获机	41		
（1）稻麦联合收割机	42		
其中：自走式	43		
其中：半喂入式	44		
（2）玉米联合收获机	45		
其中：自走式	46		
2、割晒机	47		
3、其他收获机械	48		
四、渔业机械	49		
其中：增氧机	50		
投饵机	51		

单位负责人：　　　统计负责人（审核人）：　　　填表人：　　　联系电话：　　　报出日期：20　年　月　日

说明：1. 本表由直辖市、地（区、市、州、盟）农机管理部门根据《全国农业机械化管理统计报表制度》的农业机械拥有量 [农市（机年）3 表] 填报；

　　　2. 本表指标最多保留 4 位小数。

表 1-1-57 农业生产燃油消耗情况

区划代码：□□□□□□

_____ 省（自治区、直辖市）
_____ 地（区、市、州、盟）
综合机关名称（盖章）：　　　　　　2017 年

表　　号：Y 202 – 2 表			
制定机关：国务院第二次全国污染源普查 　　　　　领导小组办公室			
批准机关：国家统计局			
批准文号：国统制〔2018〕103 号			
有效期至：2019 年 12 月 31 日			

指标名称	代码	计量单位	指标值
甲	乙	丙	1
农业生产燃油消耗	01	万吨	
其中：（1）柴油	02	万吨	
（2）用于农机抗灾救灾	03	万吨	
1. 农田作业	04	万吨	
（1）机耕	05	万吨	
（2）机播	06	万吨	
（3）机收	07	万吨	
（4）植保	08	万吨	
（5）其他	09	万吨	
2. 农田排灌	10	万吨	
3. 农田基本建设	11	万吨	
4. 畜牧业生产	12	万吨	
5. 农产品初加工	13	万吨	
6. 农业运输	14	万吨	
7. 其他	15	万吨	

单位负责人：　　　统计负责人（审核人）：　　　填表人：　　　联系电话：　　　报出日期：20 年 月 日

说明：1. 本表由直辖市、地（区、市、州、盟）农机管理部门根据《全国农业机械化管理统计报表制度》中的农业
　　　生产燃油消耗情况 [农市（机年）6 表] 填报；

　　　2. 本表指标最多保留 4 位小数；

　　　3. 审核关系：01 ≥ 02；01 ≥ 03；01=04+10+11+12+13+14+15；04=05+06+07+08+09。

表 1-1-58 机动渔船拥有量

区划代码：□□□□□□

_____ 省（自治区、直辖市）

_____ 地（区、市、州、盟）

综合机关名称（盖章）：　　　　2017 年

表　号：Y 202－3 表

制定机关：国务院第二次全国污染源普查
领导小组办公室

批准机关：国家统计局

批准文号：国统制〔2018〕103 号

有效期至：2019 年 12 月 31 日

指标名称	代码	渔业船舶			其中：海洋渔业		
		艘数	总吨位	功率	艘数	总吨位	功率
		艘	吨	千瓦	艘	吨	千瓦
甲	乙	1	2	3	4	5	6
机动渔船合计	01						
一、按用途分类	—	—	—	—	—	—	—
（一）生产渔船	02						
1、捕捞渔船	03						
其中：441 千瓦以上（600 马力以上）	04						
45-440 千瓦（61-599 马力）	05						
44 千瓦以下（60 马力以下）	06						
2、养殖渔船	07						
（二）辅助渔船	08						
其中：捕捞辅助船	09						
渔业执法船	10						
二、按船长分类	—	—	—	—	—	—	—
（一）船长 24 米以上	11						
（二）船长 12-24 米	12						
（三）船长 12 米以下	13						

单位负责人：　　统计负责人（审核人）：　　填表人：　　联系电话：　　报出日期：20 年 月 日

说明：1. 本表依据《渔业统计报表制度》中渔业船舶拥有量（水产年报 12 表）制定，由直辖市、地（区、市、州、盟）渔业管理部门填报；
　　　2. 本表指标均保留整数；
　　　3. 审核关系：01=02+08；02=03+07；03=04+05+06。

表 1–1–59 农业机械污染物排放情况

区划代码：□□□□□□

_____ 省（自治区、直辖市）
_____ 地（区、市、州、盟）

综合机关名称（盖章）：　　　　　2017 年

表　　号：Y 202 – 4 表
制定机关：国务院第二次全国污染源普查
　　　　　领导小组办公室
批准机关：国家统计局
批准文号：国统制〔2018〕103 号
有效期至：2019 年 12 月 31 日

机械类型	代码	氮氧化物（吨）	颗粒物（吨）	挥发性有机物（吨）
甲	乙	1	2	3
合计	01			
大中型拖拉机	02			
小型拖拉机	03			
自走式联合收割机	04			
柴油排灌机械	05			
机动渔船	06			
其他柴油机械	07			

单位负责人：　　统计负责人（审核人）：　　填表人：　　联系电话：　　报出日期：20 年 月 日

说明：1. 本表由直辖市、地（区、市、州、盟）普查机构填报；
　　　2. 统计范围：从事农林牧渔业生产的单位和农户及为其提供农机作业服务的单位、组织和个人实际拥有的农业机械排放量；
　　　3. 本表指标最多保留 4 位小数；
　　　4. 审核关系：01=02+03+04+05+06+07。

表 1-1-60 油品储运销污染物排放情况

区划代码：□□□□□□

_____ 省（自治区、直辖市）

_____ 地（区、市、州、盟）

综合机关名称（盖章）：　　　2017 年

表　　号：Y 203 表

制定机关：国务院第二次全国污染源普查
　　　　　领导小组办公室

批准机关：国家统计局

批准文号：国统制〔2018〕103 号

有效期至：2019 年 12 月 31 日

类型	代码	挥发性有机物 （吨）
甲	乙	1
合计	01	
储油库	02	
加油站	03	
油罐车	04	

单位负责人：　　　统计负责人（审核人）：　　　填表人：　　　联系电话：　　　报出日期：20　年　月　日

说明：1. 本表由直辖市、地（区、市、州、盟）普查机构填报；

　　　2. 本表指标最多保留 4 位小数；

　　　3. 审核关系：01=02+03+04。

二、指标解释

（一）通用指标

统一社会信用代码、组织机构代码　统一社会信用代码是一组长度为18位的用于法人和其他组织身份识别的代码。依据《法人和其他组织统一社会信用代码编码规则》（GB 32100-2015）编制，由登记管理部门负责在法人和其他组织注册登记时发放统一代码。统一社会信用代码用18位的阿拉伯数字或大写英文字母表示，由登记管理部门代码（1位）、机构类别代码（1位）、登记管理机关行政区划码（6位）、主体标识码（组织机构代码）（9位）和校验码（1位）5个部分组成。

组织机构代码指根据中华人民共和国国家标准《全国组织机构代码编制规则》(GB11714-1997)，由组织机构代码登记主管部门给每个企业、事业单位、机关、社会团体和民办非企业单位颁发的在全国范围内唯一的、始终不变的法定代码。组织机构代码均由八位无属性的数字和一位校验码组成。填写时，要按照技术监督部门颁发的《中华人民共和国组织机构代码证》上的代码填写。

表中统一社会信用代码、组织机构代码之后括号内的两位码为顺序码。对于大型联合企业（或集团）在同一县级行政区内的所属下级单位，凡有法人资格、符合独立核算法人工业企业条件的，填写企业的法人代码外，还应在括号内方格中填写下级单位代码，系两位码，按照01-10的顺序编码。

已填报统一社会信用代码的，不必再填报组织机构代码。若企业尚未申领统一社会信用代码，则填报组织机构代码；清查完成后申领统一社会信用代码的，需补充填写统一社会信用代码。没有统一社会信用代码和组织机构代码的，将普查对象识别码填入统一社会信用代码指标内。

普查对象识别码按照如下规则编码：

普查对象识别码共计18位，代码结构为：

□	□	□	□	□	□	□	□	□	□	□	□	□	□	□	□	□	□
01	02	03	04	05	06	07	08	09	10	11	12	13	14	15	16	17	18

第01位，为调查对象类别识别码，用大写英文字母标识，G工业企业和产业活动单位，X规模畜禽养殖场，J集中式污染治理设施，S生活源锅炉。

第02位，为调查对象机构类别识别码，用大写英文字母标识，见表1。

表 1　调查对象机构类别识别码标识

机构类别	代码标识
机关	A
事业单位	B
社会团体	C
民办非企业单位	D
企业	E
个体工商户	F
农民专业合作社	G
居委会、居民小区	H
村委会	K
其他	L

第 03-14 位，为 12 位的统计用区划代码。

第 15-18 位，为调查对象顺序识别码，由地方普查机构按照顺序进行编码。

单位详细名称及曾用名　按经工商行政管理部门核准、进行法人登记的名称填写，在填写时应使用规范化汉字全称，即与企业（单位）盖章所使用的名称一致。二级单位须同时用括号注明二级单位的名称。如企业名称变更（含当年变更），应同时填上变更前的名称（曾用名）。凡经登记主管机关核准或批准具有两个或两个以上名称的单位，要求填写法人名称，同时用括号注明其余的名称。在企业（单位）基本情况表左上角空白处加盖企业（单位）公章。

法定代表人（单位负责人）　按营业执照填写法人代表姓名，无法定代表人的填写单位负责人姓名。

单位所在地详细地址　指民政部门认可的单位所在地地址。应包括省（自治区、直辖市）、地（区、市、州、盟）、县（区、市、旗）、乡（镇）、以及具体街（村）和门牌号码，不能填写通讯号码。大型联合企业所属下级单位，一律按本级单位所在实际生产地址填写。

区划代码　为统计用 12 位区划代码。

地理坐标　填写本调查对象地理坐标的经度、纬度。企业（单位）以企业（单位）正门所在位置为准，其他地理坐标以指标解释为依据填写。

联系方式　包括联系人姓名及其对外联系的电话号码。

排水去向类型　指普查对象产生的废水直接排向江、河、湖、海等环境水体，还是排入市政管网、污水处理厂等，按表 2 选择对应代码填报。

表 2　排水去向类型代码表

代码	排水去向类型	代码	排水去向类型
A	直接进入海域	F	直接进入污灌农田
B	直接进入江河湖、库等水环境	G	进入地渗或蒸发地
C	进入城市下水道（再入江河、湖、库）	H	进入其他单位
D	进入城市下水道（再入沿海海域）	L	进入工业废水集中处理厂
E	进入城市污水处理厂	K	其他

《工业企业基本情况》（G101-1表）

行业类别　指根据其从事的社会经济活动性质对各类单位进行分类的名称和代码。

企业对照《国民经济行业分类》（GB/T 4754–2017）按正常生产情况下生产的主要产品的性质（一般按在工业总产值中占比重较大的产品及重要产品）确认归属的具体工业行业类别，若有两种以上（含两种）主要产品的、按所属行业小类分别填写行业名称和行业小类代码。

企业规模　指按企业从业人员数、营业收入二项指标为划分依据划分的企业规模。企业规模代码和名称如下：1. 大型，2. 中型，3. 小型，4. 微型。在划分规模时，企业应按国家统计局制发的《国家统计局关于印发统计上大中小微型企业划分办法的通知》确定规模并填写代码。划分标准见表1。大、中、小型企业须同时满足所列指标的下限，否则下划一档；微型企业只需满足所列指标中的一项即可。

表1　统计上大中小微型企业划分标准

行业名称	指标名称	计算单位	大型	中型	小型	微型
工业企业	从业人员（X） 营业收入（Y）	人 万元	X ≥ 1000 Y ≥ 40000	300 ≤ X < 1000 2000 ≤ Y < 40000	20 ≤ X < 300 300 ≤ Y < 2000	X < 20 Y < 300

登记注册类型　以工商行政管理部门对企业登记注册的类型为依据，企业根据登记注册的类型将其对应的代码填入方格内。

开业（成立）时间　指企业向工商行政管理部门进行登记、领取法人营业执照的时间。1949年以前成立的企业填写最早开工年月；合并或兼并企业，按合并前主要企业领取营业执照的时间（或最早开业时间）填写；分立企业按分立后各自领取法人营业执照的时间填写。

受纳水体　指普查对象废水最终排入的水体。根据生态环境部第二次全国污染源普查工作办公室确定的附录（三）河流名称与代码填报受纳水体名称与代码。

新版排污许可证　指按照《控制污染物排放许可制实施方案》（国办发〔2016〕81号）规定申领核发的排污许可证，编号为全国排污许可证管理信息平台中生成的许可证编号。

企业运行状态　工业企业在调查年度的实际运行状态分为两种：全年或部分时间投产运行的为"运行"，全年无投产运行的为"全年停产"。

正常生产时间　指工业企业在调查年度内的实际正常生产时间。计量单位为小时，保留整数。全年停产的不填报正常生产时间数。

工业总产值（当年价格）　指工业企业在调查年度生产的以货币形式表现的工业产品和提供工业劳务活动的总价值量，包括本期生产成品价值、对外加工费收入、自制半成品和在制产品的期末与期初差额价值，按照现行价格（当年价格）计算，即按销售产品的实际出厂价格，计量单位为千元，允许保留1位小数。

产生工业废水　指调查年度内，工业企业生产过程中产生的生产废水。

锅炉 / 燃气轮机 指用于企业生产、采暖及其他生产或生活活动的锅炉、发电的锅炉、燃气轮机，包括独立火电厂的发电锅炉、燃气轮机和企业自备电厂的锅炉、燃气轮机。

工业炉窑 指在工业生产中用燃料燃烧或电能转换产生热量，将物料或工件进行冶炼、焙烧、熔化、加热等工序的热工设备，此处不包括 G103-3 表至 G103-9 表中炼焦、烧结 / 球团、炼钢、炼铁、水泥熟料、石化生产等使用的炉窑。

炼焦工序 指钢铁工业企业和炼焦工业企业的炼焦生产单元。

烧结 / 球团工序、炼铁工序、炼钢工序 指钢铁企业中相应的生产单元。

熟料生产 指水泥熟料生产工序，仅限于水泥制造企业。

有机液体储罐 属于表 G103-10 指标解释中所列行业，拥有容积 20 立方米以上储罐的工业企业选"是"，否则选"否"。

有机液体装载 属于表 G103-10 指标解释中所列行业，采用汽车、火车、船舶为运输工具进行有机物料装载的工业企业选"是"，否则选"否"。

含挥发性有机物原辅材料使用 属于表 G103-11 指标解释中所列行业，在生产过程中使用含挥发性有机物原辅材料的工业企业选"是"，否则选"否"。

工业固体物料堆存 指专门用于堆存表 G103-12 指标解释中所列明固体物料的敞开式、密闭式、半敞开式的固定堆放场所，有固定堆放场所的选"是"，否则选"否"。

其他生产废气 指生产过程中除炉窑、锅炉、含挥发性有机物原辅材料使用挥发、有机液体储罐、有机液体装载、有机废气泄漏等生产废气外，有其他生产工序中产生的废气，包含有组织废气和无组织废气。

一般工业固体废物 指除危险废物以外的，在生产活动中产生的丧失原有利用价值或者虽未丧失利用价值但被抛弃或者放弃的固态、半固态和置于容器中的气态的物品、物质以及法律、行政法规规定纳入固体废物管理的物品、物质。

危险废物 指按《国家危险废物名录》（2016 版）确认列入国家危险废物名录或者根据国家规定的危险废物鉴别标准和鉴别方法认定的，具有爆炸性、易燃性、反应性、毒性、腐蚀性、易传染性疾病等危险特性之一的废物（医疗废物属于危险废物）。

涉及稀土等 15 类矿产 指涉及稀土等 15 类矿产采选、冶炼、加工企业。15 类矿产名录详见 G107 表指标解释。

《工业企业主要产品、生产工艺基本情况》（G101-2 表）

产品名称 / 代码 指调查年度内，普查对象生产的主要产品名称、代码，按照生态环境部第二次全国污染源普查工作办公室提供的附录（四）工业行业污染核算用主要产品、原料、生产工艺分类目录，填报与污染物产生、排放密切相关的主要中间产品或最终产品。最多填写 20 个。

生产工艺名称 / 代码 指调查年度内，普查对象生产该种产品采取的生产工艺名称、代码，按照生态环境部第二次全国污染源普查工作办公室提供的附录（四）工业行业污染核算用主要产品、原料、生产工艺分类目录选取填报。

生产能力　指在计划期内，企业（或某生产线）参与生产的全部设备(包括主要生产设备、辅助生产设备、起重运输设备、动力设备及有关的厂房和生产用建筑物等)，在既定的组织技术条件下，所能生产的产品数量，或者能够处理的原材料数量。生产能力计量单位按照生态环境部第二次全国污染源普查工作办公室提供的附录（四）工业行业污染核算用主要产品、原料、生产工艺分类目录中对应单位填报。保留整数。

实际产量　指调查年度内，普查对象该产品的实际生产量。允许保留 2 位小数。实际产量计量单位按照生态环境部第二次全国污染源普查工作办公室提供的附录(四)工业行业污染核算用主要产品、原料、生产工艺分类目录中对应计量单位填报。

《工业企业主要原辅材料使用、能源消耗基本情况》（G101-3 表）

原辅材料名称 / 代码　指调查年度内，普查对象生产活动使用的原辅材料，名称、代码按照生态环境部第二次全国污染源普查工作办公室提供的附录（四）工业行业污染核算用主要产品、原料、生产工艺分类目录选取填报。本厂中间产品作为本厂其他生产环节原辅材料的，不需要填报。最多填写 20 种初级原辅材料。

原辅材料使用量　指调查年度内，普查对象该种原辅材料的实际使用量。最多保留 2 位小数。原辅材料使用量计量单位按照生态环境部第二次全国污染源普查工作办公室提供的附录（四）工业行业污染核算用主要产品、原料、生产工艺分类目录中对应计量单位填报。

能源名称 / 代码　指调查年度内，普查对象生产活动消耗的能源名称、代码，从附录（五）指标解释通用代码表中表 2 选择填报。

能源使用量　指调查年度内，普查对象该种能源的实际消耗量，计量单位按附录（五）指标解释通用代码表中表 2 选择，最多保留 2 位小数。

用作原辅材料量　指调查年度内，普查对象将能源用作生产原辅材料使用而消耗的实际量。如石油化工厂、化工厂、化肥厂生产乙烯、化纤单体、合成氨、合成橡胶等产品所消费的石油、天然气、原煤、焦炭等，这些能源作为原料投入生产过程，通过一系列化学反应，逐步生成新的物质，构成新产品的实体。又如一些能源不构成产品实体，而是作为材料使用，例如洗涤用的汽油、柴油、煤油。同时作为能源、原辅材料的能源，如原料煤，只填写能源消耗情况，不重复填写原辅材料情况。

《工业企业废水治理与排放情况》（G102 表）

取水量　指调查年度从各种水源提取的并用于工业生产活动的水量总和，包括城市自来水用量、自备水（地表水、地下水和其他水）用量、水利工程供水量，以及企业从市场购得的其他水（如其他企业回用水量）。计量单位为立方米，保留整数。

工业生产活动用水主要包括工业生产用水、辅助生产（包括机修、运输、空压站等）用水。厂区附属生活用水（厂内绿化、职工食堂、浴室、保健站、生活区居民家庭用水、企业附属幼儿园、学校、游泳池等的用水量）如果单独计量且生活污水不与工业废水混排的水量不计入取水量。

城市自来水 指调查年度通过城镇自来水管道购自公共供水企业的自来水水量。计量单位为立方米，保留整数。

自备水 指调查年度所消耗的自备水水量，包括地表水、地下水、海水等。计量单位为立方米，保留整数。

水利工程供水 指调查年度所消耗的非本企业自备水利工程设施提供的水量。计量单位为立方米，保留整数。

其他工业企业供水 指调查年度从其他工业获取的不包括自来水的水及水的产品，包括企业回用水量、蒸气、热水、地热水、外来中水等。计量单位为立方米，保留整数。

废水治理设施数 指普查对象内部，用于废水治理、从而降低污染物浓度的治理设施套数。以一股废水的治理系统为一套统计。报废的不统计，备用纳入统计并计数。附属于设施内的水治理设备和配套设备不单独计算。

只填报企业内部的废水治理设施，工业废水排入的城镇污水处理厂、集中工业废水处理厂不能算作企业的废水治理设施。企业内的废水治理设施包括一、二和三级处理的设施，如企业有 2 个排放口，1 个排放口为一级处理（隔油池、化粪池、沉淀池等），另 1 个排放口为二级处理（如生化处理），则该企业有 2 套废水治理设施；若该企业只有 1 个排放口，经由该排放口的废水先经过一级处理，再经二级（甚至三级）处理后外排，则该企业视为 1 套废水治理设施。即针对同一股废水的所有水治理设备均视为 1 套治理设施，针对分别排放的、不同废水的治理设备可视为多套治理设施。

废水类型名称/代码 指每套废水治理设施处理的废水种类，按不同的生产工序及废水水质分类，如酸碱废水、含重金属的废水等生产工艺废水；不同类型的废水经处理后混排（包括与工业废水混排的厂区生活污水）为综合污水。废水类型及代码见表1。

表 1　废水类型及代码

代码	废水类型
FSLX01	酸碱废水
FSLX02	含油废水
FSLX03	含硫废水
FSLX04	含氨废水
FSLX05	含氟废水
FSLX06	含磷废水
FSLX07	含酚废水
FSLX08	酚氰废水
FSLX09	有机废水
FSLX10	含重金属废水
FSLX11	含重金属以外第一类污染物废水
FSLX12	含盐废水
FSLX13	含悬浮物废水
FSLX14	综合废水
FSLX15	其他废水

设计处理能力 指在计划期内,企业按设计规模建设的废水处理全部设施(包括各种设备和构筑物),既定的组织技术条件下、设施正常运行时,能处理的废水量。计量单位为立方米／日,保留整数。

处理方法名称／代码 根据废水处理的工艺方法,按附录(五)指标解释通用代码表中表1填写,多种处理工艺方法的,每种工艺方法均需填报,按照处理工艺方法的先后次序填报。

年运行小时 指废水处理设施全年实际运行的小时数,保留整数。

年实际处理水量 指废水处理设施在调查年度实际处理的生产废水和厂区生活污水量,包括处理后外排的和处理后回用的废水量。虽经处理但未达到国家或地方排放标准的废水量也应计算在内。按处理本单位量和处理外单位量分别填报。计量单位为立方米,保留整数。

加盖密闭情况 仅限行业类别代码为2511、2519、2521、2522、2523、2614、2619、2621、2631、2652、2653、2710的行业填报;加盖密闭情况包括1.无密闭,2.隔油段密闭,3.气浮段密闭,4.生化处理段密闭,其中选择2、3、4的可多选。

处理后废水去向 指废水经处理设施处理后的去向,包括1.本厂回用,2.经排放口排出厂区,3.其他。其中经排放口排出厂区的,应填写对应的废水总排放口编号。

废水总排放口数 指废水经本厂污染治理设施处理或未经处理后,从厂区排出的排放口的个数。单独排放的生活污水、间接冷却水排放口应计入废水总排放口数量,仅填报废水总排放口编号、排水去向类型、排放口地理坐标,废水排放量和污染物产生量和排放量不填报。单独的雨水排放口不计数且不填报排放口信息。

废水总排放口编号 有排污许可证的企业,按照排污许可证载明的废水排放口编号填报,没有发放排污许可证的企业按照《排污单位编码规则》(HJ 608-2017),对废水排放口自行编号,不同排放口编号不得重复。

废水总排放口类型 指相应废水总排放口的类型,选择1.工业废水或综合废水排放口,2.单独排放的生活污水,3.间接冷却水排放口。

排放口地理坐标 指普查单位废水排放口地理位置的经、纬度。

废水排放量 指调查年度排到企业外部的工业废水量。包括生产废水、外排的直接冷却水、废气治理设施废水、超标排放的矿井地下水和与工业废水混排的厂区生活污水,不包括独立外排的间接冷却水(清浊不分流的间接冷却水应计算在内)。按厂界排放口分别填报。计量单位为立方米,保留整数。

直接冷却水:在生产过程中,为满足工艺过程需要,使产品或半成品冷却所用与之直接接触的冷却水(包括调温、调湿使用的直流喷雾水)。

间接冷却水:在工业生产过程中,为保证生产设备能在正常温度下工作,用来吸收或转移生产设备的多余热量,所使用的冷却水(此冷却用水与被冷却介质之间由热交换器壁或设备隔开)。

废水污染物产生量 指生产过程中产生的未经过处理的废水中所含的化学需氧量、氨氮、总氮、总磷、石油类、挥发酚、氰化物等污染物和砷、铅、镉、总铬、六价铬、汞等重金属本身的纯质量。根据废水治理设施前的进水水量与进入废水治理设施前的浓度监测数据核算,或采用产污系数核算。

废水污染物排放量 指调查年度企业排放的工业废水中所含化学需氧量、氨氮、总氮、总磷、石油类、挥发酚、氰化物等污染物和砷、铅、镉、总铬、六价铬、汞等重金属本身的纯质量。

工业源废水污染物排放量为最终排入外环境的量。排水去向类型为城镇污水处理厂、进入其他单位和工业废水集中处理厂的调查单位,其废水污染物排放量为经污水处理厂(或其他单位)处理后最终排入外环境的排放量。

对于化学需氧量、氨氮、总氮、总磷、石油类、挥发酚、氰化物等污染物，其废水污染物排放量可通过工业企业的废水排放量与污水处理厂（或其他单位）符合核算要求的平均出口浓度计算得出；若无符合核算要求的污水处理厂（或其他单位）出口浓度监测数据，则根据污水处理厂（或其他单位）的废水处理工艺选择相应污染物排污系数进行核算。

对于重金属污染物指标，排水去向类型为工业废水集中处理厂和进入其他单位的企业，根据接纳其废水的单位废水处理设施是否具有去除重金属的工艺，确定重金属排放量核算方法：若接纳其废水的工业废水集中处理厂（或其他单位）废水处理设施具有去除重金属的工艺，则按接纳其废水的工业废水集中处理厂（或其他单位）符合核算要求的出口废水重金属浓度或废水处理工艺核算排放量；若接纳其废水的工业废水集中处理厂（或其他单位）废水处理设施无去除重金属工艺，则不考虑对该企业重金属的去除。排水去向类型为城镇污水处理厂的企业，不考虑城镇污水处理厂对其重金属的去除。不考虑工业废水集中处理厂、城镇污水处理厂、其他单位对重金属去除的，按照下述方法进行核算。

废水排放去向为直接进入海域，直接进入江河湖、库等水环境，进入城市下水道（再入江河、湖、库），进入城市下水道（再入沿海海域），直接进入污灌农田，进入地渗或蒸发地，其他等几种类型的，根据化学需氧量、氨氮、总氮、总磷、石油类、挥发酚、氰化物等污染物根据废水总排放口符合核算要求的出口浓度监测数据或排污系数进行核算；砷、铅、镉、总铬、六价铬、汞等污染物根据符合核算要求的出口浓度监测数据或排污系数核算排放量，其中根据出口监测数据核算排放量的，根据生产车间或生产车间治理设施出口浓度监测数据核算排放量。

注意：表中各种污染物的产生量和排放量按废水实际含有的污染物种类填报，确定不存在的可不填报。

G103-1 至 G103-8 表通用指标解释

燃料类型 指普查对象 2017 年度用作燃料的能源类型。主要燃料类型、代码和计量单位见附录（五）指标解释通用代码表中表 2。

燃料消耗量 指相应生产线或设施 2017 年度消耗的燃料量。

燃料低位发热量 指相应燃料 2017 年多次检测的单位低位发热量加权平均值；若无燃料分析数据，取所在地区平均低位发热量。

燃料平均收到基含硫量 指相应燃料 2017 年多次检测的收到基含硫量加权平均值；若无燃料分析数据，取所在地区平均含硫量。

燃料平均收到基灰分 指相应燃料 2017 年多次检测的收到基灰分加权平均值；若无燃料分析数据，取所在地区平均收到基灰分。气态燃料不填写。

燃料平均干燥无灰基挥发分 指相应燃料 2017 年多次检测的干燥无灰基挥发分加权平均值；若无燃料分析数据，取所在地区平均干燥无灰基挥发分。气态燃料不填写。

其他燃料消耗总量 指相应生产线除表中列名填报的两种燃料外的其他燃料总的消耗量，均需按相应的折标系数折合为标准煤填报消耗量。各类能源的折标系数可参考上表选取。

废气排放口编号 指与相应设备所对应的排放口的编号。有排污许可证的企业，按照排污许可证载明的废气排放口编号填报，没有发放排污许可证的企业按照《排污单位编码规则》（HJ 608-2017），对废气排放口进行编号，不同排放口编号不得重复。

废气排放口地理坐标 指相应设备所对应的废气主要排放口地理位置的经、纬度。

废气排放口高度 指相应排放口的离地高度。

脱硫、脱硝、除尘设施编号 有排污许可证的企业，按照排污许可证载明的脱硫、脱硝、除尘处理设施编号填报，没有发放排污许可证的企业按照《排污单位编码规则》（HJ 608-2017），对脱硫、脱硝、除尘处理设施进行编号，不同设施编号不得重复。

脱硫、脱硝、除尘工艺 指相应的脱硫、脱硝、除尘处理设施所采用的工艺名称。两种及以上处理工艺组合使用的，每种工艺均需填报，按照处理工艺的先后次序填报。工艺名称和代码按附录（五）指标解释通用代码表中表5代码填报。

脱硫、脱硝、除尘效率 指2017年度相应的脱硫、脱硝、除尘设施实际的污染物去除效率。根据相应设施的进口和出口污染物排放量或平均浓度计算去除效率，无进口污染物平均浓度的可应用产排污系数法计算产生量，用于计算去除效率。

脱硫、脱硝、除尘设施年运行时间 指2017年度相应的脱硫、脱硝、除尘处理设施实际运行小时数。

脱硫剂、脱硝剂名称、使用量 指2017年度相应的脱硫、脱硝设施运行时使用的药剂名称及其使用量。

工业废气排放量 指2017年度普查对象排入空气中含有污染物的气体总量，以标态体积计。

废气污染物产生量 指2017年度普查对象相应生产线生产过程中产生的未经过处理的废气中所含的污染物的质量。废气污染物种类包括二氧化硫、氮氧化物、颗粒物、挥发性有机物、氨等。

颗粒物产生量指生产过程中产生的未经过处理的废气中所含的烟尘及工业粉尘的总质量。烟尘是指通过燃烧煤、石煤、柴油、木柴、天然气等产生的烟气中的尘粒。通过有组织排放的，俗称烟道尘。工业粉尘指在生产工艺过程中排放的能在空气中悬浮一定时间的固体颗粒。如钢铁企业耐火材料粉尘、焦化企业的筛焦系统粉尘、烧结机的粉尘、石灰窑的粉尘、建材企业的水泥粉尘等。

废气污染物排放量 指2017年度普查对象在生产过程中排入大气的废气污染物的质量，包括有组织排放量和无组织排放量。

《工业企业锅炉／燃气轮机废气治理与排放情况》（G103-1表）

机组编号 指普查对象2017年度相应发电（供热）机组的编号。

机组装机容量 指相应的发电机组的发电容量。

是否热电联产 选择相应的发电机组是否是热电联产机组，即除发电外，是否还向用户供热。

年运行时间 指2017年度相应的发电机组的运行小时数。

电站锅炉／燃气轮机编号 指用于相应发电机组运行的锅炉或燃气轮机的编号。有排污许可证的企业，按照排污许可证载明的编号填报，没有发放排污许可证的企业按照《排污单位编码规则》（HJ 608-2017），对锅炉进行编号，不同锅炉编号不得重复。

电站锅炉／燃气轮机类型 指相应的电站锅炉／燃气轮机的类型，按附录（五）指标解释通用代码表中表 3 代码填报。

电站锅炉燃烧方式 指相应的电站锅炉根据不同燃料类型的锅炉燃烧方式，按附录（五）指标解释通用代码表中表 4 代码填报。

电站锅炉/燃气轮机额定出力 指相应的电站锅炉（燃气轮机）每小时的额定出力，统一按单位"蒸吨/小时"填报。换算关系：60 万大卡/小时 ≈ 1 蒸吨/小时（t/h）≈ 0.7 兆瓦（MW）。

工业锅炉编号 指普查对象 2017 年除电站锅炉外其他所有锅炉的编号。有排污许可证的企业，按照排污许可证载明的编号填报，没有发放排污许可证的企业按照《排污单位编码规则》（HJ 608–2017），对锅炉进行编号，不同锅炉编号不得重复。

工业锅炉型号 指相应工业锅炉铭牌上记载的型号，没有铭牌或铭牌上没有记录的，可不填。

工业锅炉类型 指相应工业锅炉的类型，按附录（五）指标解释通用代码表中表 3 代码填报。

工业锅炉用途 指相应工业锅炉的用途，多种用途的可多选。可选择 1. 生产，2. 采暖，3. 其他。

工业锅炉额定出力 指相应工业锅炉每小时的额定出力，统一按单位"蒸吨/小时"填报。换算关系：60 万大卡/小时 ≈ 1 蒸吨/小时（t/h）≈ 0.7 兆瓦（MW）。

燃烧方式 指相应工业锅炉的燃烧方式，按附录（五）指标解释通用代码表中表 4 代码填报。

发电量 指 2017 年度相应发电机组全年实际发电量。

供热量 指 2017 年度相应电站锅炉除供应对应发电机组外，提供蒸汽或热水的总供热量。纯供热锅炉，其供热量按母管供热方式分配到其他机组。

发电标准煤耗 指相应发电机组单位发电量耗用的折合标准煤的量。

燃料消耗量 指普查对象 2017 年度实际消耗的燃料量。

发电消耗量 指 2017 年度相应电站锅炉/燃气轮机用于发电耗用的燃料消耗量。

供热消耗量 指 2017 年度相应电站锅炉/燃气轮机除发电外用于供热耗用的燃料消耗量。

其他燃料消耗总量 指相应机组除本表中填报的两种燃料外的其他燃料总的消耗量，每类燃料均需折为标准煤。各类能源的折标系数可参考附录（五）指标解释通用代码表中表 2 选取。

是否采用低氮燃烧技术 按照 2017 年末相应的工业锅炉或电站锅炉是否采用了低氮燃烧技术，选择"是"或"否"。

排放口编号 指与相应设备所对应的排放口的编号。有排污许可证的企业，按照排污许可证载明的废气排放口编号填报，没有发放排污许可证的企业按照《排污单位编码规则》（HJ 608–2017），对废气排放口进行编号，不同排放口编号不得重复。

排放口地理坐标 指普查对象锅炉废气排放口地理位置的经、纬度。

排放口高度 指相应废气排放口的离地高度。

《工业企业炉窑废气治理与排放情况》（G103-2 表）

工业企业炉窑 指在工业生产中用燃料燃烧或电能转换产生的热量，将物料或工件进行冶炼、焙烧、熔化、加热等工序的热工设备。炼焦、烧结/球团、炼铁、炼钢、水泥熟料、石化等生产线涉及的炉窑填报 G103-3 表、G103-4 表、G103-5 表、G103-6 表、G103-7 表、G103-8 表、G103-9 表，除此之外，其他炉窑填报本表。

炉窑类型 指相应炉窑的类型，按表 1 填报。

表 1　工业炉窑类别代码表

代码	工业炉窑类别	代码	工业炉窑类别
01	熔炼炉	10	热处理炉
02	熔化炉	11	烧成窑
03	加热炉	12	干燥炉（窑）
04	管式炉	13	熔煅烧炉（窑）
05	接触反应炉	14	电弧炉
06	裂解炉	15	感应炉（高温冶炼）
07	电石炉	16	焚烧炉
08	煅烧炉	17	煤气发生炉
09	沸腾炉	18	其他工业炉窑

炉窑编号 指普查对象对相应炉窑的编号。有排污许可证的企业，按照排污许可证载明的编号填报，没有发放排污许可证的企业按照《排污单位编码规则》（HJ 608-2017），对炉窑进行编号，不同炉窑编号不得重复。

炉窑规模 指普查对象相应炉窑用于生产某种产品的年生产能力，或在计划期内，该炉窑及其配套设备，在既定的组织技术条件下，所能生产产品产量或加工处理原料的量。

年生产时间 指普查对象 2017 年度相应炉窑的实际正常生产小时数。

燃料消耗量 指普查对象 2017 年度用作相应炉窑生产所消耗的燃料量。

其他燃料消耗总量 指相应机组除本表中填报的两种燃料外的其他燃料总的消耗量，均需按相应的折标系数折合为标准煤填报消耗量。

产品名称、产量、计量单位 指普查对象 2017 年度使用相应炉窑进行生产的产品名称、计量单位、年实际产量。有多种产品的，选择最具代表性的产品填报，产品名称、计量单位按照生态环境部第二次全国污染源普查工作办公室提供的附录（四）工业行业污染核算用主要产品、原料、生产工艺分类目录选取填报。

原料名称、用量、计量单位 指普查对象 2017 年度使用相应炉窑消耗的原料的名称、计量单位、年实际用量，有多种原料的，选择最具代表性的原料填报，原料名称、计量单位按照生态环境部第二次全国污染源普查工作办公室提供的附录（四）工业行业污染核算用主要产品、原料、生产工艺分类目录选取填报。

治理设施及污染物产生排放情况 有多个排放口，且治理设施有多套的，填写排放量占比最大的排放口的污染治理设施情况，但排放量要填写相应炉窑所有排放口和无组织排放的排放量。

《钢铁与炼焦企业炼焦废气治理与排放情况》（G103-3表）

表1 钢铁企业炼焦、烧结球团、炼铁、炼钢生产线涵盖排放源范围

生产线	涵盖范围
炼焦	精煤破碎、焦炭破碎、筛分、转运设施
	装煤地面站
	推焦地面站
	焦炉烟囱（含焦炉烟气尾部脱硫、脱硝设施）
	干法熄焦地面站
	粗苯管式炉、半焦烘干和氨分解炉等燃用焦炉煤气的设施
	冷鼓、库区焦油各类贮槽
	苯贮槽
	脱硫再生塔
	硫铵结晶干燥
烧结	配料设施、整粒筛分设施
	烧结机机头
	烧结机机尾
	破碎设施、冷却设施及其他设施
球团	配料设施
	焙烧设施
	破碎、筛分、干燥及其他设施
炼铁	矿槽
	出铁场
	热风炉
	原料系统、煤粉系统及其他设施
炼钢	转炉二次烟气
	转炉三次烟气
	电炉烟气
	石灰窑、白云石窑焙烧
	铁水预处理（包括倒罐、扒渣等）、精炼炉、钢渣处理设施
	转炉一次烟气、连铸切割及火焰清理及其他设施
	电渣冶金

炼焦炉编号 指普查对象拥有的炼焦炉所对应的编号。有排污许可证的企业，按照排污许可证载明的生产设备编号填报，没有发放排污许可证的企业按照《排污单位编码规则》（HJ 608-2017），对生产设备进行编号，不同设备编号不得重复。

炼焦炉型 按1.热回收焦炉，2.顶装机焦炉，3.捣固侧装机焦炉，4.（兰炭）炭化炉，选择填报。

熄焦工艺 相应炼焦炉所使用的熄焦工艺。按1.干法熄焦，2.湿法熄焦，选择填报。

炭化室高度 相应炼焦炉对应炭化室的高度。

年生产时间 指相应炼焦炉在2017年实际正常生产的小时数。

煤炭消耗量 指炼焦过程中用作原料的煤炭消耗量。

焦炭产量 指 2017 年度普查对象相应炼焦炉实际产出的焦炭量。

硫酸、硫磺、煤气、煤焦油产量 指 2017 年度相应炼焦炉实际产出的硫酸、硫磺、煤气、煤焦油的量。

焦炉烟囱排放口 指焦炉烟囱排放口，含焦炉烟气尾部脱硫、脱硝设施排放口。

装煤地面站排放口 指装煤地面站废气排放口。

推焦地面站排放口 指推焦地面站废气排放口。

干法熄焦地面站排放口 指干法熄焦地面站废气排放口。

一般排放口及无组织 指除焦炉烟囱、装煤地面站、推焦地面站、干法熄焦地面站排放口以外炼焦生产的其他废气排放口。

《钢铁企业烧结 / 球团废气治理与排放情况》（G103-4 表）

设备规模 指普查对象相应设备的有效烧结面积，以烧结机 / 球团机台车宽度与有效长度的乘积值表示。

燃料类型 指相应烧结机 / 球团机的燃料类型。可选择 1. 焦粉，2. 煤粉，3. 其他。

铁矿石消耗量 指 2017 年度相应烧结机用于生产烧结矿 / 球团矿所实际消耗的铁矿石量。

铁矿石含硫量 指 2017 年度相应烧结机用于生产烧结矿 / 球团矿所实际消耗的铁矿石含硫量的加权平均值。

烧结矿产量、球团矿产量 指 2017 年度相应烧结机及球团生产线等实际生产的烧结矿、球团矿。

烧结机头（球团单元焙烧）排放口 指烧结单元烧结机头废气排放口（或球团单元焙烧烟气烟囱排放口）。

烧结机尾排放口 指烧结机尾废气排放口。

一般排放口及无组织 指除烧结机头（球团单元焙烧）、烧结机尾排放口以外，烧结 / 球团生产过程的其他废气排放口。

《钢铁企业炼铁生产废气治理与排放情况》（G103-5 表）

高炉容积 指相应高炉的炉内容积。

生铁产量 指 2017 年度相应高炉实际生产的铁水产量。

高炉矿槽排放口 指炼铁单元高炉矿槽废气排放口。

高炉出铁场排放口 指炼铁单元高炉出铁场废气排放口。

一般排放口及无组织 指除高炉矿槽、高炉出铁场排放口以外，炼铁生产的其他废气排放口。

《钢铁企业炼钢生产废气治理与排放情况》（G103-6表）

设备类型 指2017年度普查对象进行炼钢生产的设备类型，可选择1.氧气转炉炼钢，2.电弧炉炼钢，3.其他（请注明）。

粗钢产量 指2017年度相应设备生产的各类钢坯产量。钢坯指铁水经过加工、添加合金、碳元素浇注成型后的产品。

转炉二次烟气排放口 指炼钢单元转炉二次烟气排放口。

电炉烟气排放口 指炼钢单元电炉烟气排放口。

一般排放口及无组织 指除转炉二次烟气、电炉烟气排放口以外，炼钢生产的其他废气排放口。

《水泥企业熟料生产废气治理与排放情况》（G103-7表）

熟料生产线 指生料制备、熟料煅烧一系列设备组成的生产线，不包括矿山采矿、水泥粉磨包装设施，包括利用水泥窑协同处置固体废物的旁路和存储、预处理设施。

设备编号 指普查对象用于生产熟料的炉窑所对应的编号。有排污许可证的企业，按照排污许可证载明的生产设备编号填报，没有发放排污许可证的企业按照《排污单位编码规则》（HJ 608-2017），对生产设备进行编号，不同设备编号不得重复。

设备类型 指普查对象生产使用的水泥窑类型。水泥煅烧窑按照其窑体安装放置状态分为两大类：一类是窑筒体水平卧置（略带斜度），并能作回转运动的称为回转窑（也称旋窑）。根据原料制备的方法不同回转窑可分为干法回转窑和湿法回转窑两种。新型干法回转窑指以悬浮预热和预分解为核心并广泛应用原料矿山网络化开采、原料预均化、生料均化、挤压磨粉等技术的水泥干法生产线。另一类窑筒体是立置不转动的称为立窑。我国目前使用的立窑有两种：一是人工加料和人工卸料的普通立窑，另一类是通过机械加料和卸料连续操作的机械立窑。按表1填报水泥窑类型名称及代码。

表 1　水泥窑类型表

大类	中类	小类	类别名称
10			回转窑
	11		干法回转窑
		111	新型干法回转窑
		112	其他回转窑
	12		湿法回转窑
20			立窑
	21		普通立窑
	22		机械立窑

设备年运行时间　指普查对象相应炉窑在 2017 年实际正常生产的小时数。

生产能力　指在计划期内，普查对象相应的水泥煅烧窑及其配套设备在既定的组织技术条件下所能生产水泥熟料的量。

煤炭消耗量　指普查对象 2017 年度相应生产设备的燃料消耗量。

石灰石用量　指普查对象相应生产线 2017 年度用于生产熟料的石灰石用量。

熟料产量　指普查对象相应生产线在 2017 年度烧成的熟料；不含从外部购进的商品熟料。

窑尾排放口　指水泥窑及窑尾余热利用系统烟囱排放口。

窑头排放口　指冷却机烟囱排放口。

一般排放口及无组织　指熟料生产线中除窑尾排放口和窑头排放口以外的其他废气排放口和所有无组织源。

排放口编号　指与相应设备所对应的排放口的编号。有排污许可证的企业，按照排污许可证载明的废气排放口编号填报，没有发放排污许可证的企业按照《排污单位编码规则》（HJ 608-2017），对废气排放口进行编号，不同排放口编号不得重复。

排放口地理坐标　指普查对象相应生产设施废气主要排放口地理位置的经、纬度。

排放口高度　指相应排放口的离地高度。

是否采用低氮燃烧技术　按照 2017 年末相应的治理设施是否采用了低氮燃烧技术，选择"是"或"否"。

《石化企业工艺加热炉废气治理与排放情况》（G103-8 表）

本表仅限于石化企业填报，石化行业范围为执行《石油化学工业污染物排放标准》（GB 31571-2015）和《石油炼制工业污染物排放标准》（GB 31570-2015）的工业企业。

工艺加热炉　指用燃料燃烧加热管内流动的液体或气体物料的设备。

加热炉编号　指普查对象 2017 年度对相应工艺加热炉的编号。有排污许可证的企业，按照排污许可证载明的编号填报，没有发放排污许可证的企业按照《排污单位编码规则》（HJ 608-2017），对工艺加热炉进行编号，不同工艺加热炉编号不得重复。

加热炉规模　指相应加热炉的设计规模。

热效率　被加热物料吸收的有效热量与燃料燃烧放出总热量之比。

炉膛平均温度　指炉膛内辐射室火焰或热烟气的平均温度。

年生产时间　指普查对象的相应加热炉 2017 年度的实际正常生产小时数。

燃料消耗量　指普查对象 2017 年度用作相应加热炉生产所消耗的燃料量。

治理设施及污染物产生排放情况　有多个排放口，且治理设施有多套的，填写排放量占比最大的排放口的污染治理设施情况，但排放量要填写相应加热炉所有排放口和无组织排放的排放量。

是否采用低氮燃烧技术　按照 2017 年末相应的治理设施是否采用了低氮燃烧技术，选择"是"或"否"。

《石化企业生产工艺废气治理与排放情况》（G103-9表）

本表仅限于石化企业填报，石化行业范围为执行《石油化学工业污染物排放标准》（GB 31571-2015）和《石油炼制工业污染物排放标准》（GB 31570-2015）的工业企业。

生产工艺废气　指石化企业生产过程中除工艺加热炉以外，其他生产装置产生的废气。

装置编号　指普查对象对相应生产装置的编号。有排污许可证的企业，按照排污许可证载明的编号填报，没有发放排污许可证的企业按照《排污单位编码规则》（HJ 608-2017），对生产装置进行编号，不同生产装置编号不得重复。

生产能力　指在计划期内，企业（或某生产线）参与生产的全部设备(包括主要生产设备、辅助生产设备、起重运输设备、动力设备及有关的厂房和生产用建筑物等)，在既定的组织技术条件下，所能生产的产品数量，或者能够处理的原材料数量。保留整数。

生产能力的计量单位　生产能力的计量单位按照生态环境部第二次全国污染源普查工作办公室提供的附录（四）工业行业污染核算用主要产品、原料、生产工艺分类目录选取填报。

产品、原料名称　根据生态环境部第二次全国污染源普查工作办公室提供的附录（四）工业行业污染核算用主要产品、原料、生产工艺分类目录，选择用于污染物产生量或排放量核算的生产工艺、产品和原料名称。

产品产量的计量单位　指2017年相应装置中相应产品的年实际生产量。产品产量计量单位按照生态环境部第二次全国污染源普查工作办公室提供的附录（四）工业行业污染核算用主要产品、原料、生产工艺分类目录中的计量单位选取。

原料用量的计量单位　指2017年相应装置中相应原料的年实际使用量。原料用量计量单位按照生态环境部第二次全国污染源普查工作办公室提供的附录（四）工业行业污染核算用主要产品、原料、生产工艺分类目录提供的计量单位选取。

脱硫、脱硝、除尘、挥发性有机物处理设施编号　有排污许可证的企业，按照排污许可证载明的脱硫、脱硝、除尘、挥发性有机物处理设施编号填报，没有发放排污许可证的企业按照《排污单位编码规则》（HJ 608-2017），对脱硫、脱硝、除尘、挥发性有机物处理设施自行编号，不同设施编号不得重复。

脱硫、脱硝、除尘、挥发性有机物处理工艺　指相应的脱硫、脱硝、除尘、挥发性有机物处理所采用的工艺名称。两种及以上处理工艺组合使用的，每种工艺均需填报，按照处理设施的先后次序填报。工艺名称和代码按附录（五）指标解释通用代码表中表5代码填报。

脱硫、脱硝、除尘、去除挥发性有机物效率　指2017年度相应的脱硫、脱硝、除尘、挥发性有机物处理工艺设施实际的污染物去除效率。根据相应设施的进口和出口污染物排放量或平均浓度计算去除效率，无进口污染物平均浓度的可应用产排污系数法计算产生量，用于计算去除效率。

脱硫、脱硝、除尘、挥发性有机物处理设施年运行时间　指2017年度相应的脱硫、脱硝、除尘、挥发性有机物处理设施实际运行小时数。

脱硫剂、脱硝剂名称、使用量　指2017年度相应的脱硫、脱硝设施运行时使用的药剂名称及其使用量。

工业废气排放量　指2017年度普查对象排入空气中含有污染物的气体总量，以标态体积计。

废气污染物产生量　指2017年度普查对象相应生产装置生产过程中产生的未经过处理的废气中所含

的污染物的质量。废气污染物种类包括二氧化硫、氮氧化物、颗粒物、挥发性有机物、氨，以及废气中砷、铅、镉、铬、汞。

颗粒物产生量指生产过程中产生的未经过处理的废气中所含的烟尘及工业粉尘的总质量。烟尘是指通过燃烧煤、石煤、柴油、木柴、天然气等产生的烟气中的尘粒。通过有组织排放的，俗称烟道尘。工业粉尘指在生产工艺过程中排放的能在空气中悬浮一定时间的固体颗粒。如钢铁企业耐火材料粉尘、焦化企业的筛焦系统粉尘、烧结机的粉尘、石灰窑的粉尘、建材企业的水泥粉尘等。

废气重金属产生量指普查对象生产过程中产生的未经过处理的废气中分别所含的砷、铅、镉、铬、汞及其化合物的各自总质量（以元素计）。

废气污染物排放量 指 2017 年度普查对象在生产过程中排入大气的废气污染物的质量，包括有组织和无组织排放量。废气重金属排放量指排入大气的砷、铅、镉、铬、汞及其化合物的总质量（以元素计）。

全厂动静密封点个数 指全厂内涉挥发性有机物物料（VOCs 质量分数大于或等于 10% 的物料）的泵、压缩机、搅拌器、阀门、泄压设备、开口管线、法兰、连接件、其他，共 9 大类的总个数。

全厂动静密封点挥发性有机物产生量和排放量 开展过设备泄漏检测与修复（LDAR）工作的工业企业，可按照 2017 年实际产生量和排放量填报。

敞开式循环水冷却塔年循环水量 指工业企业敞开式循环水冷却塔年循环水量。

敞开式循环水冷却塔挥发性有机物产生量和排放量 指工业企业敞开式循环水冷却塔年循环水挥发性有机物产生量和排放量。

《工业企业有机液体储罐、装载信息》（G103-10 表）

以下表 1 内所列行业的工业企业本报表必填。

表 1　涉有机液体储罐、装载主要行业

序号	行业类别代码	行业类别名称	序号	行业类别代码	行业类别名称
01	2511	原油加工及石油制品制造	07	2619	其他基础化学原料制造
02	2519	其他原油制造	08	2621	氮肥制造
03	2521	炼焦	09	2631	化学农药制造
04	2522	煤制合成气生产	10	2652	合成橡胶制造
05	2523	煤制液体燃料生产	11	2653	合成纤维单（聚合）体制造
06	2614	有机化学原料制造	12	2710	化学药品原料药制造

物料名称 指相应储罐储存的有机液体物料的名称，参照表 2 的分类名称填报。如无相关对应物质，则填入"其他（物质名称）"；如储罐内物料为混合物，可填报混合物主体物质或含量最高的物料。

表 2　储罐、装载的有机液体物料名称

代码	物料名称	代码	物料名称	代码	物料名称
01	原油	17	正壬烷	33	甲酸甲酯
02	重石脑油	18	正癸烷	34	乙酸乙酯
03	柴油	19	甲醇	35	丁酸乙酯
04	烷基化油	20	乙醇	36	丙酮
05	抽余油	21	正丁醇	37	苯
06	蜡油	22	环己醇	38	甲苯
07	渣油	23	乙二醇	39	邻二甲苯
08	污油	24	丙三醇	40	间二甲苯
09	燃料油	25	二乙苯	41	对二甲苯
10	汽油	26	苯酚	42	丙苯
11	航空汽油	27	苯乙烯	43	乙苯
12	轻石脑油	28	醋酸	44	正丙苯
13	航空煤油	29	正丁酸	45	异丙苯
14	正己烷	30	丙烯酸	46	MTBE
15	正庚烷	31	丙烯腈	47	乙二胺
16	正辛烷	32	醋酸乙烯	48	三乙胺

储罐类型　指相应储罐根据结构的不同所属的具体类型。按照 1. 固定顶罐，2. 内浮顶罐，3. 外浮顶罐。卧式罐、方形罐按照固定顶罐填写，不统计压力储罐，分类填报。

储罐容积　指所能容纳有机液体的体积，可根据储罐设计指标填报。

储存温度　指储罐内储存物料实际储存的温度平均值（精确到个位数）。对于需伴热储存的物料，填报储存期间该储罐伴热温度的平均值；如为工艺生产中间罐储存的物料，可参考前序生产装置物料产出温度填报储罐温度；其他情况下，常温储存物料，按照该地区常年平均气温填报储罐温度。

物料年周转量　指相应储罐在 2017 年度进入储罐储存的有机液体物料的累计总量。

年装载量　指相应物料 2017 年度在普查对象厂区内装载量。

汽车 / 火车装载方式　指有机液体采用汽车 / 火车运输时的装载方式。可选择 1. 液下装载，2. 底部装载，3. 喷溅式装载，4. 桶装，5. 其他。

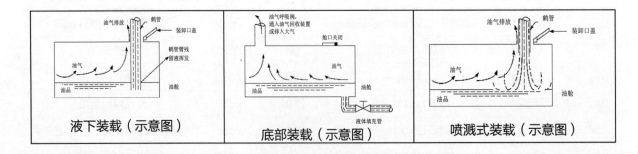

船舶装载方式　指装载有机液体的船舶类型。可选择 1. 轮船，2. 驳船，3. 远洋驳船。

挥发性有机物处理工艺　指减少控制有机液体物料装载过程逸散排放的挥发性有机物废气的处理工艺。按附录（五）指标解释通用代码表中表 5 代码填报。

挥发性有机物产生量 指 2017 年度普查对象相应有机液体储罐使用过程中产生的未经过处理的废气中所含的挥发性有机物的质量。

挥发性有机物排放量 指 2017 年度普查对象相应有机液体储罐使用过程中排入大气的挥发性有机物的质量。

《工业企业含挥发性有机物原辅材料使用信息》（G103-11 表）

以下表 1 内行业本报表必填。

表 1   填报含挥发性有机物原辅材料使用信息普查表的行业

序号	行业代码	行业类别名称	序号	行业代码	行业类别名称
01	1713	棉印染精加工	27	3130	钢延压加工
02	1723	毛染整精加工	28	3311	金属结构制造
03	1733	麻染整精加工	29	3331	集装箱制造
04	1743	丝印染精加工	30	3511	矿山机械制造
05	1752	化纤织物染整精加工	31	3512	石油钻采专用设备制造
06	1762	针织或钩针编织物印染精加工	32	3513	深海石油钻探设备制造
07	1951	纺织面料鞋制造	33	3514	建筑工程用机械制造
08	1952	皮鞋制造	34	3515	建筑材料生产专用机械制造
09	1953	塑料鞋制造	35	3516	冶金专用设备制造
10	1954	橡胶鞋制造	36	3517	隧道施工专用机械制造
11	1959	其他制鞋业	37	3611	汽柴油车整车制造
12	2021	胶合板制造	38	3612	新能源车整车制造
13	2022	纤维板制造	39	3630	改装汽车制造
14	2023	刨花板制造	40	3640	低速汽车制造
15	2029	其他人造板制造	41	3650	电车制造
16	2110	木质家具制造	42	3660	汽车车身、挂车制造
17	22	造纸和纸制品业	43	3670	汽车零部件及配件制造
18	23	印刷和记录媒介复制行业	44	3731	金属船舶制造
19	2631	化学农药制造	45	3732	非金属船舶制造
20	2632	生物化学农药及微生物农药制造	46	3733	娱乐船和运动船制造
21	2710	化学药品原料药制造	47	3734	船用配套设备制造
22	2720	化学药品制剂制造	48	3735	船舶改装
23	2730	中药饮片加工	49	38	电气机械和器材制造业
24	2740	中成药生产	50	39	计算机、通信和其他电子设备制造业
25	2750	兽用药品制造	51	40	仪器仪表制造业
26	2761	生物药品制造			

含挥发性有机物的原辅材料类别 指普查对象 2017 年度使用的含有挥发性有机物的原辅材料的类别。按照 1.涂料，2.油墨，3.胶黏剂，4.稀释剂，5.清洗剂，6.溶剂，7.其他有机溶剂（包括涂布液、润版

液、洗车水、助焊剂、除油剂等，请注明），分类填报类别名称。

含挥发性有机物的原辅材料名称及代码 指普查对象使用的含有挥发性有机物的原辅材料的名称。溶剂、清洗剂、稀释剂只需参考下表名称（包括但不限于），无需在普查表中明确具体名称。可参照表2选择填报，如无可对应名称，则填入"其他"。

表 2　含挥发性有机物的原辅材料类别及物料名称

代码	有机溶剂类别	名称	代码	有机溶剂类别	名称
V01	涂料	环氧富锌漆	V37	油墨	溶剂型凹版油墨
V02	涂料	环氧漆	V38	油墨	水性凸版油墨
V03	涂料	环氧面漆	V39	油墨	溶剂型凸版油墨
V04	涂料	丙烯酸面漆	V40	油墨	水性孔版油墨
V05	涂料	氯化橡胶面漆	V41	油墨	溶剂型孔版油墨
V06	涂料	聚氨酯面漆	V42	油墨	喷墨墨水
V07	涂料	沥青底架漆	V43	油墨	UV 油墨
V08	涂料	改性环氧底架漆	V44	胶黏剂	PVAc 及共聚物乳液水基胶粘剂
V09	涂料	水性环氧富锌漆	V45	胶黏剂	VAE 乳液水基型胶粘剂
V10	涂料	水性环氧漆	V46	胶黏剂	聚丙烯酸酯乳液水基型胶粘剂
V11	涂料	水性丙烯酸漆	V47	胶黏剂	聚氨酯类水基型胶粘剂
V12	涂料	水性环氧面漆	V48	胶黏剂	聚丙烯酸酯类溶剂型胶粘剂
V13	涂料	水性丙烯酸面漆	V49	胶黏剂	氯丁橡胶类溶剂型胶粘剂
V14	涂料	水性聚氨酯面漆	V50	胶黏剂	丁苯胶乳类胶黏剂
V15	涂料	硝基涂料 (NC)	V51	稀释剂	天那水
V16	涂料	酸固化涂料 (AC)	V52	稀释剂	乙醇
V17	涂料	不饱和树脂涂料 (PE)	V53	稀释剂	甲苯
V18	涂料	聚氨酯中涂漆	V54	稀释剂	开油水
V19	涂料	电泳漆	V55	稀释剂	异佛尔酮
V20	涂料	醇酸漆	V56	清洗剂	甲醇
V21	涂料	环氧防腐油漆	V57	清洗剂	乙醇
V22	涂料	聚氨酯防腐油漆	V58	清洗剂	石油醚
V23	涂料	丙烯酸防腐油漆	V59	清洗剂	乙醚
V24	涂料	溶剂型三防漆	V60	清洗剂	丙酮
V25	涂料	UV 固化三防漆	V61	清洗剂	苯类
V26	涂料	聚氨酯三防漆	V62	溶剂	苯
V27	涂料	有机硅三防漆	V63	溶剂	二甲苯
V28	油墨	溶剂型油墨	V64	溶剂	丁酮
V29	油墨	植物大豆油墨	V65	溶剂	苯乙烯
V30	油墨	UV 固化油墨	V66	溶剂	丙烯酸
V31	油墨	醇溶性油墨	V67	溶剂	乙酸乙酯
V32	油墨	水性油墨	V68	溶剂	丙烯酸酯
V33	油墨	溶剂型平版油墨	V69	其他有机溶剂	有机酸助焊剂
V34	油墨	植物大豆平版油墨	V70	其他有机溶剂	松香助焊剂
V35	油墨	水性平版油墨	V71	其他有机溶剂	溶剂型除油剂
V36	油墨	水性凹版油墨	V72	其他有机溶剂	水基型除油剂

含挥发性有机物的原辅材料品牌及代码 指 2017 年度相应原辅材料的品牌，仅涂料、油墨、胶黏剂

填入品牌，可按表3选择，如无可对应名称，则填入"其他"。

表3　含挥发性有机物的原辅材料品牌

代码	品牌	代码	品牌	代码	品牌
PP01	中远关西涂料化工	PP25	佳鹰	PP49	东洋
PP02	中涂化工	PP26	瑞思特	PP50	上海牡丹
PP03	海虹老人涂料	PP27	科德	PP51	立宝
PP04	天津德威涂料	PP28	泰丽	PP52	江苏中润
PP05	金刚化工	PP29	都芳	PP53	广东天龙
PP06	立邦漆	PP30	来威	PP54	杭华
PP07	多乐士	PP31	光明	PP55	珠海乐通
PP08	嘉宝莉	PP32	灯塔	PP56	苏州科斯伍德
PP09	三棵树	PP33	湘江漆	PP57	中山恒美
PP10	华润漆	PP34	大桥	PP58	乐通
PP11	百事得	PP35	威士伯	PP59	苏州科斯伍德
PP12	数码彩	PP36	永新	PP60	天津东洋
PP13	恒美	PP37	KCC	PP61	富乐
PP14	君子兰	PP38	佐敦	PP62	国胶
PP15	紫荆花	PP39	兰陵	PP63	德莎
PP16	施彩乐	PP40	双虎	PP64	永乐
PP17	PPG	PP41	宣伟	PP65	西卡
PP18	菊花漆	PP42	中益	PP66	成铭
PP19	金力泰	PP43	洋紫荆	PP67	永大
PP20	新华丽	PP44	美宁	PP68	3M
PP21	恒隆	PP45	美吉	PP69	赢创
PP22	飞扬	PP46	杜比	PP70	道康宁
PP23	后浪	PP47	正鸿高科		
PP24	Chiboom	PP48	百利宝		

含挥发性有机物的原辅材料使用量　指2017年度相应原辅材料的使用量。

挥发性有机物处理工艺　指减少控制有机液体物料装载过程逸散排放的挥发性有机物废气的处理工艺。按附录（五）指标解释通用代码表中表5代码填报。

挥发性有机物收集方式　指挥发性有机物经收集进入处理设施的具体方式，从以下五种中选择其一：

1. 密闭管道：挥发性有机物通过密闭管道直接排入处理设施。

2. 密闭空间：挥发性有机物在密闭空间区域内无组织排放，但通过抽风设施排入处理设施，无组织排放区域处于负压操作状态，并设有压力监测器。

3. 排气柜：挥发性有机物在非密闭空间区域内无组织排放，但通过抽风设施排入处理设施，且采用集气柜作为废气收集系统。

4. 外部集气罩：挥发性有机物在非密闭空间区域内无组织排放，但通过抽风设施排入处理设施，且采用外部吸（集、排）气罩作为废气收集系统。

5. 其他收集方式：除上述四种方式以外的其他方式。

挥发性有机物产生量　指2017年度普查对象相应挥发性有机物使用过程中产生的未经过处理的废气中所含的挥发性有机物的质量。

挥发性有机物排放量　指 2017 年度普查对象挥发性有机物使用过程中排入大气的挥发性有机物的质量。

《工业企业固体物料堆存信息》（G103-12表）

堆场编号　指普查对象至 2017 年末用于堆存固体物料的固定场所对应的编号。

堆场类型　指相应堆场堆放料堆的方式。可选择 1.敞开式堆放，2.密闭式堆放，3.半敞开式堆放，4.其他（请注明）。

堆存物料　指相应堆场堆放的具体固体物料。可以选择 01.煤炭（非褐煤），02.褐煤，03.煤矸石，04.碎焦炭，05.石油焦，06.铁矿石，07.烧结矿，08.球团矿，09.块矿，10.混合矿石，11.尾矿，12.石灰岩，13.陈年石灰石，14.各种石灰石产品，15.芯球，16.表土，17.炉渣，18.烟道灰，19.油泥，20.污泥，21.含油碱渣。

堆存物料类型　可选择 1.中间产品，2.原料，3.产品，4.其他（请注明）。

占地面积、最高高度、日均存储量　指相应堆场的占地面积、料堆的最高高度以及堆场 2017 年度平均每日堆放量。

物料最终去向　按照 1.成品外送，2.中间料参与反应，3.其他（请注明），分类填报物料最终去向。

年物料运载车次、单车平均运载量　指 2017 年度相应堆场物料运载的车次数和平均每一车的物料运载量。

粉尘控制措施　指相应堆场采取的粉尘排放控制措施。按照 1.洒水，2.围挡，3.化学剂，4.编织布覆盖，5.出入车辆冲洗，6.其他，分类填报。

粉尘、挥发性有机物产生量　指 2017 年度普查对象相应堆场产生的未经过处理的废气中所含的粉尘、挥发性有机物的质量。

粉尘、挥发性有机物排放量　指 2017 年度普查对象相应堆场排入大气的粉尘、挥发性有机物的质量。

《工业企业其他废气治理与排放情况》（G103-13表）

有 G103-1 至 G103-12 以外其他废气的，填报本表。

产品名称　指该表中产生废气及废气污染物涉及的产品名称，最多填 3 项主要产品。产品名称根据生态环境部第二次全国污染源普查工作办公室提供的附录（四）工业行业污染核算用主要产品、原料、生产工艺分类目录填报。

产品产量　指调查年度内，该产品的年实际产生量。

原料名称　指该表中产生废气及废气污染物涉及的原料名称，最多填 3 项主要原料。原料名称根据生态环境部第二次全国污染源普查工作办公室提供的附录（四）工业行业污染核算用主要产品、原料、生产工艺分类目录填报。

原料用量　指调查年度内，该原料的年实际消耗量。

厂内移动源　指厂内自用，未在公安交通管理部门登记的机动车和移动机械。

保有量　指相同类型的厂内移动车辆的保有数量。

柴油消耗量　指 2017 年度厂内移动车辆的柴油消耗量。

废气治理设施数　指调查年度普查对象用于减少排向大气的污染物或对污染物加以回收利用的废气治理设施总数，包括脱硫、脱硝、除尘、去除挥发性有机物、去除氨的废气治理设施。已报废的设施不统计在内，备用纳入统计并计数。

工业废气排放量　指 2017 年度普查对象排入空气中含有污染物的气体总量，以标态体积计。

废气污染物产生量　指 2017 年度普查对象相应生产线生产过程中产生的未经过处理的废气中所含的污染物的质量。废气污染物种类包括二氧化硫、氮氧化物、颗粒物、挥发性有机物、氨，以及废气中砷、铅、镉、铬、汞。

颗粒物产生量指生产过程中产生的未经过处理的废气中所含的烟尘及工业粉尘的总质量。烟尘是指通过燃烧煤、石煤、柴油、木柴、天然气等产生的烟气中的尘粒。通过有组织排放的，俗称烟道尘。工业粉尘指在生产工艺过程中排放的能在空气中悬浮一定时间的固体颗粒。如钢铁企业耐火材料粉尘、焦化企业的筛焦系统粉尘、烧结机的粉尘、石灰窑的粉尘、建材企业的水泥粉尘等。

废气重金属产生量指普查对象生产过程中产生的未经过处理的废气中分别所含的砷、铅、镉、铬、汞及其化合物的总质量（以元素计）。

废气污染物排放量　指 2017 年度普查对象在生产过程中排入大气的废气污染物的质量，包括有组织和无组织排放量。废气重金属排放量指排入大气的砷、铅、镉、铬、汞及其化合物的总质量（以元素计）。

《工业企业一般工业固体废物产生与处理利用信息》（G104-1 表）

一般工业固体废物　指在工业生产活动中产生的除危险废物以外的丧失原有利用价值或者虽未丧失利用价值但被抛弃或者放弃的、固态、半固态和置于容器中的气态的物品、物质以及法律、行政法规规定纳入固体废物管理的物品、物质。

一般工业固体废物根据其性质分为两种：

（1）第 I 类一般工业固体废物按照固体废物鉴别标准及技术规范进行浸出试验而获得的浸出液中，任何一种污染物的浓度均未超过 GB8978 最高允放排放浓度，且 pH 值在 6～9 范围之内的一般工业固体废物；

（2）第 II 类一般工业固体废物按照固体废物鉴别标准及技术规范进行浸出试验而获得的浸出液中，有一种或一种以上的污染物浓度超过 GB8978 最高允许排放浓度，或者是 pH 值在 6～9 范围之外的一般工业固体废物。

一般工业固体废物名称、代码　按表 1 填报一般工业固体废物所对应的名称及代码。

表 1　一般工业固体废物名称和代码

代码	名称	代码	名称
SW01	冶炼废渣	SW06	脱硫石膏
SW02	粉煤灰	SW07	污泥
SW03	炉渣	SW09	赤泥
SW04	煤矸石	SW10	磷石膏
SW05	尾矿	SW99	其他废物

一般工业固体废物产生量　指 2017 年度普查对象实际产生的一般工业固体废物的量。

一般工业固体废物综合利用量　指 2017 年度普查对象通过回收、加工、循环、交换等方式，从固体废物中提取或者使其转化为可以利用的资源、能源和其他原材料的固体废物量（包括当年利用的往年工业固体废物累计贮存量），如用作农业肥料、生产建筑材料、筑路等。包括本单位综合利用或委托给外单位综合利用的量。

自行综合利用量　指普查对象在 2017 年度利用自建综合利用设施或生产工艺自行综合利用一般工业固体废物的量。

综合利用往年贮存量　指普查对象在 2017 年度对往年贮存的工业固体废物进行综合利用的量。原则上，普查对象实际综合利用、处置量之和超过产生量时，方考虑综合利用、处置往年贮存量。

一般工业固体废物处置量　指 2017 年度普查对象将工业固体废物焚烧和用其他改变工业固体废物的物理、化学、生物特性的方法，达到减少或者消除其危险成分的活动，或者将工业固体废物最终置于符合环境保护规定要求的填埋场的活动中，所消纳固体废物的量（包括当年处置的往年工业固体废物累计贮存量）。包括本单位处置或委托给外单位处置的量。

自行处置量　指普查对象在 2017 年度利用自建贮存处置设施（或场所）自行处置一般工业固体废物的量。

处置往年贮存量　指普查对象在 2017 年度对往年贮存的工业固体废物进行处置的量。原则上，综合利用、处置量之和超过产生量时，方考虑综合利用、处置往年贮存量。

一般工业固体废物贮存量　指截至 2017 年末，普查对象以综合利用或处置为目的，将固体废物暂时贮存或堆存在专设的贮存设施或专设的集中堆存场所内的量。粉煤灰、钢渣、煤矸石、尾矿等的贮存量是指排入灰场、渣场、矸石场、尾矿库等贮存的量。专设的固体废物贮存场所或贮存设施指符合环保要求的贮存场，即选址、设计、建设符合《一般工业固体废物贮存、处置场污染控制标准》（GB 18599–2001）等相关环保法律法规要求，具有防扩散、防流失、防渗漏、防止污染大气和水体措施的场所和设施。

一般工业固体废物倾倒丢弃量　指 2017 年度普查对象将所产生的固体废物倾倒或者丢弃到固体废物污染防治设施、场所以外的量。

一般工业固体废物贮存处置场　指将一般工业固体废物置于符合《一般工业固体废物贮存、处置场污染控制标准》（GB 18599–2001）标准规定的永久性的集中堆放场所。如用于接纳粉煤灰、钢渣、煤矸石、尾矿等固体废物的灰场、渣场、矸石场、尾矿库等。

处置场设计容量和处置场设计处置能力　普查对象根据贮存处置场建设环境影响评价报告中设计容

量和年设计处置能力填报。

处置场已填容量 指截至 2017 年底处置场已填固体废物的量。

尾矿库环境风险等级及划定年份 企业自行或者委托相关技术机构按照《尾矿库环境风险评估技术导则（试行）》（HJ 740-2015）划定的尾矿库环境风险等级。

综合利用方式 填写 1. 金属材料回收，2. 非金属材料回收，3. 能量回收，4. 其他方式。

综合利用能力 指指在计划期内，企业（或某生产线）参与废物综合利用的全部设备和构筑物，在既定的组织技术条件下，所能加工利用的废物的量。普查对象按设施设计的综合利用（或处理）能力填报。

本年实际综合利用量 指 2017 年全年普查对象该设施的实际综合利用量。

《工业企业危险废物产生与处理利用信息》（G104-2 表）

危险废物名称 指 2017 年度普查对象涉及的列入国家危险废物名录或者根据国家规定的危险废物鉴别标准和鉴别方法认定的，具有爆炸性、易燃性、反应性、毒性、腐蚀性、易传染性疾病等危险特性之一的废物（医疗废物属于危险废物）。按《国家危险废物名录》（2016 版）填报。

危险废物代码 指 2017 年度普查对象实际产生的危险废物所对应的代码。按《国家危险废物名录》（2016 版）中对应的危险废物类别代码填报。

上年末本单位实际贮存量 指截至 2016 年末，本单位实际贮存的危险废物的量。

危险废物产生量 指 2017 年度普查对象实际产生的危险废物的量。包括利用处置危险废物过程中二次产生的危险废物的量。

送持证单位量 指 2017 年度普查对象将所产生的危险废物运往持有危险废物经营许可证的单位综合利用、进行处置或贮存的量。危险废物经营许可证根据《危险废物经营许可证管理办法》由相应管理部门审批颁发。

接收外来危险废物量 指普查对象为持有危险废物经营许可证的工业企业（不含危险废物集中式污染治理设施），2017 年度接收的来自外单位的危险废物的量。

自行综合利用量 指 2017 年度普查对象从危险废物中提取物质作为原材料或者燃料的活动中消纳危险废物的量。包括本单位自行综合利用的本单位产生的和接收外单位的危险废物量。

自行处置量 指 2017 年度普查对象将危险废物焚烧和用其他改变工业固体废物的物理、化学、生物特性的方法，达到减少或者消除其危险成分的活动，或者将危险废物最终置于符合环境保护规定要求的填埋场的活动中，所消纳危险废物的量。包括本单位自行处置的本单位产生和接收外单位危险废物量。

本年末本单位实际贮存量 指截至 2017 年末，普查对象将危险废物以一定包装方式暂时存放在专设的贮存设施内的量。专设的贮存设施应符合《危险废物贮存污染控制标准》（GB 18597-2001）等相关环保法律法规要求，具有防扩散、防流失、防渗漏、防止污染大气和水体措施的设施。包括本单位自行贮存的本单位产生的和接收外单位的危险废物量。

综合利用处置往年贮存量 指 2017 年度普查对象对往年贮存的危险废物进行综合利用和处置的量。

危险废物倾倒丢弃量 指 2017 年度普查对象本单位危险废物未按规定要求综合利用、处置、贮存的量，包括本单位产生的和接受外来的危险废物，不包括送持证单位的危险废物。

填埋场、焚烧装置的详细地址和地理坐标 指普查对象自行建设的填埋处置的填埋场、焚烧装置的详细地址和经纬度。

焚烧装置设施数量 指 2017 年度实际拥有的自行建设运行的危险废物焚烧装置设施总数量，按整套装置计数。

危险废物自行综合利用/处置方式 指普查对象本单位综合利用或处置危险废物的方式，按表1选择填报代码。

表 1 危险废物的利用/处置方式

代码	说明
危险废物（不含医疗废物）利用方式	
R1	作为燃料（直接燃烧除外）或以其他方式产生能量
R2	溶剂回收/再生（如蒸馏、萃取等）
R3	再循环/再利用不是用作溶剂的有机物
R4	再循环/再利用金属和金属化合物
R5	再循环/再利用其他无机物
R6	再生酸或碱
R7	回收污染减除剂的组分
R8	回收催化剂组分
R9	废油再提炼或其他废油的再利用
R15	其他
危险废物（不含医疗废物）处置方式	
D1	填埋
D9	物理化学处理（如蒸发，干燥、中和、沉淀等），不包括填埋或焚烧前的预处理
D10	焚烧
D16	其他
C1	水泥窑协同处置
其他方式	
C2	生产建筑材料
C3	清洗（包装容器）
医疗废物处置方式	
Y10	医疗废物焚烧
Y11	医疗废物高温蒸汽处理
Y12	医疗废物化学消毒处理
Y13	医疗废物微波消毒处理
Y16	医疗废物其他处置方式

危险废物自行综合利用 / 处置能力　指普查对象本单位建设并运行的废物综合利用或处置设施的全部设备，在计划周期内和既定的组织技术条件下，所能利用或处置废物的量。

《工业企业突发环境事件风险信息》（G105 表）

风险物质名称、CAS 号　为《企业突发环境事件风险分级方法》（HJ 941-2018）中附录 A 发环境事件风险物质及临界量清单中相应的化学品名称和 CAS 号，见附录（六）。普查对象生产原料、产品、中间产品、副产品、催化剂、辅助生产物料、燃料、"三废"污染物等涉及的环境风险物质都应纳入调查。

活动类型　指涉及风险物质的活动方式，可选择 1. 生产，2. 使用，3. 其他。

风险工艺 / 设备类型及数量　指普查对象是否涉及《企业突发环境事件风险分级方法》（HJ 941-2018）中表 1 中的风险工艺 / 设备类型，以及本厂相应类型工艺 / 设备本厂总的数量。当年停产但尚有复产能力的，也应计数。

表 1　风险工艺 / 设备类型

类别	风险工艺 / 设备类型
1	涉及光气及光气化工艺、电解工艺（氯碱）、氯化工艺、硝化工艺、合成氨工艺、裂解（裂化）工艺、氟化工艺、加氢工艺、重氮化工艺、氧化工艺、过氧化工艺、胺基化工艺、磺化工艺、聚合工艺、烷基化工艺、新型煤化工工艺、电石生产工艺、偶氮化工艺
2	其他高温或高压、涉及易燃易爆等物质的工艺过程：高温指工艺温度 ≥ 300℃，高压指压力容器的设计压力（p）≥ 10.0MPa，易燃易爆等物质是指按照 GB 30000.2 至 GB 30000.13 所确定的化学物质
3	具有国家规定限期淘汰的工艺名录和设备：《产业结构调整指导目录》中有淘汰期限的淘汰类落后生产工艺装备

存在量　指某风险物质在厂界内的存在量，混合或稀释的风险物质按其组分比例折算成纯物质，如存在量呈动态变化，则按年度内最大存在量计算。

环境风险防控措施信息　指普查对象环境风险防控措施实施情况，具体按照表 2 选择符合本企业的情形，填报所对应的指标值。

表 2　环境风险防控措施信息

调查指标	指标值	对应情形
毒性气体泄漏监控预警措施	1	不涉及《企业突发环境事件风险分级方法》（HJ 941-2018）中附录 A 中有毒有害气体
	2	具备有毒有害其他厂界泄漏监控预警系统
	3	不具备有毒有害其他厂界泄漏监控预警系统
截流措施	1	环境风险单元设防渗漏、防腐蚀、防淋溶、防流失措施；且装置围堰与罐区防火堤（围堰）外设排水切换阀，正常情况下通向雨水系统的阀门关闭，通向事故存液池、应急事故水池、清净废水排放缓冲池或污水处理系统的阀门打开；且前述措施日常管理及维护良好，有专人负责阀门切换或设置自动切换设施保证初期雨水、泄漏物和受污染的消防水排入污水系统
	2	有任意一个环境风险单元（包括可能发生液体泄漏或产生液体泄漏物的危险废物贮存场所）的截流措施不符合上述任意一条要求的
事故废水收集措施	1	按相关设计规范设置应急事故水池、事故存液池或清净废水排放缓冲池等事故排水收集设施，并根据相关设计规范、下游环境风险受体敏感程度和易发生极端天气情况，设计事故排水收集设施的容量；且确保事故排水收集设施在事故状态下能顺利收集泄漏物和消防水，日常保持足够的事故排水缓冲容量；且通过协议单位或自建管线，能将所收集废水送至厂区内污水处理设施处理
	2	有任意一个环境风险单元（包括可能发生液体泄漏或产生液体泄漏物的危险废物贮存场所）的事故排水收集措施不符合上述任意一条要求的
清净废水系统风险防控措施	1	不涉及清净废水
	1	涉及清净废水，厂区内清净废水均可排入废水处理系统，或清污分流，且清净废水系统具有下述所有措施：①具有收集受污染的清净废水的缓冲池（或收集池），池内日常保持足够的事故排水缓冲容量；池内设有提升设施或通过自流，能将所收集物送至厂区内污水处理设施处理；且②具有清净废水系统的总排口监视及关闭设施，有专人负责在紧急情况下关闭清净废水总排口，防止受污染的清净废水和泄漏物进入外环境
	2	涉及清净废水，有任意一个环境风险单元的清净废水系统风险防控措施不符合上述 2 要求的
雨水排水系统风险防控措施	1	厂区内雨水均进入废水处理系统；或雨污分流，且雨水排水系统具有下述所有措施：①具有收集初期雨水的收集池或雨水监控池，池出水管设置切断阀，正常情况下阀门关闭，防止受污染的雨水外排，池内设有提升设施或通过自流能将所收集物送至厂区内污水处理设施处理②具有雨水系统总排口（含泄洪渠）监视及关闭设施，在紧急情况下有专人负责关闭雨水系统总排口（含与清净废水共用一套排水系统情况）防止雨水、消防水和泄漏物进入外环境，如果有排洪沟，排洪沟不得通过生产区和罐区，或具有防止泄漏物和受污染的消防水等流入区域排洪沟的措施
	2	不符合上述要求的
生产废水处理系统风险防控	1	无生产废水产生或外排
	1	有废水外排时①受污染的循环冷却水、雨水、消防水等排入生产废水系统或独立处理系统②生产废水排放前设监控池，能够将不合格废水送废水处理设施处理③如企业受污染的清净废水或雨水进入废水处理系统处理，则废水处理系统应设置事故水缓冲设施④具有生产废水总排口监视及关闭设施，有专人负责启闭，确保泄漏物、受污染的消防水、不合格废水不排出厂外
	2	涉及废水外排，且不符合上述 2 中任意一条要求的

调查指标	指标值	对应情形
是否依法获取污水排入排水管网许可 *	1	是
	2	否
厂内危险废物环境管理	1	不涉及危险废物的；或针对危险废物分区贮存、运输、利用、处置具有完善的专业设施和风险防控措施
	2	不具备完善的危险废物贮存、运输、利用、处置设施和风险防控措施

注：* 仅限于排入城镇污水处理厂的企业填报

是否编制突发环境事件应急预案 指普查对象是否按照生态环境行政管理部门要求编制突发环境事件应急预案。

是否进行突发环境事件应急预案备案及备案编号 指普查对象最新的突发环境事件应急预案是否到生态环境行政管理部门进行应急预案备案及备案编号。

企业环境风险等级及划定年份 企业自行或者委托相关技术机构按照《企业突发环境事件风险评估指南》（环办〔2014〕34 号）或者《企业突发环境事件风险分级方法》（HJ 941-2018）划定的环境风险等级。

《工业企业污染物产排污系数核算信息》（G106-1 表）

核算环节名称 涉及污染物产生、治理、排放，需单独核算污染物产生量或排放量的一个生产工序、设备或生产单元的名称，如：烧结机机头、烧结机一般排放口、工业炉窑无组织排放等。

对应的普查表号 指该核算环节核算的污染物，及其相应信息对应普查报表目录中的那一张表。

对应的排放口名称 / 编号 指该核算环节对应的普查表中，若区分具体排放口的，填报对应的排放口的名称和编号。

产品名称、原料名称等指标 按照附录（四）工业行业污染核算用主要产品、原料、生产工艺分类目录选择填报。

排污许可证执行报告排放量 指经管理部门认可的 2017 年排污许可证执行报告中年度排放量数据。

《工业企业废水监测数据》（G106-2 表）

对应的普查表号 指使用监测数据核算某个排放口的废水污染物，及相应信息对应普查报表目录中的那一张表。

对应废水总排放口名称 / 编号　指相应监测点位的废水排放对应的废水总排放口名称 / 编号，与 G102 表中的排放口名称 / 编号保持一致。

进口水量　指进入废水治理设施前的废水总量。计量单位为立方米，保留整数。

出口水量　指相应监测点位排出口的水量。计量单位为立方米，保留整数。

经总排放口排放的水量　指监测点位对应排放口排出的废水，最终经企业总排放口排放的水量。

污染物浓度　指该监测点位污染物的实际监测浓度。污染物种类包括：化学需氧量、氨氮、总氮、总磷、石油类、挥发酚、氰化物、总砷、总铅、总镉、总铬、六价铬、总汞，计量单位为毫克 / 升。有效数字按监测方法所对应的实际有效数字填报。同一排放口监测点位对应多个进口监测点位的，进口监测数据用多个监测点位监测数据的加权均值。

《工业企业废气监测数据》（G106-3 表）

对应的普查表号　指使用监测数据核算某个排放口的废气污染物，及相应信息对应普查报表目录中的那一张表。

对应废气排放口名称 / 编号　指相应监测点位对应的废气排放口的名称 / 编号，与相应普查表中的排放口名称 / 编号保持一致。

平均流量　按所有有效监测数据的废气平均流量。计量单位为立方米 / 小时，保留整数。

年排放时间　指废气排放的实际小时数。保留整数。

污染物浓度　指所有有效监测结果实测浓度的小时平均值。计量单位为毫克 / 立方米，有效数字按监测方法所对应的实际有效数字填报。同一排放口监测点位对应多个进口监测点位的，进口监测数据用多个监测点位监测数据的加权均值。

《伴生放射性矿产企业含放射性固体物料及废物情况》（表 G107）

企业运行状态　指企业或单位运行、停产或关闭状态。在运行的标记为"运行"；全年停产的标记为"停产"；生产设施已移除或厂区已废弃的标记为"关闭"。

含放射性固体物料　指伴生放射性矿普查企业达到详查标准的主要固体物料，主要填写产出物料，不填写用作原料的物料，一般为原矿和精矿。对于采矿企业，主要为原矿；对于选矿企业、采选联合企业和采选冶联合企业，主要为原矿、精矿；对于冶炼企业，不填写此项；对于其他类型企业，如仅对矿物原料物理加工（破碎、粉磨等）的企业，填写为原矿。企业应根据各省（自治区、直辖市）辐射监测机构提供的筛选结果，对放射性指标达到筛选条件的固体物料进行填报。

原矿名称 / 代码　指伴生放射性矿普查企业达到详查标准的原矿名称和代码，分别按表 1 填写。

表 1　含放射性主要原矿及精矿名称和代码

代码	名称	代码	名称	代码	名称
093201	稀土原矿	081001	铁矿石原矿	093102	钼精矿
093202	稀土精矿	081002	铁精矿	091301	镍原矿
093901	铌／钽原矿	089001	钒原矿	091302	镍精矿
093902	铌／钽精矿	089002	钒精矿	093905	锗原矿
093903	锆石	102001	磷酸盐原矿	093906	锗精矿
093904	锆精矿	061001	原煤矿	093907	钛原矿
091401	锡原矿	069001	煤矸石	093908	钛精矿
091402	锡精矿	069002	石煤	092101	金原矿
091201	铅／锌原矿	091601	铝原矿	092102	金精矿
091202	铅／锌精矿	091602	铝精矿	999901	其他 1
091101	铜原矿	101301	铝钒土	999902	其他 2
091102	铜精矿	093101	钼原矿	999903	其他 3

注：其他 1、其他 2、其他 3 按普查物料名称填报，如有更多，序号顺延

　　原矿产生量　指伴生放射性矿普查企业达到详查标准的各类原矿 2017 年度或近年的年平均产生量，停产、关闭企业可填写设计量。计量单位为吨，保留整数。

　　精矿名称／代码　指伴生放射性矿普查企业达到详查标准的精矿名称和代码，分别按表 1 填写。

　　精矿产生量　指伴生放射性矿普查企业达到详查标准的精矿 2017 年度或近年的年平均产生量，停产企业可填写设计量。计量单位为吨，保留整数。

　　含放射性固体废物　指伴生放射性矿普查企业达到详查标准的固体废物，企业应根据各省（自治区、直辖市）辐射监测机构提供的筛选结果，对放射性指标达到筛选条件的固体废物进行填报。

　　固体废物名称／代码　指伴生放射性矿普查企业达到详查标准的固体废物名称和代码，分别按表 2 填写。

表2　含放射性固体废物的名称和代码

代码	名称	代码	名称	代码	名称	代码	名称
FSSW0101	稀土矿冶炼废渣	FSSW0102	铌/钽矿冶炼废渣	FSSW0103	锆石和氧化锆矿冶炼废渣	FSSW0104	锡矿冶炼废渣
FSSW0105	铅/锌矿冶炼废渣	FSSW0106	铜矿冶炼废渣	FSSW0107	镍矿冶炼废渣	FSSW0108	铁矿冶炼废渣
FSSW0109	钒矿冶炼废渣	FSSW0110	磷酸盐矿冶炼废渣	FSSW0111	煤矿冶炼废渣	FSSW0112	铝矿冶炼废渣
FSSW0113	钼矿冶炼废渣	FSSW0114	金矿冶炼废渣	FSSW0115	锗矿冶炼废渣	FSSW0116	钛矿冶炼废渣
FSSW0201	稀土矿废石	FSSW0202	铌/钽矿废石	FSSW0203	锆石和氧化锆矿废石	FSSW0204	锡矿废石
FSSW0205	铅/锌矿废石	FSSW0206	铜矿废石	FSSW0207	镍矿废石	FSSW0208	铁矿废石
FSSW0209	钒矿废石	FSSW0210	磷酸盐矿废石	FSSW0211	煤矿废石	FSSW0212	铝矿废石
FSSW0213	钼矿废石	FSSW0214	金矿废石	FSSW0215	锗矿废石	FSSW0216	钛矿废石
FSSW0301	稀土矿冶炼炉渣	FSSW0302	铌/钽矿冶炼炉渣	FSSW0303	锆石和氧化锆矿冶炼炉渣	FSSW0304	锡矿冶炼炉渣
FSSW0305	铅/锌矿冶炼炉渣	FSSW0306	铜矿冶炼炉渣	FSSW0307	镍矿冶炼炉渣	FSSW0308	铁矿冶炼炉渣
FSSW0309	钒冶炼炉渣	FSSW0310	磷酸盐矿冶炼炉渣	FSSW0311	煤矿冶炼炉渣	FSSW0312	铝矿冶炼炉渣
FSSW0313	钼矿冶炼炉渣	FSSW0314	金矿冶炼炉渣	FSSW0315	锗矿冶炼炉渣	FSSW0316	钛矿冶炼炉渣
FSSW0401	煤矸石	FSSW0501	稀土矿尾矿	FSSW0502	铌/钽矿尾矿	FSSW0503	锆石和氧化锆矿尾矿
FSSW0504	锡矿尾矿	FSSW0505	铅/锌矿尾矿	FSSW0506	铜矿尾矿	FSSW0507	镍矿尾矿
FSSW0508	铁矿尾矿	FSSW0509	钒矿尾矿	FSSW0510	磷酸盐矿尾矿	FSSW0511	煤矿尾矿
FSSW0512	铝矿尾矿	FSSW0513	钼矿尾矿	FSSW0514	金矿尾矿	FSSW0515	锗矿尾矿
FSSW0516	钛矿尾矿	FSSW0601	脱硫石膏	FSSW0701	污泥	FSSW0901	赤泥
FSSW1001	磷石膏	FSSW1101	稀土酸溶渣	FSSW1102	稀土中和渣	FSSW6001	其他废渣1
FSSW6002	其他废渣2	FSSW6003	其他废渣3				

注：其他废渣1、2、3按普查企业废渣实际名称填报

固体废物产生量　指伴生放射性矿普查企业达到详查标准的固体废物2017年实际产生的各类含放射性固体废物的量，2017年1月1日前已停产、关闭的企业，不填写产生量。计量单位为吨，保留整数。

固体废物是否综合利用 指伴生放射性矿普查企业达到详查标准的固体废物是否从中提取或者使其转化为可以利用的资源、能源和其他原材料。如进行回收利用则选择"是"，如无，则选择"否"，进行回收利用的填写利用量。

固体废物综合利用量 指伴生放射性矿普查企业 2017 年全年通过综合利用消纳的达到详查标准的固体废物的量。包括本单位利用，委托、提供给外单位利用和接收外来固体废物综合利用的量。计量单位为吨，保留整数。

内部综合利用量 指伴生放射性矿普查企业 2017 年通过内部综合利用的达到详查标准的废物量。计量单位为吨，保留整数。

送外部综合利用量 指伴生放射性矿普查企业 2017 年通过送外部综合利用的达到详查标准的废物量。计量单位为吨，保留整数。

接收外来固体废物综合利用量 指伴生放射性矿普查企业 2017 年接收综合利用达到详查标准的外来固体废物的量。计量单位为吨，保留整数。

固体废物处理处置方式名称 / 代码 指伴生放射性矿普查企业达到详查标准的固体废物，暂时或永久贮存、堆存在专设的贮存设施和专设的集中堆存场所内，达到减少或者消除其有害成分影响的处理处置方式。名称及代码如表 3。

表 3　含放射性固体废物废物处理处置方式名称及代码

代码	名称	代码	名称
Z1	建库室内暂存	C3	填埋处置
Z2	建库露天暂存	C4	倾倒丢弃
C1	露天建库处置（如尾矿库、废石场等）	Q1	其他 1
C2	临时堆场处置	Q2	其他 2

注：其他 1、其他 2 按普查单位设施实际名称填报

固体废物处理处置量 指伴生放射性矿普查企业 2017 年全年处理处置的达到详查标准的固体废物的量。包括本单位处理处置，委托、提供给外单位处理处置和接收外来固体废物处理处置的量。计量单位为吨，保留整数。

固体废物内部处理处置量 指伴生放射性矿普查企业 2017 年通过内部处理处置的达到详查标准的废物量。计量单位为吨，保留整数。

固体废物送外部处理处置量 指伴生放射性矿普查企业 2017 年通过送外部处理处置的达到详查标准的废物量。计量单位为吨，保留整数。

接收外来固体废物处理处置量 指伴生放射性矿普查企业 2017 年接收处理处置的达到详查标准的外来固体废物的量。计量单位为吨，保留整数。

固体废物累计贮存量 伴生放射性矿普查企业截止 2017 年年底达到详查标准的含放射性固体废物实际保有量，包括停产和关闭企业。计量单位为吨，保留整数。

《园区环境管理信息》（G108 表）

园区名称及代码 指经有关部门批准正式使用的工业园区全称。工业园区名称和代码按照《中国开发区审核公告目录》（2018 年版）统一填报。经由省级人民政府正式批复设立，但不在目录上的工业园区，仍须填报，园区名称以省级人民政府批复名称为准。

详细地址 指园区管委会所在地的详细地址。要求写明所在的省（自治区、直辖市）、地（区、市、州、盟）、县（区、市、旗）、乡（镇）。开发区涉及两个及以上县（市、区）的，填写园区所在的地级市。

联系方式 指园区环保联系人或负责提供普查信息的人员姓名、电话等。

园区边界拐点坐标 指园区边界所有拐点的地理坐标，按拐点分别填报。

园区级别 指园区是国家级园区或省级园区。

园区类型 指根据园区规划以及实际主导产业，确定园区的类型，主要包括行业类和综合类 2 个大类。其中，行业类分为化工、纺织印染、电镀工业、冶金工业、制药、制革等，综合类分为经济技术开发区、高新技术产业开发区、海关特殊监管区、边境/跨境经济合作区。如果不属于上述类型，则为其他类型开发区。

批准面积 指园区批准划定的面积。计量单位为公顷，保留 2 位小数。

批准部门 指普查对象是由哪个部门批准成立的。

批准时间 指园区的批准设立的时间。

注册工业企业数量 指在园区注册登记的工业企业数量。

园区内实际生产的企业数量 指在园区内实际进行生产活动的工业企业数量。不包括在园区注册但实际生产设施或厂房等在园区外的工业企业。

主导行业及占比 指园区内企业所属行业情况。行业名称和代码按《国民经济行业分类》（GB/T 4754–2017）分类填写，填写中类名称和代码。填报园区内前三位的主导行业及产值占比。

是否清污分流 指园区是否对园区内产生的污水与清下水分别进行了收集处理。清水系统、污水系统还需分别填写排水去向类型代码、受纳水体名称以及受纳水体代码。

集中式污染治理设施名称及组织机构代码 指园区自建处理园区生产废水、生活污水、危险废物的集中式污染治理设施的名称和组织机构代码，应与相应的集中式污染治理设施单位填报的普查表保持一致。

集中供热设施 指园区自建为多家企业提供供热的单位或设施。需填报名称、组织机构代码、使用集中供热的企业数。不包括为居民生活提供热源的集中供热设施。

一企一档建设 指园区内的企业是否建立了"一企一档"制度。"一企一档"制度是指为每一个排污企业建立一套环境管理档案，即企业环保档案，主要包括：环评审批材料、环保"三同时"验收材料、排污许可证、排污申报材料、排污收费材料、环境应急管理预案、环保规章制度、环境监察监测记录、企业工作照片及其他相关资料等。

大气环境自动监测站点 指园区内设置的大气环境自动监测站点的情况，包括监测站点的数量，具体的监测项目，以及是否与园区管理部门或当地的环保管理部门联网。如果园区内未设置大气环境自动监测站点，则列出手工监测频次以及相应的监测项目。请在相应的内容后打钩。

水环境自动监测站点 指园区内设置的水环境自动监测站点的情况，包括监测站点的数量，具体的监测项目，以及是否与园区管理部门或当地的环境管理部门联网。如果园区内未设置水环境自动监测站点，则列出手工监测频次以及相应的监测项目。请在相应的内容后打钩。

编制园区应急预案 指园区是否编制了应急预案管理。

污染源信息公开平台 指园区有无污染源信息公开平台。

《规模畜禽养殖场基本情况》（N101-1表）

规模畜禽养殖场 是指饲养数量达到一定规模的养殖单元，其中：生猪 ≥ 500 头（出栏）、奶牛 ≥ 100 头（存栏）、肉牛 ≥ 50 头（出栏）、蛋鸡 ≥ 2000 羽（存栏）、肉鸡 ≥ 10000 羽（出栏）。

养殖场名称 指经有关部门批准正式使用的单位全称，按工商部门登记的名称填写；未进行工商注册的，可填报畜禽养殖场负责人姓名。填写时要求使用规范化汉字。

清粪方式 根据养殖场实际情况填报，人工干清粪是指畜禽粪便和尿液一经产生便分流，干粪由人工的方式收集、清扫、运走，尿及冲洗水则从下水道流出；机械干清粪是指畜禽粪便和尿液一经产生便分流，干粪利用专用的机械设备收集和运走，尿及冲洗水则下水道流出；垫草垫料是指稻壳、木屑、作物秸秆或者其他原料以一定厚度平铺在畜禽养殖舍地面，畜禽在其上面生长、生活的养殖方式；高床养殖是指动物以及动物粪便不与垫草垫料直接接触，饲养过程动物粪便落在垫草垫料上，通过垫草垫料对动物粪尿进行吸收进一步处理；水冲粪是指畜禽粪尿污水混合进入缝隙地板下的粪沟，每天一次或数次放水冲洗圈舍的清粪方式，冲洗后的粪水一般顺粪沟流入粪便主干沟，进入地下贮粪池或用泵抽吸到地面贮粪池；水泡粪是指畜禽舍的排粪沟中注入一定量的水，粪尿、冲洗和饲养管理用水一并排放缝隙地板下的粪沟中，储存一定时间后，待粪沟装满后，打开出口的闸门，将沟中粪水排出。

圈舍通风方式 根据养殖场实际情况填报，通风方式分为封闭式（机械通风）和开放式（自然通风）2 种。

原水存储设施 指用于临时存储养殖舍排放尿液废水的设施。一般包括土坑、砖池、水泥池或贴膜防渗池。

尿液废水处理工艺 养殖场用于污水处理的工艺过程，一般包括固液分离、肥水贮存、厌氧发酵、好氧处理、生产液体有机肥、氧化塘、人工湿地、膜处理或其他工艺，请根据实际情况按顺序填写所采用的工艺流程。如果没有任何处理，则选择无处理。

尿液废水处理设施 与养殖场污水处理工艺所配套的设施和设备。

尿液废水处理利用方式及比例 养殖污水处理利用的方式，包括肥水利用、沼液还田、场内生产液体有机肥、异位发酵床、鱼塘养殖、场区循环利用、委托处理、达标排放、直接排放或其他方式，并填写对应处理方式所占比例。委托处理是指养殖场委托第三方进行尿液废水的处理处置。

粪便处理工艺 养殖场采用的粪便处理利用工艺，一般包括堆肥发酵、有机肥生产、生产沼气、生产垫料、生产基质或其他。

粪便处理利用方式及比例 粪便处理利用方式，包括作为农家肥、场内生产有机肥、生产牛床垫料、作为栽培基质、作为燃料、鱼塘养殖、委托处理、场外丢弃或其他方式，并填写对应处理方式所占比例。其中：作为栽培基质是指畜禽粪便混合菌渣或者其他农作物秸秆，进行一定的无害化处理后，生产基质盘或基质土，应用于栽培果菜的利用方式；委托处理是指养殖场委托第三方进行粪便处理处置。

受纳水体 指养殖场废水最终排入的水体。根据第二次全国污染源普查工作办公室确定的附录（三）河流名称与代码填报受纳水体名称与代码。

饲养阶段名称 生猪分为能繁母猪、保育猪、育成育肥猪 3 个阶段，奶牛分为成乳牛、育成牛、犊牛 3 个阶段，肉牛分母牛、育成育肥牛、犊牛 3 个阶段，蛋鸡分育雏育成鸡和产蛋鸡 2 个阶段，肉鸡 1 个阶段。

存栏量 不同饲养阶段动物存栏的数量。

体重范围 不同饲养阶段动物的体重，单位为千克/头（羽），填写范围。

采食量 不同阶段动物每头每天的采食量，单位为千克/天·头（羽），填写范围。

饲养周期 该养殖场不同阶段动物的养殖天数。

《规模畜禽养殖场养殖规模及粪污处理情况》（N101-2 表）

圈舍建筑面积 养殖场场区内生产设施及配套设施的建筑面积，不包括活动区等。

养殖量 生猪、肉牛和肉鸡填写全年总出栏数量，奶牛和蛋鸡填写年末存栏数量，如年末无存栏量，则存栏量按 0 填写。

污水产生量 养殖场正常生产过程中，产生的污水总量。

污水利用量 采用一定的方式进行利用的污水量，达标排放、未利用直接排放不属于利用范围。

粪便收集量 养殖场收集的粪便总量。

粪便利用量 养殖场采用各种方式利用粪便的量，场外丢弃不属于利用范围。

养殖场粪污利用配套农田和林地 包括养殖场自有土地，或通过土地承包、流转、租赁的农田和林地，以及与周边农户签订用肥协议用于粪污消纳利用的农田和林地面积。

《重点区域生活源社区（行政村）燃煤使用情况》（S101 表）

常住人口 包括 2017 年本辖区内的以下几部分人口：居住在本辖区，户口在本辖区或者户口待定的人口；居住在本辖区，户口在外乡镇，离开户口登记地半年以上的人口；户口在本辖区，居住在外乡镇或境外，离开户口登记地不到半年的人口。

使用燃煤的居民家庭户数 指社区/行政村内使用各类煤炭及其制品作为生活能源的居民户数，在本社区（行政村）内调查获得。已纳入非工业企业单位锅炉污染及防治情况普查的单位不再纳入统计。

居民家庭燃煤年使用量 指社区/行政村内居民全年日常生活中煤炭消耗量的总和，在本社区（行政村）内调查获得。已纳入非工业企业单位锅炉污染及防治情况普查的单位不再纳入统计。

第三产业燃煤年使用量 指从事交通运输、仓储和邮政业，信息传输、计算机服务和软件业，批发和零售业，住宿和餐饮业，金融业，房地产业，租赁和商务服务业，科学研究、技术服务和地质勘查业，水利、环境和公共设施管理业，居民服务和其他服务业，教育，卫生、社会保障和社会福利业，文化、体育和娱乐业，公共管理和社会组织，国际组织等行业用途的各类煤炭及其制品消耗量总和，在本社区（行政村）内调查获得。已纳入非工业企业单位锅炉燃煤消耗量的不再纳入统计。

洁净煤年使用量 指社区／行政村内居民全年日常生活或第三产业中型煤、兰炭、洁净焦等洁净煤消费量的总和，在本社区（行政村）内调查获得。已纳入非工业企业单位锅炉污染及防治情况普查的单位不再纳入统计。

农村生物质燃料年使用量 指行政村内农村居民全年日常生活中燃用柴薪、玉米秸秆、稻秆、麦秆、树枝等生物质及其成型燃料量的总和，在本社区（行政村）内调查获得。生物质主要是指农林业生产过程中除粮食、果实以外的秸秆、树木等木质纤维素、农产品加工业下脚料、农林废弃物等物质。

农村管道燃气年使用量 指行政村内居民全年日常生活中管道燃气消耗量的总和，在本社区（行政村）内调查获得。已纳入非工业企业单位锅炉燃煤消耗量的不再纳入统计。

农村罐装液化石油气年使用量 指行政村内居民全年日常生活中罐装液化石油气消耗量的总和，在本社区（行政村）内调查获得。

《行政村生活污染基本信息》（S102表）

常住户数 指全年居住时间6个月及以上的家庭户和集体户。家庭户指有公安部门户籍，或虽然没有户籍，但以家庭方式居住的住户。集体户指机关、团体、学校、企业、事业单位的集体户口户籍，或以集体宿舍等居住方式居住的住户。同一单位的集体户无论其人数多少，都以一户统计。

常住人口 包括2017年本辖区内的以下几部分人口：居住在本辖区，户口在本辖区或者户口待定的人口；居住在本辖区，户口在外乡镇，离开户口登记地半年以上的人口；户口在本辖区，居住在外乡镇或境外，离开户口登记地不到半年的人口。

住房厕所类型 指本地住户房屋厕所类型。以常住户数统计分类，按下列两种分类填写住户数。如没有的种类则填"0"。如某一户既有水冲式厕所，又有旱厕，按"有水冲式厕所户数"填报。

有水冲式厕所户数 指本地住户住房有水冲式厕所（冲厕污水冲入下水道、化粪池和厕坑、或其他地方）的住户数。

无水冲式厕所户数 指本地住户住房没有水冲式厕所，包括仅使用旱厕或没有厕所的住户数。

人粪尿处理情况 指本地住户的粪尿主要处理情况。以常住户数统计分类，按下列六种情况填写户数。如没有的种类则填"0"。如某一户有多种处理方式，按最主要的一种填报。

综合利用或填埋的户数 指人粪尿采取综合利用或直接掩埋入荒地的住户数。人粪尿综合利用的方式主要指干厕贮存后利用于农田、进入沼气池可作为家用能源等。

采用贮粪池抽吸后集中处理的户数 指人粪尿排入设置的贮粪池后定期统一抽吸运出再集中处理的

住户数。

直排入水体的户数 指人粪尿没有经过化粪池或三级隔渣池直接排入户外水塘或沟渠的住户数。

直排入户用污水处理设备的户数 指人粪尿直接排入农村分散式户用生活污水处理设备的住户数。

经化粪池后排入下水管道的户数 指人粪尿经过化粪池或三级隔渣池后排入户外下水道或沟渠的住户数。

其他 指住户的粪尿除上述五种处理方式外还存在其他处理方式的户数。

生活污水排放去向 指本地住户生活污水的排放去向。以常住户数统计分类，按下列六种去向填写户数。如没有的种类则填"0"。如某一户有多种排放去向，按最主要的一种填报。

直排入农田的户数 指住户生活污水作为农业灌溉直接排入农田的户数。

直排入水体的户数 指住户生活污水直接排向沟渠、池塘、江、河、湖、海等环境水体或排出户外进入蒸发坑塘的户数。

排入户用污水处理设备的户数 指住户生活污水直接排入农村分散式户用生活污水处理设备的住户数。

进入农村集中式处理设施的户数 指住户的生活污水经乡村排水沟、水渠或管道实行集中收集后进入农村集中式污水处理设施的户数。

进入市政管网的户数 指住户的生活污水经排水沟、水渠或管道实行集中收集后进入城镇市政污水管网的户数。

其他 指住户的生活污水除上述五种排放去向外还存在其他排放去向的户数，并说明其主要去向。

生活垃圾处理方式 本地住户生活垃圾的处理方式。以常住户数统计分类，按下列四种方式填写户数。如没有的种类则填"0"。如某一户有多种方式，按最主要的一种填报。

运转至城镇处理 指生活垃圾集中收集并转运至城镇垃圾转运站或生活垃圾集中处置场(厂)的户数。

镇村范围内无害化处理 指生活垃圾在镇村范围内通过集中焚烧、卫生填埋等方式达到符合国家相关标准的无害化处理要求的户数。

镇村范围内简易处理 指生活垃圾在镇村范围内进行有限集中管理的非正规处理的户数，无污染控制措施或无法达到国家相关标准无害化处理要求。例如集中堆填，简易焚烧等。

无处理 指生活垃圾未纳入镇村范围内集中收集、处理、处置的户数。

冬季家庭取暖能源使用情况 指本行政村内冬季家庭取暖过程能源使用情况。按下列六种方式填写户数。如没有的种类则填"0"。

已完成煤改气的家庭户数 指截至2017年底已经完成改造的煤改气户数。

已完成煤改电的家庭户数 指截至2017年底已经完成改造的煤改电户数。

燃煤取暖的家庭户数 指使用各类煤炭或使用型煤、兰炭、洁净焦等洁净煤制品作为取暖能源的户数。

安装独立土暖气(即带散热片的水暖锅炉)的家庭户数 指截至2017年底安装独立土暖气的家庭户数。

使用取暖炉(不带暖气片)的家庭户数 指截至2017年底安装不带暖气片取暖炉的户数。

使用火炕的家庭户数 指截至2017年底安装火炕的户数。

《非工业企业单位锅炉污染及防治情况》（S103表）

锅炉用途 填报锅炉使用主要用途，根据实际情况填写：M1供水，M2供暖，M3洗浴，M4烘干，M5餐饮，M6高温消毒，M7农业，M8制冷，M9其他。有上述多种用途的情况，可以多选，以"/"分开。

锅炉投运年份 填写锅炉正式投入使用年份，例如：1999。改造后锅炉按照改造后投入使用年份。

锅炉编号 用字母GL（代表锅炉）及其内部编号组成锅炉编号，如GL1，GL2，GL3…；注意：仅对普查范围内在用及备用锅炉编号。

锅炉型号 按照锅炉铭牌上的型号填报，锅炉型号不明或铭牌不清填"0"。

锅炉类型 锅炉类型按附录（五）指标解释通用代码表中表3代码填报，仅填写燃煤锅炉、燃油锅炉、燃气锅炉、或燃生物质锅炉。

额定出力 统一按蒸吨单位（t/h）填报。换算关系：60万大卡/小时≈1蒸吨/小时（t/h）≈0.7兆瓦（MW）。指标保留1位小数。

锅炉燃烧方式 根据不同燃料类型的锅炉燃烧方式，按附录（五）指标解释通用代码表中表4名称和代码填报。

年运行时间 填写调查年度锅炉全年的实际运行月份。指标保留整数。

燃料消耗量 指调查年度该锅炉实际消耗的能源量。

燃料煤平均含硫量 指调查年度多次监测的燃料煤收到基含硫量加权平均值；若无煤质分析数据，取所在地区平均含硫量。指标保留1位小数。

燃料煤平均灰分 指调查年度多次监测的燃料煤收到基灰分加权平均值；若无煤质分析数据，取所在地区平均灰分。指标保留1位小数。

燃料煤平均干燥无灰基挥发分 调查年度燃料煤加权平均干燥无灰基挥发分；若无煤质分析数据，取所在地区平均干燥无灰基挥发分。指标保留1位小数。

燃油平均含硫量 指调查年度多次监测的燃油含硫量加权平均值；若无燃油分析数据，取所在地区平均含硫量；若燃油种类为醇基燃料可不填。指标保留1位小数。

除尘/脱硫/脱硝设施编号 用字母QC/QS/QN（分别代表除尘/脱硫/脱硝设施）及其内部编号组成，如QC1，QC2…，QS1，QS2…，QN1，QN2…；两台或多台锅炉使用同一套设施的，填报的设施编号必须一致。

除尘/脱硫/脱硝工艺名称 指相应的脱硫、脱硝、除尘设施所采用的工艺方法，按附录（五）指标解释通用代码表中表5代码填报。无任何设施的现场填写直排，数据汇总时设施编号与工艺名称均为空。两种及以上处理工艺组合使用的，每种工艺均需填报，按照处理设施的先后次序填报。选择"其他"的，需填写具体方式名称。

脱硫设施指专门设计、建设的去除烟气二氧化硫的设施。水膜除尘、除尘脱硫一体化、仅添加硫转移剂等无法连续稳定去除二氧化硫的，均不视为脱硫设施。

在线监测设施安装情况 指锅炉废气污染治理设施末端是否安装污染物在线监测设施，是否与环境管理部门联网，根据实际情况，按照如下选项填报代码：ZX1未安装，ZX2安装未联网，ZX3安装并联网。

排气筒编号 用字母YC代表锅炉排气筒与烟囱编号，如YC1，YC2，YC3…；两台或多台锅炉使用同一排气筒的，填报的排气筒编号必须一致。

排气筒高度 指排气筒、烟囱（或锅炉房）所在的地面至废气出口的高度。指标保留 1 位小数。

粉煤灰、炉渣等固废去向 按照粉煤灰、炉渣、脱硫石膏等固体废物收集方式填写代码：SJ1 集中收集处置，SJ2 直接排放环境，SJ3 其他。

污染物情况 污染物产生量与排放量根据产排污系数核算。安装污染源自动在线监测系统且在线数据经过有效性审核认定的，污染物排放量可优先采用自动监测数据进行核算。

《入河（海）排污口情况》（S104 表）

排污口名称 参照《入河排污口管理技术导则》(SL 532-2011)的命名规则填报排污口名称，具体如下：

1. 对于企业（工厂）排污口，在排污单位名称前加该排污口所在地的行政区名称，并冠以企业（工厂）排污口的名称，例如：××县××啤酒厂企业（工厂）排污口；

2. 对于生活污水排污口，在排污口所在地地名（或者是街道名）、具有显著特征的建筑物名称前加该排污口所在地的行政区名称，并冠以生活污水排污口的名称，例如：××县望城门生活污水排污口；

3. 对于混合废污水排污口，在排污口所在地地名（或者是街道名）具有显著特征的建筑物名称前加入该排污口所在地的行政区名称，并冠以混合废污水排污口的名称，例如：××市一号码头混合废污水排污口。污水处理厂可参照企业排污口名称的确定方法；

4. 对于其他排污口，参照企业（工厂）排污口或生活污水排污口的命名方法，并冠以能够表明废污水性质的排污口名称，例如：××县××畜禽养殖场排污口、××县××路农田退水排污口；

5. 对于同一地区或者同一排污单位出现相同的排污口，在各种名称前加序号区分。例如：××县××酒厂 1 号工业入河（海）排污口；××县××酒厂 2 号工业入河（海）排污口。

排污口编码 按照《入河排污口管理技术导则》（SL 532-2011）编码规则对排污口编码，具体如下：

由全国的行政区代码加序号组成，共 9 个位，1～2 个位表示的是：省（自治区、直辖市）名称；3～4 个位表示的是：地（市、州、盟）名称；5～6 个位表示的是：县（市、区、旗）名称；7～9 个位表示入河（海）排污口的序号。

示例：入河（海）排污口编码：340301A01 代表的意思是××省××市辖区第 A01 号入河（海）排污口。其中 1～2 个位的 34 表示的是：××省；3～4 个位的 03 表示的是：××市；5～6 个位的 01 表示的是：市辖区；7～9 个位 A01 表示的是：第 A01 号入河（海）排污口。

所在地区区划代码 指排污口所在地区的统计用 12 位区划代码。

排污口类别 选择填写入河排污口或入海排污口，其中入河排污口包括排入河流、湖泊、水库等地表水体的排污口。

地理坐标 填写排污口所在地理位置的经、纬度，按"度分秒"形式填写，其中"秒"保留 2 位小数。

设置单位 有明确设置单位的排污口填写设置单位全称。经行政许可设置或备案的排污口，按许可批复或备案文件确定的设置单位填写；多个固定源共用一个排污口时，填写为主设置单位或排污量最大的单位。未经行政许可设置或备案，且确实无明确设置单位的排污口填写"无"。

排污口规模 分为"规模以上"和"规模以下";其中,"规模以上"指日排废污水大于等于300立方米或年排废污水大于等于10万立方米,"规模以下"指日排废污水量小于300立方米或年排废污水量小于10万立方米。

　　排污口类型 根据排放废污水的性质,排污口类型分为工业废水入河(海)排污口,入河(海)排污口、混合废污水入河(海)排污口和其他排污口4种。工业废水入河(海)排污口指接纳企业生产废水的入河(海)排污口。生活污水入河(海)排污口指接纳生活污水的入河(海)排污口。混合废污水入河(海)排污口指接纳市政排水系统废污水或污水处理厂尾水的入河(海)排污口。对于接纳远离城镇、不能纳入污水收集系统的居民区、风景旅游区、度假村、疗养院、机场、铁路车站等,以及其他企事业单位或人群聚集地排放的污水,如氧化塘、渗水井、化粪池、改良化粪池、无动力地埋式污水处理装置和土地处理系统处理工艺等集中处理方式的入河(海)排污口,视为混合废污水入河(海)排污口。其他排污口指接纳除工业废水和生活污水以外,且废污水性质单一的入河(海)排污口,如城镇区域内的畜禽养殖场排污口等,应填写具体废污水种类。

　　入河(海)方式 按实际情况填写明渠、暗管、泵站、涵闸和其他。明渠指采用地表可见的渠道排放污水的方式,可分为天然明渠和人工明渠两种。暗管,指利用地下管道或渠道排放污水的形式。泵站,指利用泵站控制排放污水的形式。涵闸,指利用闸门控制流量和调节水位来排放污水入河湖的形式。其他,指不符合上述条件的入河(海)方式,并在后面横线说明情况。

　　受纳水体 指普查对象废水最终排入的水体。根据生态环境部第二次全国污染源普查工作办公室确定的附录(三)河流名称与代码填报受纳水体名称与代码。

《入河(海)排污口水质监测数据》(S105表)

　　监测时间 精确至小时,填写实施采样的201×年××月××日××时。其中,"已有监测结果"指2017年1月1日至2018年3月20日开展监测,并符合《关于开展第二次全国污染源普查入河(海)排污口普查与监测工作的通知》(国污普〔2018〕4号)要求的数据结果;"补充监测结果"指2018年3月20日后开展监测的数据结果,如部分指标补充监测的应分别在"已有监测结果"和"补充监测结果"相应水期和次数列中填写(下同)。

　　污水排放流量 按排污口当次监测的废水流量折算为小时流量填报,计量单位为立方米/小时。

　　污染物排放浓度 填写实测浓度,测定结果的表示按照所采用分析方法中的要求。采集流量比例混合样品的,在相应监测时间的行内均填写同一浓度值。当测定结果低于分析方法检出限时,报所使用方法的检出限值,并在检出限值后加L。

　　其他 各地可根据水污染防治需求,对工业废水排放量较大的排污口增加相应的特征指标,并在甲列中填写指标名称。

《生活源农村居民能源使用情况抽样调查》（S106表）

户主姓名 指本户实际决策人或主要收入来源人。户主姓名按身份证或户口本上的姓名填写。

联系电话 指户主的移动电话号码，如果没有，或不愿意提供移动号码，可填写其他家庭成员的移动号码，或者固定电话（区号＋号码）。

详细住址 指民政部门认可的地址。应包括省（自治区、直辖市）、地（区、市、州、盟）、县（市、旗、区）、乡（镇）、以及具体街（村）和门牌号码。

户主户籍 指在普查时点，本户户主的户籍登记地。是在本乡镇选"1"，不在本乡镇选"2"。

住户成员人数 指居住在一个住宅内，所有与本住户分享生活开支或收入的人员，还包括：①由本住户供养的在外学生（含大中专学生和研究生）；②未分家的农村外出从业人员和随迁家属，无论其外出时间长短；③轮流居住的老人（按普查时点实际居住地登记）；④因探亲访友、旅游、住院、培训或出差等原因临时外出的人员。不包括：①寄宿者、住家保姆和帮工；②已分家的子女、出嫁人员、挂靠人员；③本住户不再供养的在外学生（含大中专学生和研究生）；④普查时点已应征入伍者；⑤普查时点正在服刑的人员。

常住月数 指2017年度内任意家庭成员最长居住时间，填写居住时间在15天及以上的月份数。

全年收入 指全体家庭成员调查年度内的所有收入总和。

住房面积 房屋面积是指住宅中以户（套）为单位的分户（套）门内全部可供使用的空间面积。包括日常生活起居使用的卧室、起居室和客厅（堂屋）、亭子间、厨房、卫生间、室内走道、楼梯、壁橱、阳台、地下室、假层、附层（夹层）、阁楼、（暗楼）等面积。

住房结构 指现住房的承重结构（如梁、柱、承重墙等）所用的建筑材料。

1. **钢筋混凝土** 指梁、柱、承重墙等是用钢筋混凝土建造的住房。

2. **砖混** 指承重的主要构件是用钢筋混凝土和砖木建造的住房。如房屋的柱、梁是用钢筋混凝土制成，承重墙是砖墙。

3. **砖（石）木** 指梁、柱、承重的主要构件是用砖、石、木料建造的住房。如一幢由木制房架、砖墙、木柱建造的房屋。不包括以砖、石作墙基的土坯房。

4. **竹草土坯** 指建筑物承重的主要构件或屋顶是用竹、草、土坯等建造的。如竹楼、土窑洞等。

5. **其他** 指不属于上述结构的住房。

家用电器 指在家庭中使用的各种电器和电子器具。

沼气池 是一个严格密闭的发酵装置，是人工制取和贮存沼气的一种设备。

年液化气用量 液化（石油）气使用量。

蜂窝煤用量 主要用于家庭生火、取暖，是用无烟煤制成的蜂窝状的圆柱形煤球使用量。

颗粒／压块燃料用量 指以甜高粱秸秆、玉米秸秆、棉花秸秆、小麦秸秆等秸秆为原料加工的颗粒状生物质燃料使用量，或者利用新技术及专用设备将各种农作物秸秆、木屑、锯末、花生壳、玉米芯等压缩碳化成型的压块燃料使用量。

燃煤类型 按碳化程度可分为无烟煤、烟煤、褐煤、泥煤。

1. **无烟煤** 有粉状和小块状两种，呈黑色有金属光泽而发亮；燃烧时无烟，火焰较短，不结焦，含碳量一般在90%以上。

2. 烟煤 一般为粒状、小块状，也有粉状，灰黑色至黑色，有光泽，含碳量为75% ~ 90%；较易点燃，燃烧时上火快，火焰长而多黑烟，易结渣，燃烧时间较长。烟煤是自然界最重要和分布最广的煤种。

3. 褐煤 多为块状，呈褐色或黑褐色，光泽暗，质地疏松；燃点低，容易着火，燃烧时火焰大，冒黑烟；燃烧时间短，需经常加煤。

4. 泥煤 泥炭为棕褐色或黑褐色不均匀物质，含有大量未分解的植物残体，有时可用肉眼看出；碳化程度最浅，水分多，需露天风干后使用，极易着火燃烧。

集中供暖（单位锅炉） 指居民住户取暖方式是集中集团式供暖的一种形式。

火盆或火塘燃料 指盛炭火等的盆子或者内地上挖成的小坑的燃料使用量。

《集中式污水处理厂基本情况》（J101-1表）

污水处理设施类型 指普查对象是城镇污水处理厂、工业污水集中处理厂、农村集中式污水处理设施或其他污水处理设施。

城镇污水处理厂是指对进入城镇污水收集系统的污水进行净化处理的污水处理厂。城镇污水指城镇居民生活污水，机关、学校、医院、商业服务机构及各种公共设施排水，以及允许排入城镇污水收集系统的工业废水和初期雨水等。

工业污水处理厂是指提供社会化有偿服务、专门从事为工业园区、联片工业企业或周边企业处理工业废水（包括一并处理周边地区生活污水）的集中设施或独立运营的单位。不包括企业内部的污水处理设施。原来按工业污水处理厂设计建设的，由于企业搬迁或其他原因导致的实际处理污水主要为生活污水的处理厂，按城镇生活污水处理厂填报。

农村集中式污水处理设施指乡、村通过管道、沟渠将乡建成区或全村污水进行集中收集后统一处理的污水处理设施或处理厂。

其他污水处理设施指不能纳入城市污水收集系统的居民区、风景名胜区、度假村、疗养院、机场、铁路、车站以及其他人群聚集地排放的污水进行就地集中处理的设施。

建成时间 填表单位实际投入生产、使用的日期。如果普查对象有改扩建的，按普查对象最新的改扩建项目投入生产、使用的日期填报。

污水处理方法、名称、代码 污水处理厂采用的污水处理工艺，按附录（五）指标解释通用代码表中表1填写。如有多条不同处理工艺，则分别进行填报。如一条线处理工艺为AB法，另一条线处理工艺为A2/O，则污水处理方法（1）的名称为AB法，代码为4170，污水处理方法（2）的名称为A2/O，代码为4120。

排水进入环境的地理坐标 指排水出厂界后最终进入环境处（水体、农田或土地等）的经纬度。排水去向类型选择A、B、F、G和K中任何一种，须填报本指标。地理坐标"秒"最多保留2位小数。

受纳水体 指普查对象废水最终排入的水体。根据生态环境部第二次全国污染源普查工作办公室确定的附录（三）河流名称与代码填报受纳水体名称与代码。

再生水处理工艺　指为满足再生水使用要求而建设的深度处理工艺。一般指在二级处理后再增加的处理工艺。

污泥稳定化处理　指普查对象是否采用厌氧消化、好氧消化或好氧堆肥等方式对污泥进行稳定化处理。

污泥厌氧消化装置　污泥厌氧消化装置指在厌氧条件下，通过微生物作用将污泥中的有机物转化为沼气，从而使污泥中的有机物矿化稳定的过程。实现这一过程的装置为污泥厌氧消化装置。

污泥稳定化处理方法　指普查对象对产生污泥的稳定化、无害化处理方法的名称、代码，1. 一级厌氧，2. 二级厌氧，3. 好氧消化，4. 堆肥，5. 其他。污泥未进行稳定化、无害化处理的不填。

《集中式污水处理厂运行情况》（J101-2 表）

年运行天数　指普查对象 2017 年全年正常运行的实际天数。计量单位为天，保留整数。

用电量　指 2017 年全年普查对象用于生产运行和生活的总用电量。计量单位为万千瓦时，保留 2 位小数。

设计污水处理能力　指在计划期内，污水处理厂（或某生产线）参与污水处理的全部设备和构筑物在既定的组织技术条件下，所能处理的污水的量。计量单位为立方米／日，保留整数。

污水实际处理量　指普查对象 2017 年全年实际处理的污水总量。计量单位为万立方米，保留 2 位小数。

处理的生活污水量　指普查对象 2017 年全年实际处理的污水总量中生活污水的量。如普查单位不能准确计量处理水量中的生活污水量，可按设计建设时估计的生活污水占比进行折算。计量单位为万立方米，保留 2 位小数。

再生水量　指污水处理厂二级处理后的污水再经过深度处理并达到国家已颁布的再生水利用标准的水量。未达到国家已颁布的再生水利用标准的不算再生水。

工业用水量　指普查对象 2017 年污水再生水利用量中用于工业冷却用水等工业方面的水量。计量单位为万立方米，保留 2 位小数。

市政用水量　指普查对象 2017 年污水再生水利用量中用于消防、城市绿化等市政方面的水量。计量单位为万立方米，保留 2 位小数。

景观用水量　指普查对象 2017 年污水再生水利用量中用于营造城市景观水体和各种水景构筑物的水量。计量单位为万立方米，保留 2 位小数。

干污泥产生量　2017 年全年在整个污水处理过程中最终产生污泥的质量，折合含水率为 0 的干泥量填报。污泥指污水处理厂（或处理设施）在进行污水处理过程中分离出来的固体。计量单位为吨，保留整数。

干污泥产生量 = 湿污泥产生量 × （1−n%）

其中：n% 为湿污泥的含水率。

污泥厌氧消化装置产气量　指通过污泥厌氧消化装置产生的沼气量。有污泥厌氧消化装置的填报。计量单位为立方米，保留整数。

干污泥处置量　指 2017 年全年采用土地利用、填埋、建筑材料利用和焚烧等方法最终消纳处置的污泥质量。计量单位为吨，保留整数。

　　土地利用量　指 2017 年全年将处理后的污泥作为肥料或土壤改良材料，用于园林、绿化或农业等场合的处置方式处置的污泥质量。计量单位为吨，保留整数。

　　填埋处置量　指 2017 年全年采取工程措施将处理后的污泥集中堆、填、埋于场地内的安全处置方式处置的污泥质量。计量单位为吨，保留整数。

　　建筑材料利用量　指 2017 年全年将处理后的污泥作为制作建筑材料的部分原料的处置方式处置的污泥质量。计量单位为吨，保留整数。

　　焚烧处置量　指 2017 年全年利用焚烧炉使污泥完全矿化为少量灰烬的处置方式处置的污泥质量。计量单位为吨，保留整数。

《集中式污水处理厂监测数据》（J101-3 表）

　　普查对象若有多个排放口，则按不同排放口分别填报。

　　废水排放口编号　排放口编号由标识码、排放口类别代码和流水顺序码 3 个部分共 5 位字母和数字混合组成。

　　第一部分（第 1 位）：排放口的编码标识，使用 1 位英文字母 D（Discharge outlet 排污）表示。

　　第二部分（第 2 位）：环境要素标识符，使用 1 位英文字母（A 表示空气，W 表示水）表示。

　　第三部分（第 3-5 位）：全单位统一的排放口流水顺序码，使用 3 位阿拉伯数字。

　　监测方式　指获取监测数据的监测活动方式，按下列优先顺序选择：在线监测＞企业自测（手工）＞委托监测＞监督监测，将代码填入表格内：1. 在线监测，2. 企业自测（手工），3. 委托监测，4. 监督监测。

　　排水流量　将监测的污水流量折算为小时排放量填报。计量单位为立方米 / 时，保留整数。

　　污水污染物浓度　指污水中污染物的年平均浓度。未监测的项目不填。

　　进口浓度指污水处理厂进口污水中污染物的浓度。

　　排口浓度指污水处理厂排口污水中污染物的浓度。

《生活垃圾集中处置场（厂）基本情况》（J102-1 表）

　　建成时间　普查对象实际投入生产、使用的日期。如果普查对象有改扩建的，按普查对象最新的改扩建项目投入生产、使用的日期填报。

　　垃圾处理厂类型　根据实际处理的垃圾类别选择填报。餐厨垃圾指从事餐饮服务、集体供餐等活动的单位（含个体工商户）生产经营过程中产生的食物残渣、残液和废弃食用油脂。

　　垃圾处理方式　普查对象根据实际采取的垃圾处理方式选择填报，可多选。

垃圾填埋场水平防渗　指在水平方向铺设人工衬层进行防渗，防止污染地下水。

受纳水体　指普查对象废水最终排入的水体。根据生态环境部第二次全国污染源普查工作办公室确定的附录（三）河流名称与代码填报受纳水体名称与代码。

排水进入环境的地理坐标　指排水出厂界后最终进入环境处（水体、农田或土地等）的经纬度。排水去向类型选择 A、B、F、G 和 K 中任何一种，须填报本指标。地理坐标"秒"最多保留 2 位小数。

排放口编号　排放口编号由标识码、排放口类别代码和流水顺序码 3 个部分共 5 位字母和数字混合组成。

第一部分（第 1 位）：排放口的编码标识，使用 1 位英文字母 D（Discharge outlet 排污）表示。

第二部分（第 2 位）：环境要素标识符，使用 1 位英文字母（A 表示空气，W 表示水）表示。

第三部分（第 3–5 位）：全单位统一的排放口流水顺序码，使用 3 位阿拉伯数字。

排放口地理坐标　指废气排放口的经纬度。

烟囱高度与直径　指废气排放口离地高度和排气筒出口处的内径。计量单位为米，保留 1 位小数。

废气处理方法　按普查对象焚烧废气处理设施采用的净化方式，按附录（五）指标解释通用代码表中表 5 填报废气处理方法名称及代码。

《生活垃圾集中处置场（厂）运行情况》（J102-2 表）

年运行天数　指普查对象 2017 年全年正常运行的实际天数。计量单位为天，保留整数。

本年实际处理量　指普查对象 2017 年全年处理的垃圾总质量。计量单位为万吨，保留 2 位小数。

垃圾填埋方式填报以下指标：

设计容量　指普查对象垃圾填埋设施设计建设的填埋总容量。计量单位为立方米，保留整数。

已填容量　指填埋设施投入使用以来至 2017 年末填埋占用的累计容量。计量单位为万吨，保留整数。

正在填埋作业区面积　指生活垃圾填埋场中正在填埋的作业区面积（水平投影面积），计量单位为万平方米，保留小数点后两位有效数字。

已使用粘土覆盖区面积　指填埋库区中已使用粘土进行中间覆盖或阶段性封场的面积（水平投影面积），计量单位为万平方米，保留小数点后两位有效数字。

已使用塑料土工膜覆盖区面积　指填埋库区中已使用塑料土工膜进行中间覆盖或阶段性封场的面积（水平投影面积），计量单位为万平方米，保留小数点后两位有效数字。

本年实际填埋量　指 2017 年全年以填埋方式处理的垃圾总质量。计量单位为万吨，保留小数点后两位有效数字。

垃圾堆肥处置方式填报以下指标：

设计处理能力　指普查对象设计建设的用于堆肥方式处置垃圾的设施和构筑物，在计划期内和既定的组织技术条件下，所能处置垃圾的量。计量单位为吨／日，保留整数。

本年实际堆肥量　指 2017 年全年以堆肥方式处理的垃圾总质量。计量单位为万吨，保留 2 位小数。

渗滤液收集系统　指为了防止污染水环境，与普查对象垃圾处理设施建设时同步建设的渗滤液收集系统，确认普查对象实际建设情况选择。

垃圾焚烧方式填写以下指标：

设施数量 焚烧设施总台数。计量单位为台。

设计焚烧处理能力 指在计划期内，普查对象参与垃圾焚烧的全部设备，在既定的组织技术条件下，所能焚烧处置垃圾的量。计量单位为吨／日，保留整数。

本年实际焚烧处理量 指普查对象2017年全年焚烧处理垃圾的总质量。计量单位为万吨，保留2位小数。

煤炭消耗量、燃料油消耗量 指普查对象2017年全年作为助燃剂实际消耗的煤炭、燃料油的总量。计量单位为吨，保留整数。

废气设计处理能力 指普查对象焚烧废气处理的全套设施，在计划期内和既定的组织技术条件下，所能处理的焚烧废气的量。计量单位为立方米／时，保留整数。

炉渣产生量 指2017年全年垃圾经焚烧后生成的残渣，不包括烟气处理设备中收集的飞灰的质量。计量单位为吨，保留整数。

炉渣处置方式 根据残渣处置情况，按表1填报炉渣处置方式及代码。

表1 炉渣处置方式代码表

代码	处置方式
A	按照危险废物填埋，填埋场符合《危险废物填埋污染控制标准》（GB 18598-2001）
B	按照一般工业固体废物填埋，填埋场符合《一般工业固体废物贮存、处置场污染控制标准》（GB 18599-2001）
C	按照生活垃圾填埋，填埋场符合《生活垃圾填埋污染控制标准》（GB 16889-1997）
D	简易填埋，不符合国家标准的填埋设施
E	堆放（堆置），未采取工程措施的填埋设施

炉渣处置量 指普查对象2017年全年利用本单位设施或委托外单位处置的残渣（不包括飞灰）的质量。计量单位为吨，保留整数。

炉渣综合利用量 指普查对象2017年全年残渣（不包括飞灰）的再利用量。如用炉渣制水泥、混凝土砖及其他材料等的质量。计量单位为吨，保留整数。

焚烧飞灰产生量 指2017年全年垃圾经焚烧处置后，从烟气处理设备中收集的烟尘的质量。计量单位为吨，保留整数。

焚烧飞灰处置量 指普查对象2017年全年焚烧飞灰按危险废物进行安全填埋处置的量。计量单位为吨，保留整数。

焚烧飞灰综合利用量 指普查对象2017年全年焚烧飞灰的再利用量。如用炉渣制水泥、混凝土砖及其他材料等的质量。计量单位为吨，保留整数。

餐厨垃圾厌氧发酵处置方式填写以下指标：

设计处理能力 指普查对象设计建设的以厌氧发酵处置方式处理垃圾的全套设施，在计划期内和既定的组织技术条件下，所能处置垃圾的量。计量单位为吨／日，保留整数。

本年实际处置量　指普查对象 2017 年全年使用厌氧发酵处置方式处理垃圾的总质量。计量单位为万吨，保留 2 位小数。

餐厨垃圾生物分解处置方式填写以下指标：

设计处理能力　指普查对象设计建设的以生物养殖分解处置方式处置垃圾全套设施，在计划期内和既定组织技术条件下，所能处置垃圾的量。计量单位为吨／日，保留整数。

本年实际处置量　指普查对象 2017 年全年使用生物养殖分解处置方式处理垃圾的总质量。计量单位为万吨，保留 2 位小数。

垃圾其他方式填写以下指标：

设计处理能力　指普查对象设计建设的以其他方式处理垃圾的全套设施，在计划期内和既定组织技术条件下，所能处置垃圾的量。计量单位为吨／日，保留整数。

本年实际处置量　指普查对象 2017 年全年使用其他处置方式处理垃圾的总质量。计量单位为万吨，保留 2 位小数。

废水（含渗滤液）产生及处理情况填写以下指标：

废水（含渗滤液）产生量　指普查对象 2017 年全年实际产生的废水量（含渗滤液）。如果没有计量装置可按照产污系数计算产生量。计量单位为立方米，保留整数。

废水处理方式　包括自行处理、委托其他单位处理、直接回喷至填埋场和直接排放，根据实际情况进行选择。

废水设计处理能力　指普查对象建设的专门用于处理渗滤液的全套设施和构筑物，在既定的组织技术条件下，每天所能处理渗滤液（或废水）的量。计量单位为立方米／日，保留整数。

废水处理方法　根据废水处理的工艺方法，按附录（五）指标解释通用代码表中表 1 选择填报废水处理方法及代码。废水自行处理的填报此项，选择其他处理方式的不填。

废水实际处理量　指普查对象 2017 年全年废水处理设施实际处理的废水总量。回喷、未经处理排入市政管网或再进入其他废水处理厂的量不计。计量单位为立方米，保留整数。

渗滤液膜浓缩液产生量　指垃圾渗滤液经过膜法处理后产生的浓缩液量，计量单位为立方米，保留整数。

渗滤液膜浓缩液处理方法　指对膜浓缩液的处理方法。

《危险废物集中处置厂基本情况》（J103-1 表）

建成时间　填表单位实际投入生产、使用的日期。如果普查对象有改扩建的，按普查对象最新的改扩建项目投入生产、使用的日期填报。

集中处置厂类型　选择对应集中处理厂类型。

危险废物集中处置厂：指提供社会化有偿服务，将工业企业、事业单位、第三产业或居民生活产生的危险废物集中起来进行焚烧、填埋等处置或综合利用的场所或单位。不包括企业内部自建自用且不提供社会化有偿服务的危险废物处理（置）装置。

医疗废物集中处置厂：指将医疗废物集中起来进行处置的场所。不包括医院自建自用且不提供社会化有偿服务的医疗废物处置设施。但具有危险废物经营许可证的医院纳入普查。

其他企业协同处置：由企事业单位附属的同时还接受社会其他单位委托，或利用其他设施（如水泥窑、生活垃圾焚烧设施等）处理危险废物的设施。

危险废物利用处置方式 选择对危险废物的处置和利用方式，可多选，包括：

1.综合利用：对危险废物中可利用的成分以实现资源化、无害化为目标的处理（置）方式。

2.填埋：危险废物的一种陆地处置方式，通过设置若干个处置单元和构筑物来防止水污染、大气污染和土壤污染的危险废物最终处置方式。

3.物理化学处理：通过蒸发、干燥、中和、沉淀等方式处置危险废物。

4.焚烧：指焚烧危险废物使之分解并无害化的过程或处理方式。

受纳水体 指普查对象废水最终排入的水体。根据生态环境部第二次全国污染源普查工作办公室确定的附录（三）河流名称与代码填报受纳水体名称与代码。

排水进入环境的地理坐标 指排水出厂界后最终进入环境处（水体、农田或土地等）的经纬度。排水去向类型选择A、B、F、G和K中任何一种，须填报本指标。地理坐标"秒"最多保留2位小数。

排放口编号 排放口编号由标识码、排放口类别代码和流水顺序码3个部分共5位字母和数字混合组成。

第一部分（第1位）：排放口的编码标识，使用1位英文字母D（Discharge outlet 排污）表示。

第二部分（第2位）：环境要素标识符，使用1位英文字母（A表示空气，W表示水）表示。

第三部分（第3-5位）：全单位统一的排放口流水顺序码，使用3位阿拉伯数字。

废气排放口地理坐标 指废气排放口的经纬度。地理坐标"秒"最多保留2位小数。

烟囱高度与直径 指废气排放口的离地高度和排气筒出口内径，计量单位为米，保留1位小数。

废气处理方法 按普查对象焚烧废气处理设施采用的净化方式，按附录（五）指标解释通用代码表中表5填报废气处理方法名称及代码。

《危险废物集中处置厂运行情况》（J103-2表）

本年运行天数 指普查对象2017年全年正常运行的实际天数。计量单位为天，保留整数。

危险废物主要利用处置情况填写以下指标：

危险废物接收量 指普查对象2017年全年接收入厂的危险废物总质量。计量单位为吨，保留整数。

危险废物设计处置利用能力 指在计划期内，普查对象（或某生产线）参与废物处置和利用的全部设备和构筑物，在既定的组织技术条件下，所能处理废物的量。计量单位为吨/年，保留整数。

危险废物处置利用总量 指普查对象2017年全年处置和通过综合利用方式处理的危险废物总质量。计量单位为吨，保留整数。

处置工业危险废物量 指普查对象2017年全年采用各种方式处置的工业危险废物的总质量。计量单位为吨，保留整数。

处置医疗废物量 指普查对象2017年全年采用各种方式处置的医疗废物的总质量。计量单位为吨，保留整数。

处置其他危险废物量　指普查对象 2017 年全年采用各种方式处置的除工业危险废物和医疗废物以外其他危险废物的总质量，如教学科研单位实验室、机械电器维修、胶卷冲洗、居民生活等产生的危险废物。计量单位为吨，保留整数。

综合利用危险废物量　指普查对象 2017 年全年以综合利用方式处理的危险废物总质量。计量单位为吨，保留整数。

危险废物综合利用方式填写以下指标：

危险废物设计综合利用能力　指在计划期内，普查对象（或某生产线）参与废物利用的全部设备和构筑物，在既定的组织技术条件下，所能处理利用废物的量。计量单位为吨 / 年，保留整数。

危险废物实际利用量　指普查对象 2017 年全年以综合利用方式处理的危险废物总质量。计量单位为吨，保留整数。

综合利用方式　根据普查对象实际情况，按照表 1 选择填写，可多选。

表 1　危险废物利用 / 处置方式

代码	说明
	危险废物（不含医疗废物）利用方式
R1	作为燃料（直接燃烧除外）或以其他方式产生能量
R2	溶剂回收 / 再生（如蒸馏、萃取等）
R3	再循环 / 再利用不是用作溶剂的有机物
R4	再循环 / 再利用金属和金属化合物
R5	再循环 / 再利用其他无机物
R6	再生酸或碱
R7	回收污染减除剂的组分
R8	回收催化剂的组分
R9	废油再提炼或其他废油的再利用
R15	其他
	危险废物（不含医疗废物）处置方式
D1	填埋
D9	物理化学处理（如蒸发、干燥、中和、沉淀等），不包括填埋或焚烧前的预处理
D10	焚烧
D16	其他
C1	水泥窑协同处置
	其他
C2	生产建筑材料
C3	清洗（包装容器）
	医疗废物处置方式
Y10	医疗废物焚烧
Y11	医疗废物高温蒸汽处理
Y12	医疗废物化学消毒处理
Y13	医疗废物微波消毒处理
Y16	医疗废物其他处置方式

危险废物填埋方式填写以下指标：

设计容量　指普查对象填埋设施设计建设的填埋废物的构筑物的总容量。计量单位为立方米，保留整数。

已填容量 指填埋设施投入使用以来，至 2017 年末填埋占用的累计容量。计量单位为立方米，保留整数。

设计处置能力 指在计划期内，普查对象参与废物填埋处置的全部设备和构筑物，在既定的组织技术条件下，所能填埋处置废物的量。计量单位为吨 / 年，保留整数。

实际填埋处置量 指普查对象 2017 年全年以填埋方式处置的危险废物总质量。计量单位为吨，保留整数。

危险废物物理化学处理方式填写以下指标：

设计处置能力 指在计划期内，普查对象（或某生产线）参与以物理化学方式处理废物的全部设备和配套设施，在既定的组织技术条件下，所能处理废物的量。计量单位为吨 / 年，保留整数。

实际处置量 指普查对象 2017 年全年以物理化学方式处理的危险废物总质量。计量单位为吨，保留整数。

物理化学处置方式 指普查对象处理危险废物的物理化学方式，包括蒸发、干燥、中和、沉淀、固化、氧化还原、其他。不包括填埋或焚烧前的预处理。

危险废物焚烧方式填写以下指标：

设施数量 焚烧设施总台数。计量单位为台。

设计焚烧处置能力 指在计划期内，普查对象参与废物焚烧的全部设备，在既定的组织技术条件下，所能焚烧处置废物的量。计量单位为吨 / 年，保留整数。

实际焚烧处置量 指普查对象 2017 年全年以焚烧方式处置的危险废物总质量。计量单位为吨，保留整数。

煤炭消耗量、燃料油消耗量、天然气消耗量 填报普查对象 2017 年全年实际消费的煤炭、燃料油和天然气的总量。计量单位为吨或立方米，保留整数。

废气设计处理能力 指普查对象设计建设的焚烧废气处理的全套设施，在计划期内和既定的组织技术条件下，所能处理的焚烧废气的量。计量单位为立方米 / 时，保留整数。

焚烧残渣产生量 指 2017 年全年危险废物经焚烧处置后生成的残渣，不包括烟气处理设备中收集的飞灰的质量。计量单位为吨，保留整数。

焚烧残渣填埋处置量 指普查对象 2017 年全年炉渣按危险废物进行安全填埋处置的量。计量单位为吨，保留整数。

焚烧飞灰产生量 指 2017 年全年从危险废物焚烧烟气处理设备中收集的烟尘的质量。计量单位为吨，保留整数。

焚烧飞灰填埋处置量 指普查对象 2017 年全年焚烧飞灰按危险废物进行安全填埋处置的量。计量单位为吨，保留整数。

医疗废物主要处置情况填报以下指标：

医疗废物设计处置能力 指在计划期内，普查对象（或某生产线）参与废物处置的全部设备和构筑物，在既定的组织技术条件下，所能处理废物的量。计量单位为吨 / 年，保留整数。

焚烧设计处置能力 指在计划期内，普查对象参与废物焚烧的全部设备，在既定的组织技术条件下，所能焚烧处置废物的量。计量单位为吨／年，保留整数。

实际处置医疗废物量 指普查对象 2017 年全年对医疗废物采取焚烧、化学消毒、微波消毒和高温蒸汽处理，最终置于符合环境保护规定要求的场所并不再回取的医疗废物总质量。计量单位为吨，保留整数。

废水（主要指危险废物处置厂产生的渗滤液以及设备冷却、设备清洗和地面清洗等过程产生的废水）产生及处理情况填报以下指标：

废水处理方法 根据废水处理的工艺方法，按附录（五）指标解释通用代码表中表 1 选择填报废水处理方法及代码。

废水设计处理能力 指普查对象建设的专门用于处理废水的全套设施和构筑物，在既定的组织技术条件下，每天所能处理废水的量。计量单位为立方米／日，保留整数。

废水产生量 指普查对象 2017 年全年实际产生的废水量。如果没有计量装置可按照产污系数计算产生量。计量单位为立方米，保留整数。

实际处理废水量 指普查对象 2017 年全年废水处理设施实际处理的废水总量。未经处理排入市政管网或再进入其他污水处理厂的量不计。计量单位为立方米，保留整数。

废水排放量 指普查对象 2017 年全年排放到外部的废水的总量（包括经过处理的和未经处理的）。如果没有计量装置可按照排污系数计算排放量。计量单位为立方米，保留整数。

《生活垃圾／危险废物集中处置厂（场）废水监测数据》（J104-1 表）

普查对象若有多个排放口，则按不同排放口分别填报。

废水排放口编号 排放口编号由标识码、排放口类别代码和流水顺序码 3 个部分共 5 位字母和数字混合组成。

第一部分（第 1 位）： 排放口的编码标识，使用 1 位英文字母 D（Discharge outlet 排污）表示。

第二部分（第 2 位）： 环境要素标识符，使用 1 位英文字母（A 表示空气，W 表示水）表示。

第三部分（第 3-5 位）： 全单位统一的排放口流水顺序码，使用 3 位阿拉伯数字。

监测方式 指获取监测数据的监测活动方式，按下列优先顺序选择：在线监测＞企业自测（手工）＞委托监测＞监督监测，将代码填入表格内：1. 在线监测，2. 企业自测（手工），3. 委托监测，4. 监督监测。

废水流量 按监测时测得的废水流量折算成每天的废水流量填报。计量单位为立方米／天，保留整数。

污染物浓度 指废水中污染物的年平均浓度。未监测的项目不填。

进口浓度：指进入处理设施前废水中污染物的浓度。

排口浓度：指经过处理设施处理后排出的废水中污染物的浓度。

无废水处理设施的只填写废水流量和排放口污染物监测数据。

《生活垃圾／危险废物集中处置厂（场）焚烧废气监测数据》（J104-2 表）

采用焚烧方式的普查对象填报此表。

监测方式 指获取监测数据的监测活动方式，按下列优先顺序选择：在线监测＞企业自测（手工）＞委托监测＞监督监测，将代码填入表格内：1. 在线监测，2. 企业自测（手工），3. 委托监测，4. 监督监测。

焚烧废气流量 废气流量按标况下小时流量填报。

年排放时间 指废气排放的实际小时数。保留整数。

污染物浓度 按照废气中污染物的年平均浓度填报。

排放浓度：指烟气经处理设施处理后，排放的废气污染物的排放浓度，各项污染物的浓度均指在标准状态下以 11%（V/V%）O2（干烟气）作为换算基准换算后的浓度。

废气流量计量单位为立方米／时，保留整数；焚烧废气污染物浓度计量单位为毫克／立方米，污染物浓度按监测方法对应的有效数字填报。

按焚烧废气排放口逐一填写。

《生活垃圾／危险废物集中处置厂（场）污染物排放量》（J104-3 表）

废水污染物产生量 指 2017 年全年未经过处理的废水中所含的各项污染物本身的纯质量。按年产生量填报。

废水污染物排放量 指 2017 年全年排放的废水中所含的各项污染物本身的纯质量。按年排放量填报。

焚烧废气污染物排放量 指 2017 年全年危险废物焚烧过程中排放到大气中的废气（包括处理过的、未经过处理）中所含的颗粒物、二氧化硫、氮氧化物、铅、汞、镉、砷、铬等重金属及其化合物（以重金属元素计）的固态、气态污染物的纯质量。按年排放量填报。

数据来源 指污染物排放量计算所采用的数据来源。按下列优先顺序选择：在线监测＞企业自测（手工）＞委托监测＞监督监测＞系数法，将代码填入表格内：1. 在线监测，2. 企业自测（手工），3. 委托监测，4. 监督监测，5. 系数法。

《储油库油气回收情况》（Y101 表）

燃油类型 包括原油、汽油、柴油（包括生物柴油）。其中，原油指各种碳氢化合物的复杂混合物，通常呈暗褐色或者黑色液态，少数呈黄色、淡红色、淡褐色。汽油指由常减压装置蒸馏产出的直馏汽油组分、二次加工装置产出的汽油组分（如催化汽油、加氢裂化汽油、催化重整汽油、加氢精制后的焦化汽油等）及高辛烷值汽油组分，按一定比例调合后加入适量抗氧防胶剂、金属钝化剂，必要时加入适量的抗爆剂和甲基叔丁基醚（MTBE）等制成。柴油指由常减压装置蒸馏产出的直馏柴油或经过精制的二次加工柴油组分（如催化裂化柴油、加氢裂化柴油、加氢精制后的焦化柴油等）按一定比例调合而成，供转速为每分钟 1000 转以上的柴油机使用的柴油。

储罐罐容　指实际储油过程中单个储罐可储藏的最大油料容积，又叫有效容积。

年周转量　指储油库的一个储罐在一年时间内，由各种运输工具或管道实际完成入库和出库的油品质量的总和。

顶罐结构　包括内浮顶灌、外浮顶灌、固定顶罐。其中，内浮顶灌是指带罐顶的浮顶罐，储油罐内部具有一个漂浮在贮液表面上的浮动顶盖，随着储液的输入输出而上下浮动；外浮顶灌是指储油罐的顶部是一个漂浮在贮液表面上的浮动顶盖，油罐顶部结构随罐内储存液位的升降而升降，顶部活动；固定顶罐是指罐顶部结构与罐体采用焊接方式连接，顶部固定的储油罐，一般有拱顶和锥顶两种结构。

装油方式　包括底部装油和顶部装油。其中，底部装油是指从罐体的底部往罐内注油的装油方式，也叫下装装油方式，一般需要在罐体底部安装防溢漏系统、油气回收系统等结构；顶部装油是指从罐体上方的入孔往罐内注油的装油方式。

油气处理方法　包括吸附法、吸收法、冷凝法、膜分离法等。其中，吸附法是指利用固体吸附剂的物理吸附和化学吸附性能，去除油气的方法；吸收法是指利用选定的液体吸收剂吸收溶解或与吸收剂中的组分发生选择性化学反应从而去除油气的方法；冷凝法是指利用物质在不同温度下具有不同饱和蒸汽压这一物理性质，采用降低系统温度或提高系统压力的方法，使处于蒸汽状态的油气冷凝从而去除油气的方法；膜分离法是指利用特殊薄膜对液体中的某些成分进行选择性透过的方法，将浓度较高的油气通过薄膜分离出来的方法。

在线监测系统　指在线监测油气回收过程中的压力、油气回收效率是否正常的系统。

《加油站油气回收情况》（Y102 表）

加油站总罐容　指加油站同一燃料类型储罐设计容积之总和。

油气回收阶段　分为一阶段、二阶段，完成卸油油气回收系统改造的称为一阶段，完成储油和加油油气回收系统改造的称为二阶段。

排放处理装置　指针对加油油气回收系统部分排放的油气，通过采用吸附、吸收、冷凝、膜分离等方法对这部分排放的油气进行回收处理的装置。

在线监测系统　指在线实时监测加油油气回收过程中的加油枪气液比、油气回收系统的密闭性、油气回收管线液阻是否正常的系统。

储罐类型　包括地上储罐、覆土立式油罐、覆土卧式油罐三种。地上储罐是指在地面以上，露天建设的立式储罐和卧式储罐的统称；覆土立式油罐是指独立设置在用土掩埋的罐室或护体内的立式油品储罐；覆土卧式储罐是指采用直接覆土或埋地方式设置的卧式油罐，包括埋地卧式油罐，埋地卧式储罐是指采用直接覆土或罐池充沙（细土）方式埋设在地下，且罐内最高液面低于罐外 4 米范围内地面的最低标高 0.2 米的卧式储罐。

储罐壳体类型　包括单层和双层。单层罐罐壁为单层的储罐；双层罐由内、外罐罐壁构成具有双层间隙的储罐。

防渗池　是指储罐外围专门设置的能够起到二次油品防渗保护的池子。对于储油库等的地下单层储罐来说，一般应采取防渗池等有效措施防治油品泄漏对水体的污染。

防渗漏监测措施　是指采用一定的方式方法，可以对双层储罐、防渗池进行有效监测的设施或措施。

双层管道　是由内、外管管壁形成的具有双层间隙的管道。

《油品运输企业油气回收情况》（Y103表）

年汽油运输总量　指企业在一年内所有油罐车运送所有标号汽油的总数量。

年柴油运输总量　指企业在一年内所有油罐车运送所有标号柴油（包括生物柴油）的总数量。

具有油气回收系统的油罐车数量　指企业完成油气回收系统改造的油罐车和新购置具有油气回收系统的油罐车数量之和。

定期进行油气回收检测的油罐车数量　指至少每年进行一次油气回收系统密闭性检测的油罐车数量之和。

《县（区、市、旗）种植业基本情况》（N201-1表）

农户总数　用于登记农业经营户、居住在农村且有确权（承包）土地的住户。以居住地或从事农业经营活动的生产地为原则登记。

农村劳动力人口　指乡村人口中经常参加集体经济组织（包括乡镇企业、事业单位）和家庭副业劳务的劳动力的人数之和。也指有劳动能力的农民的数量。

化肥施用量　是指2017年每个县（区、市、旗）实际用于农业生产的化肥实物总量，单位为吨。氮肥施用折纯量、含氮复合肥施用折纯量是把施用的不同种类氮肥或含氮复合肥按含氮百分比成份（含氮折纯率）进行折算后的数量之和，单位为吨。氮肥、含氮复合肥种类名称和含氮折纯率见表1。

表1　氮肥和含氮复合肥名称

氮肥	名称	尿素	碳酸氢铵	硫酸铵	硝酸铵	氯化铵	氨水	其他氮肥
	含氮折纯率	46%	17%	21%	34%	23%	16%	20%
含氮复合肥	名称	磷酸一铵	磷酸二铵	其他二元含氮复合肥	三元复合肥			
	含氮折纯率	12%	17%	14%	10%			

用于种植业的农药使用量 是指区域（以县级行政区划为单位）内 2017 年所有作物种植周期内所施用的农药实物总量，单位为吨。如果不使用任何农药，使用量均填为"0"。

规模种植主体情况 指一年一熟制地区露地种植农作物的土地达到 100 亩及以上、一年二熟及以上地区露地种植农作物的土地达到 50 亩及以上、设施农业的设施占地面积 25 亩及以上、园地面积达到 100 亩及以上，具有较大农业经营规模的农业经营主体。

不同坡度耕地和园地总面积 指耕地和园地面积之和。分别填写①平地（坡度 ≤ 5° 以下）、②缓坡地（坡度 5 ~ 15°）、③陡坡地（坡度 > 15°）的耕地和园地面积。其中缓坡地的坡度 5 ~ 15° 是指坡度大于 5° 且小于等于 15°。

耕地面积 是指用于种植农作物的土地，不包括种植茶、桑、果等多年生木本农作物的土地。包括熟地、新开发、复垦、整理地、休闲地（含轮歇地、草田轮作地）；以种植农作物为主，间有零星果树、桑树或其他林木的土地；平均每年能保证收获一季的已垦滩地和海涂；抛荒不满三年的耕地。南方宽度小于 1 米，北方宽度小于 2 米固定的沟、渠、路和田埂也算耕地。

不包括已改为鱼塘、果园、林地的土地，被工厂、公路、铁路等设施占用的土地，已退耕还林、还草或已损毁的耕地。也不包括抛荒三年以上的耕地。

林农、果农间作的土地，以种植农作物为主的按耕地计算，以果树为主的计为园地，以林地为主的计为林地。已实施国家退耕还林、还草项目并已享受补贴的，无论是否间作农作物，都不算为耕地面积。

耕地又分成水田和旱地。水田是筑有田埂（坎），经常蓄水，常年用来种植水稻、莲藕、席草等水生作物的耕地，也包括实行水旱轮作的耕地（如水稻与小麦、油菜或蚕豆等轮作）。除水田外的其他耕地统称为旱地，包括统计资料（如统计年鉴、农业普查等）所指的旱地和水浇地。

菜地面积 指露地蔬菜和保护地蔬菜面积之和。其中，露地蔬菜指露天种植蔬菜的方式；保护地蔬菜面积是指在露地不适宜蔬菜生长的季节，采用保护设备创造适宜的环境条件栽培蔬菜的耕地面积。例如在寒冷气候条件下通过采用温室、温床、冷床、塑料棚等设备，创造光照、温度、水分、通风等适宜的小气候环境，种植蔬菜的面积。

园地面积 是指种植以采集果、叶、根、茎、汁为主的多年生木本或草本作物，覆盖率大于 50%，或每亩株数达到合理株数的 70% 的土地。包括果园、茶园、桑园以及其他等。

地膜年生产总量 指县域内全部地膜生产企业每年实际生产的地膜总量。

地膜年使用总量 指按本年度所有覆盖地膜农田实际铺设地膜重量。调查年度里覆盖一次算一次重量。

地膜覆膜总面积 指某地区所有覆盖地膜农田的总面积（包括地膜本身覆盖的面积和操作畦间的未覆盖面积）。调查年度里覆盖一次算一次面积。

地膜年回收总量 指本年度全县通过人工或机械回收的残膜总重量。

地膜年回收利用总量 指县域内全部地膜回收企业每年能够回收加工利用的地膜总重量。

秸秆规模化利用企业数量 特指对收集离田后的秸秆加以利用的企业、合作社等经营主体的数量。

秸秆规模化利用数量 特指以企业、合作社等经营主体为单位对收集离田后的秸秆加以利用数量。

《县（区、市、旗）种植业播种、覆膜与机械收获面积情况》（N201-2表）

粮食作物播种面积 指谷类作物、薯类作物和豆类作物等粮食作物的播种面积。移植的作物面积，如稻谷、甘薯等，按移植后的面积计算，不计算移植前的秧苗面积。间种、混种的作物面积按比例折算各个作物的面积，如果完全混合、同步生长、收获的作物，按混合面积平均分配。复种、套种的作物，按次数计算面积，每种一次计算一次。

经济作物播种面积 指棉花、油料、糖料、烟叶、麻类、药材等的播种面积，不包括茶、桑、水果、橡胶等多年生木本经济作物。移植的作物面积，如烟叶等，按移植后的面积计算，不计算移植前的秧苗面积。间种、混种的作物面积按比例折算各个作物的面积，如果完全混合、同步生长、收获的作物，按混合面积平均分配。复种、套种的作物，按次数计算面积，每种一次计算一次。棉花不包括木棉。中药材指人工栽培的各种中药材作物，不包括野生药材。

蔬菜瓜果播种面积 根据不同的生长特点采取不同统计方法。在调查年度内，播种一次收获一次的，种一茬算一茬面积；多年生的，不论一年内收获几次，都只计算一次面积；间种、套种，按占地面积比例或用种量折算；种植在大棚等农业设施中的，如果是"立体"种植，按占地面积计算。生长在湖泊、水塘等水域中的莲藕等水生蔬菜无论是野生还是人工种植均不计算面积，只计算其在耕地上种植的面积。

果园面积 专指种植苹果、梨、葡萄、桃、柑桔、香蕉、菠萝、荔枝等果树的园地面积。

覆膜总面积 指某地区所有覆盖地膜农田的总面积（包括地膜本身覆盖的面积和操作畦间的未覆盖面积）。调查年度里覆盖一次算一次面积。棉花不包括木棉。中药材指人工栽培的各种中药材作物，不包括野生药材。

《县（区、市、旗）农作物秸秆利用情况》（N201-3表）

秸秆 农业生产过程中，收获了稻谷、小麦、玉米等农作物籽粒以后，残留的不能食用的茎、叶等农作物副产品，不包括农作物地下部分。这里的秸秆是指风干重，含水率15%。

秸秆规模化利用 特指以企业、合作社等经营主体为单位对收集离田后的秸秆加以利用。

肥料化利用量 本表中是指以企业、合作社等经营主体为单位通过腐熟还田、堆沤还田、生物反应堆、生产商品有机肥等形式消纳利用的秸秆量。

饲料化利用量 本表中是指规模化养殖草食畜（包括牛、羊等）所消纳的秸秆量，利用方式包括青黄贮、碱化/氨化、压块（包括颗粒饲料）、揉搓丝化、蒸汽爆破等。青贮秸秆按照3:1的比例折合风干重。

基料化利用量 本表中是指以企业、合作社等经营主体为单位通过生产食用菌基质、育苗基质和其他栽培基质消纳的秸秆量。

燃料化利用量 本表中是指以企业、合作社等经营主体为单位通过固化成型、炭化、热解气化、沼气工程、发电等形式消纳利用的秸秆量。

《县（区、市、旗）规模以下养殖户养殖量及粪污处理情况》（N202表）

养殖户数量 全县（市、区、旗）纳入普查范围的五类畜禽养殖种类对应的养殖户的总和。养殖户是指饲养数量未达到规模养殖场标准的养殖单元，其中：生猪＜500头（出栏）、奶牛＜100头（存栏）、肉牛＜50头（出栏）、蛋鸡＜2000羽（存栏）、肉鸡＜10000羽（出栏）。

出栏量 饲养动物年总出栏数量，生猪、肉牛和肉鸡填写。

存栏量 饲养动物的年均存栏数量，奶牛和蛋鸡填写。

清粪方式 全县（市、区、旗）五类畜禽养殖对应的清粪工艺，人工干清粪是指畜禽粪便和尿液一经产生便分流，干粪由人工的方式收集、清扫、运走，尿及冲洗水则从下水道流出；机械干清粪是指畜禽粪便和尿液一经产生便分流，干粪利用专用的机械设备收集和运走，尿及冲洗水则从下水道流出；水冲粪是指畜禽粪尿污水混合进入缝隙地板下的粪沟，每天一次或数次放水冲洗圈舍的清粪方式，冲洗后的粪水一般顺粪沟流入粪便主干沟，进入地下贮粪池或用泵抽吸到地面贮粪池；水泡粪是指畜禽舍的排粪沟中注入一定量的水，粪尿、冲洗和饲养管理用水一并排放缝隙地板下的粪沟中，储存一定时间后，待粪沟装满后，打开出口的闸门，将沟中粪水排出；垫草垫料是指稻壳、木屑、作物秸秆或者其他原料以一定厚度平铺在畜禽养殖舍地面，畜禽在其上面生长、生活的养殖方式；高床养殖是指动物以及动物粪便不与垫草垫料直接接触，饲养过程动物粪便落在垫草垫料上，通过垫草垫料对动物粪尿进行吸收进一步处理；其他是指除以上几项以外的其他方式，需要单独注明。

粪便处理利用方式比例 填写不同粪便处理利用方式的比例。粪便处理利用方式包括委托处理、生产农家肥、生产商品有机肥、生产牛床垫料、生产栽培基质、饲养昆虫、其他、未利用直接排放。其中：垫料利用一般指牛场粪便经过固液分离、无害化处理后回用作为牛床垫料；基质利用是指畜禽粪便混合菌渣或者其他农作物秸秆，进行一定的无害化处理后，生产基质盘或基质土，应用于栽培果菜的利用方式。

污水处理利用方式比例 填写不同污水处理利用方式的比例。养殖污水处理利用方式，一般包括委托处理、沼液还田、肥水还田、生产液体有机肥、鱼池养殖、达标排放、其他利用、未利用直接排放。

配套农田种植/播种面积 填写全县（市、区、旗）所有养殖户粪污处理利用配套农田和林地所种植作物/林木的名称以及相应的播种面积，果树、草地及林地等填写种植面积，大田、蔬菜和经济作物填写播种面积。

《县（区、市、旗）水产养殖基本情况》（N203表）

养殖品种名称、养殖品种代码 在表格内按下表填写名称和代码，见表1。

表 1　养殖品种名称与代码对应表

品种名称	品种代码	品种名称	品种代码	品种名称	品种代码	品种名称	品种代码	品种名称	品种代码
鲟鱼	S01	鳟鱼	S15	南美白对虾（淡）	S29	鲷鱼	S43	江珧	S57
鳗鲡	S02	河鲀	S16	河蟹	S30	大黄鱼	S44	扇贝	S58
青鱼	S03	池沼公鱼	S17	河蚌	S31	鲆鱼	S45	蛤	S59
草鱼	S04	银鱼	S18	螺	S32	鲽鱼	S46	蛏	S60
鲢鱼	S05	短盖巨脂鲤	S19	蚬	S33	南美白对虾（海）	S47	海参	S61
鳙鱼	S06	长吻鮠	S20	龟	S34	斑节对虾	S48	海胆	S62
鲤鱼	S07	黄鳝	S21	鳖	S35	中国对虾	S49	海水珍珠	S63
鲫鱼	S08	鳜鱼	S22	蛙	S36	日本对虾	S50	海蜇	S64
鳊鱼	S09	加州鲈	S23	淡水珍珠	S37	梭子蟹	S51	其他	S65
泥鳅	S10	乌鳢	S24	鲈鱼	S38	青蟹	S52		
鲶鱼	S11	罗非鱼	S25	石斑鱼	S39	牡蛎	S53		
鮰鱼	S12	罗氏沼虾	S26	美国红鱼	S40	鲍	S54		
黄颡鱼	S13	青虾	S27	军曹鱼	S41	蚶	S55		
鲑鱼	S14	克氏原螯虾	S28	鲥鱼	S42	贻贝	S56		

养殖水体　分为 1. 淡水养殖，2. 海水养殖，在方框中填写相应序号。

产量　指同一养殖模式、同一养殖类型的养殖水体中养殖的生物满足商品规格后全部收获的产量，单位用吨 / 年表示。在同一养殖品种的不同养殖模式中，产量须对应填写。

投苗量　指养殖最初投入的水产品苗体质量，单位吨 / 年。

面积　网箱养殖模式养殖面积单位为平方米，其他养殖模式单位为亩。

体积　工厂化养殖模式填写养殖水体体积，单位为立方米。

养殖情况统计　指该县（区、市、旗）规模养殖场和养殖户分别的统计总数。规模养殖场是指经有关部门批准的具有法人资格的水产养殖场；养殖户是指除规模养殖场以外的水产养殖户或养殖单位。

《城市生活污染基本信息》（S201 表）

全市常住人口　指全市行政范围内的常住人口，包括：居住在本市的乡镇街道且户口在该乡镇街道或户口待定的人；居住在本市的乡镇街道且离开户口登记地所在的乡镇街道半年以上的人；户口在本市的乡镇街道且外出不满半年或在境外工作学习的人，"境外"是指我国海关关境以外。以市级统计年鉴或统计部门提供的数据为准。

房屋竣工面积　指全市报告期内按照设计要求已全部完工，达到居住和使用条件，经验收鉴定合格或达到竣工验收标准，可正式移交使用的各栋住宅（公共建筑、生产性建筑）建筑面积。

人均住房（住宅）建筑面积　指全市年末平均每人（以户籍人口为准）拥有的住宅建筑面积。

新建沥青公路长度　指全市本年度新建公路中，采用沥青混凝土铺装路面的公路的长度。根据交通运输部门《交通运输综合统计报表制度》中，交行统 1-2 表"公路里程年底到达数（按路面类型分）"中"有铺装路面—沥青混凝土"下的"二、本年新建数"指标填报。

改建变更沥青公路长度 指全市本年度改建变更公路中，采用沥青混凝土铺装路面的公路的长度。根据交通运输部《交通运输综合统计报表制度》中，交行统 1-2 表"公路里程年底到达数（按路面类型分）"中"有铺装路面—沥青混凝土"下的"三、本年改建变更数"指标填报。

2017 年年末城市道路长度、2016 年年末城市道路长度 分别指全市 2017 年和 2016 年年末城市道路的长度。根据"城市（县城）和村镇建设统计调查"中，"城市（县城）道路和桥梁综合表"的"道路长度（千米）"、"建制镇燃气、供热及道路桥梁综合表"的"道路长度（千米）"、"乡燃气、供热及道路桥梁综合表"的"道路长度（千米）"和"村庄市政公用设施综合表（二）"的"村庄内道路长度（千米）"等 4 项指标之和填报。

市区人口 指城市行政区域内有常住户口和未落常住户口的人，以及被注销户口的在押犯、劳改、劳教人员。未落常住户口人员是指持出生、迁移、复员转业、劳改释放、解除劳教等证件未落常住户口的、无户口的人员以及户口情况不明且定居一年以上的流入人口。根据"城市（县城）和村镇建设统计调查"中本直辖市或地级市的"城市（县城）基本情况统计基层表"的"市区（县）人口"指标填报，由住房城乡建设部门或负责开展上述调查的部门提供，可从"住建部城乡建设统计信息管理系统"中查询。

城区人口 指划定的城区范围的户籍人口数。根据"城市（县城）和村镇建设统计调查"中本直辖市或地级市的"城市（县城）基本情况统计基层表"的"城区（县城）人口"指标填报，由住房城乡建设部门或负责开展上述调查的部门提供，可从"住建部城乡建设统计信息管理系统"中查询。

市区暂住人口 指城市行政区域内，离开常住户口地的市区或乡、镇，到本地居住半年以上的人员。根据"城市（县城）和村镇建设统计调查"中本直辖市或地级市的"城市（县城）基本情况统计基层表"的"市区（县）暂住人口"指标填报，由住房城乡建设部门或负责开展上述调查的部门提供，可从"住建部城乡建设统计信息管理系统"中查询。

城区暂住人口 指划定的城区范围内，离开常住户口地的市区或乡、镇，到本地居住半年以上的人员。根据"城市（县城）和村镇建设统计调查"中本直辖市或地级市的"城市（县城）基本情况统计基层表"的"城区（县城）暂住人口"指标填报，由住房城乡建设部门或负责开展上述调查的部门提供，可从"住建部城乡建设统计信息管理系统"中查询。

公共服务用水量 指为城区社会公共生活服务的用水。包括行政事业单位、部队营区和公共设施服务、社会服务业、批发零售贸易业、旅馆饮食业以及社会服务业等单位的用水，只包括本地售水量，不包括销往本区域外的售水量。根据"城市（县城）和村镇建设统计调查"中本直辖市或地级市的"城市（县城）供水—全社会供水综合表"的"公共服务用水总量"填报，由住房城乡建设部门或负责开展上述调查的部门提供，可从"住建部城乡建设统计信息管理系统"中查询。

居民家庭用水量 指城市范围内所有居民家庭的日常生活用水，包括城市居民、农民家庭、公共供水站用水，只包括本地售水量，不包括销往本区域外的售水量。根据"城市（县城）和村镇建设统计调查"中本直辖市或地级市的"城市（县城）供水—全社会供水综合表"的"居民家庭用水总量"指标填报，由住房城乡建设部门或负责开展上述调查的部门提供，可从"住建部城乡建设统计信息管理系统"中查询。

生活用水量（免费供水） 指向居民生活无偿供应的水量，比如特困居民免收水费的水量等。根据"城市（县城）和村镇建设统计调查"中本直辖市或地级市的"城市（县城）供水—公共供水综合表"的"居民生活用水量（免费供水）"指标填报，由住房城乡建设部门或负责开展上述调查的部门提供，可从"住建部城乡建设统计信息管理系统"中查询。

用水人口 指由城市供水设施供给居民家庭用水的人口，包括农业用水人口、非农业用水人口等。根据"城市（县城）和村镇建设统计调查"中本直辖市或地级市的"城市（县城）供水—全社会供水综合表"的"用水人口"指标填报，由住房城乡建设部门或负责开展上述调查的部门提供，可从"住建部城乡建设统计信息管理系统"中查询。

集中供热面积 指通过热网向建成区内各类房屋供热的房屋建筑面积。只统计供热面积达到1万平方米及以上的集中供热设施。根据"城市（县城）和村镇建设统计调查"中本直辖市或地级市的"城市（县城）集中供热综合表"的"集中供热总面积"指标填报，由住房城乡建设部门或负责开展上述调查的部门提供，可从"住建部城乡建设统计信息管理系统"中查询。

人工煤气／天然气／液化石油气销售气量（居民家庭） 指报告期燃气供应企业（单位）售给本区域内居民家庭的人工煤气量／天然气量／液化石油气量。分别根据"城市（县城）和村镇建设统计调查"中本直辖市或地级市的"城市（县城）燃气—人工煤气综合表"的"销售气量"、"城市（县城）燃气—天然气综合表"的"销售气量"、"城市（县城）燃气—液化石油气综合表"的"销售气量"等3项指标填报，由住房城乡建设部门或负责开展上述调查的部门提供，可从"住建部城乡建设统计信息管理系统"中查询。

建制镇个数 指市辖区范围内国家按行政建制设立的镇的总个数。根据"城市（县城）和村镇建设统计调查"中本直辖市或地级市的"建制镇基本情况综合表"的"建制镇个数"指标填报，由住房城乡建设部门或负责开展上述调查的部门提供，可从"住建部城乡建设统计信息管理系统"中查询。

建成区常住人口 指建制镇建成区总常住人口，即实际经常居住在建制镇建成区半年以上的人口，建成区指建制镇内实际已成片开发建设、市政公用设施和公共设施基本具备的区域。根据"城市（县城）和村镇建设统计调查"中本直辖市或地级市的"建制镇基本情况综合表"的"建成区常住人口"指标填报，由住房城乡建设部门或负责开展上述调查的部门提供，可从"住建部城乡建设统计信息管理系统"中查询。

建成区年生活用水量 指建制镇建成区范围内居民家庭与公共服务的年用水总量，包括饮食店、医院、商店、学校、机关、部队等单位生活用水量，以及生产单位装有专用水表计量的生活用量（不能分开者，可不计）。根据"城市（县城）和村镇建设统计调查"中本直辖市或地级市的"建制镇供水综合表"的"年生活用水量"指标填报，由住房城乡建设部门或负责开展上述调查的部门提供，可从"住建部城乡建设统计信息管理系统"中查询。

建成区用水人口 指建制镇建成区范围内总用水人口，即集中供水设施供给生活用水的家庭用户总人口数。根据"城市（县城）和村镇建设统计调查"中本直辖市或地级市的"建制镇供水综合表"的"用水人口"指标填报，由住房城乡建设部门或负责开展上述调查的部门提供，可从"住建部城乡建设统计信息管理系统"中查询。

人均日生活用水量（建成区部分） 指建制镇建成区范围内用水人口平均每天的生活用水量，计算公式为：建成区人均日生活用水量＝建成区年生活用水量／建成区用水人口。根据"城市（县城）和村镇建设统计调查"中本直辖市或地级市的"建制镇市政公用设施水平综合表"的"人均日生活用水量"指标填报，由住房城乡建设部门或负责开展上述调查的部门提供，可从"住建部城乡建设统计信息管理系统"中查询。

人均日生活用水量（村庄部分）指建制镇建成区以外，所有乡村用水人口平均每天的生活用水量。根据"城市（县城）和村镇建设统计调查"中本直辖市或地级市的"村庄市政公用设施综合表（一）"的"人均日生活用水量"指标填报，由住房城乡建设部门或负责开展上述调查的部门提供，可从"住建部城乡建设统计信息管理系统"中查询。

表 1　《城市生活污染基本信息表》（S201 表）指标来源参照表

指标代码	指标名称	专业或主管部门
01	全市常住人口	统计部门
02	房屋竣工面积	统计或住房城乡建设部门
03	人均住房（住宅）建筑面积	统计或住房城乡建设部门
04	新建沥青公路长度	交通运输部门
05	改建变更沥青公路长度	交通运输部门
06	2017 年年末城市道路长度	住房城乡建设部门
07	2016 年年末城市道路长度	住房城乡建设部门
08	市区人口	住房城乡建设部门
09	城区人口	住房城乡建设部门
10	市区暂住人口	住房城乡建设部门
11	城区暂住人口	住房城乡建设部门
12	公共服务用水量	住房城乡建设部门
13	居民家庭用水量	住房城乡建设部门
14	生活用水量（免费供水）	住房城乡建设部门
15	用水人口	住房城乡建设部门
16	集中供热面积	住房城乡建设部门
17	人工煤气销售气量（居民家庭）	住房城乡建设部门
18	天然气销售气量（居民家庭）	住房城乡建设部门
19	液化石油气销售气量（居民家庭）	住房城乡建设部门
20	建制镇个数	住房城乡建设部门
21	建成区常住人口	住房城乡建设部门
22	建成区年生活用水量	住房城乡建设部门
23	建成区用水人口	住房城乡建设部门
24	人均日生活用水量（建成区部分）	住房城乡建设部门
25	人均日生活用水量（村庄部分）	住房城乡建设部门

《县域城镇生活污染基本信息》（S202 表）

全县人口 指县（市、旗）行政辖区内有常住户口和未落常住户口的人，以及被注销户口的在押犯、劳改、劳教人员。未落常住户口人员是指持出生、迁移、复员转业、劳改释放、解除劳教等证件未落常住户口的、无户口的人员以及户口情况不明且定居一年以上的流入人口。根据"城市（县城）和村镇建设统计调查"中本县（市、旗）的"城市（县城）基本情况统计基层表"的"市区（县）人口"指标填报，由市级住房城乡建设主管部门或负责开展上述调查的部门提供，可从"住建部城乡建设统计信息管理系统"中查询。

县城人口 指划定的县城或县级市城区范围的户籍人口数。根据"城市（县城）和村镇建设统计调查"中本县（市、旗）的"城市（县城）基本情况统计基层表"的"城区（县城）人口"指标填报，由市级住房城乡建设主管部门或负责开展上述调查的部门提供，可从"住建部城乡建设统计信息管理系统"中查询。

县暂住人口 指县（市、旗）行政区域内，离开常住户口地的市区或乡、镇，到本地居住半年以上的人员。根据"城市（县城）和村镇建设统计调查"中本县（市、旗）的"城市（县城）基本情况统计基层表"的"市区（县）暂住人口"指标填报，由市级住房城乡建设主管部门或负责开展上述调查的部门提供，可从"住建部城乡建设统计信息管理系统"中查询。

县城暂住人口 指划定的县城或县级市城区范围内，离开常住户口地的市区或乡、镇，到本地居住半年以上的人员。根据"城市（县城）和村镇建设统计调查"中本县（市、旗）的"城市（县城）基本情况统计基层表"的"城区（县城）暂住人口"指标填报，由市级住房城乡建设主管部门或负责开展上述调查的部门提供，可从"住建部城乡建设统计信息管理系统"中查询。

公共服务用水量 指为县城或县级市城区社会公共生活服务的用水。包括行政事业单位、部队营区和公共设施服务、社会服务业、批发零售贸易业、旅馆饮食业以及社会服务业等单位的用水，只包括本地售水量，不包括销往本区域外的售水量。根据"城市（县城）和村镇建设统计调查"中本县（市、旗）的"城市（县城）供水—全社会供水综合表"的"公共服务用水总量"指标填报，由市级住房城乡建设主管部门或负责开展上述调查的部门提供，可从"住建部城乡建设统计信息管理系统"中查询。

居民家庭用水量 指居民家庭用水指县城或县级市城区范围内所有居民家庭的日常生活用水，包括城市居民、农民家庭、公共供水站用水，只包括本地售水量，不包括销往本区域外的售水量。根据"城市（县城）和村镇建设统计调查"中本县（市、旗）的"城市（县城）供水—全社会供水综合表"的"居民家庭用水总量"指标填报，由市级住房城乡建设主管部门或负责开展上述调查的部门提供，可从"住建部城乡建设统计信息管理系统"中查询。

生活用水量（免费供水） 指向居民生活无偿供应的水量，比如特困居民免收水费的水量等。根据"城市（县城）和村镇建设统计调查"中本县（市、旗）的"城市（县城）供水—公共供水综合表"的"居民生活用水量（免费供水）"指标填报，由市级住房城乡建设主管部门或负责开展上述调查的部门提供，可从"住建部城乡建设统计信息管理系统"中查询。

用水人口 指由县城或县级市供水设施供给居民家庭用水的人口，包括农业用水人口、非农业用水人口等。根据"城市（县城）和村镇建设统计调查"中本县（市、旗）的"城市（县城）供水—全社会供水综合表"的"用水人口"指标填报，由市级住房城乡建设主管部门或负责开展上述调查的部门提供，可从"住建部城乡建设统计信息管理系统"中查询。

集中供热面积 指通过热网向建成区内各类房屋供热的房屋建筑面积。只统计供热面积达到1万平方米及以上的集中供热设施。根据"城市（县城）和村镇建设统计调查"中本县（市、旗）的"城市（县城）集中供热综合表"的"集中供热总面积"指标填报，由市级住房城乡建设主管部门或负责开展上述调查的部门提供，可从"住建部城乡建设统计信息管理系统"中查询。

人工煤气/天然气/液化石油气销售气量（居民家庭） 指报告期燃气供应企业（单位）售给本区域内居民家庭的人工煤气量/天然气量/液化石油气量。分别根据"城市（县城）和村镇建设统计调查"中本县（市、旗）的"城市（县城）燃气—人工煤气综合表"的"销售气量"、"城市（县城）燃气—天然气综合表"的"销售气量"、"城市（县城）燃气—液化石油气综合表"的"销售气量"等3项指标填报，由市级住房城乡建设主管部门或负责开展上述调查的部门提供，可从"住建部城乡建设统计信息管理系统"中查询。

建制镇个数 指县（市、旗）范围内国家按行政建制设立的镇的总个数。根据"城市（县城）和村镇建设统计调查"中本县（市、旗）的"建制镇基本情况综合表"的"建制镇个数"指标填报，由市级住房城乡建设主管部门或负责开展上述调查的部门提供，可从"住建部城乡建设统计信息管理系统"中查询。

建成区常住人口 指建制镇建成区总常住人口，即早实际经常居住在建制镇建成区半年以上的人口，建成区指建制镇内实际已成片开发建设、市政公用设施和公共设施基本具备的区域。根据"城市（县城）和村镇建设统计调查"中本县（市、旗）的"建制镇基本情况综合表"的"建成区常住人口"指标填报，由市级住房城乡建设主管部门或负责开展上述调查的部门提供，可从"住建部城乡建设统计信息管理系统"中查询。

建成区年生活用水量 指建制镇建成区范围内居民家庭与公共服务的年用水总量，包括饮食店、医院、商店、学校、机关、部队等单位生活用水量，以及生产单位装有专用水表计量的生活用量（不能分开者，可不计）。根据"城市（县城）和村镇建设统计调查"中本县（市、旗）的"建制镇供水综合表"的"年生活用水量"指标填报，由市级住房城乡建设主管部门或负责开展上述调查的部门提供，可从"住建部城乡建设统计信息管理系统"中查询。

建成区用水人口 指建制镇建成区范围内总用水人口，即集中供水设施供给生活用水的家庭用户总人口数。根据"城市（县城）和村镇建设统计调查"中本县（市、旗）的"建制镇供水综合表"的"用水人口"指标填报，由市级住房城乡建设主管部门或负责开展上述调查的部门提供，可从"住建部城乡建设统计信息管理系统"中查询。

人均日生活用水量（建成区部分） 指建制镇建成区范围内用水人口平均每天的生活用水量，计算公式为：建成区人均日生活用水量=建成区年生活用水量/建成区用水人口。根据"城市（县城）和村镇建设统计调查"中本县（市、旗）的"建制镇市政公用设施水平综合表"的"人均日生活用水量"指标填报，由市级住房城乡建设主管部门或负责开展上述调查的部门提供，可从"住建部城乡建设统计信息管理系统"中查询。

人均日生活用水量（村庄部分） 指建制镇建成区以外，所有乡村用水人口平均每天的生活用水量。根据"城市（县城）和村镇建设统计调查"中本县（市、旗）的"村庄市政公用设施综合表（一）" 的"人均日生活用水量"指标填报，由市级住房城乡建设主管部门或负责开展上述调查的部门提供，可从"住建部城乡建设统计信息管理系统"中查询。

表 1　《县域城镇生活污染基本信息表》（S202 表）指标来源参照表

指标代码	指标名称	专业或主管部门
01	全县人口	住房城乡建设部门
02	县城人口	住房城乡建设部门
03	县暂住人口	住房城乡建设部门
04	县城暂住人口	住房城乡建设部门
05	公共服务用水量	住房城乡建设部门
06	居民家庭用水量	住房城乡建设部门
07	生活用水量（免费供水）	住房城乡建设部门
08	用水人口	住房城乡建设部门
09	集中供热面积	住房城乡建设部门
10	人工煤气销售气量（居民家庭）	住房城乡建设部门
11	天然气销售气量（居民家庭）	住房城乡建设部门
12	液化石油气销售气量（居民家庭）	住房城乡建设部门
13	建制镇个数	住房城乡建设部门
14	建成区常住人口	住房城乡建设部门
15	建成区年生活用水量	住房城乡建设部门
16	建成区用水人口	住房城乡建设部门
17	人均日生活用水量（建成区部分）	住房城乡建设部门
18	人均日生活用水量（村庄部分）	住房城乡建设部门

《机动车保有量》（Y201-1 表）

机动车类型　指根据中华人民共和国公共安全行业标准《机动车类型 术语和定义》（GA 802-2014），规定的机动车类型分类的规格术语。具体如表 1：

表 1　机动车类型分类

分类		说明
载客汽车	微型	车长不大于 3500mm，发动机排气量不大于 1L 的载客汽车
	小型	车长小于 6000mm 但大于 3500mm 且乘坐人数小于等于 9 人的载客汽车
	中型	车长小于 6000mm 且乘坐人数为（10-19）人的载客汽车
	大型	车长大于等于 6000mm 或者乘坐人数大于等于 20 人的载客汽车
载货汽车	微型	车长不大于 3500mm，总质量小于等于 1800kg 的载货汽车
	轻型	车长小于 6000mm 且总质量小于 4500kg 的载货汽车
	中型	车长大于等于 6000mm 或者总质量大于等于 4500kg 且小于 12000kg 的载货汽车，但不包括低速货车
	重型	总质量大于等于 12000kg 的载货汽车
低速汽车	三轮汽车	以柴油机为动力，最大设计车速小于等于 50km/h，总质量小于等于 2000kg，长小于等于 4600mm，宽小于等于 1600mm，高小于等于 2000mm，具有三个车轮的货车。其中，采用方向盘转向、由传递轴传递动力、有驾驶室且驾驶人座椅后有物品放置空间的，总质量小于等于 3000kg，车长小于等于 5200mm，宽小于等于 1800mm，高小于等于 2200mm
	低速货车	以柴油机为动力，最大设计车速小于 70km/h，总质量小于等于 4500kg，长小于等于 6000mm，宽小于等于 2000mm，高小于等于 2500 mm，具有四个车轮的货车
摩托车	普通	最大设计车速大于 50km/h 或者发动机气缸总排量大于 50mL 的摩托车
	轻便	最大设计车速小于等于 50km/h，且若使用发动机驱动，发动机气缸总排量小于等于 50mL 的摩托车

根据中华人民共和国公共安全行业标准《机动车类型 术语和定义》（GA 802-2014），规定的机动车类型分类的使用性质术语，具体表 2。

表 2　机动车使用性质

分类	说明
出租车	以行驶里程和时间计费，将乘客运载至其指定地点的载客汽车
公交车	城市内专门从事公共交通客运的载客汽车
其他车	除公交车、出租车外的其余载客汽车

初次登记注册日期 初次办理机动车车辆注册登记时的日期。

《机动车污染物排放情况》（Y201-2 表）

机动车 指以动力装置驱动或者牵引，上道路行驶的供人员乘用或者用于运送物品以及进行工程专项作业的轮式车辆。

《农业机械拥有量》（Y202-1 表）

农业机械总动力 全部农业机械动力的额定功率之和。农机总动力按使用能源不同分为：柴油发动机动力，指全部柴油发动机额定功率之和；汽油发动机动力，指全部汽油发动机额定功率之和。

拖拉机 指用于牵引、推动、携带和 / 或驱动配套机具进行作业的自走式动力机械。

大中型拖拉机：指发动机额定功率在 14.7 千瓦（含 14.7 千瓦即 20 马力）以上的拖拉机，有链轨式和轮式两种。其中 14.7 ~ 18.4 千瓦（含 14.7 千瓦即 20 马力）、18.4 ~ 36.7 千瓦（含 18.4 千瓦即 25 马力）、36.7 ~ 58.8 千瓦（含 36.7 千瓦即 50 马力）、58.8 千瓦（即 80 马力）及以上的专门统计。

小型拖拉机：指发动机额定功率在 2.2 千瓦（含 2.2 千瓦）以上，小于 14.7 千瓦的拖拉机，包括小四轮与手扶式。

种植业机械 包括耕整地机械、种植施肥机械、农用排灌机械、田间管理机械、收获机械。

（一）耕整地机械

耕整机：指自带发动机驱动，主要从事水田、旱田耕整作业（有的也可从事运输、加工等作业）的机械，包括微耕机、田园管理机。统计为耕整机的，不再统计为手扶拖拉机。耕整机、田园管理机与其配套机具一并按套统计，一台耕整机或田园管理机不论配套几台机具，均统计为一套。

深松机：指由拖拉机悬挂牵引，在不翻动土壤、不破坏地表植被的情况下，能够疏松土壤、打破犁底层的耕作机械。

（二）种植施肥机械

播种机：包括条播机、穴播机、异型种子播种机、小粒种子播种机、根茎类种子播种机、撒播机、免耕播种机等。

免耕播种机：指不需要进行土壤耕翻，直接进行播种作业的播种机械。

精少量播种机：指由拖拉机悬挂牵引并按规定要求进行精少量播种的机械。

水稻直播机：指专门用于直接进行稻种田间播种作业的机械。

水稻插秧机：指自带动力驱动作业的水稻插秧机械。

水稻浅栽机：指自带动力驱动作业的水稻抛秧、摆秧的机械。

化肥深施机、地膜覆盖机：分别指由拖拉机带动，进行深施化肥、铺盖地膜的机械。

（三）农用排灌机械

排灌动力机械：指用于农用排灌作业的配套动力机械，包括柴油机和电动机。

农用水泵：指用于农业生产的各类水泵。与节水灌溉类机械配套的水泵不统计在内。

节水灌溉类机械：包括微灌、喷灌、滴灌、渗灌机械。计量单位为套，一台水泵不论配多少喷头，均作为一套统计。利用天然水流或水利工程落差的压力进行自流喷灌的自压喷灌系统，也应统计在内。

（四）田间管理机械

机动喷雾（粉）机：指自带动力或与动力机械配套作业的喷雾（粉）机。包括机引式、担架式、背负式。

（五）收获机械

联合收获机：指能一次完成作物收获的切割（摘穗）、脱粒、分离、清选等其中多项工序的机械。联合收获机按用途分为稻麦联合收割机和玉米联合收获机。自走式联合收获机的功率是其发动机额定功率。

稻麦联合收割机：包括小麦联合收割机、水稻联合收割机、稻麦两用联合收割机。

玉米联合收获机：包括自走式玉米收获机、背负式玉米收获机、穗茎兼收玉米收获机等，不包括玉米青贮收获机。

割晒机：指一次仅能完成收割和禾秆铺放的机械，包括割捆机。该项统计仅指小麦、水稻和玉米的割晒机。

其他收获机械：指大豆、油菜籽、马铃薯、甜菜、花生、棉花、蔬菜、茶叶、青饲料、牧草等收获机械、秸秆粉碎还田机、秸秆捡拾打捆机以及玉米、大豆、油菜籽收获专用割台等。

渔业机械 包括增氧机、投饵机两种机械。

《农业生产燃油消耗情况》（Y202-2 表）

农业生产燃油消耗 指从事农业生产的各种农业机械消耗燃油的总量。

农田作业 指除农田排灌作业以外的田间和场上机械作业消耗燃油的数量。包括机耕、机播、机收、植保、田间管理、秸秆还田等。复式作业按其中一项计算。

（1）机耕：指使用拖拉机或其他耕作机械作业消耗燃油的数量。机耕包括耕、整地（含中耕），按作业次数累计计算。

（2）机播：指使用农业机械直接播种（含插秧）消耗燃油的数量。

（3）机收：指使用联合收获机、收割（割晒）机等消耗燃油的数量，包括机动脱粒机消耗燃油的数量。

（4）植保：指使用植保机械防治病虫害消耗燃油的数量。

（5）其他：指机械化秸秆还田、地膜收集、打捆等作业消耗燃油的数量。

农田排灌 指农机排灌消耗燃油的数量。

农田基本建设 指农业机械投入各种农田基本建设消耗燃油的数量。包括土地平整、梯田建设、小型水利工程和机耕道建设等。

畜牧业生产 指畜牧业生产过程中消耗燃油的数量。包括牧草收获、搂草、打捆、粉碎、挤奶、剪羊毛等。

农产品初加工 指农产品初加工消耗燃油的数量。

农业运输 指使用拖拉机、农用运输机械拉运农产品、农业生产资料和人畜饮水等消耗燃油的数量。

其他 包括设施农业中温室大棚机械、果园作业机械作业消耗燃油的数量等。

《机动渔船拥有量》（Y202-3 表）

　　机动渔船 指依靠本船主机动力来推进的渔业船舶，分为渔业生产船和渔业辅助船。

　　生产渔船是直接从事渔业捕捞和养殖活动的船舶统称。从事捕捞业活动的渔船为捕捞渔船，从事养殖业活动的渔船为养殖渔船。捕捞渔船，按主机总功率分为：441 千瓦（含）以上、44.1 ~ 441 千瓦、44.1 千瓦（含）以下三类；按船长分为：24 米（含）以上、12（含）~ 24 米、12 米以下。

　　辅助渔船是指从事各种加工、贮藏、运输、补给、渔业执法等渔业辅助活动的渔业船舶统称。包括：水产运销船、冷藏加工船、油船、供应船、科研调查船、教学实习船、渔港工程船、拖轮、驳船和渔业行政执法船等。其中捕捞辅助船指水产运销船、冷藏加工船、油船、供应船等为渔业捕捞生产提供服务的渔业船舶。钓业、围网等作业渔船中的子船纳入捕捞辅助船统计范围。

　　机动渔船的统计单位包括艘、总吨、千瓦。

　　"艘"按船舶单元计算。子母式作业船应分别统计。

　　"总吨"按船舶全部容积计算，即每 2.83 立方米为 1 总吨。

　　"千瓦"按主机总功率计算，主机总功率是指所有用于推进的发动机持续功率总和，1 马力等于 0.735 千瓦，对经过增压的发动机，应按增压后的功率计算。

《农业机械污染物排放情况》（Y202-4 表）

　　农业机械 在作物种植业和畜牧业生产过程中，以及农、畜产品产品初加工和处理过程中所使用的各种机械，主要燃料为柴油。包括拖拉机、联合收割机、排灌机械、渔船以及其他柴油机械等。

《油品储运销环节污染物排放情况》（Y203 表）

　　油品储运销 指从事油品储存、运输和销售的企业，包括储油库、加油站和油品运输企业。油码头储油、装油和卸油过程，以及非对外营业的加油站和储油库暂不纳入。

（二）指标解释通用代码表

表 1　废水处理方法名称及代码表

代码	处理方法名称	代码	处理方法名称	代码	处理方法名称
1000	物理处理法	4000	好氧生物处理法	6000	稳定塘、人工湿地及土地处理法
1100	过滤分离	4100	活性污泥法	6100	稳定塘
1200	膜分离	4110	A/O 工艺	6110	好氧化塘
1300	离心分离	4120	A2/O 工艺	6120	厌氧塘
1400	沉淀分离	4130	A/O2 工艺	6130	兼性塘
1500	上浮分离	4140	氧化沟类	6140	曝气塘
1600	蒸发结晶	4150	SBR 类	6200	人工湿地
1700	其他	4160	MBR 类	6300	土地渗滤
2000	化学处理法	4170	AB 法		
2100	中和法	4200	生物膜法		
2200	化学沉淀法	4210	生物滤池		
2300	氧化还原法	4220	生物转盘		
2400	电解法	4230	生物接触氧化法		
2500	其他	5000	厌氧生物处理法		
3000	物理化学处理法	5100	厌氧水解类		
3100	化学混凝法	5200	定型厌氧反应器类		
3200	吸附	5300	厌氧生物滤池		
3300	离子交换	5400	其他		
3400	电渗析				
3500	其他				

表 2　燃料类型及代码表

能源名称	计量单位	代码	参考折标准煤系数 （吨标准煤 / 吨）	参考发热量
原煤	吨	1	—	—
无烟煤	吨	2	0.9428	约 6000 千卡 / 千克以上
炼焦烟煤	吨	3	0.9	约 6000 千卡 / 千克以上
一般烟煤	吨	4	0.7143	约 4500-5500 千卡 / 千克
褐煤	吨	5	0.4286	约 2500-3500 千卡 / 千克
洗精煤（用于炼焦）	吨	6	0.9	约 6000 千卡 / 千克以上
其他洗煤	吨	7	0.4643-0.9	约 2500-6000 千卡 / 千克
煤制品	吨	8	0.5286	约 3000-5000 千卡 / 千克
焦炭	吨	9	0.9714	约 6800 千卡 / 千克
其他焦化产品	吨	10	1.1-1.5	约 7700-10500 千卡 / 千克
焦炉煤气	万立方米	11	5.714-6.143*	约 4000-4300 千卡 / 立方米
高炉煤气	万立方米	12	1.286*	约 900 千卡 / 立方米
转炉煤气	万立方米	13	2.714*	约 1900 千卡 / 立方米
发生炉煤气	万立方米	14	1.786*	约 1250 千卡 / 立方米
天然气	万立方米	15	11.0-13.3*	约 7700-9300 千卡 / 立方米
液化天然气	吨	16	1.7572	约 12300 千卡 / 千克
煤层气	万立方米	17	11*	约 7700 千卡 / 立方米
原油	吨	18	1.4286	约 10000 千卡 / 千克
汽油	吨	19	1.4714	约 10300 千卡 / 千克
煤油	吨	20	1.4714	约 10300 千卡 / 千克
柴油	吨	21	1.4571	约 10200 千卡 / 千克
燃料油	吨	22	1.4286	约 10000 千卡 / 千克
液化石油气	吨	23	1.7143	约 12000 千卡 / 千克
炼厂干气	吨	24	1.5714	约 11000 千卡 / 千克
石脑油	吨	25	1.5	约 10500 千卡 / 千克
润滑油	吨	26	1.4143	约 9900 千卡 / 千克
石蜡	吨	27	1.3648	约 9550 千卡 / 千克
溶剂油	吨	28	1.4672	约 10270 千卡 / 千克
石油焦	吨	29	1.0918	约 7640 千卡 / 千克
石油沥青	吨	30	1.3307	约 9310 千卡 / 千克
其他石油制品	吨	31	1.4	约 9800 千卡 / 千克
煤矸石（用于燃料）	吨	32	0.2857	约 2000 千卡 / 千克
城市生活垃圾（用于燃料）	吨	33	0.2714	约 1900 千卡 / 千克
生物燃料	吨标准煤	34	1	7000 千卡 / 千克标准煤
工业废料（用于燃料）	吨	35	0.4285	约 3000 千卡 / 千克
其他燃料	吨标准煤	36	1	7000 千卡 / 千克标准煤

注：* 参考折标准煤系数单位为吨标准煤 / 万立方米

表 3 锅炉 / 燃气轮机类型代码表

代码	按燃料类型分
R1	燃煤锅炉
R2	燃油锅炉
R3	燃气锅炉
R4	燃生物质锅炉
R5	余热利用锅炉
R6	其他锅炉
R7	燃气轮机

表 4 锅炉燃烧方式及代码表

代码	燃煤锅炉	代码	燃油锅炉	代码	生物质锅炉
RM01	抛煤机炉	RY01	室燃炉	RS01	层燃炉
RM02	链条炉	RY02	其他	RS02	其他
RM03	其他层燃炉	代码	燃气锅炉	—	—
RM04	循环流化床锅炉	RQ01	室燃炉	—	—
RM05	煤粉炉	RQ02	其他	—	—
RM06	其他	—	—	—	—

表 5 脱硫、脱硝、除尘、挥发性有机物处理工艺代码、名称

代码	脱硫工艺	代码	脱硝工艺	代码	除尘工艺	代码	挥发性有机物处理工艺
—	炉内脱硫	—	炉内低氮技术	—	过滤式除尘	—	直接回收法
S01	炉内喷钙	N01	低氮燃烧法	P01	袋式除尘	V01	冷凝法
S02	型煤固硫	N02	循环流化床锅炉	P02	颗粒床除尘	V02	膜分离法
—	烟气脱硫	N03	烟气循环燃烧	P03	管式过滤	—	间接回收法
S03	石灰石 / 石膏法	—	烟气脱硝	—	静电除尘	V03	吸收 + 分流
S04	石灰 / 石膏法	N04	选择性非催化还原法（SNCR）	P04	低低温	V04	吸附 + 蒸气解析
S05	氧化镁法	N05	选择性催化还原法（SCR）	P05	板式	V05	吸附 + 氮气 / 空气解析
S06	海水脱硫法	N06	活性炭（焦）法	P06	管式	—	热氧化法
S07	氨法	N07	氧化 / 吸收法	P07	湿式除雾	V06	直接燃烧法
S08	双碱法	N08	其他	—	湿法除尘	V07	热力燃烧法
S09	烟气循环流化床法			P08	文丘里	V08	吸附 / 热力燃烧法
S10	旋转喷雾干燥法			P09	离心水膜	V09	蓄热式热力燃烧法
S11	活性炭（焦）法			P10	喷淋塔 / 冲击水浴	V10	催化燃烧法
S12	其他			—	旋风除尘	V11	吸附 / 催化燃烧法
				P11	单筒（多筒并联）旋风	V12	蓄热式催化燃烧法
				P12	多管旋风	—	生物降解法
				—	组合式除尘	V13	悬浮洗涤法
				P13	电袋组合	V14	生物过滤法
				P14	旋风 + 布袋	V15	生物滴滤法
				P15	其他	—	高级氧化法
						V16	低温等离子体
						V17	光解
						V18	光催化
						V19	其他

（三）突发环境事件风险物质及临界量清单

序号	物质名称	CAS 号	突发事件案例以及遇水反应生成的物质	临界量（吨）
第一部分 有毒气态物质				
1	光气	75-44-5	a	0.25
2	乙烯酮	463-51-4	a	0.25
3	硒化氢	7783-07-5	b	0.25
4	二氟化氧	7783-41-7		0.25
5	砷化氢	7784-42-1	a	0.25
6	甲醛	50-00-0	a, c, d	0.5
7	乙二腈	460-19-5		0.5
8	氟	7782-41-4	e	0.5
9	二氧化氯	10049-04-4	e	0.5
10	一氧化氮	10102-43-9	e	0.5
11	氯气	7782-50-5	a, b, c, d	1
12	四氟化硫	7783-60-0		1
13	磷化氢	7803-51-2	e	1
14	二氧化氮	10102-44-0	e	1
15	乙硼烷	19287-45-7		1
16	三甲胺	75-50-3	a	2.5
17	羰基硫	463-58-1		2.5
18	二氧化硫	7446-09-5	a, b, d	2.5
19	过氯酰氟	7616-94-6		2.5
20	三氟化硼	7637-07-2	e	2.5
21	氯化氢	7647-01-0	a, c	2.5
22	硫化氢	7783-06-4	a	2.5
23	锑化氢	7803-52-3		2.5
24	硅烷	7803-62-5	e	2.5
25	溴化氢	10035-10-6		2.5
26	三氯化硼	10294-34-5		2.5
27	甲硫醇	74-93-1	b	5
28	氨气	7664-41-7	a, c	5
29	溴甲烷	74-83-9	b	7.5
30	环氧乙烷	75-21-8	c	7.5
31	二氯丙烷	78-87-5	b	7.5
32	氯化氰	506-77-4	a	7.5
33	一氧化碳	630-08-0	e	7.5
34	煤气	/	a, c	7.5
35	氯甲烷	74-87-3	a	10
36	乙胺	75-04-7		10
第二部分 易燃易爆气态物质				
37	甲胺	74-89-5	c	5
38	氯乙烷	75-00-3	e	5
39	氯乙烯	75-01-4	e	5
40	氟乙烯	75-02-5		5
41	1,1-二氟乙烷	75-37-6		5
42	1,1-二氟乙烯	75-38-7		5
43	三氟氯乙烯	79-38-9		5
44	四氟乙烯	116-14-3	e	5

序号	物质名称	CAS 号	突发事件案例以及遇水反应生成的物质	临界量（吨）
45	二甲胺	124-40-3	a	5
46	三氟溴乙烯	598-73-2		5
47	二氯硅烷	4109-96-0		5
48	一氧化二氯	7791-21-1		5
49	甲烷	74-82-8	a	10
50	乙烷	74-84-0		10
51	乙烯	74-85-1	a, b	10
52	乙炔	74-86-2	e	10
53	丙烷	74-98-6	e	10
54	丙炔	74-99-7		10
55	环丙烷	75-19-4		10
56	异丁烷	75-28-5	e	10
57	丁烷	106-97-8	a	10
58	1- 丁烯	106-98-9		10
59	1,3- 丁二烯	106-99-0	b	10
60	乙基乙炔	107-00-6		10
61	2- 丁烯	107-01-7		10
62	乙烯基甲醚	107-25-5		10
63	丙烯	115-07-1	c	10
64	二甲醚	115-10-6	e	10
65	异丁烯	115-11-7	e	10
66	丙二烯	463-49-0		10
67	2,2- 二甲基丙烷	463-82-1		10
68	顺 -2- 丁烯	590-18-1		10
69	反式 -2- 丁烯	624-64-6		10
70	乙烯基乙炔	689-97-4	e	10
71	氢气	1333-74-0	e	10
72	丁烯	25167-67-3		10
73	石油气	68476-85-7	b	10
	第三部分 有毒液态物质			
74	三氯硝基甲烷	76-06-2		0.25
75	硫酸二甲酯	77-78-1	c	0.25
76	氟乙酸甲酯	453-18-9	a	0.25
77	戊硼烷	19624-22-7		0.25
78	乙拌磷	298-04-4	d	0.5
79	二氯甲醚	542-88-1		0.5
80	汞	7439-97-6	d	0.5
81	氯磺酸	7790-94-5	b/ 氯化氢	0.5
82	羰基镍	13463-39-3	e	0.5
83	氰化氢	74-90-8	b	1
84	苯乙腈	140-29-4	e	1
85	异氰酸甲酯	624-83-9	a	1
86	丙烯酰氯	814-68-6		1
87	四氯化钛	7550-45-0	c/ 氯化氢	1
88	氢氟酸	7664-39-3	a, c	1
89	五羰基铁	13463-40-6		1

序号	物质名称	CAS 号	突发事件案例以及遇水 反应生成的物质	临界量（吨）
90	敌敌畏	62-73-7	c	2.5
91	四甲基铅	75-74-1		2.5
92	二甲基二氯硅烷	75-78-5	a/ 氯化氢	2.5
93	甲基三氯硅烷	75-79-6	氯化氢	2.5
94	丙酮氰醇	75-86-5	c/ 氰化氢	2.5
95	四乙基铅	78-00-2	a	2.5
96	氯甲酸甲酯	79-22-1		2.5
97	丙烯醛	107-02-8	b	2.5
98	氯甲基甲醚	107-30-2		2.5
99	呋喃	110-00-9		2.5
100	己二腈	111-69-3	b	2.5
101	1,2,4- 三氯代苯	120-82-1		2.5
102	甲基丙烯腈	126-98-7		2.5
103	氯甲酸三氯甲酯	503-38-8	b	2.5
104	溴化氰	506-68-3		2.5
105	环氧溴丙烷	3132-64-7		2.5
106	溴	7726-95-6	a	2.5
107	一氯化硫	10025-67-9	氯化氢，硫化氢	2.5
108	氧氯化磷	10025-87-3	e/ 氯化氢	2.5
109	硫氢化钠	16721-80-5	a	2.5
110	甲苯二异氰酸酯	26471-62-5	b	2.5
111	苯胺	62-53-3	b, c	5
112	过氧乙酸	79-21-0	e	5
113	1,2,3- 三氯代苯	87-61-6		5
114	甲苯 -2,6- 二异氰酸酯	91-08-7		5
115	2- 氯苯胺	95-51-2		5
116	2- 氯乙醇	107-07-3		5
117	3- 氨基丙烯	107-11-9		5
118	丙腈	107-12-0		5
119	氯苯	108-90-7	e	5
120	氯甲酸正丙酯	109-61-5		5
121	丁酰氯	141-75-3	e/ 氯化氢	5
122	乙撑亚胺	151-56-4		5
123	四硝基甲烷	509-14-8	e	5
124	八甲基环四硅氧烷	556-67-2	e	5
125	甲苯 -2,4- 二异氰酸酯（TDI）	584-84-9	e	5
126	过氯甲基硫醇	594-42-3		5
127	邻氟硝基苯	1493-27-2	a	5
128	三氧化硫	7446-11-9	b	5
129	发烟硫酸	8014-95-7	a, b, c	5
130	四氯化硅	10026-04-7	a/ 氯化氢	5
131	十二烷基苯磺酸	27176-87-0	d	5
132	四氯化碳	56-23-5	c	7.5
133	1,1- 甲基肼	57-14-7		7.5
134	甲基肼	60-34-4	e	7.5
135	三甲基氯硅烷	75-77-4	d/ 氯化氢	7.5
136	2- 甲基苯胺	95-53-4		7.5
137	氯乙酸甲酯	96-34-4	a	7.5

序号	物质名称	CAS 号	突发事件案例以及遇水反应生成的物质	临界量（吨）
138	1,2- 二氯乙烷	107-06-2	e	7.5
139	2- 丙烯 -1- 醇	107-18-6		7.5
140	醋酸乙烯	108-05-4	a	7.5
141	异丙基氯甲酸酯	108-23-6		7.5
142	哌啶	110-89-4		7.5
143	肼	302-01-2		7.5
144	三氟化硼 – 二甲醚络合物	353-42-4		7.5
145	盐酸（浓度37% 或更高）	7647-01-0	b	7.5
146	硝酸	7697-37-2	a, c	7.5
147	三氯化磷	7719-12-2	a, c/ 氯化氢	7.5
148	三氯化砷	7784-34-1		7.5
149	乙酸	64-19-7	a	10
150	丙酮	67-64-1	c	10
151	三氯甲烷	67-66-3	c	10
152	苯	71-43-2	a, b, c	10
153	碘甲烷	74-88-4		10
154	乙腈	75-05-8	e	10
155	乙硫醇	75-08-1	c	10
156	二氯甲烷	75-09-2	a	10
157	二硫化碳	75-15-0	a, c	10
158	二甲基硫醚	75-18-3		10
159	丙烯亚胺	75-55-8		10
160	环氧丙烷	75-56-9	e	10
161	异丁腈	78-82-0		10
162	三氯乙烯	79-01-6	a	10
163	邻苯二甲酸二丁酯	84-74-2		10
164	1,2- 二氯苯	95-50-1		10
165	3,4- 二氯甲苯	95-75-0	a	10
166	丙烯酸甲酯	96-33-3	b	10
167	硝基苯	98-95-3	a	10
168	乙苯	100-41-4	a	10
169	苯乙烯	100-42-5	a, c	10
170	环氧氯丙烷	106-89-8	c	10
171	丙烯腈	107-13-1	a, c	10
172	乙二胺	107-15-3	b	10
173	甲苯	108-88-3	a, c	10
174	环己胺	108-91-8		10
175	环己烷	110-82-7	e	10
176	反式 – 丁烯醛	123-73-9		10
177	四氯乙烯	127-18-4	b	10
178	硫氰酸甲酯	556-64-9		10
179	二甲苯	1330-20-7	a, b, c	10
180	氨水（浓度20% 或更高）	1336-21-6	a, c	10
181	丁烯醛	4170-30-3		10
182	磷酸	7664-38-2	b, d	10
183	硫酸	7664-93-9	a, b, c	10
第四部分 易燃液态物质				
184	N,N- 二甲基甲酰胺	68-12-2	e	5

序号	物质名称	CAS 号	突发事件案例以及遇水反应生成的物质	临界量（吨）
185	2- 氯丙烷	75-29-6		5
186	异丙胺	75-31-0	e	5
187	1,1- 二氯乙烯	75-35-4		5
188	2- 硝基甲苯	88-72-2	b	5
189	三氯丙烷	96-18-4	b	5
190	呋喃甲醛	98-01-1	b	5
191	苯甲酰氯	98-88-4	b	5
192	3- 氯丙烯	107-05-1		5
193	2- 氯 -1,3- 丁二烯	126-99-8		5
194	二烯丙基二硫	539-86-6	e	5
195	2- 氯丙烯	557-98-2		5
196	1- 氯丙烯	590-21-6		5
197	亚硫酰氯	7719-09-7	b	5
198	三氯硅烷	10025-78-2	e/ 氯化氢	5
199	乙醚	60-29-7	e	10
200	甲酸	64-18-6	b/d	10
201	甲醇	67-56-1	a, c	10
202	异丙醇	67-63-0	e	10
203	丁醇	71-36-3	a	10
204	乙醛	75-07-0	e	10
205	2- 氨基异丁烷	75-64-9		10
206	四甲基硅烷	75-76-3		10
207	2- 甲基丁烷	78-78-4		10
208	2- 甲基 1,3- 丁二烯	78-79-5		10
209	2- 甲基丙醛	78-84-2	b	10
210	丁酮	78-93-3	a	10
211	乙酸甲酯	79-20-9	b	10
212	甲基丙烯酸甲酯	80-62-6		10
213	苯甲酸乙酯	93-89-0	c	10
214	1,2- 二甲苯	95-47-6	b	10
215	苯甲醛	100-52-7	a	10
216	甲基苯胺	100-61-8	b,d	10
217	异辛醇	104-76-7	b	10
218	1,4- 二甲苯	106-42-3	b,e	10
219	甲酸甲酯	107-31-3		10
220	醋酸酐	108-24-7	b	10
221	1,3- 二甲苯	108-38-3	a	10
222	环己酮	108-94-1	b	10
223	戊烷	109-66-0	b	10
224	1- 戊烯	109-67-1		10
225	甲缩醛	109-87-5	a	10
226	乙烯基乙醚	109-92-2		10
227	亚硝酸乙酯	109-95-5	a	10
228	正己烷	110-54-3	e	10
229	2,2- 二羟基二乙胺	111-42-2	b	10
230	正辛醇	111-87-5	b	10
231	邻苯二甲酸二辛酯	117-84-0	b	10
232	2,6- 二氯甲苯	118-69-4	e	10

序号	物质名称	CAS 号	突发事件案例以及遇水反应生成的物质	临界量（吨）
233	丙烯酸丁酯	141-32-2	a, b	10
234	乙酸乙酯	141-78-6	e	10
235	1,3- 戊二烯	504-60-9	e	10
236	3- 甲基 -1- 丁烯	563-45-1		10
237	2- 甲基 -1- 丁烯	563-46-2		10
238	顺式 -2- 戊烯	627-20-3		10
239	反式 -2- 戊烯	646-04-8		10
240	二乙烯酮	674-82-8	d	10
241	甲基萘	1321-94-4	b	10
242	甲基叔丁基醚	1634-04-4	b	10
243	石油醚	8032-32-4	a	10
244	乙醇	64-17-5	a	500*
第五部分 其他有毒物质				
245	氰化钠	143-33-9	氰化氢	0.25
246	氰化钾	151-50-8	氰化氢	0.25
247	五氧化二砷	1303-28-2		0.25
248	氧化镉	1306-19-0	b	0.25
249	三氧化二砷	1327-53-3	b	0.25
250	碳酸镍	3333-67-3		0.25
251	砷	7440-38-2	a, b, c, d	0.25
252	氯化镍	7718-54-9		0.25
253	铬酸	7738-94-5		0.25
254	铬酸钠	7775-11-3	e	0.25
255	砷酸氢二钠	7778-43-0		0.25
256	硫酸镍	7786-81-4	c	0.25
257	铬酸钾	7789-00-6		0.25
258	七水合砷酸氢二钠	10048-95-0		0.25
259	氯化镉	10108-64-2		0.25
260	硫酸镉	10124-36-4	c	0.25
261	硫酸镍铵	15699-18-0		0.25
262	四氧化锇	20816-12-0		0.25
263	乙酰甲胺磷	30560-19-1	d	0.25
264	五氯硝基苯	82-68-8		0.5
265	联苯胺	92-87-5		0.5
266	1,3- 二硝基苯	99-65-0		0.5
267	1,2- 二硝基苯	528-29-0	a	0.5
268	二苯基亚甲基二异氰酸酯（MDI）	26447-40-5	e	0.5
269	乐果	60-51-5	a	1
270	4- 壬基苯酚	104-40-5		1
271	对苯醌	106-51-4	a	1
272	六氯苯	118-74-1		1
273	壬基酚	25154-52-3		1
274	多聚甲醛	30525-89-4	a	1
275	对壬基苯酚（混有异构体）	84852-15-3		1
276	联苯	92-52-4	b	2.5
277	氰酸钾	590-28-3	e	2.5
278	多氯联苯	1336-36-3	d	2.5
279	氯氰菊酯	52315-07-8	a	2.5

序号	物质名称	CAS 号	突发事件案例以及遇水反应生成的物质	临界量（吨）
280	氯乙酸	79-11-8	d	5
281	5- 叔丁基 -2,4,6- 三硝基间二甲苯	81-15-2		5
282	三氯异氰尿酸	87-90-1	d	5
283	萘	91-20-3	a	5
284	1,2,4,5- 四氯代苯	95-94-3		5
285	1- 氯 -2,4- 二硝基苯	97-00-7		5
286	2,6- 二氯 -4- 硝基苯胺	99-30-9		5
287	对硝基氯苯	100-00-5	b	5
288	4- 硝基苯胺	100-01-6		5
289	己内酰胺	105-60-2	e	5
290	苯酚	108-95-2	a, b, c, d	5
291	2,4,6- 三硝基甲苯	118-96-7		5
292	2,4- 二氯苯酚	120-83-2		5
293	2,4- 二硝基甲苯	121-14-2		5
294	2,4,6- 三溴苯胺	147-82-0		5
295	二氯异腈尿酸钠	2893-78-9	e	5
296	6- 氯 -2,4- 二硝基苯胺	3531-19-9	a	5
297	次氯酸钠	7681-52-9	b	5
298	高氯酸铵	7790-98-9	e	5
299	白磷	12185-10-3	a	5
300	氟硅酸	16961-83-4	b	5
301	1,4- 二氯苯	106-46-7		10
302	三聚氯氰	108-77-0	b	10
303	蒽	120-12-7	b	10
304	五氧化二磷	1314-56-3	e	10
305	硫酸铵	7783-20-2	e	10
306	硝基氯苯	25167-93-5	b	10
307	硫	63705-05-5	b, e	10
308	硝酸铵	6484-52-2	a	50**
309	氯酸钾	3811-04-9	e	100*
310	氯酸钠	7775-09-9	e	100*
第六部分 遇水生成有毒气体的物质				
311	磷化钙	1305-99-3	磷化氢	2.5
312	五硫化二磷	1314-80-3	d/ 硫化氢	2.5
313	亚硝基硫酸	7782-78-7	二氧化氮	2.5
314	五氟化碘	7783-66-6	氟化氢	2.5
315	五氟化锑	7783-70-2	氟化氢	2.5
316	六氟化铀	7783-81-5	氟化氢	2.5
317	三氟化溴	7787-71-5	氟化氢，溴	2.5
318	氟磺酸	7789-21-1	氟化氢	2.5
319	五氟化溴	7789-30-2	氟化氢，溴	2.5
320	磷化镁	12057-74-8	磷化氢	2.5
321	磷化钠	12058-85-4	磷化氢	2.5
322	磷化锶	12504-16-4	磷化氢	2.5
323	磷化钾	20770-41-6	磷化氢	2.5
324	磷化铝	20859-73-8	磷化氢	2.5
325	乙酰氯	75-36-5	氯化氢	5

序号	物质名称	CAS 号	突发事件案例以及遇水反应生成的物质	临界量（吨）
326	甲基二氯硅烷	75-54-7	b/ 氯化氢	5
327	乙烯基三氯硅烷	75-94-5	氯化氢	5
328	丙酰氯	79-03-8	氯化氢	5
329	氯乙酰氯	79-04-9	氯化氢	5
330	异丁酰氯	79-30-1	氯化氢	5
331	二氯乙酰氯	79-36-7	氯化氢	5
332	二苯二氯硅烷	80-10-4	氯化氢	5
333	环己基三氯硅烷	98-12-4	氯化氢	5
334	苯基三氯硅烷	98-13-5	氯化氢	5
335	烯丙基三氯硅烷	107-37-9	氯化氢	5
336	戊基三氯硅烷	107-72-2	氯化氢	5
337	十八烷基三氯硅烷	112-04-9	氯化氢	5
338	乙基三氯硅烷	115-21-9	氯化氢	5
339	丙基三氯硅烷	141-57-1	氯化氢	5
340	甲基苯基二氯硅烷	149-74-6	氯化氢	5
341	乙酰溴	506-96-7	溴化氢	5
342	乙酰碘	507-02-8	碘化氢	5
343	己基三氯硅烷	928-65-4	氯化氢	5
344	乙基苯基二氯硅烷	1125-27-5	氯化氢	5
345	二乙基二氯硅烷	1719-53-5	氯化氢	5
346	乙基二氯硅烷	1789-58-8	氯化氢	5
347	十二烷基三氯硅烷	4484-72-4	氯化氢	5
348	正辛基三氯硅烷	5283-66-9	氯化氢	5
349	壬基三氯硅烷	5283-67-0	氯化氢	5
350	十六烷基三氯硅烷	5894-60-0	氯化氢	5
351	三氯化铝	7446-70-0	氯化氢	5
352	亚硫酸锌	7488-52-0	硫化氢，二氧化硫	5
353	正丁基三氯硅烷	7521-80-4	氯化氢	5
354	氯化亚砜	7719-09-7	氯化氢，二氧化硫	5
355	三溴化铝	7727-15-3	溴化氢	5
356	亚硫酸氢钾	7773-03-7	硫化氢，二氧化硫	5
357	连二亚硫酸钠	7775-14-6	硫化氢，二氧化硫	5
358	连二亚硫酸锌	7779-86-4	硫化氢，二氧化硫	5
359	三溴化磷	7789-60-8	溴化氢	5
360	五溴化磷	7789-69-7	溴化氢	5
361	硫酰氯	7791-25-5	氯化氢	5
362	五氯化磷	10026-13-8	氯化氢	5
363	三溴化硼	10294-33-4	溴化氢	5
364	二氯化硫	10545-99-0	氯化氢，硫化氢，二氧化硫	5
365	四氯化硫	13451-08-6	氯化氢，硫化氢，二氧化硫	5
366	亚硫酸氢钙	13780-03-5	硫化氢，二氧化硫	5
367	连二亚硫酸钾	14293-73-3	硫化氢，二氧化硫	5
368	铬酰氯	14977-61-8	氯化氢	5
369	连二亚硫酸钙	15512-36-4	硫化氢，二氧化硫	5
370	二苄基二氯硅烷	18414-36-3	氯化氢	5
371	氯苯基三氯硅烷	26571-79-9	氯化氢	5

序号	物质名称	CAS 号	突发事件案例以及遇水反应生成的物质	临界量（吨）
372	二氯苯基三氯硅烷	27137-85-5	氯化氢	5
373	金属卤代烷	/	氯化氢	5
374	二氨基镁	7803-54-5	氨气	10
375	氮化锂	26134-62-3	氨气	10
第七部分 重金属及其化合物				
376	铜及其化合物（以铜离子计）	/	b, d	0.25
377	锑及其化合物（以锑计）	/	a	0.25
378	铊及其化合物（以铊计）	/	b	0.25
379	钼及其化合物（以钼计）	/	a	0.25
380	钒及其化合物（以钒计）	/	a	0.25
381	镍及其化合物（以镍计）	/	d	0.25
382	钴及其化合物（以钴计）	/		0.25
383	银及其化合物（以银计）	/		0.25
384	铬及其化合物（以铬计）	/		0.25
385	锰及其化合物（以锰计）	/	a, d	0.25
第八部分 其他类物质及污染物				
386	健康危险急性毒性物质（类别 1）	/	a, b	5**
387	NH3-N 浓度 ≥ 2000mg/L 的废液	/	c	5
388	CODCr 浓度 ≥ 10000mg/L 的有机废液	/	a, b	10
389	健康危险急性毒性物质（类别 2，类别 3）	/	a, b, c	50**
390	危害水环境物质（急性毒性类别:急性 1，慢性毒性类别:慢性 1）	/		100**
391	危害水环境物质（慢性毒性类别:慢性 2）	/		200**
392	油类物质（矿物油类，如石油、汽油、柴油等；生物柴油等）	/	a, b	2500**

注 1：a 代表该种物质曾由于生产安全事故引发了突发环境事件；b 代表该种物质曾由于交通事故引发了突发环境事件；c 代表该种物质曾由于非法排污引发了突发环境事件；d 代表该种物质曾由于其他原因引发了突发环境事件；e 代表该物质发生过生产安全事故。

注 2：第一、二、三、四、五、六部分风险物质临界量均以纯物质质量计，第七部分风险物质按标注物质的质量计。

注 3：健康危害急性毒性物质分类见 GB30000.18，危害水环境物质分类见 GB30000.28。

* 该物质临界量参考 GB18218。

** 该物质临界量参考欧盟《塞维索指令 III》（2012/18/EU）。

（四）生活源农村居民能源使用情况抽样方案

一、抽样设计原则

抽样方法既考虑科学性，同时兼顾可操作性。在保证抽样科学性的前提下，适当考虑各地区实际情况的差异。

二、调查区域

调查以全国农村为总体，采用分层抽样和系统随机抽样方法，最终样本单元为户。

抽样范围为我国内地（不含港澳台地区）农村地区。定义为非城市户籍居民（农村户口）居住地。考虑到行政边界的动态变化，以2017年底的行政区划为准。

三、抽样方法与样本量

1. 农村家庭能源结构调查

设计总样本量50000户。采用分层抽样方法，以全国31个省市（不包括香港、澳门、台湾）为第一层次，根据预调研得出的PM2.5排放密度划分成两类：1）第一类包括PM2.5排放密度较高的重点区域：山西、山东、河北、天津、河南、辽宁、安徽、北京和陕西9省市，2）第二类为排放密度较低的非重点区域。抽样以最新农村户数为基准，第一类地区抽样密度为0.43%，第二类地区抽样密度为0.22%。

采用系统随机抽样方式，以最新版《中华人民共和国乡镇行政区划》为依据，划分成四级单元进行抽样：

（1）一级单元：地级单元。现有市、区、州、盟中少数农村户数偏低（即根据抽样密度计算的理论抽样量不足50），与相邻地级单元合并抽样。最终确定的抽样单元为276个地级行政单元（包括相邻地级单元组合）。这些单元根据前述原则分重点和非重点两类；

（2）二级单元：每个地级抽取若干县级单元。抽样数符合以下原则：a）占一级单元中县级单元总数的七分之一（四舍五入）b）每个单元抽样量不超过300，如果超过，则增加县级单元。据此原则总抽样量为488个县级单元。具体抽样采用系统－随机方式，即：根据需要抽取的县级单元数将地级区域划分为若干空间相邻的子区域，每个子区域随机抽取一个县级单元。这样的抽样结果兼顾空间代表性和随机性。

（3）三级单元：每个选中的县级单元抽取若干村级单元。抽样量符合以下原则：a）每个县不低于2个村级单元，b）每个村样本量不高于80。具体抽样方案与二级单元类似，即根据需要抽取的村级单元数将县级级区域划分为若干空间相邻的子区域，每个子区域随机抽取一个村级单元。

（4）四级单元：每个村随机抽取大致相当的户数。县级单元个村样本量根据总样本了分配。每个县级单元各村样本量大致均衡。

2. 农村家庭固体燃料使用量调查

称重调查与能源结构调查同步进行（降低差旅成本），设计总样本量2500户·日，样本量大于三分之一独立户。采用系统随机抽样方式，划分成三级单元进行抽样：

一级单元：覆盖 334 个地（市、区、州、盟）；户数偏低的地区与相邻地区合并。

二级单元：考虑空间分布均衡，每个一级单元中抽取 1/16 ~ 1/8 县级单元；具体方案与能源结构调查抽样方案相同。

三级单元：每个县级单元中随机抽取一个村，从中抽若干户。样本量根据总样本量逐级分配到村。

四、数据汇总与抽样误差估计

1. 估计各能源使用量均值

用本次抽样调查数据，估算各地市、省、全国农村居民能源使用量均值。

$$\bar{x} = \frac{\sum_i^n x_i}{n}$$

2. 抽样误差估计

抽样标准误差：

$$S = \sqrt{\frac{\sum_1^n (x_i - \bar{x})}{n-1}}$$

对于各能源使用量均值计算置信空间如下：

$$P\{L_1 \leq \mu \leq L_2\} = p = 1 - \alpha$$

下界：

$$L_1 = \bar{x} - t_{\alpha[n-1]}\frac{S}{\sqrt{n}}$$

上界：

$$L_2 = \bar{x} + t_{\alpha[n-1]}\frac{S}{\sqrt{n}}$$

其中为基于抽样调查数据计算的能源使用量，n 为抽样调查的样本量，$t_{\alpha[n-1]}$依据相应的 α 和自由度（n–1）值从 t– 分布临界值表中查到相应的 t 值。